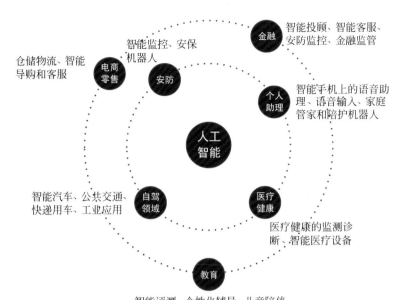

图 1-7　人工智能的主要应用领域

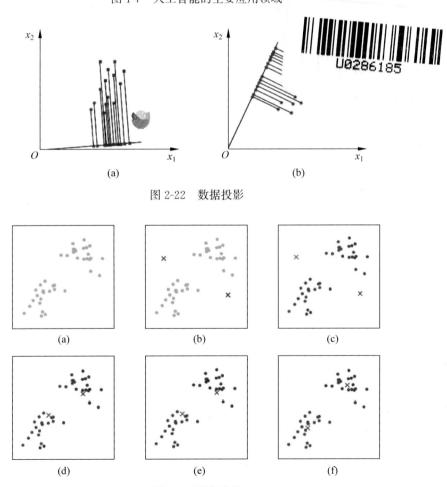

图 2-22　数据投影

图 3-2　聚类过程

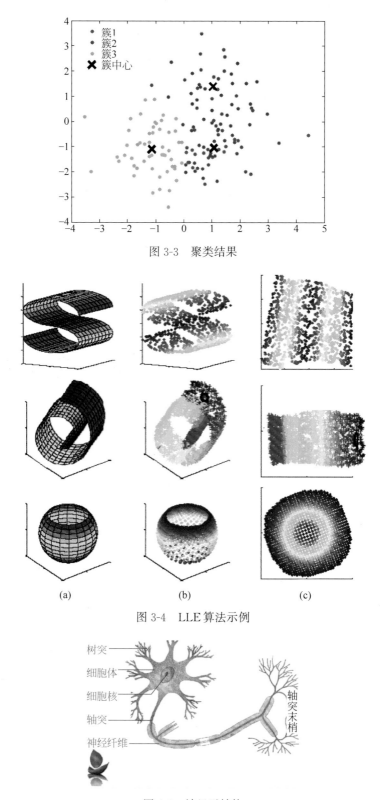

图 3-3　聚类结果

(a)　　　　　　　　(b)　　　　　　　　(c)

图 3-4　LLE算法示例

树突
细胞体
细胞核
轴突
神经纤维
轴突末梢

图 4-2　神经元结构

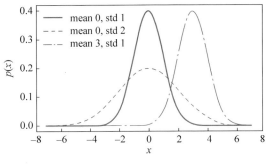

图 4-4　正态分布

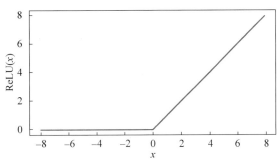

图 4-7　ReLU 函数

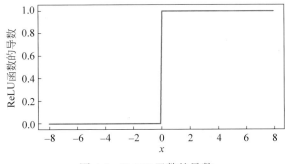

图 4-8　ReLU 函数的导数

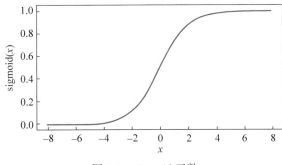

图 4-9　sigmoid 函数

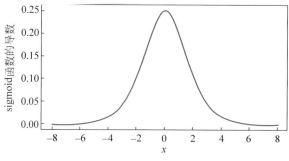

图 4-10　sigmoid 函数的导数

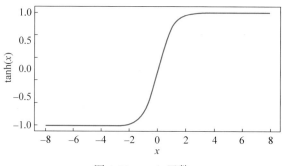

图 4-11　tanh 函数

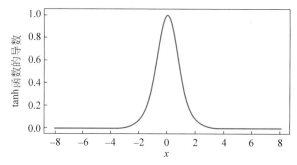

图 4-12　tanh 函数的导数

图 4-13　沃尔多游戏示例

图 4-14　发现沃尔多

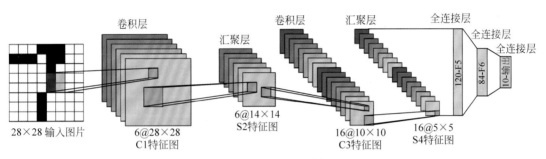

图 4-16　LeNet 中的数据流

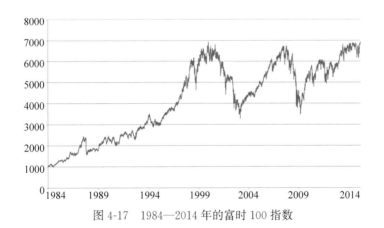

图 4-17　1984—2014 年的富时 100 指数

图 4-19　词频图

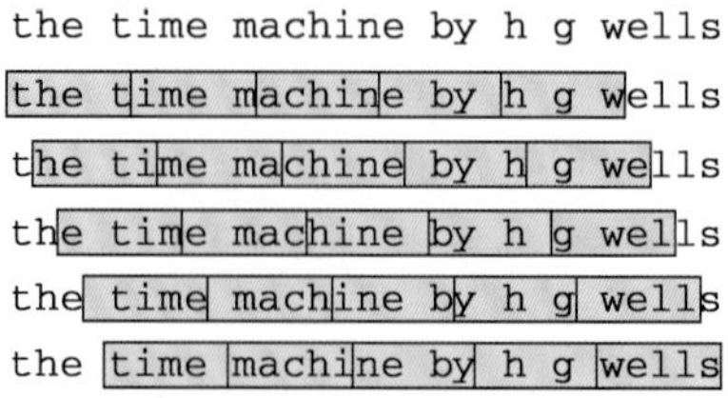

```
the time machine by h g wells
the time machine by h g wells
the time machine by h g wells
the time machine by h g wells
the time machine by h g wells
the time machine by h g wells
```

图 4-20　分割文本时,不同的偏移量会导致不同的子序列

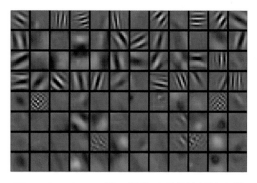

图 4-25　AlexNet 第一层学习到的特征抽取器

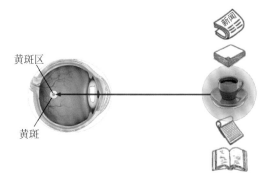

图 4-37　由于突出性的非自主性提示(红色杯子),注意力不自主地指向了咖啡杯

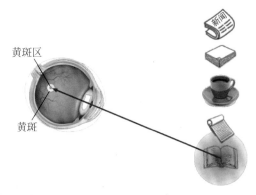

图 4-38　依赖于任务的意志提示(想读一本书),注意力被自主引导到书上

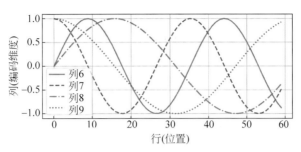

图 4-43 位置编码实现

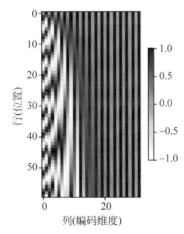

图 4-44 位置编码热力图

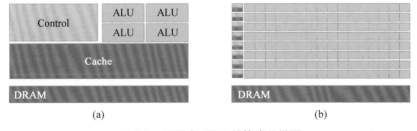

图 6-2 CPU 与 GPU 的构成差异图

(a) CPU；(b) GPU

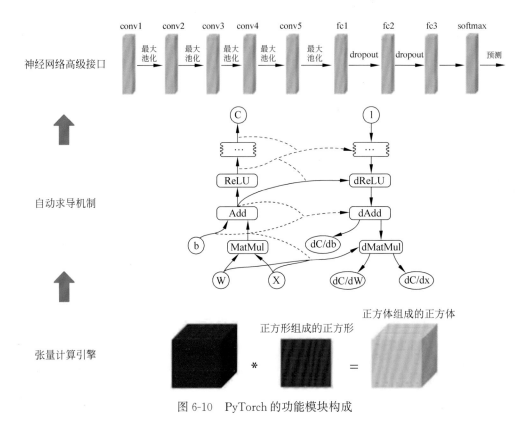

图 6-10　PyTorch 的功能模块构成

图 6-22　转型的 J 型曲线

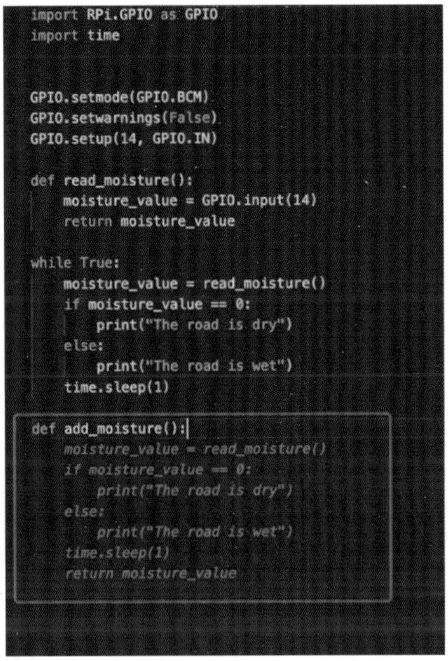

```
import RPi.GPIO as GPIO
import time


GPIO.setmode(GPIO.BCM)
GPIO.setwarnings(False)
GPIO.setup(14, GPIO.IN)

def read_moisture():
    moisture_value = GPIO.input(14)
    return moisture_value

while True:
    moisture_value = read_moisture()
    if moisture_value == 0:
        print("The road is dry")
    else:
        print("The road is wet")
    time.sleep(1)

def add_moisture():
    moisture_value = read_moisture()
    if moisture_value == 0:
        print("The road is dry")
    else:
        print("The road is wet")
    time.sleep(1)
    return moisture_value
```

图 7-2　代码自动生成结果图

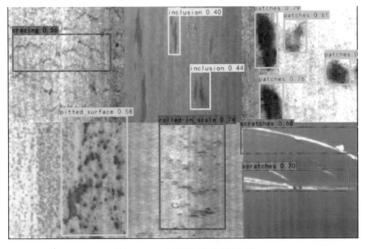

图 7-10　表面缺陷检测效果

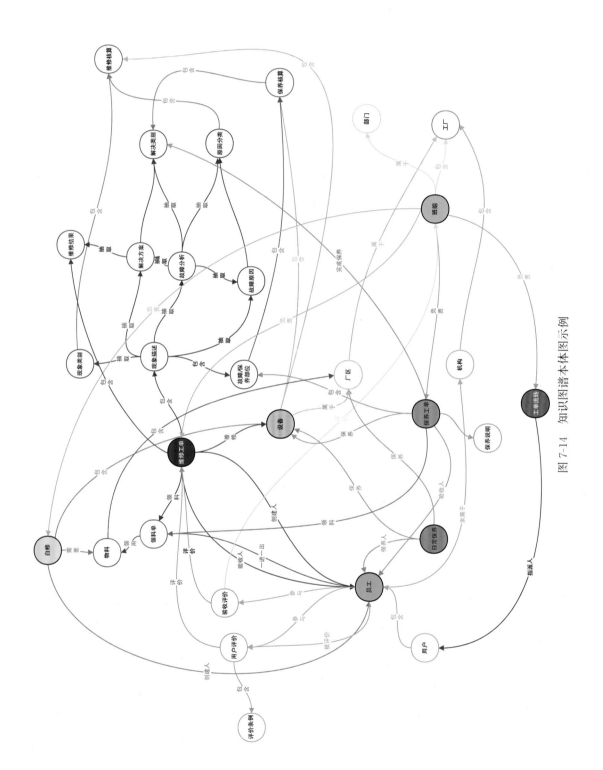

图 7-14 知识图谱本体图示例

应用型高校产教融合系列教材

大电类专业系列

人工智能技术 与行业应用

李媛媛　万卫兵　张红兵　杨红军 ◎ 主编

清华大学出版社
北京

内 容 简 介

本书共包含 7 章,涵盖了人工智能的基本概念、关键技术和应用案例,旨在为读者提供全面的人工智能知识和应用实践。

通过本教材的学习,读者将获得全面的人工智能知识体系,掌握人工智能的基本概念、关键技术和应用实践。

图书在版编目(CIP)数据

人工智能技术与行业应用 / 李媛媛等主编. -- 北京:
清华大学出版社,2024. 11. --(应用型高校产教融合系列
教材). -- ISBN 978-7-302-67580-8

Ⅰ. TP18

中国国家版本馆 CIP 数据核字第 2024KL7128 号

责任编辑:刘 杨
封面设计:何凤霞
责任校对:薄军霞
责任印制:刘海龙

出版发行:清华大学出版社
    网 址:https://www.tup.com.cn,https://www.wqxuetang.com
    地 址:北京清华大学学研大厦 A 座   邮 编:100084
    社 总 机:010-83470000   邮 购:010-62786544
    投稿与读者服务:010-62776969,c-service@tup.tsinghua.edu.cn
    质量反馈:010-62772015,zhiliang@tup.tsinghua.edu.cn
印 装 者:小森印刷霸州有限公司
经 销:全国新华书店
开 本:185mm×260mm **印 张:**18.25 **插 页:**5 **字 数:**456 千字
版 次:2024 年 11 月第 1 版   **印 次:**2024 年 11 月第 1 次印刷
定 价:59.00 元

产品编号:101370-01

応用型高校产教融合系列教材

总编委会

主　　任：俞　涛

副 主 任：夏春明

秘 书 长：饶品华

学校委员（按姓氏笔画排序）：

王　迪　　王国强　　王金果　　方　宇　　刘志钢　　李媛媛

何法江　　辛斌杰　　陈　浩　　金晓怡　　胡　斌　　顾　艺

高　曙

企业委员（按姓氏笔画排序）：

马文臣　　勾　天　　冯建光　　刘　郴　　李长乐　　张　鑫

张红兵　　张凌翔　　范海翔　　尚存良　　姜小峰　　洪立春

高艳辉　　黄　敏　　普丽娜

教材是知识传播的主要载体、教学的根本依据、人才培养的重要基石.《国务院办公厅关于深化产教融合的若干意见》明确提出,要深化"引企入教"改革,支持引导企业深度参与职业学校、高等学校教育教学改革,多种方式参与学校专业规划、教材开发、教学设计、课程设置、实习实训,促进企业需求融入人才培养环节.随着科技的飞速发展和产业结构的不断升级,高等教育与产业界的紧密结合已成为培养创新型人才、推动社会进步的重要途径.产教融合不仅是教育与产业协同发展的必然趋势,更是提高教育质量、促进学生就业、服务经济社会发展的有效手段.

上海工程技术大学是教育部"卓越工程师教育培养计划"首批试点高校、全国地方高校新工科建设牵头单位、上海市"高水平地方应用型高校"试点建设单位,具有40多年的产学合作教育经验.学校坚持依托现代产业办学、服务经济社会发展的办学宗旨,以现代产业发展需求为导向,学科群、专业群对接产业链和技术链,以产学研战略联盟为平台,与行业、企业共同构建了协同办学、协同育人、协同创新的"三协同"模式.

在实施"卓越工程师教育培养计划"期间,学校自2010年开始陆续出版了一系列卓越工程师教育培养计划配套教材,为培养出具备卓越能力的工程师作出了贡献.时隔10多年,为贯彻国家有关战略要求,落实《国务院办公厅关于深化产教融合的若干意见》,结合《现代产业学院建设指南(试行)》《上海工程技术大学合作教育新方案实施意见》文件精神,进一步编写了这套强调科学性、先进性、原创性、适用性的高质量应用型高校产教融合系列教材,深入推动产教融合实践与探索,加强校企合作,引导行业企业深度参与教材编写,提升人才培养的适应性,旨在培养学生的创新思维和实践能力,为学生提供更加贴近实际、更具前瞻性的学习材料,使他们在学习过程中能够更好地适应未来职业发展的需要.

在教材编写过程中,始终坚持以习近平新时代中国特色社会主义思想为指导,全面贯彻党的教育方针,落实立德树人根本任务,质量为先,立足于合作教育的传承与创新,突出产教融合、校企合作特色,校企双元开发,注重理论与实践、案例等相结合,以真实生产项目、典型工作任务、案例等为载体,构建项目化、任务式、模块化、基于实际生产工作过程的教材体系,力求通过与企业的紧密合作,紧跟产业发展趋势和行业人才需求,将行业、产业、企业发展的新技术、新工艺、新规范纳入教材,使教材既具有理论深度,能够反映未来技术发展,又具有实践指导意义,使学生能够在学习过程中与行业需求保持同步.

系列教材注重培养学生的创新能力和实践能力.通过设置丰富的实践案例和实验项目,引导学生将所学知识应用于实际问题的解决中.相信通过这样的学习方式,学生将更加具备竞争力,成为推动经济社会发展的有生力量.

　　本套应用型高校产教融合系列教材的出版,既是学校教育教学改革成果的集中展示,也是对未来产教融合教育发展的积极探索.教材的特色和价值不仅体现在内容的全面性和前沿性上,更体现在其对于产教融合教育模式的深入探索和实践上.期待系列教材能够为高等教育改革和创新人才培养贡献力量,为广大学生和教育工作者提供一个全新的教学平台,共同推动产教融合教育的发展和创新,更好地赋能新质生产力发展.

朱高峰

中国工程院院士、中国工程院原常务副院长

2024 年 5 月

前言

PREFACE

人工智能技术在医疗、金融、教育等众多领域的应用已经成为热门课题。本教材旨在向读者介绍人工智能技术的基础知识及其在工业领域的主要应用，以帮助读者了解这一技术的背景和发展方向。人工智能作为一门涉及多个学科的技术，涵盖了数学、统计学、计算机科学等多个领域。因此，本书采用多种方法来解释复杂的技术原理，包括图表、实际案例等。通过实际案例的介绍，我们希望读者能够真正了解人工智能技术的应用和价值。

编写本教材时，我们采用了许多案例来说明人工智能的基础理论和实际应用。我们相信，这些案例将为读者提供深入的理解和实践经验，以帮助读者更好地了解和应用人工智能技术。

本教材由上海工程技术大学和上海道客网络科技有限公司联合编写。特别感谢上海道客网络科技有限公司的支持和边缘智能团队的辛勤劳动。特别感谢上海道客网络科技有限公司首席运营官张红兵和生态合作副总裁杨红军的鼎力支持和悉心指导，感谢侯玲玉、唐明、柏尤佳等为本书所做的贡献。同时，也要感谢上海工程技术大学蔡寅、郑明阳等的协助。

此外，我们衷心感谢在本教材编写过程中及过往工作和生活中为我们提供帮助的专家学者，他们的宝贵意见和建议对于本书的完善起到了重要的作用。

最后，还要感谢清华大学出版社的工作人员对我们的热情帮助和所提的宝贵建议，他们的专业知识和精心工作使得本教材顺利完成。

我们希望本书能够成为一个有价值的资源，为读者提供全面的人工智能知识和应用案例，让读者更深入地了解人工智能技术的发展和应用前景。愿本教材能够帮助读者在不断变化的科技领域中掌握人工智能的核心概念和技术，进一步推动人工智能技术的创新与发展。

由于时间所限，书中尚有不足及错漏之处，敬请广大读者提出宝贵意见。

编　者
2023 年 9 月

目 录

CONTENTS

第4章　深度学习 / 93

第5章　专家系统 / 163

第1章 人工智能概论

1.1 人工智能的定义

　　人工智能,顾名思义,就是用人工的方法来实现智能化。由于每个人对人工智能的理解不同,因此对于人工智能的定义也不相同。John McCarthy 认为,人工智能就是让机器在行为上看起来与人无异。Nilsson 认为,人工智能就是人造物的行为。在此过程中,主要包括信息提取、知识推理、自动学习和主动交流等行为。A. Barr 认为,人工智能属于计算机科学的一个分支,该学科的研究重点在于设计一个智能的计算机系统[1]。将以上观点与人类在自然环境中的智能行为相对比,均呈现出类似的特征,也就是人工智能的共同特点,即人工智能是用人工的方法实现机器模拟人类的智能活动。

1.2 人工智能的发展

　　在美国达特茅斯大学(Dartmouth College)召开的一次学术会议上,人工智能第一次作为一门正式的学科出现。随着人工智能的兴起,世界各国的资深学者也相继加入人工智能研究的行列。到目前为止,人工智能的发展可以概括为 3 个主要阶段:第 1 个阶段为孕育和发展阶段(1956 年之前),第 2 个阶段为形成阶段(1956—1969 年),第 3 个阶段为发展阶段(1970 年至今)。

1.2.1 人工智能的孕育和发展阶段

　　人工智能的孕育和发展阶段是一段漫长且复杂的过程,它包含了一系列的科学发现和技术突破,涉及数学、逻辑学、计算机科学、神经科学以及哲学等多个学科领域。

　　早期的工具和机器都是简单地模仿或增强人类的肌肉力量,直到图灵和其他科学家的工作,使得创建可以模仿人脑思考方式的机器这一想法变得可能。图灵的贡献尤其重要,他不仅对计算理论做出了开创性的贡献,还提出了著名的"图灵测试"作为判断机器是否能够显示出智能行为的一个标准。图灵测试的核心是,如果一部机器在对话中能够让一个普通人无法区别出它不是一个真人,那么这部机器可以被认为是"智能"的[2]。

在图灵时代之后,人工智能领域开始迎来实质性的进展。Blaise Pascal 和其他早期的计算机科学家通过创造机械计算机来处理数字信息,这些计算机是电子计算机的前身。而 W. McCulloch 和 W. Pitts 的神经网络模型则开启了以生物大脑为模型构建智能系统的研究领域,虽然他们的模型是简化的,但为今后的研究者提供了一种方法来理解和模拟大脑中神经元的工作原理。

此后的几十年中,人工智能的研究逐渐积累并发展,经历了几次"寒冬"和"热潮"。20世纪 60—70 年代,专家系统的出现成了人工智能的重要里程碑。这些系统能够模拟专家的决策能力来解决复杂问题。然而,也因为过度的炒作和技术的局限性,人工智能领域遭遇了严重的挫折。

20 世纪 80 年代后期,随着计算机处理能力的大幅提升,机器学习成为人工智能研究的热点,尤其是神经网络的复兴,开始显示出处理图片、语言和大数据分析方面潜在的巨大能力。到了 21 世纪,随着数据量的爆炸性增长,深度学习的兴起带动了人工智能的第三次热潮。深度学习模型能够自动从数据中学习特征,实现了在计算机视觉、语音识别、自然语言处理和强化学习等方面的历史性突破。

总的来说,人工智能的孕育和发展阶段涵盖了从早期的思想探索到实际技术的落地应用,它是人类对复杂问题求解能力的一次又一次突破,为我们的生活和工作方式带来了深刻的变革。

1.2.2　人工智能的形成阶段

人工智能作为一个学科,其起源可以追溯到 20 世纪 40 年代末至 50 年代初期。当时科学家们开始探索如何使用机器来模拟人类智能。但它的正式诞生是在 1956 年的达特茅斯会议,这次会议由 John McCarthy、Marvin Minsky、Nathaniel Rochester 及 Claude Shannon 等组织。在会议上,参与者探讨了将逻辑应用于计算机的可能性,以及如何让机器使用语言和提高策略。这一会议被广泛认为是人工智能学科的正式诞生,并首次提出了"人工智能"这一术语。

随后的几年里,人工智能的研究取得了显著进展。1959 年,Oliver Selfridge 提出了一个名为"潘多拉"的模式识别程序,它被认为是人工智能早期的一个代表性成果。1960 年,John McCarthy 开发了 LISP 语言,这成了编写人工智能程序的重要工具之一,并被广泛应用于今天的人工智能研究中。1965 年,Lawrence Roberts 编制了一个程序,能够通过计算机视觉识别和构建三维积木模型,这在当时代表了计算机视觉领域的一个重要进步。

尽管早期的研究者怀揣着乐观的预期,期望十年内实现许多高难度的目标,包括使计算机能够下国际象棋并获胜、自动发现数学定理、实现心理学理论等,但实际情况是,这些目标的实现都比最初设想的要慢得多。事实上,直到 20 世纪 90 年代,计算机才开始在国际象棋比赛中击败顶尖选手,如 1997 年 IBM 的深蓝(Deep Blue)战胜了世界冠军 Garry Kasparov。

人工智能发展的初期,学界和业界对其进展的乐观预测,很多没有在预计的时间内实现,这种现象后来被称为"人工智能的寒冬"。在这段时间里,人工智能领域经历了几次起起伏伏,研究资金不稳定,公众与投资者的信心受到影响。

进入 21 世纪,随着计算能力的显著提高和大量数据的可用性,以及机器学习和深度学习等新技术的崛起,人工智能再次进入一个快速发展期。如今,人工智能已经广泛应用在自动驾驶汽车、语音识别、推荐系统、图像识别、自然语言处理等领域,它们正在改变我们的日常生活和工作方式。

此外,人工智能的发展也引发了许多伦理和社会问题,如隐私保护的担忧、自动化导致的就业变化、军事应用中的道德困境等。这些问题正在促使社会各界人士共同探讨和制定应对策略。

总的来说,人工智能的形成阶段是一个充满勃勃生机的时期,它奠定了人工智能发展的基础,并引领了后来几十年人类探索智能机器的道路。虽然存在挑战和未达到预期,但这也是科学探索的一部分。通过不断的研究和进步,人工智能最终实现了许多原本看似遥不可及的里程碑。

1.2.3 人工智能的发展阶段

20 世纪 70 年代初,关于人工智能的研究工作在世界各地逐渐开展:1970 年,人工智能国际期刊《人工智能》创立;1972 年,A. Comerauer 提出了逻辑程序设计语言 PROLOG;同年,Stanford 大学的 E. H. Shortliffe 等开始开发用于诊断和治疗感染性疾病的专家系统 MYCIN;1974 年,欧洲人工智能会议(European Conference on Artificial Intelligence,ECAI)正式召开;1978 年,我国也开始加入人工智能研究的行列,主要研究定理证明、机器人及专家系统等领域,先后成立了人工智能学会、中国计算机学会、人工智能和模式识别专业委员会、中国自动化学会模式识别与机器智能专业委员会等学术团体。

20 世纪 60 年代以后,计算机的快速发展使得人工智能的发展取得了巨大的进步,吸引了大量的研究学者投入计算机的研究中。与此同时,相关研究者也发现神经网络具有很大的局限性。1969 年,Minsky 和 Papert 批评感知机无法解决非线性问题,而复杂的信息处理应该以解决非线性问题为主。Minsky 的批评导致美国政府停止了对人工神经网络研究的资助;1973 年,英国数学家 James Lighthill 认为"人工智能的研究即使不是骗局,也是庸人自扰",这一观点的提出使得英国政府停止了对人工智能研究的资助。20 世纪 70 年代,人工神经网络的研究几乎进入停滞阶段。20 世纪 80 年代,Bryson 和 Ho 提出的反向传播算法成为神经网络复兴的转折点。从 1985 年开始,人工神经网络的研究才逐渐恢复。1987 年,第一届神经网络国际会议在美国召开,并成立了国际神经网络学会(International Society for Neural Networks,INNS)。20 世纪 90 年代,随着计算机通信技术的快速发展,对于智能主体的研究也成为人工智能研究领域的一个热点。1995 年,国际人工智能联合会议(International Joint Conference on Artificial Intelligence,IJCAI)的报告中指出:"智能的计算机主体既是人工智能最初的目标,也是人工智能最终的目标。"

我国对人工智能的研究起步较晚,1978 年我国首次将智能模拟纳入国家计划的研究行列。1984 年,我国召开了智能计算机及其系统的全国学术会议。1986 年,开始把智能机端及系统、智能机器人和智能信息处理等重大项目纳入国家高新技术研究"863"计划。1997 年起,又把智能信息处理、智能控制等项目纳入国家重大基础研究"973"计划。21 世纪以来,国务院制定的《国家中长期科学和技术发展规划纲要(2006—2020 年)》指出,人工智能所属"脑科学和认知科学"这类人工智能相关学科已被列入八大前沿学科。2008—2020 年,中国工业机器人存量从 1630 台增长到 78.3 万台,年均增长率达到 42%,是目前世界上最大的机器人市场。因此,随着人工智能在各个领域的广泛应用,其对经济社会的影响不断加深,逐渐成为未来经济增长的重要推动力。

2016 年以来,随着人工智能关键技术的突破,其应用领域愈加广泛。人工智能在国家竞争力、国家安全等方面的作用凸显,逐渐成为国际竞争的新焦点。世界主要发达国家加紧人工智能的规划和部署。美国在 2016 年颁布了《为人工智能的未来做好准备》和《人工智能、自动化与经济报告》,将人工智能置于国家发展的战略高度进行系统布局;2018 年,白宫举办人工智能峰会并提出了"保持美国人工智能领导地位"的目标。欧盟先后发布《地平线 2020 战略》《欧盟人工智能合作宣言》等项目和计划,以确保欧洲在研究和部署人工智能方面的竞争力。英国于 2016 年制定《人工智能:未来决策制定的机遇与影响》和《机器人技术和人工智能》,强调利用人工智能增强国家实力。

我国自 2016 年起也相继推出一系列政策文件,《智能制造发展规划(2016—2020 年)》等重要规划为人工智能奠定基础。《新一代人工智能发展规划》制定了面向 2030 年的人工智能发展总体战略,并提出了"到 2030 年成为世界主要人工智能创新中心"的目标。习近平总书记在 2018 年 10 月 31 日中共中央政治局第九次集体学习时强调"加快发展新一代人工智能是我们赢得全球科技竞争主动权的重要战略抓手,要整合多学科力量,要加强人工智能相关法律、伦理、社会问题研究"。2020 年 9 月,科技部印发《国家新一代人工智能创新发展试验区建设工作指引(修订版)》,指导地方开展人工智能技术示范、政策试验和社会实验。2021 年 9 月,中央网信办发布《中央网信办等八部门联合公布国家智能社会治理实验基地名单》,依托 10 家综合基地和 82 家特色基地深入开展人工智能社会实验。

从 2023 年以来,大模型的兴起进一步加速了人工智能的发展,并在全球范围内显示出了深远的影响。大模型,特别是在自然语言处理领域的领军模型,比如 GPT-3 和它的后继者们,不仅在学术上成为研究的热点,同时也在商业应用上产生了深刻的变革。在国外,大模型的进步成了人工智能界的一大里程碑。企业通过使用这些强大的模型,极大地推进了自然语言理解和生成的边界,为诸如聊天机器人、内容创作、自动化编程助手等服务提供了强大动力。例如,美国的 OpenAI 团队推出的 GPT-3 应用在文本生成、摘要、翻译等方面显示出惊人的性能,引起了全世界技术社区和商业圈的广泛关注。在国内,大模型也为中国的人工智能研究和应用带来了新的机遇。中国的科研机构和企业积极研究和部署自己的大模型技术,如百度发布的 ERNIE、华为推出的 PanGu 等。这些均在语音识别、图像处理、医疗健康等领域取得了实际应用成果。同时,中国开始注重大模型的治理和伦理问题。如何确保大模型在应对偏见、保护隐私、确保算法透明等方面的合规,成了研究和讨论的焦点。从 2023 年起,大模型正成为推动人工智能科研创新和工业应用的关键力量,其影响和价值不断在全球范围内显现,同时也带来了新的法律、伦理和社会挑战,需要国际社会共同面对和解决。

简而言之,人工智能的发展道路历经坎坷。现在,人工智能已经走上了稳健的发展道路。人工智能的理论和基础研究也取得了前所未有的进步。随着计算机网络技术和信息技术的发展,人类社会已经进入信息时代[3]。这既奠定了人工智能发展的坚实基础,也给人工智能的发展道路指明了方向。

1.3　人工智能的研究方法

长期以来,由于研究者的专业和研究领域的不同及他们对智能本质的理解有异,因而形成了不同的人工智能学派,各自采用不同的研究方法。与符号主义、联结主义和行为主义相对应的人工智能研究方法为功能模拟法、结构模拟法和行为模拟法。此外,还有综合这 3 种模拟方法的集成模拟法。

1.3.1　人工智能的结构模拟

联结主义学派也可以称为结构模拟学派。他们认为,思维的基元不是符号而是神经元,认知过程也不是符号处理过程。他们提出对人脑从结构上进行模拟,即根据人脑的生理结构和工作机理来模拟人脑的智能,属于非符号处理范畴。由于大脑的生理结构和工作机理还远未搞清,因而现在只能对人脑的局部进行模拟或进行近似模拟。

人脑是由大量的神经细胞构成的神经网络。结构模拟法通过人脑神经网络、神经元之间的连接及神经元间的并行处理,实现对人脑智能的模拟。与功能模拟法不同,结构模拟法是基于人脑的生理模型,通过数值计算从微观上模拟人脑,从而实现人工智能。本方法通过对神经网络的训练进行学习,获得知识并用于解决问题。结构模拟法已在模式识别和图像信息压缩领域获得成功应用。结构模拟法也有缺点,它不适合模拟人的逻辑思维过程,而且受大规模人工神经网络制造的制约,尚不能满足人脑完全模拟的要求。

1.3.2　人工智能的功能模拟

符号主义学派也可以称为功能模拟学派。他们认为,智能活动的理论基础是物理符号系统,认知的基元是符号,认知过程是符号模式的操作处理过程。功能模拟法是人工智能最早和应用最广泛的研究方法。功能模拟法以符号处理为核心对人脑功能进行模拟。本方法根据人脑的心理模型,把问题或知识表示为某种逻辑结构,运用符号演算,实现表示、推理和学习等功能,从宏观上模拟人脑思维,实现人工智能功能。

功能模拟法取得了许多重要的研究成果,如定理证明、自动推理、专家系统、自动程序设计和机器博弈等。功能模拟法一般采用显示知识库和推理机来处理问题,因而它能够模拟人脑的逻辑思维,便于实现人脑的高级认知功能。

功能模拟法虽能模拟人脑的高级智能,但也存在不足之处。在用符号表示知识的概念时,其有效性很大程度上取决于符号表示的正确性和准确性。当把这些知识概念转换成推理机构能够处理的符号时,将可能丢失一些重要信息。此外,功能模拟难以对含有噪声的信息、不确定性信息和不完全性信息进行处理。这些情况表明,单一使用符号主义的功能模拟法是不可能解决人工智能的所有问题的。

1.3.3　人工智能的行为模拟

行为主义学派也可以称为行为模拟学派。行为主义学派认为智能行为是基于“感知-行动”的一种人工智能学派,1991 年,R. A. Brooks 提出了无须知识表示和推理的智能方式。结构模拟法认为智能不需要知识、不需要表示、不需要推理;人工智能可能会像人类智能一样逐步进化;智能行为只能在现实世界中与周围环境交互作用而表现出来。

行为主义的基本观点如下[4]:

(1) 知识的形式化表达和模型化方法是妨碍人工智能发展的重要因素之一。

(2) 智能取决于感知和行动,应直接利用机器对环境作用后,将环境对作用的响应作为原型。

(3) 智能行为只能体现在与外部环境的交互中,通过与周围环境的交互而表现出来。

(4) 人工智能可以像人类一样进化,分阶段发展和增强。

任何一种表达形式都不能完善地代表客观世界中的真实概念,所以用符号串表达人工智能的过程是不合适的。行为主义思想一提出就引起了人们的广泛关注,有人认为 R. A. Brooks 的机器虫在行为上模仿人的行为不能看作是人工智能,通过绕过机器人的过程,从机器直接进化到人的层面的智能是不可能实现的。尽管行为主义受到广泛关注,但 R. A. Brooks 的机器虫模拟的只是底层智能行为,并不能导致高级智能控制行为,也不可能使智能机器从昆虫智能进化到人类智能。但是,行为主义学派的兴起表明控制论和系统工程的思想将会进一步影响人工智能的研究和发展。

1.3.4　人工智能的集成模拟

上述 3 种人工智能的研究方法各有优、缺点,既有擅长的处理能力,又有一定的局限性。仔细学习和研究各个学派思想和研究方法之后,不难发现,各种模拟方法可以取长补短,实现优势互补。过去在激烈争论时期,那种企图完全否定对方而以一家的主义和方法主宰人工智能世界的氛围正在被互相学习、优势互补、集成模拟、合作共赢、和谐发展的新氛围所取代。

采用集成模拟方法研究人工智能,一方面,各学派密切合作,取长补短,可以把一种方法无法解决的问题转化为另一种方法能够解决的问题;另一方面,逐步建立统一的人工智能理论体系和方法论,在一个统一系统中集成了逻辑思维、形象思维和进化思想,创造了人工智能更先进的研究方法。要完成这项任务,任重而道远。

1.4　机器智能研究领域

迄今为止,几乎所有的学科与技术分支都在享受着人工智能带来的福利。因此,人工智能涉及的研究和应用领域非常广泛,本章只列举一些常见的研究方向。

1.4.1　机器思维的概念

机器思维通常指的是计算机的思维,计算机即通过计算、逻辑推理来解决问题。机器思维是人类所创造的,随着计算机技术的进步,人工智能领域方面的突破,机器思维正在向人类思维靠拢。

随着计算机在 20 世纪的发展,计算机的功能也正在向人类靠近,甚至在某些方面已经超过了人类。计算机的思维方式是人为的,可以通过计算、推理来解决问题,但是因为技术和硬件的限制,使得机器思维与人类思维尚存有很大的差距,即机器还不具有像人一样的思维,从现阶段的技术可以发现,计算机正在努力向着“思想化”的方向前进,也可以称作拟人化。本书通过探讨机器思维和人类思维的差异和相似之处,帮助读者更好地认识机器的本质,使得机器思维能够更好地发展。

1.4.2　机器感知的概念

机器感知(machine perception,MP)或机器认知(machine recognition,MR)研究如何用机器或计算机模拟、延伸和扩展人的感知或认知能力,包括机器视觉、机器听觉、机器触觉等。例如,计算机视觉、模式识别、自然语言理解等,都是人工智能领域的重要研究内容,也是在机器感知或机器认知方面高智能水平的计算机应用[5]。机器感知是一连串复杂程序所组成的大量系统规模信息处理，信息通常由很多常规传感器采集，经过这些程序处理后，会得到一些非基本感官所能得到的结果。

1.4.3　机器行为的概念

机器行为也称为行为机器（behavioral machine，BM），指具有人工智能行为的机器，或者说，能模拟、延伸与扩展人的智能行为的机器。例如：智能机械手、机器人、操作机；自然语言生成器；智能控制器，如专家控制器、神经控制器、模糊控制器等。这些智能机器或智能控制器具有类似于人的某些智能行为，如自适应、自学习、自组织、自协调、自寻优等。因而，能够适应工作环境的变化，通过学习改进性能，根据需求改变结构，相互配合、协同工作，自行寻找最优工作状态。

1.4.4　机器学习的概念

机器学习是一门多领域交叉学科，涉及概率论、统计学、逼近论、凸分析、算法复杂度理论等多门学科。它专门研究计算机怎样模拟或实现人类的学习行为，以获取新的知识或技能，重新组织已有的知识结构使之不断改善自身的性能。机器学习（machine learning，ML）也是一门研究计算机如何模拟人类学习活动、自动获取知识的学科。机器学习是知识工程的三个分支（获取知识、表示知识、使用知识）之一，也是人工智能的一个重要研究领域。

现如今，机器学习已经应用于多个领域，远超出大多数人的想象，在日常学习生活中，假设你想给某位同学庆祝生日，并打算通过 E-mail 发一张生日贺卡。当你打开搜索引擎搜索时，就显示了好多相关链接，你就可以在里面挑选你喜欢的内容，并且通过邮箱发送出去。在此期间，浏览器已经帮你过滤了众多的广告和垃圾信息。这一简单的应用场景，都有机器学习的存在。很多公司都在使用机器学习软件改善商业决策、提高生产率、检测疾病，同时也要为未来的大数据做好充分的准备。机器学习横跨计算机科学、工程技术和统计学等多个学科，需要多学科的专业知识，下文中将会详细介绍。机器学习也可以作为实际工具应用于从政治到地质学的各个领域，解决其中的很多问题。

1.5　人工智能研究领域

1.5.1　计算智能与分布智能

1. 计算智能的特点

计算智能只是一种经验化的计算机思考性程序，是人工智能化体系的一个分支，也是辅助人类处理各种问题的具有独立思考能力的系统。系统的智能性随着计算机的发展和需要完成的任务的复杂性增加而不断增强。智能计算已经完全投入工业生产和生活之中。智能计算包括遗传算法、模拟退火算法、禁忌搜索算法、进化算法、启发式算法、蚁群算法、人工鱼群算法、粒子群算法、混合智能算法、免疫算法、人工智能、神经网络、机器学习、生物计算、DNA 计算、量子计算、智能计算与优化、模糊逻辑、模式识别、知识发现、数据挖掘等。智能计算不是一个全新的物种，是通用计算发展而来的，它既是对通用计算的延续与升华，更是应对 AI 趋势的新计算形态[6]。

智能计算需要具备以下几个关键特征：

（1）持续进化，即自我智能管理与升级的能力。

（2）环境友好，即与地理环境位置无关的随地部署、无缝连接与高效协同。

（3）开放生态，即产业上下游多方均可广泛参与，共创共享 AI 红利。

也就是说，利用先进的 IT、CT 技术（芯片、架构、AI 等），首先是实现 IT 基础设施的智能化升级（智能管理、在线升级与进化），依据不同业务负载，智能分配最优计算资源，从而提升 IT 基础设施的利用效率，优化当前业务的总体拥有成本（total cost of ownership，TCO）；其次是面向未来 AI 新业务形态，提供充沛且经济的算力，且可随时随地开发、部署、使用与协同，降低 AI 的使用门槛，让 AI 成为一种通用与普惠的计算资源；最后是开放架构与生态，让更多的参与者有机会参与。

人类的大部分智能活动往往涉及由多人组成的组织、群体及社会等，并且往往是由多个人、多个组织、多个群体，甚至整个社会协作进行的。在模拟和实现人类的这种智能行为时，人们提出了分布智能的概念。分布式智能主要研究在逻辑上或物理上分布的智能系统和智能对象之间，如何相互协调各自的智能行为，包括知识、动作和规划，以实现对大型复杂问题的分布式求解。

2. 分布智能的特点

（1）分布性。分布式智能系统中不存在全局控制和全局的数据存储，所有数据、知识和控制，无论在逻辑上还是在物理上都是分布的。

（2）互联性。分布式智能系统的各子系统之间通过计算机网络实现互联，其问题求解过程中的通信代价一般要比问题求解代价低得多。

（3）协作性。分布式智能系统的各子系统之间通过相互协作进行问题的求解，并能够求解单个子系统难以求解，甚至无法求解的困难问题。

（4）独立性。分布式智能系统的各子系统之间彼此独立，一个复杂任务能被划分为多个相对独立的子任务进行求解。

分布智能系统的主要研究方向有两个：一个是分布式问题求解，另一个是多智能体系统。其中，多智能体系统是分布智能研究的一个热点。

3. 分布式问题的求解

分布式问题求解的主要任务是要创建大力度的协作团体，使它们能为同一个求解目标而共同工作。其主要研究内容是如何在多个合作者之间进行任务划分和问题求解。

1）分布式问题求解系统的类型

（1）层次结构，即任务是分层的。

（2）平行结构，即任务是平行的。

（3）混合结构，即任务总体分层，每层子任务平行。

2）分布式问题求解的协作方式

（1）任务分担方式，即节点之间通过分担执行整个任务的子任务相互协作。

（2）结果共享方式，即节点之间通过共享部分结果相互协作。

3）分布式问题求解的求解过程

（1）判断任务是否可以接受。

（2）对任务进行分解。

（3）将任务分配到合适的节点。

（4）各节点对应子任务求解。

（5）系统对各子节点提交的局部解进行综合。

（6）用户满意，结束。

1.5.2 智能体系统的概念

1. 智能体的机理

图 1-1 所示为智能体（agent）的机理[7]，通过环境与智能体之间的动作、反应交互，将信息经过感知、通信、计算、认知、决策等步骤，返回环境中，构成一个循环。

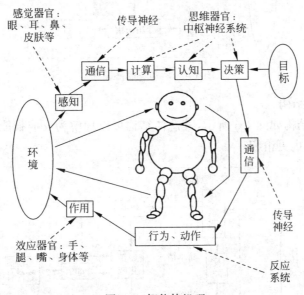

图 1-1 智能体机理

2. 反应智能体结构

反应智能体的基本结构如图 1-2 所示，总体结构如图 1-3 所示，其原理即环境与智能体之间的感知作用，通过传感器对环境进行感知，并通过信息处理得到作用决策，用效应器对环境产生作用，达到反应的目的。

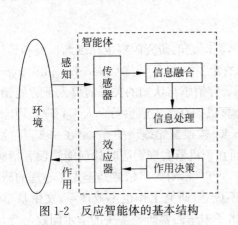

图 1-2 反应智能体的基本结构

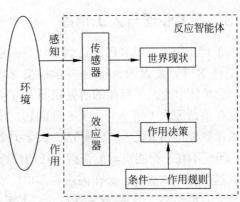

图 1-3 反应智能体的总体结构

3. 认知智能体结构

认知智能体结构如图 1-4 所示,其与反应智能体不同的地方在于,认知智能体通过内部现状、知识库和目标等先验知识对环境进行一定的作用。

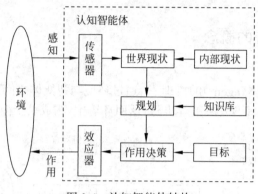

图 1-4　认知智能体结构

4. 混合智能体结构

混合智能体的结构如图 1-5 所示,其总体结构可以理解为反应智能体和认知智能体的结合,其反应更复杂也更精细。

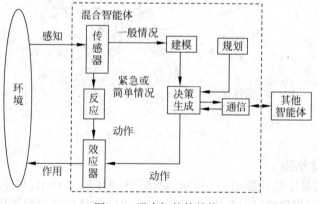

图 1-5　混合智能体结构

1.5.3　人工心理与人工情感

人工智能的研究发展已经达到了较高的水平,同时它的研究内容也在逐渐扩展和延伸。新世纪科学研究发展的特征是多学科交叉,而纳米生物信息认知(nano bio info cogno,NBIC)会聚技术为人工智能的研究指明了方向。研究情感与认知的关系需要人工智能领域的专家扩展研究人工情感与人工心理问题。使计算机拥有人工情感乃至人工心理处理能力是由人工智能创始人之一、美国 MIT 大学的 Minsky 教授首先提出的[8],早在 1985 年他就指出:问题不在于智能机器能否拥有任何情感,而在于机器实现智能时如何能够没有情感。目前对这个领域的研究已经在国内许多单位展开,可以说,对人工情感乃至人工心理的研究已经成为一种趋势。但是,此领域的理论基础还不成熟,研究工作也不成体系,文中从整体上综述了人工心理与人工情感的研究进展,并提出了未来需要研究解决的学术问题。

人工情感(artificial emotion,AE)是利用信息科学的手段对人类情感过程进行模拟、识别和理解,使机器能够产生类人情感并与人类自然和谐地进行人机交互的研究领域。目前对人工情感的研究主要有情感计算(affective computing,AC)和感性工学(kansei engineering,KE)2 个相关领域。

人工心理(artificial psychology,AP)就是利用信息科学的手段,对人的心理活动(着重是人的情感、意志、性格、创造)更全面地再一次人工机器(计算机、模型算法等)模拟,其目的是从心理学广义层次上研究情感、情绪与认知、动机与情绪的人工机器实现问题。人工心理与人工智能的关系如图 1-6 所示。

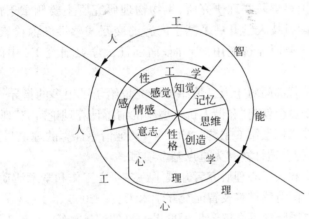

图 1-6　人工心理与人工智能的关系

人工心理的应用前景是非常广泛的,例如:支持开发有情感、意识和智能的机器人;真正意义上的拟人机械研究;使控制理论更接近于人脑的控制模式。已有的拟人控制理论主要就是维纳的"反馈"控制论和人工智能,这与人脑的控制模式有很大差别,因为人脑控制模式是"感知觉+情感"决定行为,而现有的控制系统决策不考虑也无法考虑情感的因素。人工心理应用的另一大领域是符合人性化的商品设计和市场开发。人工心理理论是人工智能的高级阶段,是自动化乃至信息科学的全新研究领域,它的研究将会大大促进拟人控制理论、情感机器人、人性化商品设计和市场开发等方面的进展,为最终营造一个人与人、人与机器的和谐社会环境做出贡献。人工心理学是一门交叉科学,其理论根源来自脑科学、心理学、生理学、伦理学、神经科学、人类工学、感性工学、语言学、美学、法律、信息科学、计算机科学、自动化科学、人工智能。它的应用范围主要是情感机器人的技术支持、拟人机械、人性化商品设计、感性市场开发、人工心理编程语言、人工创造技术、人类情感评价计算机系统(虚拟技术)、人类心理数据库及数学模型、人机和谐环境技术和人机和谐多通道接口等。

人工情感主要是情感计算方面的研究,而人工心理内容包括人工情感、人工意识及认知与情绪的人工数字化技术。应该说,人工情感是人工心理的一个主要研究内容。

不仅仅是人工智能领域的专家学者关心人工情感与人工心理的研究问题,值得注意的是,情绪心理学家对于"情绪智力与人工智能中的感情计算"也进行了深入的思考。他们认为,情绪智力是加工、处理情绪及情绪信息的能力,而人工智能中的情感计算是要赋予计算机与人互动过程中情感信息的加工能力,人脑处理情绪信息的能力与电脑处理情绪信息的能力可以进行类比。近年来,人工智能专家已经认识到情绪智力在感情计算中的重要作用和意义,把人类识别和表达情感的能力赋予计算机,开发了具有部分感情能力的计算机。新一代情感计算机的研发和应用依赖于人工智能专家与心理学家之间的密切合作,两者的研究成果可以相互借鉴和互补。

我国对人工情感的研究始于 20 世纪 90 年代,大部分研究工作针对人工情感单元理论与技术实现。哈尔滨工业大学研究了多功能感知机,主要包括表情识别、人脸识别、人脸检测与跟踪、手语识别、手语合成、表情合成、唇读等内容,并与海尔公司合作研究服务机器人。清华大学研究了基于人工情感的机器人控制体系结构。北京交通大学进行了多功能感知机同情感计算的融合研究。中国科学院自动化研究所主要研究基于生物特征的身份验证。中国科学院心理研究所、生物物理研究所主要侧重于情绪心理学与生理学关系的研究。中国科技大学开展了基于内容的交互式感性图像检索的研究,其中中国科学院软件研究所主要研究智能用户界面,而浙江大学则研究 E2 中的虚拟人物及情绪系统构造。

国家科技研究主管部门对于人工情感的研究也给予了很多的指导[10]。早在 1998 年,国家自然科学基金委员会就将“和谐人机环境中的情感计算理论研究”列为国家自然科学基金项目信息技术高技术探索第 6 主题;2004 年,又把情感计算的理论与方法研究列为重点基金项目;2005 年,把普适计算列为重点基金项目。

国内的人工情感和人工心理研究者开展了许多研究工作和学术活动。2003 年 12 月在北京召开了第一届中国情感计算及智能交互学术大会。2005 年 10 月在北京召开的第一届情感计算和智能交互国际学术会议云集了世界一流的情感计算、人工情绪和人工心理研究方面的专家学者。这说明,我国人工情感和人工心理的研究正在逐步展开并向国际水平看齐。尤其是 2005 年 10 月中国人工智能学会人工心理与人工情感专业委员会的成立,标志着我国在此方面的研究达到了一个新的高度。

人工情感和人工心理作为人工智能的扩展研究在应用方面已经取得了许多进展(主要是在美国、日本和欧盟国家)。但是,由于情绪心理学理论方法的多样性,导致人工情感的理论与方法都不成熟,这使得技术应用受到了很大影响。

(1) 技术挑战。人工心理和人工情感的研究具有一定的技术挑战。模拟人类心理和情感的复杂性和多样性是一项困难的任务。因此,开展相关研究需要更深入的领域知识、更多的数据和更复杂的模型,这可能导致研究的难度和成本增加。

(2) 数据获取困难。人工心理和人工情感的研究通常需要大量的心理和情感数据,包括心理状态、情绪和行为等方面的数据。然而,获取这些数据可能涉及隐私和伦理问题,并且在真实世界环境中收集这些数据是一项挑战。这可能限制了相关研究的进行。

(3) 专业交叉性。人工心理和人工情感研究需要跨越人工智能、认知心理学、情感科学等多个领域的交叉合作。这需要研究人员具备多学科的知识和技能,以及开展跨领域合作的机制和平台。这样的跨学科合作可能存在一些挑战和障碍。

尽管存在上述挑战,人工心理和人工情感的研究仍然是一个重要而活跃的领域。人们对于理解人类心理和情感的需求不断增加,同时人工智能在情感智能、用户体验、心理健康等方面的应用也有很大的潜力。因此,虽然可能在某些方面研究的热度相对较低,但人工心理和人工情感的研究仍然持续进行,并且在未来可能会得到更多的关注和投入。

1.5.4　认知智能与深度学习

1. 认知智能

认知研究与计算科学的深度融合使本书可以通过计算建模去模拟人类心智,构建认知体系结构,在计算系统中重现人类的智能。图灵奖获得者 Newell 在其最后的演讲中提出的终其学术生涯希望回答的科学问题"人类的心智如何能够在物理世界重现"及与其合作者毕生的学术贡献发挥了开创性的作用。

认知体系结构的研究以信息加工为基础构建人类认知模型,不仅对于揭示认知机制与本质至关重要,更是人工智能发展的基石。认知体系结构的研究始于 20 世纪 50 年代,目的在于创建可以进行跨领域推理同时又能适应新环境的计算系统。

在认知体系结构方面的尝试有数百种,涵盖了感知、注意力、学习、记忆、推理等方面。框架的结构设计分类主要包括以 ACT-R 为代表的自顶向下的认知总体结构计算模型,以 Leabra 为代表的自底向上的认知总体结构计算模型,以及以 SAL 为代表的顶层与底层相结合的认知总体结构计算模型。即使在单一架构中仅实现一个真正意义的认知功能,也是一项任务繁重的工程。因此,目前只有一小部分架构试图挑战更为通用的认知体系结构(如 ACT-R、Soar、BrainCog、NARS、OpenCogPrime)。其他架构则专注某一特定认知功能,这将为建立统一的认知理论带来较大的挑战。

总之,认知体系结构的发展对于人工智能本可以起到更多的启发作用。然而,作为一个学科的人工智能在以往的发展中,并没有实质性地受到认知体系结构的推动。认知体系结构大部分情况下还是认知心理学的研究人员在使用,认知心理学和认知科学的研究人员通过规则系统、神经网络模型构建认知体系结构,主要用于心理学计算建模。仅有少部分人工智能的研究人员使用这些系统,采用机器人、无人车等载体进行人工智能验证。未来认知体系结构研究的内涵和外延既将对人工智能产生深远影响,也会受益于人工智能的科学进展。

2. 深度学习

深度学习是人工智能领域的一种机器学习方法,它模拟人脑神经网络的结构和功能,通过构建多层次的神经网络来提取和学习数据中的特征和模式。深度学习在过去几年中取得了巨大的突破,广泛应用于计算机视觉、自然语言处理、语音识别等领域,推动了人工智能的快速发展。

深度学习的核心是神经网络。传统的神经网络主要由输入层、隐藏层和输出层组成,而深度学习引入了更深的网络结构,通过堆叠多个隐藏层来构建深层网络。这种深层结构能够有效地学习和表示复杂的数据模式,从而提高了模型的性能和泛化能力。

在深度学习中,最常用的神经网络类型是卷积神经网络(convolutional neural networks,CNN)和循环神经网络(recurrent neural networks,RNN)。CNN 在计算机视觉领域表现出色,能够自动学习和提取图像中的特征。RNN 则擅长处理序列数据,如语言模型和机器翻译。

深度学习的训练过程依赖于反向传播算法和梯度下降优化方法。反向传播通过计算损失函数对网络中的参数进行梯度计算,然后利用梯度下降优化方法来更新参数,使损失函数最小化。近年来,随着计算硬件的发展和大规模数据集的增加,深度学习的训练变得更加高效和可行。

深度学习在各个领域都取得了重要进展。在计算机视觉中,深度学习在图像分类、目标检测、图像分割等任务上取得了突破性成果,甚至超过了人类的表现。在自然语言处理领域,深度学习广泛应用于文本分类、情感分析、机器翻译等任务,取得了令人瞩目的成果。此外,深度学习还在语音识别、推荐系统、医疗诊断等领域展现出强大的能力和潜力。

尽管深度学习在各个领域取得了巨大成功,但仍存在一些挑战和问题:

(1)数据需求量大。深度学习模型通常需要大量地标记数据进行训练,而收集和标注大规模数据集是一项耗时且价格高昂的任务。这对于某些领域和任务可能存在困难,特别是在数据稀缺的情况下。

(2)模型的解释性。深度学习模型通常被认为是黑盒模型,其决策过程难以解释和理解。这在一些应用场景中可能不可接受,如医疗诊断和司法系统中的决策过程需要透明性和可解释性。

(3)硬件和计算资源要求。深度学习模型通常需要大量的计算资源进行训练和推理。训练深度神经网络需要高性能的图形处理器(GPU)或专用的深度学习加速器,并且在大规模部署和实时应用中可能需要高效的推理硬件。

(4)迁移学习和泛化能力。深度学习模型在处理新任务或新领域时可能需要大量的标记数据进行重新训练。如何实现在一个任务上学到的知识的有效迁移,以及提高模型的泛化能力仍然是研究的热点问题。

(5)隐私和安全性。随着深度学习模型在个人数据和敏感信息处理中应用的增加,隐私和安全性成为关注的焦点。确保个人数据的保护、防止模型受到恶意攻击和欺骗性样本的影响是重要的挑战。

尽管存在这些挑战,深度学习在人工智能领域仍取得了巨大的进展,并且持续吸引着学术界和工业界的广泛关注和投入。随着技术的不断发展和研究的深入,相信会有更多的创新和解决方案出现,进一步推动深度学习的应用和发展。

1.5.5 边缘智能的概念

以深度神经网络为代表的深度学习算法在诸多与人工智能相关的应用中取得了很好的效果,传统的人工智能应用采取云计算模式,即将数据传输至云端,然后由云端运行算法并返回结果。随着边缘计算的发展,人工智能应用越来越多地迁移到边缘进行。云计算和边缘计算在处理人工智能任务时的分工有较大不同,在云计算模式下,边缘主要承担数据采集任务,其将数据发送至云端,云承担了分类模型的训练和预测任务,并返回模型处理的结果;在边缘智能计算模式下,边缘除了数据采集外,还将执行模型的预测任务,输出模型处理的结果,此时,云更多地是进行智能模型的训练,并将训练后的模型参数更新到边缘。

边缘计算与人工智能的结合促进了边缘智能的发展,边缘智能来自边缘计算的推动和智能应用牵引的双重作用。在边缘计算方面,物联网数据、边缘设备、存储、无线通信和安全隐私技术的成熟共同推动了边缘智能的发展,同时,互联健康、智能网联车、智慧社区、智能家庭和公共安全等人工智能应用场景的发展也促使边缘智能进一步发展。边缘智能的发展对边缘计算和人工智能计算具有双向共赢优势:一方面,边缘数据可以借助智能算法释放潜力,提供更高的可用性;另一方面,边缘计算能够为智能算法提供更多的数据和应用场景。

为了提升边缘设备处理人工智能任务的能力,需要构建一整套生态系统,并且相互依赖,生态系统分别包含边缘智能算法、边缘智能编程库、边缘智能数据处理平台、边缘智能操作系统、边缘智能芯片和边缘智能设备。

(1) 边缘智能算法。面对边缘计算设备的深度学习算法,考虑到资源的受限性,相关研究工作主要从减少算法所需的计算量的角度出发,分为两类:一类是深度模型压缩方法,其将目前在云端表现良好的算法通过压缩技术减少计算量,从而能够在边缘端运行,常用的压缩技术有参数量化、共享和剪枝、低秩逼近、知识迁移;另一类是运用原生边缘智能算法,即直接针对受限的边缘计算设备进行算法设计。

(2) 边缘智能编程库。边缘智能编程库是开发时使用的主流系统软件,其向上提供编程接口方便用户开发,向下调用深度学习加速库,兼容多种硬件产品。计算框架分为两种:一种可以执行训练和预测任务,如 TensorFlow、Caffe2、PyTorch、PaddlePaddle 等;另一种是只执行预测任务,其获取已经训练好的模型,进行预测优化,如 TensorFlow Lite、CoreML 和 TensorRT 等。

(3) 边缘智能数据处理平台。在边缘智能场景下,边缘设备时刻产生海量数据,数据的来源和类型具有多样化特征,这些数据包括环境传感器采集的时间序列数据、摄像头采集的图片视频数据、车载 LiDAR 的点云数据等,数据大多具有时空属性,因此构建一个针对边缘数据进行管理、分析和共享的平台十分重要。

(4) 边缘智能操作系统。为了在边缘侧运行深度学习任务,操作系统需要做专门定制化设计以满足轻量级需求。边缘计算操作系统向下需要管理异构的计算资源,向上需要处理大量的异构数据及多种应用负载,其需要负责将复杂的计算任务在边缘计算节点上部署、调度及迁移,从而保证计算任务的可靠性及资源的最大化利用。与传统的物联网设备上的实时操作系统 Contiki 和 FreeRTOS 不同,边缘操作系统是更倾向对数据、计算任务和计算资源进行管理的框架。

(5) 边缘智能芯片。面向边缘智能计算特性而设计的硬件设备为智能任务提供支撑。为了适用于边缘计算场景中低功耗、低延时的应用需求,通用处理器和异构计算硬件并存的方式被认为是一种低效的方式,通用处理器(CPU)执行包括控制、调度在内的计算任务,异构硬件牺牲部分通用计算能力,专注于加速特定任务,能够提升性能功耗比。边缘智能硬件一般分为:轻量级 CPU、图像处理器(GPU)、神经网络专用处理器(ASIC)和现场可编程逻辑门阵列(FPGA)。

(6) 边缘智能设备。边缘智能设备包括以智能摄像头为代表的监控设备,以智能手机、手环为代表的可穿戴设备和以无人机为代表的移动设备,它们在日常生活中发挥各自的作用,如消防、出行、健康、娱乐等,影响着广大民众的生活。

1.6 人工智能的典型应用

人工智能应用(applications of artificial intelligence)的范围很广,包括医药、诊断、金融贸易、机器人控制、法律、科学发现和玩具[9]。许多种人工智能应用深入每种工业的基础。20 世纪 90 年代和 21 世纪初,人工智能技术变成大系统的元素,但很少有人认为这属于人工智能领域的成就。

1.6.1　人工智能在普通领域的应用

1. 计算机科学领域

人工智能(artificial intelligence,AI)产生了许多方法解决计算机科学最困难的问题。它们的许多发明已被主流计算机科学采用,却不认为这是 AI 的一部分。下面的内容原来在 AI 实验室发展:时间分配、界面演绎员、图解用户界面、计算机鼠标、快发展环境、联系表数据结构、自动存储管理、符号程序、功能程序、动态程序和客观指向程序。

2. 金融领域

人工智能技术帮助银行进行系统组织运作、金融投资和管理财产。2001 年 8 月在模拟金融贸易竞赛中机器人战胜了人。金融机构已用人工神经网络系统来发现变化或规范外的要求;除此之外,人工智能还能够协助顾客服务系统帮助核对账目、发行信用卡和恢复密码等。

3. 医疗卫生领域

临床医学可用人工智能系统组织病床计划,并提供医学信息。人工神经网络用来做临床诊断决策支持系统。人工智能目前已在医学方面崭露头角:通过使用人工智能技术,计算机能够帮助解析医学图像,其典型应用是发现肿块;另外,人工智能还能帮助扫描数据图像,从 X 光断层图中发现疾病。

4. 服务行业领域

人工智能是自动上线的好助手,可减少操作,使用的主要是自然语言加工系统。呼叫中心的回答机器也采用类似的技术,如语音识别软件和自动问答技术大大减少了人工客服的工作量。

1.6.2　人工智能在 ChatGPT 领域的应用

人工智能可以划分为弱人工智能、强人工智能及超人工智能。弱人工智能只专注于完成某个特别设定的任务,如语音识别、图像识别和翻译,像谷歌的 AlphaGo,它们是优秀的信息处理者,却无法真正理解信息。强人工智能系统包括学习、语言、认知、推理、创造和计划,目标是使人工智能在非监督学习的情况下处理前所未见的细节,并同时与人类开展交互式学习。它属于人类级别的人工智能,可以代替大部分人类工作。超人工智能是通过模拟人类的智慧,人工智能开始具备自主思维意识,形成新的智能团体,能够像人类一样独自进行思考,可以理解为比人类大脑聪明许多,包括科学创新、通识和社交技能。

1. ChatGPT 简介

聊天生成型预训练变换模型(chat generative pre-trained transformer,ChatGPT),是 OpenAI 开发的人工智能聊天机器人程序[11-12],于 2022 年 11 月推出。该程序使用基于 GPT-3.5 架构的大型语言模型(large language model,LLM)并强化学习训练。ChatGPT 目前仍以文字方式交互,除了可以用人类自然对话方式来交互,还可以用于甚为复杂的语言工作,包括自动生成文本、自动问答、自动摘要等多种任务。例如:在自动文本生成方面,ChatGPT 可以根据输入的文本自动生成类似的文本(剧本、歌曲、企划等);在自动问答方面,ChatGPT 可以根据输入的问题自动生成答案。

虽然聊天机器人的核心功能是模仿人类对话,但 ChatGPT 用途广泛。例如,有编写和

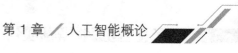

调试计算机程序的能力,创作音乐、电视剧、童话故事和学生论文,回答测试问题(在某些测试情境下,水平高于普通人类测试者),写诗和歌词,模拟 Linux 系统等。ChatGPT 的训练数据包括各种文档及关于互联网、编程语言等各类知识,如 BBS 和 Python 编程语言。

与其前身 InstructGPT 相比,ChatGPT 试图减少有害和误导回复。例如,问 InstructGPT "告诉我 2015 年克里斯托弗·哥伦布何时来到美国"时,它会认为这是对真实事件的描述,而 ChatGPT 针对同一问题则会使用其对哥伦布航行的知识和对现代世界的理解来构建答案,假设哥伦布在 2015 年来到美国时可能会发生什么。

与其他多数聊天机器人不同的是,ChatGPT 能够记住与用户之前的对话内容和给它的提示。此外,为了防止 ChatGPT 接受或生成冒犯言论,输入内容会由审核 API 过滤,以减少潜在的种族主义或性别歧视等内容。

2. ChatGPT 的发展

ChatGPT 经历多类技术路线演化,逐步成熟与完善。ChatGPT 所能实现的人类意图来自机器学习、神经网络及 Transformer 模型的多种技术模型积累。

ChatGPT 是基于 Transformer 架构的语言模型,它在以往大语言模型(如 ELMo 和 GPT-2)的基础上有诸多性能提升,具体如下:

(1)更大的语料库。ChatGPT 使用了更大的语料库,以更好地捕捉人类语言的复杂性。

(2)更高的计算能力。ChatGPT 使用了更高的计算资源,以获得更好的训练效果。

(3)更加通用的预训练。ChatGPT 的预训练是通用的,因此它可以更好地适应各种不同的任务。

(4)更高的准确性。ChatGPT 的训练效果比以往的大语言模型更好,因此它的准确性更高。

(5)更高的适应性。ChatGPT 具有较高的适应性,可以根据不同的场景和任务进行微调,以提高其在特定领域的效果。

(6)更强的自我学习能力。ChatGPT 具有自我学习能力,可以在不断接触新语料的过程中持续提高自己的性能。

在技术层面上,基础模型通过迁移学习(transfer learning)[13]和规模(scale)得以实现。迁移学习的思想是将从一项任务中学习到的"知识"(如图像中的对象识别)应用于另一项任务(如视频中的活动识别)。

在深度学习中,预训练是迁移学习的主要方法:在替代任务上训练模型(通常只是达到目的的一种手段),然后通过微调来适应感兴趣的下游任务。迁移学习使基础模型成为可能。

大规模需要三个要素:①计算机硬件的改进,如 GPU 吞吐量和内存在过去 4 年中增加了 10 倍;②Transformer 模型架构的开发,该架构利用硬件的并行性来训练比以前更具表现力的模型;③更多训练数据的可用性。

基于 Transformer 的序列建模方法现在应用于文本、图像、语音、表格数据、蛋白质序列、有机分子和强化学习等,这些例子的逐步形成使得使用一套统一的工具来开发各种模态的基础模型这一理念得以成熟。例如,GPT-3 与 GPT-2 的 15 亿参数相比,GPT-3 具有 1750 亿个参数,且允许上下文学习。在上下文学习中,只需向下游任务提供提示(任务的自然语言描述),语言模型就可以适应下游任务,这是一种新兴属性。Transformer 成功地将其应用于具有大量和有限训练数据的分析,可以很好地推广到其他任务。2017年,Ashish Vaswani等在论文 *Attention Is All You Need* 中,考虑到主导序列转导模型基于编码器-解码器配置中的复杂递归或卷积神经网络,性能最好的模型被证明仍是通过注意力机制(attention mechanism)连接编码器和解码器,因而 *Attention Is All You Need* 中提出了一种新的简单架构——Transformer,它完全基于注意力机制,完全不用重复和卷积,因而这些模型在质量上更优,同时更易于并行化,并且需要的训练时间明显更少。

Transformer 出现以后,迅速取代了 RNN 系列变种,跻身主流模型架构基础。(RNN 的缺陷正是按流水线式的顺序计算)

3. GPT-1:借助预训练,进行无监督训练和有监督微调

1) GPT-1 模型的核心手段是预训练(pre-training)

GPT-1 模型基于 Transformer 解除了顺序关联和依赖性的前提,采用生成式模型方式,重点考虑了从原始文本中有效学习的能力,这对于减轻自然语言处理(NLP)中对监督学习的依赖至关重要。

生成型预训练变换模型(generative pre-training transformer,GPT)于 2018 年 6 月由 OpenAI 首次提出。GPT 模型考虑到在自然语言理解中有大量不同的任务,尽管大量的未标记文本语料库非常丰富,但用于学习这些特定任务的标记数据很少,这使得经过区分训练的模型很难充分执行。

同时,大多数深度学习方法需要大量手动标记的数据,这限制了它们在许多缺少注释资源的领域的适用性。

在考虑以上局限性的前提下,GPT 相关论文中证明,通过对未标记文本的不同语料库进行语言模型的生成性预训练,然后对每个特定任务进行区分性微调,可以实现这些任务上的巨大收益。和之前的方法不同,GPT 在微调期间使用任务感知输入转换,以实现有效的传输,同时对模型架构的更改最小。

2) GPT 相比 Transformer 等模型进行了显著简化

相比 Transformer,GPT 训练了一个 12 层仅有 decoder 的解码器(原 Transformer 模型中包含 encoder 和 decoder 两部分)。

相比 Google 的双向编码生成变换器(bidirectional encoder representations from transformers,BERT),GPT 仅采用上文预测单词(BERT 采用了基于上下文双向的预测手段)。

ChatGPT 的表现更贴近人类意图,部分因为一开始 GPT 是基于上文的预测,这更贴近人类的话语模式,因为人类言语无法基于将来的话进行分析。

4. GPT-2:采用多任务系统,基于 GPT-1 进行优化

GPT-2 在 GPT-1 的基础上进行了诸多改进,实现了执行任务的多样性,开始学习在不需要明确监督的情况下执行数量惊人的任务。

在 GPT-2 阶段,OpenAI 去掉了 GPT-1 阶段的有监督微调(fine-tuning),成为无监督模型。

大模型 GPT-2 是一个 1.5B 参数的 Transformer,在其相关论文中它在 8 个测试语言建模数据集中的 7 个数据集上实现了当时最先进的结果。模型中,Transfomer 堆叠至 48 层。GPT-2 的数据集增加到 800 万的网页、40GB 的文本。

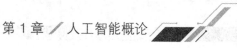

1）GPT-2 要解决和优化的问题

机器学习系统通过使用大型数据集、高容量模型和监督学习的组合，在训练任务方面表现出色，然而这些系统较为脆弱，对数据分布和任务规范的轻微变化非常敏感，因而使得 AI 表现更像狭义专家，并非通才[14]。

2）GPT-2 要实现的目标

转向更通用的系统，使其可以执行许多任务，最终无须为每个任务手动创建和标记训练数据集。

3）GPT-2 的核心抓手——采用多任务模型（multi-task）

GPT-2 调整优化的目的是解决零次学习问题（zero-shot）（zero-shot 问题，就是针对 AI 在面对不认识的事物时，也能进行推理）。

多任务模型的特点：与传统 ml 需要专门的标注数据集不同（从而训练出专业 AI），多任务模型不采用专门的 AI 手段，而是在海量数据喂养训练的基础上，适配任何任务形式。

4）GPT-2 仍未解决应用中的诸多瓶颈问题

GPT-2 聚焦在无监督、零次学习上，然而 GPT-2 的训练结果也有不达预期之处，所存在的问题也亟待优化。在 GPT-2 阶段，尽管体系结构与任务无关，但仍然需要任务特定的数据集和微调：要在所需任务上实现强大的性能，通常需要对特定于该任务的数千到数十万个示例的数据集进行微调。

从实用的角度来看，每一项新任务都需要一个标记示例的大数据集，这限制了语言模型的适用性；对于其中的许多任务（从纠正语法到生成抽象概念的示例，再到评论一则短篇故事等），很难收集一个大型的监督训练数据集，特别是当每个新任务必须重复该过程时。

在预训练加微调范式中，实现的泛化可能很差，因为该模型特定于训练分布，并且在其之外无法很好地泛化。

微调模型在特定基准上的性能，即使名义上是人类水平，也可能夸大基础任务的实际性能。因为人类学习大多数语言任务不需要大型受监督的数据集，因此当前 NLP 技术在概念上具有一定的局限性。

5. GPT-3：取得突破性进展，任务结果难以与人类作品区分开来

GPT-3 对 GPT-2 追求无监督与零次学习的特征进行了改进。GPT-3 利用了过滤前 45TB 的压缩文本，在诸多 NLP 数据集中实现了强大的性能。

GPT-3 是具有 1750 亿个参数的自回归语言模型，比之前的任何非稀疏语言模型多 10 倍。对于所有任务（在 few-shot 设置下测试其性能），GPT-3 都是在没有任何梯度更新或微调的情况下应用的，仅通过与模型的文本交互来指定任务和 few-shot 演示。

GPT-3 在许多 NLP 数据集上都有很强的性能（包括翻译、问题解答和完形填空任务），以及一些需要动态推理或领域适应的任务（如解译单词、在句子中使用一个新单词或执行三位数算术）。GPT-3 还可以生成新闻文章样本（已很难将其与人类撰写的文章区分开来）。

6. InstructGPT：在 GPT-3 基础上进一步强化

InstructGPT 使用来自人类反馈的强化学习方案 rlhf（reinforcement learning from human feedback），通过对大语言模型进行微调，能够在参数减少的情况下，实现优于 GPT-3 的功能。

InstructGPT 提出的背景：使语言模型更大并不意味着它们能够更好地遵循用户的意

图,例如,大型语言模型可以生成不真实、有毒或对用户毫无帮助的输出,即这些模型与其用户不一致。另外,GPT-3虽然选择了少样本学习(few-shot)和继续坚持了GPT-2的无监督学习,但基于少样本学习的效果稍逊于监督微调(fine-tuning)的方式。

基于以上背景,OpenAI在GPT-3基础上根据人类反馈的强化学习方案,训练出奖励模型(reward model)去训练学习模型[15](即用AI训练AI的思路)。

InstructGPT的训练步骤为:对GPT-3监督微调→训练奖励模型(reward model)→增强学习优化SFT(第二、第三步可以迭代循环多次)。

7. ChatGPT:得益于通用(基础)模型所构建AI系统的新范式

1) ChatGPT核心技术的优势:提升了理解人类思维的准确性

InstructGPT与ChatGPT属于相同代际的模型,ChatGPT只是在InstructGPT的基础上增加了Chat属性,且开放了公众测试。ChatGPT提升了理解人类思维的准确性的原因在于利用了基于人类反馈数据的系统进行模型训练。

根据官网介绍,GhatGPT也是基于InstructGPT构建,因而可以从InstructGPT上来理解ChatGPT利用人类意图来增强模型效果。

2) ChatGPT以基础模型为杠杆,适用于多类下游任务

ChatGPT采用了GPT3.5(InstructGPT)大规模预训练模型,在自然语言理解和作品生成上极大地提升了性能。

鉴于传统NLP技术的局限性,基于大语言模型(LLM)有助于充分利用海量无标注文本预训练,从而使文本大模型在较小的数据集和零数据集背景下可以有较好的理解和生成能力。基于大模型的无标准文本收集,ChatGPT得以在情感分析、信息钻取、理解阅读等文本场景中突出优势。

随着训练模型数据量的增加,数据种类逐步丰富,模型规模及参数量的增加会进一步促进模型语义理解能力及抽象学习能力的极大提升,实现ChatGPT的数据飞轮效应(用更多数据可以训练出更好的模型,吸引更多用户,从而产生更多用户数据用于训练,形成良性循环)。

研究发现,每次增加参数都带来了文本合成或下游NLP任务的改进。有证据表明,日志丢失与许多下游任务密切相关,但随着规模的增长,日志丢失呈现平稳的改善趋势。

3) ChatGPT大模型架构是机器学习发展到第三阶段的必然产物[16]

机器学习中的计算历史分为3个时代:前深度学习时代、深度学习时代和大规模时代。在大规模时代,训练高级机器学习系统的需求快速增长。

计算、数据和算法的进步是指导现代机器学习进步的3个基本因素。在2010年之前,训练计算的增长符合摩尔定律,大约每20个月翻一番。自深度学习(deep learning,DL)问世以来,训练计算的规模已经加快,大约每6个月翻一番。2015年年末,随着大规模ML模型的开发,训练计算需求增加10~100倍,因而出现了一种新趋势——训练高级ML系统的需求快速增长。

2015—2016年,出现了大规模模型的新趋势。这一新趋势始于2015年年末的AlphaGo,并持续至今(GPT-3于2020年出现)。

图1-7给出了人工智能的主要应用领域。

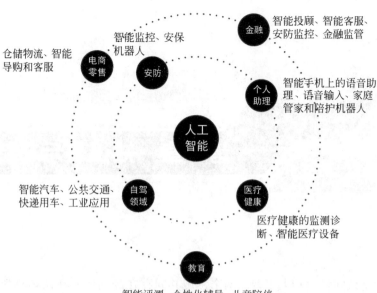

图 1-7　人工智能的主要应用领域（见文前彩图）

参考文献

[1] 邹蕾,张先锋.人工智能及其发展应用[J].信息网络安全,2012(2)：11-13.

[2] 贾同兴.人工智能与情报检索[M].北京：北京图书馆出版社,1997：15-103.

[3] 屈绍辉.大数据、人工智能对促进产业转型升级的革命性意义[J].产业创新研究,2024(8)：28-30.

[4] 许万增,王行刚,徐筱棣,等.人工智能对人类社会的影响[M].北京：科学出版社,1996：21-73.

[5] 朱福喜,汤怡群,傅建明.人工智能原理[M].武汉：武汉大学出版社,2002：87-91.

[6] 邢传鼎,杨家明,任庆生,等.人工智能原理及应用[M].上海：东华大学出版社,2005：65-72.

[7] 杜严勇.人工智能伦理审查：现状、挑战与出路[J/OL].东华大学学报(社会科学版),(2024-01-13)
    [2024-06-04].https://doi.org/10.19883/j.1009-9034.2024.0124.

[8] 苏尤丽,胡宣宇,马世杰,等.人工智能在中医诊疗领域的研究综述[J/OL].计算机工程与应用,
    (2024-01-21)[2024-06-04].http://kns.cnki.net/kcms/detail/11.2127.TP.20240530.1051.002.
    html.

[9] 蔡自兴,徐光.人工智能及其应用[M].北京：清华大学出版社,2003：51-93.

[10] 王鸿斌,张立毅,胡志军.人工神经网络理论及其应用[J].山西电子技术,2006,(2)：41-43.

[11] 王树义,张庆薇.ChatGPT给科研工作者带来的机遇与挑战[J].图书馆论坛,2023,43(3)：109-118.

[12] LUND B D,WANG T. Chatting about ChatGPT：how may AI and GPT impact academia and
    libraries？[J]. Library Hi Tech News,2023,40(3)：26-29.

[13] LIEBRENZ M,SCHLEIFER R,BUADZE A,et al. Generating scholarly content with ChatGPT：
    ethical challenges for medical publishing[J]. The Lancet Digital Health,2023,5(3)：e105-e106.

[14] JIAO W,WANG W,HUANG J,et al. Is ChatGPT a good translator？ A preliminary study[EB/
    OL]. (2023-01-31)[2023-08-06].https://doi.org110.48550/arXiv.2301.08745.

[15] HILL-YARDIN E L,HUTCHINSON M R,LAYCOCK R,et al. A Chat（GPT）about the future of
    scientific publishing[J]. Brain,behavior,and immunity,2023：S0889-1591(23)00053-3.

[16] LUND B D,WANG T,MANNURU N R,et al. ChatGPT and a new academic reality：Artificial
    Intelligence—written research papers and the ethics of the large language models in scholarly publishing
    [J]. Journal of the Association for Information Science and Technology,2023,74(5)：570-581.

第2章 知识表示与特征工程

知识表示是认知科学和人工智能两个领域共同存在的问题。在认知科学中,它关系到人类如何存储和处理资料。在人工智能中,其主要目标为存储知识,能够处理程序,达到人类的智慧。

知识表示是关于世界的信息表示符合机器处理的模式,用于模拟人对世界的认识和推理,以解决人工智能中的复杂任务。知识表示是研究用机器表示知识的可行性、有效性的一般方法,是一种数据结构与控制结构的统一体,既考虑知识的存储又考虑知识的使用。知识表示可以看成是一组描述事物的约定,它将人类知识表示成机器能处理的数据结构。

常见的知识分类方法有:按性质可分为概念、命题、公理、定理、规则和方法;按作用域可分为常识性知识、领域性知识;按作用效果可分为事实性知识、过程性知识、控制性知识;按层次可分为表层知识(专家系统)、深层知识(数据挖掘);按确定性可分为确定性知识、不确定性知识;按等级可分为零级知识(叙述性知识)、一级知识(过程性知识)、二级知识(元知识、超知识)、三级知识(元元知识)。

知识表示是用一些约定的符号把知识编码成一组能被计算机接收并便于系统使用的数据,其结构要求:①有表示能力;②可理解性;③可访问性(有效利用);④可扩充性。常用的方法有:①谓词逻辑;②状态空间;③产生式规则;④语义网络;⑤框架;⑥概念存储;⑦脚本;⑧petri 网[1]。

工业界广为流传着一句话:数据和特征决定了机器学习的上限,模型和算法只是逼近这个上限而已。那特征工程到底是什么呢?顾名思义,其本质是一项工程活动,目的是最大限度地从原始数据中提取特征以供算法和模型使用。

特征工程就是一个把原始数据转变成特征的过程,这些特征可以很好地描述这些数据,并且利用它们建立的模型在未知数据上的表现性能可以达到最优(或者接近最佳性能)。特征工程更是一门艺术,跟编程一样。导致许多机器学习项目成功和失败的主要因素就是使用了不同的特征[8]。

数据特征会直接影响本书模型的预测性能。选择的特征越好,最终得到的性能也就越好。实验结果取决于选择的模型、获取的数据及使用的特征,甚至问题的形式和用来评估精度的客观方法也占据了一部分。此外,实验结果还受到许多相互依赖的属性的影响,需要很好地描述数据内部结构特征。

（1）特征越好，灵活性越强。只要特征选得好，即使是一般的模型（或算法）也能获得很好的性能，因为大多数模型（或算法）在好的数据特征下表现的性能还不错。好特征的灵活性在于它允许选择不复杂的模型，同时运行速度更快，也更容易理解和维护。

（2）特征越好，构建的模型越简单。有了好的特征，即便参数不是最优的，模型性能仍然会表现得很好，所以就不需要花太多的时间去寻找最优参数，这大大降低了模型的复杂度，使模型趋于简单。

（3）特征越好，模型的性能越出色。本书进行特征工程的最终目的就是提升模型的性能[12]。

2.1 状态空间表示

状态空间（state space）是利用状态变量和操作符号表示系统或问题的有关知识的符号体系。状态空间可以用一个四元组表示：

$$(S, O, S_0, G) \tag{2-1}$$

其中，S 是状态集合，S 中每一元素表示一个状态，状态是某种结构的符号或数据。O 是操作算子的集合，利用算子可将一个状态转换为另一个状态。S_0 是问题初始状态的集合，是 S 的非空子集，即 $S_0 \subset S$。G 是问题目的状态的集合，是 S 的非空子集，即 $G \subset S$。G 可以是若干具体状态，也可以是满足某些性质的路径信息描述[2]。

从 S_0 节点到 G 节点的路径称为求解路径。求解路径上的操作算子序列为状态空间的一个解。例如，操作算子序列 $O_1, O_2, \cdots, O_k$ 使初始状态转换为目标状态：

$$S_0 \xrightarrow{O_1} S_1 \xrightarrow{O_2} S_2 \xrightarrow{O_3} \cdots \xrightarrow{O_k} G \tag{2-2}$$

则 $O_1, O_2, \cdots, O_k$ 即为状态空间的一个解。当然，解往往不是唯一的。

任何类型的数据结构都可以用来描述状态，如符号、字符串、向量、多维数组、数和表格等。所选用的数据结构形式要与状态所蕴含的某些特性具有相似性。

2.1.1 问题状态描述

图结构由节点（不一定是有限的节点）的集合构成。一对节点用弧线连接起来，从一个节点指向另一个节点，这种图叫作有向图（directed graph）。如果某条弧线从节点 n_1，指向节点 n_2，那么节点 n_2，就叫作节点的后继节点或后裔，而节点 n_1 就叫作节点 n_2 的父辈节点或祖先。在各种图中，一个节点只有有限个后继节点。一对节点可能互为后继，这时，该对有向弧线就用一条棱线代替。当用图来表示某个状态空间时，图中各节点应标上相应的状态描述，而有向弧线旁边应标有算符。

例如，某个节点序列 $(n_1, n_2, \cdots, n_w)(w=1,2,3,\cdots)$，如果对于每一个 y_1 都有一个后继节点 n 存在，那么就把这个节点序列叫作从节点 n 至节点 n_w 的长度为 k 的路径。如果从节点 n 至节点 n_w 存在一条路径，那么就称节点 n 是从节点 n_w 可达到的节点，或者称节点 n 为节点 n_w 的后裔，而且称为节点 n 的祖先。可以发现，寻找从一种状态变换为另一种状态的某个算符序列问题等价于寻求图的某一路径问题。

给各弧线指定代价表示加在相应算符上的代价常常是方便的。用 $c(n_1, n_2)$ 来表示从节点 n 指向节点 n 的那段弧线的代价。两节点间路径的代价等于连接该路径上各节点的所有弧线代价之和。对于最优化问题，要找到两节点间具有最小代价的路径。

对于最简单的一类问题，需要求得某指定节点 s（表示初始状态）至另一节点（表示目标状态）之间的一条路径（可能具有最小代价）。一幅图可由显式说明也可由隐式说明。对于显式说明，各节点及其具有代价的弧线由一张表明确给出。可能列出该图中的每一个节点、它的后继节点及连接弧线的代价。显然，显式说明对于大型图是不切实际的，对于具有有限节点集合的图也是不可能的。

对于隐式说明，{节点的有限集合:}作为起始节点是已知的。此外，引入后继节点算符的概念是方便的。后继节点算符 Γ 也是已知的，它能作用于任一节点以产生该节点的全部后继节点和各连接弧线的代价。把后继算符应用于 {s:} 的成员和它们的后继节点及这些后继节点的后继节点，如此无限制地进行下去，直至最后使得由 Γ 和 {s:} 所规定的。

隐式图可变为显式图。把后继算符应用于节点的过程，就是扩展一个节点的过程。因此，搜索某个状态空间以求得算符序列的一个解答过程，就对应于使隐式图足够大的一部分变为显式图以便包含目标的过程。这样的搜索图是状态空间问题求解的主要基础。

问题的表示对求解工作量有很大的影响。人们显然希望有较小的状态空间表示。许多似乎很难的问题，在具有合适的状态表示时可能会具有小而简单的状态空间，从而方便问题的求解。

产生式系统是认知心理学程序表征系统的一种，是为解决某一问题或完成某一作业而按一定层次联结组成的认知规则系统。它通常用于表示事实、规则及它们的不确定性度量，适合表示事实性知识和规则性知识，由全局数据库、产生式规则和控制系统 3 部分组成。

（1）一个总数据库（general database），含有与具体任务有关的信息。随着应用情况的不同，这个数据库可能小得像数字矩阵那样简单，也可能大得如检索文件结构那么复杂。

（2）一套规则，对数据库进行操作运算。每条规则由左、右两部分组成，左部描述规则的适用性或先决条件，右部描述规则应用时所完成的动作。用规则来改变数据库，就像用算符来改变状态一样。

（3）一套控制策略，确定应该采用哪一条适用的规则，而且当数据库的终止条件满足时，就应停止计算。控制策略由控制系统选择和确定。

2.1.2　状态空间表示应用

猴子和香蕉的问题（monkey and banana problem），如图 2-1 所示。

在一个房间内有一只猴子（可把这只猴子看作一个机器人）、一个箱子和一束香蕉。香蕉挂在天花板下方，但猴子的高度不足以碰到它，那么这只猴子怎样才能摘到香蕉呢？

下面用一个四元列表 (W, X, Y, Z) 来表示猴子、香蕉和箱子在房间内的相对位置，其中：

（1）W 表示猴子的水平位置；

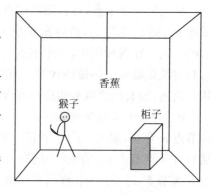

图 2-1　猴子摘香蕉

（2）X 表示当猴子在箱子顶上时 $X=1$，否则 $X=0$；

（3）Y 表示箱子的水平位置；

（4）Z 表示当猴子摘到香蕉时 $Z=1$，否则 $Z=0$。

这个问题中的操作（算符）如下：

（1）go to(U)猴子走到水平位置 U，或者用产生式规则表示为：

$$(W,0,Y,Z) \Rightarrow (U,0,Y,Z) \tag{2-3}$$

即应用操作 go to(U)，能把状态 $(W,0,Y,Z)$ 变换为状态 $(U,0,Y,Z)$。

（2）push box(V)猴子把箱子推到水平位置 V，则有：

$$(W,0,W,Z) \Rightarrow (V,0,V,Z) \tag{2-4}$$

应当注意的是，要应用算符 push box(V)，就要求在产生式规则的左边，猴子与箱子必须在同一位置上，并且，猴子不是在箱子顶上。这种强加于操作的适用性条件叫作产生式规则的先决条件。

（3）climb box 猴子爬上箱顶，则有：

$$(W,0,W,Z) \Rightarrow (W,1,W,Z) \tag{2-5}$$

在应用算符 climb box 时也必须注意到，猴子和箱子应当在同一位置上，而且猴子不在箱顶上。

（4）grasp 猴子摘到香蕉，则有：

$$(c,1,c,0) \Rightarrow (c,1,c,1) \tag{2-6}$$

其中，c 是香蕉正下方的地板位置，在应用算符 grasp 时，要求猴子和箱子都在位置 c 上，并且猴子已在箱子顶上。

应当说明，在这种情况下，算符操作的适用性及作用均由产生式规则表示。例如，对于规则（2），只有当算符 push box(V)的先决条件，即猴子与箱子在同一位置上而且猴子不在箱顶上这些条件得到满足时，算符 push box(V)才是适用的。这一操作算符的作用是猴子把箱子推到位置 V。在这一表示中，目标状态的集合可由任何最后元素为 1 的列表来描述。

令初始状态为 $(a,0,b,0)$。此时，go to(U)是唯一适用的操作，并导致下一状态 $(U,0,b,0)$。现在有 3 个适用的操作，即 go to(U)，push box(V)和 climb box(若 $U=b$)。

把所有适用的操作继续应用于每个状态，本书就能够得到状态空间图，把该初始状态变换为目标状态的操作序列即用四元组 (W,X,Y,Z) 表示猴子与香蕉的问题。其中，W 表示猴子的水平位置；X 表示当猴子在箱子顶上时 $X=1$，否则 $X=0$；Y 表示箱子的水平位置；Z 表示当猴子摘到香蕉时 $Z=1$，否则 $Z=0$。

算符表征：

（1）go to(U)猴子走到水平位置 U；

（2）push box(V)猴子把箱子推到水平位置 V；

（3）climb box 猴子爬上箱顶；

（4）grasp 猴子摘到香蕉。

求解过程：

最终状态的操作序列：

$$\{go\ to(b), push\ box(c), climb\ box, grasp\} \tag{2-7}$$

2.2 问题规约表示

问题归约(problem reduction)是另一种问题描述与求解方法。已知问题的描述,通过一系列变换把此问题最终变为一个子问题集合;这些子问题的解可以直接得到,从而解决了初始问题。

可见,问题归约表示由三部分组成:

(1)初始问题描述;

(2)把问题变换为子问题的操作符;

(3)本原问题描述。

从目标(要解决的问题)出发逆向推理,建立子问题及子问题的子问题,直至把初始问题约等为一个平凡的本原问题集合,这就是问题归约的实质[2]。

2.2.1 问题规约描述

汉诺塔问题是一个经典的问题。汉诺塔(hanoi tower)又称河内塔,源于印度一个古老的传说。大梵天创造世界的时候做了3根金刚石柱子,在1根柱子上从下往上按照大小顺序摞着64片黄金圆盘。大梵天命令婆罗门把圆盘从下面开始按大小顺序重新摆放在另一根柱子上,并且规定,任何时候,在小圆盘上都不能放大圆盘,且在3根柱子之间一次只能移动一个圆盘。请问应该如何操作?

现在3根柱子分别为A、B、C,当A初始只有一片圆盘时,只需从A→C即可达到要求,传递次数为1次,如图2-2所示。

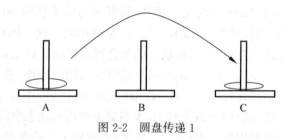

图2-2 圆盘传递1

当A初始有2片圆盘时,只需先将A→B,再将A→C,最后将B→C即可达到要求,传递次数为3次,如图2-3所示。

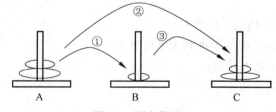

图2-3 圆盘传递2

如果A初始有3片圆盘,又会是怎样的传递方式呢?

如图2-4所示,传递方式为:A→C,A→B,C→B,A→C,B→A,B→C,A→C。

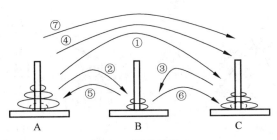

图 2-4　圆盘传递 3

从图 2-2～图 2-4 可以看出，如果 A 初始有 n 片圆盘，则传递次数为 2^n-1 次。

传递规律：本书不考虑中途传递细节，为满足最终要求，将大问题分成三大步来解决。先将 $n-1$ 个圆盘从第 1 根柱子 A 移到第 2 根柱子 B，其次将第 n 个圆盘（最大的圆盘）从第 1 根柱子 A 移到第 3 根柱子 C，最后将 $n-1$ 个圆盘从第 2 根柱子 B 移到第 3 根柱子 C，即可满足条件。具体如图 2-5 所示。

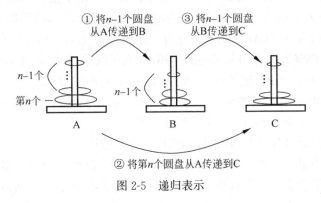

图 2-5　递归表示

2.2.2　问题规约应用

把一个问题描述变换为一个归约或后继问题描述的集合，这是由问题归约算符进行的。变换所得所有后继问题的解就是父辈问题的解。所有问题归约的目的是最终产生具有明显解答的本原问题。这些问题可能是由状态空间搜索中走动一步来解决的问题，也可能是其他具有已知解答的更复杂的问题[3]。

本原问题除了对终止搜索过程起着明显的作用外，还被用来限制归约过程中产生后继问题的替换集合。当一个或多个后继问题属于某个本原问题的指定子集时，就会出现这种限制。

2.2.3　与或图表示

递归问题是个抽象的问题，因为人的大脑计算堆栈是有限的，想象不出来运行效果，因此本书只需要举几个实例，然后寻找其中的规律即可。当 n 值增大时，只是复杂度发生了改变，实际上函数的递归调用还是一样的。

用一个类似图的结构来表示问题归约为后继问题的替换集合，画出归约问题图。例如，设想问题 A 既可以由求解问题 B 和问题 C 来解决，也可以由求解问题 D、E 和问题 F 解决，或者由单独求解问题 H 来解决。这一关系可由如图 2-6 所示的结构来表示。图中各节

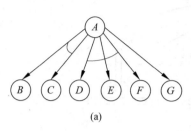
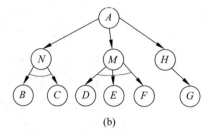

图 2-6　与或图

点由它们所表示的问题来标记。

问题 B 和问题 C 构成后继问题的一个集合；问题 D、E 和问题 F 构成另一个后继问题的集合；而问题 H 则为第 3 个集合。对应于某个给定集合的各节点，用一条连接它们的弧线特别标记。

通常把某些附加节点引入此结构图，以便使含有一个以上后继问题的每个集合能够聚集在它们各自的父辈节点之下。根据这一约定，如图 2-6(a) 所示的结构变为图 2-6(b) 所示的结构。其中，标记为 N 和 M 的附加节点分别作为集合 $\{B,C\}$ 和 $\{D,E,F\}$ 的唯一父辈节点。如果 N 和 M 理解为具有问题描述的作用，那么可以看出，问题 A 被归约为单一替换子问题 N、M 和问题 H。因此，把节点 N、M 和节点 H 叫作或节点。

求 B 和 C 的单一集合，就要求解 N 则必须求解所有子问题。因此，把节点 B 和节点 C 叫作与节点。同理，把节点 D、E 和节点 F 也叫作与节点。各个与节点间用跨接指向它们后继节点的小段圆弧加以标记。把这种结构图叫作与或图。

在与或图中，如果一个节点具有任何后继节点，那么这些后继节点既可全为或节点，也可全为与节点(当某个节点只含有单个后继节点时，这个后继节点当然既可看作或节点，也可看作与节点)。

应当注意到，在特殊情况下，根本不出现任何与节点。在状态空间搜索中，就是应用这种普通图的。由于在与或图中出现了与节点，其结构与普通图的结构大为不同。与或图需要有其特有的搜索技术，而且是否存在与节点成为区别两种问题求解方法的主要依据。在描述与或图时，将继续采用如父辈节点、后继节点和连接两节点的弧线之类的术语，并赋予它们明确的意义。

通过与或图，把某个单一问题归约算符具体应用于某个问题描述，依次产生一个中间或节点及其与节点后裔(例外的情况是，当子问题集合只含有单项时，只产生或节点)。这样，模拟问题归约方法的相关结构是一个与或图。与或图中的节点之一即起始节点对应于本原问题描述。在与或图上执行搜索的目的在于表明起始节点是有解的。与或图中一个可解节点的一般定义可以归纳如下：

(1) 终叶节点是可解节点(因为它与本原问题相关联)。

(2) 如果某个非终叶节点含有或后继节点，那么只有当其后继节点至少有一个是解的时候，此非终叶节点才是可解的。

(3) 如果某个非终叶节点含有与后继节点，那么只要当其后继节点全部可解时，此非终叶节点才是可解的。

于是，一个解图被定义为可解节点的子图，这些节点能够(按上述定义)证明其初始节点是可解的。

对于单一问题或问题集合,图中所包含的起始节点对应于本原问题,其作图规则如下:

(1) 对应于本原问题的节点,叫作终叶节点,它没有后裔。

(2) 对于把算符应用于问题 A 的每种可能情况,都把问题变换为一个子问题集合;有向弧线自 A 指向后继节点,表示所求得的子问题集合。例如,图 2-6 说明把问题 A 归结为 3 个不同的子问题集合:N、M 和 H。如果集合 N、M 或 H 中有一个能够解答,那么问题 A 就可解答,所以把 N、M 和 H 叫作或节点。

(3) 图进一步表示集合 N、M 和 H 的组成情况。图中,$N=\{B,C\}$,$M=\{D,E,F\}$,而 H 由单一问题构成。一般对于代表 2 个或 2 个以上子问题集合的每个节点,有向弧线从此节点指向此子问题集合中的各个节点。由于只有当集合中所有的项都有解时,这个子问题的集合才能获得解答,所以这些子问题的节点叫作与节点。为了区别于或节点,把具有共同父辈的与节点后裔的所有弧线用另外一段小弧线连接起来。

(4) 在特殊情况下,当只有一个算符可以应用于问题 A,而且这个算符产生具有一个以上子问题的某个集合时,规则(3)和规则(4)所产生的图可以得到简化。因此,代表子问题集合的中间或节点可以略去。

2.3 谓词逻辑表示

一阶谓词逻辑表示法是一种重要的知识表示方法,它以数理逻辑为基础,是到目前为止能够表达人类思维活动规律的一种最精确的形式语言。用一阶谓词逻辑公式不仅可以表示事物的状态、属性、概念等事实性知识,还可以表示事物间具有确定因果关系的规则性知识[11]。它与人类的自然语言比较接近,类似于计算机语言中的伪代码形式,可以很方便地存储到计算机中,并被计算机做精确处理。因此,它是一种最早应用于人工智能的表示方法,很适合初学者学习。

2.3.1 逻辑学基础

(1) 命题和真值。一个陈述句称为一个断言,凡有真假意义的断言称为命题。命题的意义通常称为真值,它只有真、假两种情况。

(2) 论域,也称为个体域,是由讨论对象的全体构成的非空集合。

(3) 谓词。谓词实现的是从个体域中的个体到 T 或 F 的映射,分为谓词名和个体两部分。其中,谓词名表示个体的性质、状态或个体之间的关系,用大写英文字母表示。个体表示命题中的主语,用小写英文字母表示,可以是常量、变元和函数。

(4) 函数。函数实现的是从一个个体到另一个个体的映射,函数没有真值。在谓词逻辑中,函数本身不能单独使用,它必须嵌入谓词中。

举例:王洪的父亲是教师。

TEACHER(father(Wang Hong)),其中,TEACHER 是谓词,而 father 是函数。

(5) 命题与命题逻辑。命题是具有真假意义的语句,代表人们进行思维时的一种判断,或者是肯定,或者是否定。命题逻辑是谓词逻辑的基础。在现实世界中,有些陈述语句在特定情况下都具有"真"或"假"的含义,在逻辑上称这些语句为"命题"。命题逻辑就是研究命题和命题之间关系的符号逻辑系统。命题逻辑的连接词：原子命题可通过连接词构成"复合命题"。连接词有 5 种，定义为：

① ¬ 表示否定，复合命题"¬ Q"即"非 Q"表示否定；

② ∧ 表示合取，复合命题"P∧Q"表示"P 与 Q"；

③ ∨ 表示析取，复合命题"P∨Q"表示"P 或 Q"；

④ → 表示条件，复合命题"P→Q"表示"如果 P，那么 Q"；

⑤ ↔ 表示双条件，复合命题"P↔Q"表示"P 当且仅当 Q"。

⑥ 谓词与谓词逻辑。谓词逻辑是命题逻辑的扩充和发展，它将一个原子命题分解成个体和谓词两个部分。在谓词公式 $P(x)$ 中，P 称为谓词，x 称为个体变元，若 x 是一元的，则称为一元谓词，$P(x, y)$ 称为二元谓词。

在谓词中，个体可以为常量、变量、函数。若谓词中的个体都为常量、变量或函数，则称它为一阶谓词；如果个体本身是谓词，则称为二阶谓词，依次类推。谓词公式也有原子谓词公式、复合谓词公式等概念，利用命题逻辑的连接词可将原子逻辑公式组合为复合谓词公式。

谓词逻辑的量词（quantifier）表示了个体与个体域之间的包含关系，谓词逻辑中有两个量词：全称量词（universal quantifier），表示该量词作用的辖域为个体域中"所有个体 x"或"每一个个体都"要遵从所约定的谓词关系；存在量词（existential quantifier），表示该量词要求"存在于个体域中的某些个体 x"或"某个个体 x"要服从所约定的谓词关系。

2.3.2　谓词演算

1. 谓词合式公式的定义

在谓词演算中合式公式的递归定义如下：

（1）原子谓词公式是合式公式。

（2）若 A 为合式公式，则 ¬A 也是一个合式公式。

（3）若 A 和 B 都是合式公式，则 $(A \land B)$、$(A \lor B)$、$(A \to B)$ 和 $(A \leftrightarrow B)$ 也是合式公式。

（4）只有按规则（1）～（4）求得的那些公式，才是合式公式项。对于个体常量、个体变量（基本项），若 $t_1, t_2, \cdots, t_n$ 是项，f 是 n 元函数，则 $f(t_1, t_2, \cdots, t_n)$ 是项；由以上两个量生成的表达式也是项，因此个体常量、个体变量和函数统称为项。

原子谓词公式：若 $t_1, t_2, \cdots, t_n$ 是项，P 是谓词，则称 $P(t_1, t_2, \cdots, t_n)$ 为原子谓词公式。

2. 相关规则

若 A 是谓词公式，其否定也是。若 A、B 是谓词公式，其进行的合取与析取运算也是。若 A 是谓词公式，x 是项，则对 x 的约束量词表达式产生的也是谓词公式。量词的辖域量词的约束范围，即指位于量词后面的单个谓词或者用括弧括起来的合式公式。例如：

$$(\forall x)\{P(x) \to \{\forall y\}[P(y) \to P(f(x, y))] \land (\exists y)[Q(x, y) \to P(y)]\} \quad (2\text{-}8)$$

约束变元：受到量词约束的变元，即辖域内与量词中同名的变元。

自由变元：不受约束的变元。

变元的换名：谓词公式中的变元可以换名，但要保持变量的论域不变。

对于约束变元，必须把同名的约束变元统一换成另外一个相同的名字，且不能与辖域内的自由变元同名。

对辖域内的自由变元,不能改成与约束变元相同的名字。其中自由变元的运算规则如表 2-1 所示。

表 2-1　真值表

P	Q	$\neg P$	$P \wedge Q$	$P \vee Q$	$P \rightarrow Q$	$P \leftrightarrow Q$
F	F	T	F	F	T	T
F	T	T	F	T	T	F
T	F	F	F	T	F	F
T	T	F	T	T	T	T

2.3.3　基本谓词公式

基本谓词公式见表 2-2。

表 2-2　基本谓词公式

(1) 否定之否定	$\neg(\neg P)$等价于 P
(2) 摩根定律	$\neg(P \vee Q)$等价于$\neg P \wedge \neg Q$
	$\neg(P \wedge Q)$等价于$\neg P \vee \neg Q$
(3) 分配律	$P \wedge (Q \vee R)$等价于$(P \wedge Q) \vee (P \wedge R)$
	$P \vee (Q \wedge R)$等价于$(P \vee Q) \wedge (P \vee R)$
(4) 交换律	$P \wedge Q$ 等价于$Q \wedge P$
	$P \vee Q$ 等价于$Q \vee P$
(5) 结合律	$(P \wedge Q) \wedge R$ 等价于 $P \wedge (Q \wedge R)$
	$(P \vee Q) \vee R$ 等价于 $P \vee (Q \vee R)$
(6) $(\forall x)(P(x) \wedge Q(x))$等价于$(\forall x)P(x) \wedge (\forall x)Q(x)$	
(7) $\neg(\forall x)P(x)$等价于$(\exists x)P(x) \vee (\exists x)Q(x)$	
(8) $(\forall x)P(x)$等价于$(\forall y)P(y)$	
(9) $P \vee Q$ 等价于$\neg P \rightarrow Q$	

2.3.4　置换与合一

1. 置换

(1) 假元推理,就是由合式公式 W_1 和 $W_1 \rightarrow W_2$ 产生合式公式 W_2 的运算。

(2) 全称化推理,是由合式公式$(\forall x)W(x)$产生合式公式 $W(A)$,其中 A 为任意常量符号。

一个表达式的置换就是在该表达式中用置换项置换变量。一般说来,置换是可以结合的,但置换是不可交换的。

2. 合一

寻找项对变量的置换,以使两表达式一致,叫作合一(unification)。如果一个置换 s 作用于表达式集$\{E_i\}$的每个元素,则用 $\{E_i\}s$ 来表示置换例的集,称表达式集$\{E_i\}$是可合一的。如果存在一个置换 s 使得:

$$E_1 s = E_2 s = E_3 s = \Lambda \tag{2-9}$$

那么称此 s 为 $\{E_i\}$ 的合一者,因为 s 的作用是使集合 $\{E_i\}$ 成为单一形式。

若表达式 $P[x,f(y),B]$ 的一个置换为 $s_1=\{z/x,w/y\}$,则:

$$P[x,f(y),B]s_1=P[z,f(w),B]$$

2.3.5 谓词逻辑表示方法

用谓词公式表示知识的步骤如下:

(1) 定义谓词及个体,确定每个谓词及个体的确切含义。

(2) 根据所要表达的事物或概念,为每个谓词中的变元赋予特定的值。

(3) 根据所要表达的知识的语义,用适当的连接符号将各个谓词连接起来,形成谓词公式。

1. 知识的谓词逻辑表示

用谓词逻辑表示如下知识:

王宏是计算机系的一名学生。

王宏和李明是同班同学。

凡是计算机系的学生都喜欢编程序。

解: 首先定义谓词:$CS(x)$ 表示 x 是计算机系的学生。

$CM(x,y)$ 表示 x 和 y 是同班同学。

$L(x,y)$ 表示 x 喜欢 y。

此时,可用谓词公式把上述知识表示为:

$$CS(\text{Wang Hong})$$
$$CM(\text{Wang Hong},\text{Li Ming}) \quad\quad\quad (2\text{-}10)$$
$$(Vx)(CS(x)-L(x,\text{programing}))$$

2. 事件的谓词逻辑表示

用谓词表示法求解机器人摞积木问题。设机器人有一只机械手,要处理的世界坐标系中有一张桌子,桌上可堆放若干相同的方积木块。机械手有 4 个操作积木的典型动作:从桌上捡起 1 块积木,将手中的积木放到桌子上,在积木上再摞上 1 块积木,从积木上面捡起 1 块积木。积木的布局如图 2-7 所示[9]。

步骤一,定义描述状态的谓词

EMPTY:机械手中是空的。

HOLD(x):机械手中拿着积木 x。

ON(x,y):积木 x 在积木 y 上面。

CLEAR(x):积木 x 上面是空的。

ONTABLE(x):积木 x 在桌子上。

x 和 y 的个体域为 $\{A,B,C\}$。

步骤二,问题的初始状态

EMPTY;

ONTABLE(A);

ONTABLE(B);

ON(C,A);

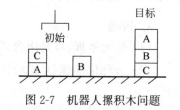

图 2-7 机器人摞积木问题

CLEAR(B);

CLEAR(C);

步骤三,问题的目标状态

EMPTY;

ONTABLE(C);

ON(B,C);

ON(A,B);

CLEAR(A);

步骤四,定义描述操作的谓词

PICKUP(x):从桌子上捡起积木 x。

PUTDOWN(x):将手中的积木 x 放到桌子上。

STACK(x,y):在积木 x 上再放一块积木 y。

UNSTACK(x,y):从积木 x 上面捡起一块积木 y。

步骤五,操作对应的条件和动作

PICKUP(x);

条件:EMPTY,ONTABLE(x),CLEAR(x)。

动作:

删除表:EMPTY,ONTABLE(x),CLEAR(x)。

增加表:HOLD(x)。

PUTDOWN(x):

条件:HOLD(x)。

动作:

删除表:HOLD(y),CLEAR(x)。

增加表:EMPTY,ON(x,y),CLEAR(y)。

UNSTACK(x,y):

条件:EMPTY,ON(x,y),CLEAR(y)

动作:

删除表:EMPTY,ON(x,y),CLEAR(y)

增加表:HOLD(y),CLEAR(x)。

机器人搬运伪代码如图 2-8 所示。

谓词逻辑表示的优点:

(1) 谓词逻辑表示法对如何由简单说明构造复杂事物的方法有明确、统一的规定,并且有效地分离了知识和处理知识的程序,结构清晰。

(2) 谓词逻辑与数据库,特别是与关系数据库有密切的关系;一阶谓词逻辑具有完备的逻辑推理算法。

(3) 逻辑推理可以保证知识库中的新旧知识在逻辑上的一致性和演绎所得结论的正确性;逻辑推理作为一种形式推理方法,不依赖于任何具体领域,具有较大的通用性。

缺点:

(1) 难以表示过程和启发式知识。

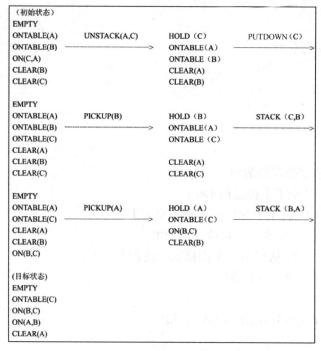

图 2-8 机器人搬运伪代码

（2）由于缺乏组织原则，使得知识库难以管理；由于弱证明过程，当事实的数目增大时，在证明过程中可能发生组合爆炸；表示的内容与推理过程分离，推理按形式逻辑进行，内容所包含的大量信息被抛弃，这样使得处理过程加长、工作效率降低。

2.4 语义网络表示

语义网络具有下列特点：

（1）能把实体的结构、属性与实体间的因果关系显式地和简明地表达出来，与实体相关的事实、特征和关系可以通过相应的节点弧线推导出来。

（2）由于与概念相关的属性和联系被组织在一个相应的节点中，因而使概念易于受访和学习。

（3）表现问题更加直观，更易于理解，适于知识工程师与领域专家沟通。

（4）语义网络结构的语义解释依赖于该结构的推理过程而没有结构的约定，因而得到的推理不能保证像谓词逻辑法那样有效。

（5）节点间的联系可能是线状、树状或网状的，甚至是递归状的结构，使相应的知识存储和检索可能需要比较复杂的过程[5]。

2.4.1 语义网络描述

（1）语义网络。语义网络是一种用实体及其语义关系来表达知识的有向图。

（2）节点。节点表示实体，即各种事物、概念、情况、属性、状态、事件、动作等。

（3）弧。弧代表语义关系，表示它所连接的两个实体之间的语义联系，在语义网络表示中,每一个节点和弧必须有标志,用来说明它所代表的实体或语义。

(4) 语义基元。语义网络表示中最基本的语义单元即为语义基元。

(5) 基本网元。一个语义基元所对应的那部分网络结构即为基本网元。

2.4.2 基本语义关系

语义基元可用如(节点 1,弧,节点 2)这样一个三元组来描述。它的结构可以用一个基本网元来表示。

例如,若用 A、B 分别表示三元组中的节点 1、节点 2,用 R 表示 A 与 B 之间的语义联系,那么它所对应的基本网元的结构如图 2-9 所示。

把多个语义基元用相应的语义联系关联到一起就形成了语义网络。语义网络中弧的方向是有意义的,不能随意调换。

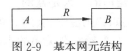

图 2-9 基本网元结构

语义网络表示和谓词逻辑表示有着对应的关系。从逻辑上看,一个基本网元相当于一组二元谓词。三元组(节点 1,弧,节点 2)可用谓词逻辑表示为 P(节点 1,节点 2),其中弧的功能由谓词完成。

1. 常用的基本语义关系

实例关系,即一个事物是另一个事物的具体例子。例如,"我是一个人"。弧上的语义标记为"ISA",即"is a",含义为"是一个",如图 2-10 所示。

(1) 分类关系(泛化关系)。该关系表示一个事物是另一个事物的一个成员,体现的是子类与父类的关系,弧的语义标记为"AKO",即"a kind of",如图 2-11 所示。

(2) 成员关系。该关系体现个体与集体的关系,表示一个事物是另一个事物的成员。弧的语义标记为"A-Member-of"。

图 2-10 基本语义关系　　　　图 2-11 AKO 表示　　　　图 2-12 成员关系

(3) 属性关系。属性关系是指事物与其行为、能力、状态、特征等属性之间的关系,因此属性关系可以有许多种,例如:

Have,含义为"有",如"我有手"(图 2-13);

Can,含义为"可以、会",如"狗会跑";

Age,含义为年龄,如"我今年 22 岁"。

(4) 时间关系。时间关系表示时间上的先后次序关系。常用的时间关系有:

Before,表示一个事件在另一个事件之前发生;

After,表示一个事件在另一个事件之后发生。

例如:"深圳大运会在广州亚运会之后举行。"可表示为图 2-14。

图 2-13 属性关系　　　　　　图 2-14 时间关系

（5）位置关系。位置关系是指不同的事物在位置方面的关系，常用的有：

Located-on，表示某一物体在另一物体上方；

Located-at，表示某一物体所处的位置；

Located-under，表示某一物体在另一物体下方；

Located-inside，表示某一物体在另一物体内；

Located-outside，表示某一物体在另一物体外。

例如，"书在桌上"，可表示为图 2-15。

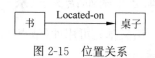

图 2-15　位置关系

2. 事物与概念的表示

（1）语义网络表示一元关系。所谓一元关系就是一些最简单、最直观的事物或概念，如"雪是白的""天是蓝的"。具体的表示就如同"我是一个人"这个例子，这就是一个一元关系。再例如，"狗能吃，会跑。"可表示为图 2-16。

（2）较复杂关系的表示方法（图 2-17）。例如：

① 动物能吃、能运动。

② 鸟是一种动物，鸟有翅膀、会飞。

③ 鱼是一种动物，鱼生活在水中，会游泳。

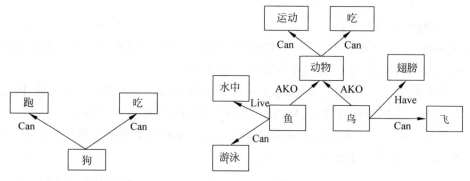

图 2-16　语义表示

图 2-17　复杂语义网络表示

再例如，"小燕子从春天到秋天一直占有一个巢"。其 AKO 表示如图 2-18 所示。

（3）事件和动作的表示。用语义网络表示事件或动作时需要设立一个事件节点。事件节点有一些向外引出的弧，表示动作的主体和客体。例如，"我给他一本书"。的表示如图 2-19 所示。

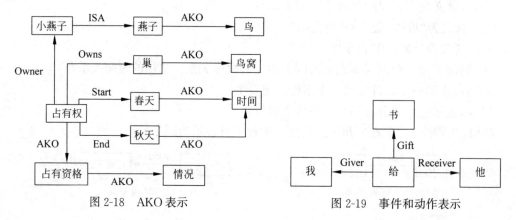

图 2-18　AKO 表示

图 2-19　事件和动作表示

2.4.3 语义网络推理

1. 继承

继承是指把对事物的描述从抽象节点传递到具体节点。通过继承(沿着 ISA、AKO 这些弧)可以得到所需节点的一些属性值。一般过程如下:

(1) 建立一个节点表,用来存放待解节点和所有以 ISA、AKO 等继承弧与此节点相连的节点。初始情况下,节点表中只有待解节点。

(2) 检查表中的第一个节点是否有继承弧。若有,则把该弧所指的所有节点放入节点表末尾。记录这些节点的属性,并从节点表中删除第一个节点。若没有,则直接删除第一个节点。

(3) 重复步骤(2),直到节点表为空。记录下的全部属性就是待解节点继承来的属性。

2. 匹配

匹配就是在知识库的语义网络中寻找与待解问题相符的语义网络模式。例如,问题为"鱼住在哪?"知识库为上面"较复杂关系的表示方法"中的语义网络根据问题构造出图 2-20 所示的语义网络片段:

图 2-20　知识匹配

用该片段去知识库中匹配,即可得到"鱼住在水中"。

2.5　框架表示

1975 年,美国著名的人工智能学者明斯基提出了框架理论。该理论基于人们对现实世界中各种事物的认识都以一种类似于框架的结构存储在记忆中,当面临一个新事物时,就从记忆中找出一个合适的框架,并根据实际情况对其细节加以修改、补充,从而形成对当前事物的认识。例如,一个人走进一间教室之前就能依据以往对"教室"的认识,想象到这间教室一定有四面墙,有门、窗、天花板和地板,有课桌、凳子、讲台、黑板等。尽管他对这间教室的大小,门窗的数量,桌凳的数量、颜色等细节还不清楚,但对教室的基本结构是可以预见的。因为他通过以往看到的教室,已经在记忆中建立了关于教室的框架,该框架不仅指出了相应事物的名称(教室),还指出了事物各有关方面的属性(如有四面墙、课桌、黑板等)。通过对该框架的查找,很容易得到教室的特征。在他进入教室后,通过观察得到了教室的大小,门窗的数量,桌凳的数量、颜色等细节,再把这些细节填入教室框架中,就得到了教室框架的一个具体事例。这是他关于这间具体教室的视觉形象,称为事例框架。

框架是一种描述固定情况的数据结构,一般可以将框架看成一个节点和关系组成的网络。框架的最高层次是固定的,并且它描述对于假定情况总是正确的事物,在框架的较低层次上有许多终端被称为槽(slot)。在槽中填入具体数值,就可以得到一个描述具体事务的框架;每一个槽都可以有一些附加说明,被称为侧面(facet),其作用是指出槽的取值范围和求值方法等。一个框架中可以包含各种信息:描述事物的信息、如何使用框架的信息、关于下一步将发生什么情况的期望及如果期望的事件没有发生应该怎么办的信息等。这些信息包含在框架的各个槽或侧面中。

一个具体事物可由槽中已填入的数值来描述,具有不同槽值的框架可以反映某一类事物中的各个具体事物。相关的框架连接在一起形成了一个框架系统,框架系统中由一个框架到另一个框架的转换可以表示状态的变化、推理或其他活动。不同的框架可以共享同一个槽值,这种方法可以把从不同角度搜集来的信息较好地协调起来。

框架表示法是一种结构化的知识表示方法,目前已在多种系统中得到应用。

2.5.1 框架表示描述

框架(frame)是一种描述所论对象(一个事物、事件或概念)属性的数据结构。

一个框架由若干被称为槽的结构组成,每一个槽又可以根据实际情况划分为若干侧面。槽用于描述所论对象某一方面的属性。侧面用于描述相应属性的一个方面。槽和侧面所具有的属性值分别称为槽值和侧面值。在一个用框架表示知识的系统中一般都含有多个框架,一个框架一般含有多个不同的槽和不同的侧面,分别用不同的框架名、槽名及侧面名表示。对于框架、槽或侧面,都可以为其附加一些说明性信息,一般是一些约束条件,用于指出什么样的值才能填入槽和侧面中[7]。

下面给出框架的一般表示形式:

```
<框架名>
    <槽 1>   <侧面 11>   <值 111>…
                        <侧面 12>   <值 121>…
                                      …
    <槽 2>   <侧面 21>   <值 211>…
                          …
        …
    <槽 n>   <侧面 n1>   <值 n11>…
                          …
                      <侧面 nm>   <值 nm1>…
```

1. 框架表示

较简单的情景用框架来表示,如人和房子等事物。例如,一个人可以用其职业、身高和体重等项描述,因而可以用这些项目组成框架的槽。当描述一个具体的人时,再将这些项目的具体值填入相应的槽中。

下面举一些例子,说明建立框架的基本方法。

例:教师框架

框架名:<教师>
姓名:单位(姓、名)
年龄:单位(岁)
性别:范围(男、女),默认:男
职称:范围(教授、副教授、讲师、助教),默认:讲师
部门:单位(系、教研室)
地址:<住址框架>
工资:<工资框架>
开始工作时间:单位(年、月)
截止时间:单位(年、月),默认:现在

该框架共有 9 个槽,分别描述了"教师"9 个方面的情况,或者说关于"教师"的 9 个属性。在每个槽里都给出了一些说明性的信息,用于对槽的填入值给出某些限制。"范围"指出槽的值只能在指定的范围内挑选,如"职称"槽,其槽值只能是"教授""副教授""讲师""助

教"中的某一个,不能是"工程师"等别的职称;"默认"表示当相应的槽不填入槽值时,就以默认值作为槽值,这样可以节省一些填槽工作。例如,对"性别"槽,当不填入"男"或"女"时,就默认它是"男",这样男性教师就可以不填这个槽的槽值。

对于上述框架,当把具体信息填入槽或侧面后,就得到了相应框架的一个事例框架。例如,把某教室的一组信息填入"教师"框架的各个槽,就可以得到:

框架名:<教师>
姓名:夏冰
年龄:36
性别:女
职称:副教授
部门:计算机系软件教研室
地址:
工资:
开始工作时间:1988.9
截止时间:1996.7

例:硕士生框架

Frame < MASTER >
Name: Unit(Last name, First name)
Sex: Area(male, female)
Default: male
Age: Unit(Years)
Major: Unit(Major)
Field: Unit(Field)
Advisor: Unit(Last name, First name)
Project: Area(National, Provincial, Other)
Default: National
Paper: Area(SCI, EI, Core General)
Default: Core General
Address: < S-Address >
Telephone: HomeUnit(Number)
MobileUnit(Number)

这个框架共有 10 个槽,分别描述了一名硕士生在姓名(Name)、性别(Sex)、年龄(Age)、专业(Major)、研究方向(Field)、导师(Advisor)、参加项目(Project)、发表论文(Paper)、住址(Address)、电话(Telephone)这 10 个方面的情况。其中,性别、参加项目、发表论文 3 个槽中的第 2 个侧面均为默认值;电话槽的 2 个侧面分别是住宅电话(Home)和移动电话(Mobile)。

2. 复杂表示

当知识的结构比较复杂时,往往需要用多个相互联系的框架来表示。例如分类问题,如果用多层框架结构表示,既可以使知识结构清晰,又可以减少冗余。为了便于理解,下面以硕士生框架为例进行说明。

这里把"MASTER"框架用两个相互联系的"Student"框架和"MASTER"框架来表示。其中,"MASTER"框架是"Student"框架的一个子框架。"Student"框架描述所有学生的共性,"MASTER"框架描述硕士生的个性,并继承"Student"框架的所有属性。

```
Frame < Student >
Name: Unit(Last name,First name)
Sex: Area(male,female, )
Default: male
Age: Unit(Years)
If-Needed: Ask-Age
Address: < S-Address >
Telephone: HomeUnit(Number)
MobileUnit(Number)
If-Needed: Ask-Telephone
Frame < MASTER >
AKO: Student
Major: Unit(Major)
If-Needed: Ask-Major
If-Added: Check-Major
Field: Unit(Field)
If-Needed: Ask-Field
Advisor: Unit(Last name,First name)
If-Needed: Ask-Advisor
Project: Area(National,Provincial,Other)
Default: National
Paper: Area(SCI,EI,Core General)
Default: Core General
```

在 Master 框架中,本文用到了一个系统预定义槽名 AKO。所谓系统预定义槽名,是指框架表示法中事先定义好的可公用的一些标准槽名。框架中的预定义槽名 AKO 与语义网络中的 AKO 弧的含义相似,其直观含义为"是一种"。当 AKO 作为下层框架的槽名时,其槽值为上层框架的框架名,表示该下层框架是 AKO 槽所给出的上层框架的子框架,并且该子框架可以继承其上层框架的属性和操作。

2.5.2　框架表示推理

在框架系统中,问题的求解主要通过对框架的继承、匹配、填槽来实现。当需要求解问题时,首先要把该问题用框架表示出来;然后利用框架之间的继承关系,把它与知识库中已有的框架进行匹配,找出一个或多个候选框架,并在这些候选框架引导下进一步获取附加信息,填充尽量多的槽值,以建立一个描述当前情况的实例;最后再用某种评价方法对候选框架进行评价,以决定是否接受该框架。

1. 特性继承

框架系统的特性继承主要是通过 ISA 和 AKO 链来实现的。当需要查询某一事物的某个属性,且描述该事物的框架为其提供属性值时,系统就沿 ISA 和 AKO 链追溯到具有相同槽的类或超类框架。这时,如果该槽提供有"Default"侧面值,则继承该默认值作为查询结果返回。否则,如果该槽提供有"If-Needed"侧面供继承,则执行"If-Needed"操作,从而产生一个值作为查询结果。如果对某个事物的某一属性进行了赋值或修改操作,则系统会自动沿 ISA 和 AKO 链追溯到具有相应的类或超类的框架,只要发现类或超类框架中的同名槽具有"If-Added"侧面,就执行"If-Added"操作,再进行相应的后继处理。

"If-Needed"操作和"If-Added"操作的主要区别在于,它们的激活时机和操作目的不同。

"If-Needed"操作是在系统试图查询某个事物框架中未记载的属性值时激活,并根据查询要求,被动地及时产生所需的属性值。"If-Added"操作是在系统对某个事物框架的属性做赋值或修改工作后激活,目的在于通过规定的后继处理,主动做好配套操作,以消除可能存在的不一致问题。

以前面的学生框架为例,若要查询"Master-1"的"Sex",则可以直接回答,但是要查询"Master-2"的"Sex",则需要沿 ISA 链和 AKO 链到"Student"框架取其默认值"male"。再如,若要查询"Master-2"的"Field",则需要沿 ISO 链到 Master 框架执行,执行"Field"槽"If-Needed"侧面的"Ask-Field"操作,即时产生一个值,假设产生的值是"Data-Mining",则表示"Master-2"的研究方向为数据挖掘。又如,若要修改"Maste-2"的"Major",则需要沿 ISA 链到 Master 框架,执行"Major"槽"If-Added"侧面的"Check-Major"操作,对"Field"和"Advisor"进行修改,以保持知识的一致性。

2. 框架表示法的优点

(1)框架系统的数据结构和问题求解过程与人类的思维和问题求解过程相似。

(2)框架结构表达能力强,层次丰富,提供了有效的组织知识手段,只要对其中某些细节作进一步描述,就可以将其扩充为另外一些框架;可以利用过去获得的知识对未来的情况进行预测,而实际上这种预测非常接近人的知识规律,因此既可以通过框架来认识某一类事物,又可以通过一些实例来修正框架对某些事物的不完整描述(填充空的框架、修改默认值)。框架表示法与语义网络表示法存在着相似的问题,缺乏形式理论,没有明确的推理机制保证问题求解的可行性和推理过程的严密性;由于许多实际情况与原型存在较大的差异,因此适应能力不强;框架系统中各个子框架的数据结构如果不一致则会影响整个系统的清晰性,造成推理困难。

2.6 特征构建

"数据和特征决定了机器学习的上限,而模型和算法只是逼近这个上限而已。"人们要构建的特征可以有很多来源。通常,人们用现有的特征构建新特征,可以对现有特征进行转换,将结果向量和原向量放置在一起。人们还会试图从其他系统中引入特征。例如,如果处理数据的目的是要基于购物行为对顾客群进行聚类,加入人口普查数据(这些数据不在企业的购物数据中)可能对结果有利。然而这样会带来如下问题:如果普查数据中有 1700 个无名氏,但是企业只知道其中 13 个人的购物数据,那么如何从 1700 人里找到这 13 个人?这叫作实体匹配(entity matching)。人口普查数据庞大,实体匹配有可能极度耗时。除此之外,还会有其他问题,从而增加了这个步骤的难度,但是经常会创造出一个非常密集、数据丰富的环境[12]。

在这里,我们讨论如何通过高度非结构化的数据手动创建特征,文本和图像是其中的两个例子。因为机器学习和人工智能流水线无法理解这些数据本身,所以需要手动创建可以代表图像或文本的特征,如图 2-21 所示。

机器学习模型一般只能处理向量化的数据,因此在建模

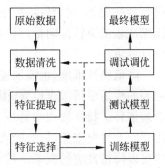

图 2-21　数据处理流程

过程中,需要将收集到的原始数据进行转化,构建出机器学习模型可以利用的数据形式(即向量化的数据),这个过程就是特征构建的过程。特征构建从收集到的机器学习模型的原始数据中提取特征,将原始数据空间映射到新的特征空间,使得在新的特征空间中,模型能够更好地学习数据中的规律。

很多经典的机器学习模型,如 Logistic 回归、线性模型、FM 等需要进行精细的特征构建才能达到很好的效果。在如今的深度学习时代,由于数据量大,数据只需要进行简单的处理就可以灌入深度学习模型中,最终可以达到比较好的效果。虽说如此,但是在很多时候特征构建是必需的,特征构建相当于通过人类的思考和理解,期望抓住问题的本质,辅助机器学习模型达到更好的效果。

不同类型的数据构建特征是不一样的,本书对几种数据类型,分别从离散特征、连续特征、时空特征、文本特征、富媒体特征 5 类特征来介绍特征构建的方法。

2.6.1　常用的特征构建方法

1. 离散特征构建

离散特征是一类非常常见的特征,推荐系统中的用户属性数据、物品属性数据中就包含大量的类别特征,如性别、学历、视频类型、标签、导演、国别等。对于离散特征,一般可以采用 4 种方式进行编码(即特征构建)。

1) one-hot 编码

one-hot 编码通常用于离散特征(也叫类别特征),如果某个类别特征有 k 类,本书将这 k 类固定一个序关系(随便什么序关系都可以,只是方便确认某个类所在的位置),本书可以将每个值映射为一个 k 维向量,其中这个值所在的分量为 1,其他分量为 0。比如,对性别进行编码的话,男性可以编码为(1,0),女性可以编码为(0,1)。该方法的缺点是,当类别的数量很多时,特征空间会变得非常大。

当某个特征有多个类别时,one-hot 编码可以拓展为 n-hot 编码。例如,如果要将视频的标签进行 n-hot 编码,怎么做呢? 知道每个视频可能有多个标签(比如恐怖、科幻等),编码的时候将该视频包含的所有标签对应的分量处设置为 1,其他为 0。这里的 n 是所有视频的所有标签总量,也即全部可能的标签数量,一般是一个很大的数字(可能几万到几十万不等)。

2) 散列编码

对于有些取值特别多的类别特征,使用 one-hot 编码得到的特征矩阵非常稀疏,如果再进行特征交叉,就会使特征维度爆炸式增长。特征散列的目标就是把原始的高维特征向量压缩成较低维特征向量,且尽量不损失原始特征的表达能力,其优势在于实现简单,所需额外计算量小。

降低特征维度,也能加速算法训练与预测,降低内存消耗,但代价是通过哈希转换后学习到的模型变得很难检验(因为一般哈希函数是不可逆的),很难对训练出的模型参数做出合理解释。特征散列的另一个问题是可能把多个原始特征哈希转换到相同的位置上,从而出现哈希冲突现象,但经验表明这种冲突对算法的精度影响很小,通过选择合适的哈希函数也可以降低冲突的概率。其实,每种程度的哈希冲突也不一定是坏事,可能还可以提升模型的泛化能力。

3）计数编码

计数编码就是将所有样本中该类别出现的次数或者频次作为该特征的编码,这类方法对异常值比较敏感(拿电影的标签来说,很多电影包含"剧情"这个标签,计数编码会让剧情的编码值非常大),也容易产生冲突(两个不同类别的编码一样,特别是对于稀少的标签,编码值的概率同样非常大)。

4）离散特征之间交叉

离散特征之间交叉就是类别特征之间通过笛卡儿积(或者笛卡儿积的一个子集)生成新的特征,通过特征交叉有时可以捕捉到细致的信息,对模型预测起到很重要的作用。比如,对用户地域与视频语言做交叉,大家肯定知道广东人一般更喜欢看粤语剧,那么这个交叉特征对预测粤语视频的点击是非常有帮助的。类别交叉一般需要对业务有较好的理解,需要足够多的领域知识,才可以构建好的交叉特征。

上面讲的是 2 个类别特征的交叉,当然还可以做 3 个、4 个,甚至更多类别特征的交叉,2 个类别交叉最多可以产生这两个类别基数的乘积的新特征,所以交叉让模型的维数爆炸性增长,增加了模型训练的难度。同时,更多的特征需要更多的样本来支撑,否则极容易过拟合。对于样本量不够多的场景,不建议采用超出 2 个类别的特征交叉,也不建议用 2 个基数特别大的类别进行特征交叉。

另外,对于有序离散特征,本书可以用 0、1、2、…自然数来为其编码,自然数的大小关系保证了它们之间的序关系。

2. 连续特征构建

连续型数据是机器学习算法直接可以使用的数据,对于连续型数据,一般可以通过如下方式来构建特征:

1）直接使用

机器学习算法可以直接处理数值特征,数值特征需要数据预处理中的部分方法进行处理后再封装给模型使用。

2）离散化

有时连续特征需要进行离散化处理,比如视频在一段时间内的播放量对于视频点击CTR 预估可能是一个重要的特征,因为播放次数与视频的热度有很强的相关性,但是如果不同视频播放次数的数量级相差巨大(实际情况确实是这样,热门视频比冷门视频播放量大若干个数量级),该特征就很难起到作用(比如 LR 模型往往只对比较大的特征值敏感)。对于这种情况,通常的解决方法是进行分桶操作。分桶操作可以看作是对数值变量的离散化,之后再进行 one-hot 编码。

分桶的数量和宽度可以根据业务知识和经验来确定,一般有 3 种分桶方式:

(1) 等距分桶:每个桶的长度是固定的,这种方式适用于样本分布比较均匀的情况。

(2) 等频分桶:每个桶里的样本量一样多,但也会出现特征值差异非常大的样本被放在一个桶中的情况。

(3) 模型分桶:使用模型找到最佳分桶,例如利用聚类的方式将特征分成多个类别,或者利用树模型,这种非线性模型天生具有对连续型特征切分的能力,利用特征分割点进行离散化。

分桶是离散化的常用方法,连续特征离散化是有一定价值的:离散化之后得到的稀疏向量,运算速度更快,计算结果易于存储。离散化之后的特征对于异常值也具有更强的鲁棒性。需要注意的是：

（1）每个桶内都有足够多的样本，否则不具有统计意义。

（2）每个桶内的样本尽量分布均匀。

3）特征交叉

对于连续特征 x、y，可通过非线性函数 f 的作用，即 $z=f(x,y)$ 作为交叉特征，一般 f 可以是多项式函数，最常用的交叉函数是 $f=xy$，即两个特征对应的值直接相乘。通过特征交叉可以为模块提供更多的非线性，还可以更细致地拟合输入、输出之间的复杂关系，但非线性交叉让模型计算处理变得更加困难。

同样地，还可以进行类别特征与数值特征之间的交叉，只不过这种交叉一般是统计某个类别具体值对应的数值特征的统计量（次数、和、均值、最值、方差等）。比如电影的语言和用户的年龄两个特征交叉，可以分别统计看过语言是中文、英文等电影中用户的平均年龄。根据大家的经验，知道年轻人受教育程度高，英文会更好，所以看过英文电影的人的平均年龄比看中文的人的平均年龄低。这类特征的交叉也需要基于具体业务场景及领域知识来做，否则获得的交叉特征可能无效，甚至给模型引入噪声。

3. 时空特征构建

时间和地理位置也是两类非常重要的特征，下面分别来说明如何将它们转化为模型特征。

对于时间来说，一般有如下几种转换为特征的方式：

（1）转化为数值。比如将时间转化为从某个基准时间开始到该时间经历的秒数、天数、月数、年数等，用更大的单位相当于对小单位四舍五入（比如用到当前时间经历的年数作为特征，那么不足 1 年的时间都忽略了），当然也可以不用四舍五入，这时用小数就可以，比如到现在经历了 4.5 年。

（2）将时间离散化。比如可以根据当前时间是不是节假日，将时间离散化为 0～1，2 个值（1 是假日，0 是工作日）。再比如，如果构建的模型是与周期性相关的，可能只需要取时间中 1 周的代表数据，那么时间就可以离散化为 0～6，7 个数字（0 代表星期日，1 代表星期一，以此类推）。

对于地理位置来说，有行政区划表示方式，还有经纬度表示方式，以及到某个固定点的距离等表示方式。

（1）行政区划表示。典型的是用户所在地区，因为地区是固定的，数量也是有限的，此时地理位置就转化为离散特征。

（2）经纬度表示。地理位置也可以用经纬度表示，这时每个位置就转化为一个二维向量了（一个分量是经度，另一个分量是纬度）。

（3）距离表示。对于像美团、滴滴这类基于 LBS 服务的产品，一般用商家或者驾驶员到用户的距离来表示位置，这时地理位置就转化为一个一维的数值了。

4. 多模态信息特征构建

1）文本特征构建

对于文本一般可以用 NLP 等相关技术进行处理转化为数值特征。对于新闻资讯等文档，可以采用 TF-IDF、LDA 等将每篇文档转化为一个高维的向量表示。或者基于 Word2Vec 等相关技术将整篇文档嵌入（Doc2Vec）一个低维的稠密向量空间。

2）富媒体特征构建

对于图片、音频、视频等富媒体，一般可以基于相关领域的技术获得对应的向量表示，这种向量表示就可以作为富媒体的特征了。这里不详细介绍，感兴趣的读者可以自行搜索学习。

3）嵌入特征构建

在文本、富媒体中提到的嵌入技术是非常重要的一类提取特征的技术。所谓嵌入，就是将高维空间的向量投影到低维空间，降低数据的稀疏性，减少维数灾难（curse of dimensionality），同时提升数据表达的鲁棒性。随着 Word2Vec 及深度学习技术的流行，嵌入特征越来越重要。下面以视频推荐系统中的视频嵌入加以说明。视频的嵌入分为基于内容的嵌入和基于行为的嵌入。

（1）基于内容的嵌入使用标的物属性信息（如视频的标题、标签、演职员、海报图，视频、音频等信息），通过 NLP、CV、深度学习等技术生成嵌入向量。

（2）基于行为的嵌入是基于用户与标的物的交互行为数据生成嵌入。用户在一段时间中前后点击的视频存在一定的相似性，通常会表现出对某类型视频的兴趣偏好，可能是同一个风格类别，或者是相似的话题等，因此将一段时间内用户点击的视频 id 序列作为训练数据（id 可以类比 word，这个序列类比为一篇文档），使用 skip-gram 模型学习视频的嵌入特征。由于用户的点击行为具有相关关系，因此得到的嵌入特征有很好的聚类效果，使得在特征空间中，同类目的的视频聚集在一起，相似目的的视频在空间中距离相近。

用户嵌入还可以有很多方法，下面介绍几种比较基础的方法：可以将一段时间内用户点击过的视频的平均嵌入特征向量作为该用户的嵌入特征，这里的"平均"可以是简单的算术平均，也可以是 element-wise max，还可以是根据视频的热度和时间属性等进行加权平均或者尝试用 RNN 替换掉平均操作。可以通过选择时间周期的长短来刻画用户的长期兴趣嵌入和短期兴趣嵌入。

2.6.2 特征提取

特征提取是将任意数据（如文本或图像）转换为可用于机器学习的数字特征，方便计算机更好地理解数据。

1. 主成分分析法（principal component analysis，PCA）

主成分分析法，又称为主分量分析，是设法将原来的变量重新组合成一组新的相互无关的综合变量，同时根据实际需要可以从中取出几个较少的总和变量尽可能多地反映原来变量的信息的统计方法，也是数学上处理降维的一种方法。主成分分析法是设法将原来众多具有一定相关性的指标（比如 P 个指标），重新组合成一组新的互相无关的综合指标来代替原来的指标。通常数学上的处理就是将原来的 P 个指标进行线性组合，作为新的综合指标。

在数学上更简单的理解可以把它想象为将很多个坐标点映射到一条函数直线上。通过这种方法本书肯定会得到新的特征用来表示这个事件，新的特征剔除了原有特征的冗余信息，因此更有区分度。新的特征基于原有特征，能够重建原有特征。主成分分析法要保留最有可能重建原有特征的新特征，从而达到数据提取的目的。

2. 线性判别式分析（linear discriminat analysis，LDA）

线性判别式分析是一种非监督机器学习技术，可以用来识别大规模文档集（ocument

collection)或语料库(corpus)中潜藏的主题信息。它采用了词袋(bag of words)的方法,这种方法将每一篇文档视为一个词频向量,从而将文本信息转化为易于建模的数字信息。

简单来说,将高维的数据样本投影到最佳判别的矢量空间,保证样本数据在该空间中有最佳的可分离性。如图2-22所示,(a)图的数据投影方式要比(b)图更合适。

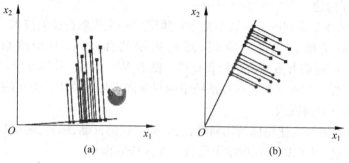

图2-22 数据投影(见文前彩图)

3. 多维尺度分析法(multidimensional scaling,MDS)

多维尺度分析法也称为多维尺度变换法、多维标度或多维尺度法等,是根据具有很多维度的样本或变量之间的相似性(距离近)或非相似性(距离远,即通过计算其距离)来对其进行分类的一种统计学研究方法。也有学者称其为一种降维分析法。在MDS-map中,用空间(space)和距离(distance)来体现各点之间的关系,判断网络中各个点的分布情况、网络的密集情况等,可以发现在整个网络中有哪些小组分布。

4. 基于流形学习的方法

基于流形学习的方法是通过局部距离来定义非线性距离度量,在样本分布较密集的情况下可以实现各种复杂的非线性距离度量。

流形学习如图2-23所示。

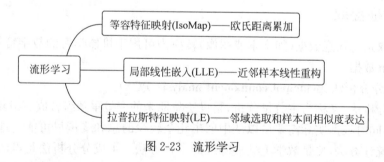

图2-23 流形学习

本书在第3章详细介绍几种特征提取方法,并且在最后的实际案例分析中也应用多种提取方法,供读者查阅参考。

2.7 特征选择

特征选择也叫作特征子集选择(feature subset selection,FSS)或者叫作属性选择(attribute selection,AS),是指从全部的数据特征中选取合适的特征,从而确保模型变得更好。

从 N 个特征中选择其中 $M(M<N)$ 个子特征,并且在 M 个子特征中,准则函数可以达到最优解。特征选择想要做的是:选择尽可能少的子特征,模型的效果不会显著下降,并且结果的类别分布尽可能地接近真实的类别分布。

然而特征数量越多,模型不一定越好,特征越多,意味着模型的计算维度越大,模型也会更复杂,而训练模型的时间就会越长,叫作"维度灾难"。

特征选择的意义便是剔除掉一些不相关的特征和重复的特征,在保证特征有效性的同时减少特征数量,从而提高模型的精确度,减少模型的复杂度,减少模型的训练时间。另外,对模型做筛选会帮助模型变得更有可解释性和逻辑性。

2.7.1 特征选择的基本原则

特征选择的目标往往具备发散性、相关性,要对相关性强的特征进行优先选择。

在现实生活中,一个对象往往具有很多属性(以下称为特征),这些特征大致可以分为3 种主要类型:

(1)相关特征。对于学习任务(如分类问题)有帮助,可以提升学习算法的效果。

(2)无关特征。对于学习任务没有任何帮助,不会给分类问题的效果带来任何提升。

(3)冗余特征。不会给学习任务带来新的信息,或者这种特征的信息可以由其他特征推断出。

但是对于一个特定的学习任务来说,哪一个特征有效是未知的。因此,需要从所有特征中选择出对于学习算法有益的相关特征。而且在实际应用中,经常会出现维度灾难问题,尤其是在文本处理中。例如,可以把一篇文档表示成一个词向量,但是往往会使用所有的单词作为字典,因此对于一篇可能仅仅包含 100 个或者 200 个单词的文档,可能需要上万的维度(也就是特征)。如果可以从中选择一部分相关特征构建模型,这个问题就可以得到一定程度的解决,所以特征选择和降维有一定的相似之处。如果只选择所有特征中的部分特征构建模型,那么就可以大大减少学习算法的运行时间,也可以增加模型的可解释性。

因此,进行特征选择的主要目的是:

(1)降维。

(2)降低学习任务的难度。

(3)提升模型的效率。

选择特征是为了提高预测能力,降低时间成本。所以这里介绍两种类型,即基于统计和基于模型的特征选择。基于统计的特征选择很大程度上依赖于机器学习模型之外的统计测试,以便在流水线的训练阶段选择特征。

基于模型的特征选择则依赖一个预处理步骤,需要训练一个辅助的机器学习模型,这种方法试图从原始特征中选择一个子集,减少数据大小,只留下预测能力最高的特征。

2.7.2 基于统计特性的特征选择

通过统计数据,可以快速、简便地解释定量和定性数据。前文使用了一些统计方法来获取关于数据的新知识和新看法,特别是认识到,均值和标准差是计算 z 分数和数据缩放的指标。下面使用新概念来选择特征:

1. 选择方差大的特征

方差反映了特征样本的分布情况,可以分析特征的数据分布。分布均匀的特征,样本之间的差别不大,该特征不能很好地区分不同样本,而分布不均匀的特征,样本之间有极大的区分度,因此通常可以选择方差较大的特征,剔除掉方差变化小的特征。具体方差大小的判断,可以事先计算出所有特征的方差,选择一定比例(比如 20%)的方差大的特征,或者可以设定一个阈值,选择方差大于阈值的特征。

如果构建一个模型来预测硕士毕业生工作 3 年后的收入,假设性别是其中一个特征。如果训练样本中所有人是男性,那么男性这个特征就没有区分度(这个例子中性别特征的方差为 0),因为所有人是男性,那么这时性别特征对模型就没有任何价值了。

2. 皮尔逊相关系数

皮尔逊相关系数是一种简单的、能帮助理解特征和目标变量之间关系的方法,用于衡量变量之间的线性相关性,取值区间为 $[-1,1]$,其中 -1 表示完全的负相关,$+1$ 表示完全的正相关,0 表示没有线性关系(但是不代表没关系,可能有非线性关系)。通过分析特征与目标之间的相关性,优先选择与目标相关性高的特征。如果两个特征之间线性相关度的绝对值大,则说明这两个特征有很强的相关关系,没有必要都选择,只需要选择其中一个即可。

如果特征或者目标变量都是数值型特征的话,皮尔逊相关系数可以用于计算特征之间的相关性,也可以用于计算特征与目标变量的相关性。

3. 覆盖率

特征的覆盖率是指训练样本中有多大比例的样本具备该特征(不具备的原因可能是收集数据时有无效值或者空值导致的)。首先计算每个特征的覆盖率,覆盖率很小的特征对模型的预测效果作用不大,可以剔除。

例如,如果年龄是一个特征的话,而大多数用户在注册时不填年龄,那么绝大多数样本的年龄是空的,那么年龄这个特征的覆盖率就很低,是一个无效特征。

4. 假设检验

假设特征变量和目标变量之间相互独立,可选择适当的检验方法计算统计量,然后根据统计量做出统计推断(推断变量之间是否相关)。例如,对于特征变量为类别变量而目标变量为连续数值变量的情况,可以使用方差分析,对于特征变量和目标变量都为连续数值变量的情况,可以使用皮尔逊卡方检验,卡方统计量取值越大,特征相关性越高。

2.7.3 基于模型的特征选择

1. 过滤法

基于过滤法的特征选择是最为简单和常用的一种方法,其最大优势是不依赖于模型,仅从特征的角度挖掘其价值高低,从而实现特征排序及选择。实际上,基于过滤法的特征选择方案的核心在于对特征进行排序——按照特征价值高低排序后,即可实现任意比例/数量的特征选择或剔除。显然,如何评估特征的价值高低从而实现排序是这里的关键环节。

为了评估特征的价值高低,大体可分为 3 类评估标准:

(1) 基于特征所含信息量的高低。这种标准一般是特征基于方差法实现的特征选择,即认为方差越大对于标签的可区分性就越高;否则,认为低方差的特征具有较低的区分度,极端情况下当一列特征所有取值均相同时,方差为 0,对于模型训练不具有任何价值。当然,倘若直接以方差大小来度量特征所含信息量是不严谨的,如对于[100,110,120]和[1,5,9]两组特征来说,按照方差计算公式前者更大,但从机器学习的角度来看,后者可能更具有区分度。所以,在使用方差法进行特征选择前一般需要对特征做归一化处理。

(2)基于相关性。这种标准一般是基于统计学理论,逐一计算各列与标签列的相关性系数,当某列特征与标签的相关性较高时,认为其对于模型训练价值更大。度量两列数据相关性的指标则很多,典型的有欧氏距离、卡方检验、T检验等。

(3)基于信息熵理论。这种标准与源于统计学的相关性方法类似,也可以从信息论的角度来度量一列特征与标签列的相关程度,典型的方法就是计算特征列与标签列的互信息。互信息越大,意味着提供该列特征时对标签的信息确定程度越高。这与决策树中的分裂准则思想有着异曲同工之妙。

当然,基于过滤法的特征选择方法的弊端也极为明显:因为不依赖于模型,所以无法有针对性地挖掘出适应模型的最佳特征体系。

特征排序及选择是独立进行的(此处的独立是指特征与特征之间的独立,不包含特征与标签间的相关性计算等),对于某些特征单独使用价值低、组合使用价值高的特征无法有效发掘和保留。

2. 包裹法

过滤法是从特征重要性高低的角度加以排序,从而完成目标特征选择或者低效特征滤除的过程。如前所述,其最大的弊端之一在于因为不依赖任何模型,所以无法针对性地选择出相应模型最适合的特征体系。同时,其还存在一个隐藏的问题,即特征选择保留比例多少的问题,实际上这往往是一个超参数,一般需要人为定义或者进行超参数寻优。

与之不同,包裹法将特征选择看作一个黑盒问题,即仅需指定目标函数(这个目标函数一般就是特定模型下的评估指标),通过一定的方法使这个目标函数最大化,而不关心其内部实现的问题。进一步地,从具体实现的角度来看,给定一个含有 N 个特征的特征选择问题,可将其抽象为从中选择最优的 K 个特征子集,从而实现目标函数取值最优。可见,这里的 K 可能是 $1 \sim N$ 之间的任意数值,所以该问题的搜索复杂度是指数次幂:$O(2^n)$。

当然,对于这样一个具有如此高复杂度的算法,聪明的前辈们是不可能直接暴力尝试的,尤其是考虑这个目标函数往往还是足够复杂的(即模型在特定的特征子集上的评估过程一般是较为耗时的过程),所以具体的实现方式一般有如下两种:

(1)序贯选择。序贯选择其实就是贪心算法,即将含有 K 个特征的最优子空间搜索问题简化为 $1 \to K$ 的递归式选择(sequential feature selection,SFS)或者 $N \to K$ 的递归式消除(sequential backward selection,SBS)的过程,其中前者又称为前向选择,后者相应地称作后向选择。

具体而言,以递归式选择为例,初始状态时的特征子空间为空,尝试逐一选择每个特征加入特征子空间中,计算相应的目标函数取值,执行这一过程 N 次,得到当前最优的第 1 个特征;如此递归,不断选择得到第 2 个、第 3 个,直至完成预期的特征数目 K。这一过程的目标函数执行次数为 $O(K^2)$,相较于指数次幂的算法复杂度而言已经可以接受。

(2)启发式搜索。启发式搜索一般是应用了进化算法,如在优化领域广泛使用的遗传算法。在具体实现中,首先需要考虑将特征子空间表达为种群中的一个个体(如将含有 N 个特征的选择问题表达为长度为 N 的 0/1 序列,其中 1 表示选择该特征,0 表示不选择,序列中 1 的个数即为特征子空间中的特征数量),进而可将模型在相应特征子空间的效果定义为对应个体在种群中的适应度;其次就是定义遗传算法中的主要操作,即交叉、变异及繁殖等进化过程。

基于包裹法的特征选择方案是面向模型的实现方案,所以理论上具有最佳的选择效果。但实际上在上述实现过程中,也需要预先指定期望保留的特征数量,所以也涉及超参数的问题。此外,基于包裹法的最大缺陷在于巨大的计算量,虽然序贯选择的实现方案将算法复杂度降低为二次方阶,但仍然是一个很大的数字;而以遗传算法和粒子群算法为代表的启发式搜索方案,均是优化实现,更是涉及大量计算。

3. 基于模型的特征选择方法

基于模型的特征选择,就是特征选择的过程与最终训练的模型是相关的,甚至是耦合在一起的,这种特征选择方法更有针对性,也更精准,同时计算量也相对更高。基于模型的特征选择方法可以直接根据模型参数来选择,也可以用子集选择的思路选出特征的最优组合。

1)基于模型参数

对于线性模型(如一般线性模型、Logistics 回归等),可以直接基于模型系数大小来决定特征的重要程度。一般系数绝对值越大(系数是正的,代表与预测变量正相关,反之,则为负相关),该特征对模型的重要性就越大,绝对值很小的特征就可以剔除。

对于树模型,如决策树、梯度提升树、随机森林等,每一棵树的生成过程都对应了一个特征选择的过程,在每次选择分类节点时,都会选择最佳分类特征进行切分,重要的特征更有可能出现在树生成早期的节点处,作为分裂节点的次数也越多。因此,可以基于树模型中特征出现次数等指标对特征重要性进行排序。

2)子集选择

基于模型,也可以用子集选择的思路来选取特征。常见的有前向搜索和反向搜索两种思路。如先从 N 个特征中选出一个最好的特征,然后让其余的 $N-1$ 个特征分别与第一次选出的特征进行组合,从 $N-1$ 个二元特征组合中选出最优组合,然后在上一次的基础上,添加另一个新的特征,考虑 3 个特征的组合,依次类推,这种方法叫作前向搜索。

反之,如果目标每次从已有特征中去掉一个特征,并从这些组合(即分别去掉一个不同特征后的组合)中选出最优组合,这种方法就是反向搜索。如果特征数量较多、模型复杂,那么这种选择的过程是非常耗费时间和资源的。

上面比较抽象地提到了最优组合,那么什么是最优组合呢? 一般机器学习模型就是一个最优化模型,都是有目标函数的,如果本目标函数是损失函数,那么最优的模型就是让损失函数最小的模型。所以针对上面的两种方法(即前向搜索和反向搜索),加上一个特征或者剔除一个特征后,能让损失函数最小的特征就是本书需要增加或者剔除的特征。

上面是两种最常见的基于模型的特征选择方法。随着自动化机器学习(AutoML)技术的进展,目前也有非常多的自动化特征选择技术。AutoML 试图将这些与特征、模型、优化、评价有关的重要步骤自动化,使得机器学习模型无须人工干预即可自动地学习与训练。

3)基于业务的特征选择方法

这种方法可能不需要太多的技术,如果对建模问题的本质有比较好的理解,那么就知道什么变量对最终的目标函数是有价值的,而这个特征一定是重要的。

一般来说,如果你对业务背景比较熟悉,根据专业知识和经验,就可以非常容易选择一些有价值的特征。比如,如果预测大学毕业生毕业 3 年之后的年收入,那么大家肯定知道学校和学历一定是 2 个重要的特征。

所以,算法工程师还是需要懂业务的,这样可以方便地帮助你在特征的海洋中准确、快速地选择最优质的特征。由于这种方法与问题的领域及场景相关,所以无法详细说明,但这一定是一种重要的特征选择方法。

参考文献

[1] 年志刚,梁式,麻芳兰,等. 知识表示方法研究与应用[J]. 计算机应用研究,2007,187(5):234-236,286.

[2] 周继鹏,刘晓霞. 概念图知识表示方法[J]. 微电子学与计算机,1993(11):1000-7180.

[3] 朱苗苗,牛国锋. 知识表示方法的研究与分析[J]. 科技视界,2012,43(28):172-173.

[4] 张攀,王波,卿晓霞. 专家系统中多种知识表示方法的集成应用[J]. 微型电脑应用,2004(6):4-5.

[5] 张荣沂. 专家系统中不确定性知识的表示和处理[J]. 自动化技术与应用,2002(5):35-39.

[6] 付炜. 基于框架网络结构的专家知识表示方法研究[J]. 计算机应用,2002(1):3-6.

[7] 刘知远,孙茂松,林衍凯,等. 知识表示学习研究进展[J]. 计算机研究与发展,2016,53(2):247-261.

[8] MARKMAN B. Knowledge representation[M]. New York:Psychology Press,2013:48-52.

[9] FRANK V H. Handbook of knowledge representation[M]. London:Elsevier,2008:176-183.

[10] DANIEL G B. An overview of KRL,a knowledge representation language[J]. Cognitive science,1977,1(1):3-6.

[11] BRACHMAN R. Knowledge representation and reasoning[J]. Annual review of computer science,1986,1(1):255-287.

[12] RONALD J B. Knowledge representation[M]. Massachusetts. MIT press,1992:241-251.

[13] MCNAMARA T P. Thinking and problem solving[M]. London. Academic Press,1994:81-117.

[14] ZADEH L A. Knowledge representation in fuzzy logic[J]. An introduction to fuzzy logic applications in intelligent systems,1992,2(1).

第 3 章　机器学习基础

3.1　机器学习的定义和发展

3.1.1　机器学习的定义

机器学习是多种算法的一种统称,它涉及多门学科,包括了概率论、统计学、微分学、代数学等复杂的理论学科。这些算法企图从大量历史数据中挖掘出其中隐含的规律,并用于预测或者分类。更细致来说,机器学习可以看作是寻找一个函数,输入是样本数据,输出是期望的结果,只是这个函数过于复杂,以至于不太方便形式化表达。首先,机器学习是具有人的主观意识的一种学习行为,它主要模仿人的行为、视觉和认知等。其次,机器学习的过程是多学科、多领域的组合行为,需要不断补充已经获取的知识体系,并且对已有的知识进行创新或改造的一种实践行为[1]。最后,在机器学习的研究过程中,不同研究领域的学者对机器学习的理解有着不同的认知。研究人工智能的目的主要有两个:一个是对于学习的理解,通过建立计算机模型的方法,增加人们对于机器学习方法的理解;另一个是赋予机器一定的学习能力,换句话说,就是研究者发明出一种能够学习外界事物、感知外部世界、自主学习的计算机系统,这也成为现代人工智能领域不断追求的终极目标。

人类学习与机器学习之间的区别与联系,依然是本书现代科学研究的一个重点。人类自出生以后就已经开始了对外部世界的认知学习。从幼儿园到小学、初中、高中、大学,甚至研究生,都是进行学习的过程。因此,人类的学习是漫长的。在学习速度方面,机器学习就比人类学习快得多,机器学习可以过滤很多无用的学习,从而将有用的高效学习保留下来。人类的学习具有不可复制性,研究表明,两个学习经历相同的人学到的知识和能力也不相同,而且一个人的能力仅为其个人所有,不可能通过其他的方法将一个人的知识和能力转移到另一个人身上。但是,机器学习具有可复制性,对于具有较好的学习效果的系统,可以通过有效手段,将学习方法和系统进行复制、粘贴。此外,在漫长的学习中,人类对于已经学习过的知识可能会有遗忘,这是高等生物不可避免的一种特性。无论是从个体的角度还是从整体的角度来分析,人类所掌握的知识和技能都是通过不断的学习积累来的,这种漫长的学习也被称为动态的学习方式。与人类学习不同,机器学习的知识素材都是由人组织的,知识之间的联系是固定的,机器中的存储空间是有限的,自动获取知识的能力也是有限的,还远远达不到人脑积累知识的水平。

机器学习系统是在一定程度上实现机器学习的软件。早在 1973 年,Saris 就已经对机器学习的系统进行了定义:如果一个系统能够从某个过程或环境的位置特征中学习有关信息,并且能把学到的信息用于对未来的估计、分类、决策和控制,以便改进系统的性能,那么就可以看作是一个学习系统。1977 年,Smith 又对机器学习做了新的定义:如果一个系统在与环境相互作用时,能够利用过去与环境作用时的信息,并提高系统的性能,那么这个系统就是一个机器学习系统。

通过上述定义,可以看出一个基本的机器学习系统主要有以下特点:

(1)适当的学习环境。

(2)具有一定的学习能力。

(3)用所学的东西解决问题。

(4)提高系统的性能。

通过上面的分析,可以看出一个机器学习系统主要包括环境、学习、知识库和执行 4 个环节。一个典型的机器学习系统模型[2]如图 3-1 所示。

上述系统中的环境主要包括外部条件和工作对象。比如在医疗系统中,环境就相当于病人的症状、检验报告等信息;在模式识别系统中,环境就相当于需要识别的物体;在控制系统中,环境就相当于受控的设备或生产流程。环境提供给系统信息的水平关乎学习质量的好坏。信息的水平指的是信息的一般性、广泛性

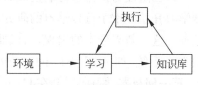

图 3-1　机器学习系统模型

和适用性的高低。水平比较高的信息往往比较抽象,应用较为广泛;水平低的信息比较具体,适用于特殊问题,应用范围相对来说较为狭窄。而信息的质量衡量的是信息的正确性、适用性和合理性。

学习模块是机器学习系统的学习机构,是学习系统的核心。它主要通过对环境的搜索获取外部信息,然后经过分析、综合、类比、推理等思维获得新的知识,并将这些新获得的知识存入知识库中,供执行环节使用。在学习系统中,从环境中获取的信息与执行所需要的信息之间有一定的差距。学习模块的主要任务就是解决这种差距,如果环境提供的信息较好,学习模块的任务就是补充,然后进行数据搬移。如果环境提供的信息较差,那么学习模块的任务就是归纳总结,执行学习的功能。知识库的形式就是知识表示的形式,选择知识表示的方法主要应考虑以下几个方面:

(1)可表达性。

(2)推理难度。

(3)可修改性。

(4)可扩充性。

执行环节和评价环节共同组成了执行模块,执行环节用来执行系统的现实问题,如定理证明、智能控制、行为规划等。评价环节用来验证、评价执行环节的执行结果,如结果的正确

性等。评价环节的方法主要有两种：一种是把评价时所需的性能指标直接建立到系统中，由系统对执行环节的结果进行评价；另一种是人为做出评价。从执行模块到学习模块有一个反馈机制，学习模块可以根据执行模块的反馈进行信息的进一步学习优化，以便得到更优的信息。

3.1.2　机器学习的发展

机器学习的研究有助于推动人类社会的发展和进步，因此机器学习一开始就受到了人们的广泛关注。它的发展可以分为以下几个阶段[3]：

第一阶段为机器学习的萌芽时期。这一阶段的机器学习主要侧重于非符号的神经元模型的研究，主要方向是通用型的神经网络系统或者自组织系统。早在 1957 年，Rosenblatt 首次提出了感知机的概念，这是早期的机器学习模型。它主要由阈值神经元组成，主要的研究目的是模拟动物和人脑的感知和学习能力。当时的人工智能研究方向是以离散符号推理为基本特征，这与 Rosenblatt 的观点完全不同，当时对人工智能的研究方向引起了很大的争议。Minskey 和 Papert 试图从数学的方向对代表的网络系统功能及布局进行研究，并且出版了 *Perception* 一书，这严重地阻碍了机器学习的发展。

第二阶段为机器学习的发展时期，即 20 世纪 70 年代中期到 20 世纪 80 年代后期。机器学习开始侧重于符号学习的研究，由于专家系统的兴起，使得知识的获取成为当时的主要任务。这一新兴分支的出现，给机器学习的发展带来了新的希望，并因此衍生出了很多相关的学习系统，如 Michalski 的 AQVAL、Buchana 的 Mera-Dendral、Lenat 的 AM 等。1980 年，第一届机器学习研讨会在 Carnegie-Mellon 大学举行，以后每两年举行一次。到了 1988 年正式成为机器学习年会。同年，在 *International Journal of Policy Analysis and Information System* 杂志连续三期刊登以机器学习为主的专刊；1981 年 *SIGART Newsletter* 又回顾了机器学习领域的研究工作。1983 年，由 Michalski 领导的团队出版了第一本关于机器学习的读本 *Machine Learning：an Artificial Intelligence Approach*。1986 年，机器学习杂志（*Machine Learning*）正式创刊。此外，有关机器学习的各种学术会议也相继出现。在这一阶段的发展中，符号学习的研究如雨后春笋般兴起，继而也产生了许多的学习策略，如传授式学习、实例学习、观察学习和解释学习等。

第三阶段为机器学习的兴起时期。从 20 世纪 80 年代至今，机器学习的研究进入了一个全面、系统的发展时期。对于符号学习的方法，经过多年的发展，研究方法日趋完善，应用领域不断扩张，达到了当时历史上的巅峰状态。同时，使用隐单元的方法来计算非线性函数的方法，解决了神经元模型的局限性。随着计算机领域高端技术的不断突破，神经网络系统也发展到了空前的高度，并广泛应用于语音识别、图像处理等领域；计算机的运行速度不断加快，硬件性能不断提高，这也从侧面推动了机器学习的发展，使得连接学习和符号学习的发展整装待发。另外，机器学习极大地推动了现代科学技术的发展，越来越多的人开始参与机器学习的研究。从 1988 年起，美国、苏联、日本等国开始连续召开机器学习的相关学术会议，各种关于机器学习的学术论文不计其数。随着机器学习技术的不断成熟和计算机学习理论的不断完善，机器学习必将给人工智能的研究和发展带来新的突破。

3.2 归纳学习

3.2.1 逻辑回归

1. 逻辑回归的定义

空间数据挖掘指的是利用算法模型从大量的数据空间中搜索出需要整理的信息的过程,这些有用的信息包括抽象的空间格局、空间数据和非空间数据的一般关系及隐藏在数据中的特征等。空间信息技术的不断发展使得获取数据的方法变得越来越多样化,有用信息的大量获取和空间数据之间存在着日益尖锐的矛盾,而空间挖掘技术可以有效缓解以上问题,因此对于空间数据挖掘的方法是一个重要的研究方向。

早在 1889 年,英国统计学专家佛朗西斯·高尔顿出版了《自然遗传》一书,首先提出了逻辑回归模型的概念[4],它是由逻辑回归曲线衍生而来的,为概率型事件,属于广义回归的范畴。逻辑回归曲线实际上就是一个单调上升函数,曲线不存在断点,始终保持良好的连续性。该曲线的输入范围是从负无穷到正无穷,纵轴的范围是 0~1。该函数的分布可以覆盖很多概率问题,衍生出来的逻辑回归函数又称为增长函数。利用自变量与因变量之间的关系,可以对预测结果进行判断。当一个函数需要解决一个问题的时候,就需要将这个模型应用到实际问题中,解决各个领域的问题,如医学疾病发生的概率、经济学中的财务风险问题,以及工科中模型预测的问题等。随着计算机软件的快速发展,逻辑回归模型更加简单便捷地应用到各个领域的研究过程中。运用一般线性回归的思想构建 Logistic 逻辑模型:

$$\ln\left(\frac{p}{1-p}\right) = \beta_0 + \beta_1 x_1 + \beta_2 x_2 + \cdots + \beta_n x_n \tag{3-1}$$

与多元线性回归相比,逻辑回归模型对于假设的条件并不严格,它不需要遵守正态分布或者协方差相等的情况。模型的分析结果对于使用范围内的情况具有比较合适的解释,在逻辑回归的研究过程中,二分类的模型应用比较广泛,根据应用问题和研究领域的不同,多分类的模型也在逐渐探索中。

Logistic 模型具有很多优点,这些优点克服了线性方程对于假设条件的苛刻要求,使得各个模型应用到各个研究领域中。在研究 Logistic 模型的过程中,多元共线性因子会导致模型结果出现较大的偏差。共线性问题的出现,需要对数据进行相关性的处理,处理数据产生的标准差和其他的衡量指标之间的相关程度也会发生相应的变化,如果各指标之间的相关性太高则会加大误差。该模型的系数和样本数量相关,样本数量的加减和最后统计样本的多少都会对该模型产生一定的影响,同时,模型也存在应用泛化能力不足的情况。

随着计算机化程度的不断覆盖,建模软件的功能覆盖更广,Logistic 回归开始应用于经济领域。经济领域的 Logistic 回归模型多用于财务危机的判定和预测,企业管理者更希望通过直接的数据就可以预测出危机。逻辑回归的方法就是将要预测的问题转化为直观的概率问题,或者用来判断是否处于危机的临界值。

2. 正则化项

引入正则化项的目的是防止模型过拟合,函数对样本的拟合有 3 种结果:

(1) 欠拟合。对欠拟合直观的理解就是在训练集上的误差比较大,拟合出来的函数应该是曲线，结果拟合成了一条直线。

（2）过拟合。过拟合是指在训练集上的误差很小甚至为0，追求经验风险最小化，模型拟合得很复杂，往往在未知的样本集上表现得不够好。

（3）合适的拟合。合适的拟合是指在训练集合测试集上都表现得比较好，追求经验风险和结构风险的均衡。

解决过拟合的问题一般有两种方法[5]：一种是减少特征的维度，另一种是进行正则化。对减少特征维度的理解是特征太多、样本太少造成了过拟合，所以进行特征选择以减少特征会得到比较好的拟合效果，下面详细讲解正则化。

先看一下正则化的模型：

$$R_{erm} = \frac{1}{N}\Big(\sum_i^N L(y_i, f(x_i)) + \sum_i^n \lambda w_i^2\Big) \tag{3-2}$$

其实就是在损失函数里加入一个正则化项，正则化项就是权重的 L_1 或者 L_2 范数乘以 λ，用来控制损失函数和正则化项的比重，直观地理解，首先防止过拟合的目的就是防止最后训练出来的模型过分依赖某一个特征，当最小化损失函数时，某一维度很大，拟合出来的函数值与真实值之间的差距很小，通过正则化可以使整体的消耗变大，从而避免过分依赖某一维度。当然加正则化的前提是特征值要进行归一化，例如，有的特征的范围是 200～500，有的特征的范围是 0～1，这个时候就要进行归一化，如都化为 0～1 之间。

3. 最小二乘法

最小二乘法指的是最小二次方和的意思，使用最小二乘法的目的就是减少预测值和真实值之间的差值，然而把差值直接加起来作为误差是不可行的，因为误差有正有负，有些误差会抵消，如果将其理解为绝对值的和，理论上是合理的，但最小二乘法有个比较官方的解释：有样本点 D，使用很多候选曲线 h 来分开这些点，选择后验概率最大的那条曲线，也就是 $P(h|D)$ 最大的那条曲线。由贝叶斯定理可知，$P(h|D)$ 正比于 $P(h)P(D|h)$，先验概率 $P(h)$ 认为是均等的，所以只要最大化 $P(D|h)$ 即可，因为样本点 D 是独立的，所以有：

$$P(D|h) = P(d_1|h)P(d_2|h)\cdots P(d_n|h) \tag{3-3}$$

人们认为这些点是含有噪声的，噪声让这条曲线偏离了完美的曲线，一种很合理的假设就是偏离越大的概率越小，那么这个偏离的概率可以用正态分布来描述，形式化的表达为：

$$P(d_n|h) = e^{-\sigma^2} \tag{3-4}$$

所以有：

$$P(D|h) = e^{-(\sigma_1^2 + \sigma_2^2 + \cdots + \sigma_n^2)} \tag{3-5}$$

人们的目的是最大化这个概率，等价于最小化里面的二次方和：

$$\min(\sigma_1^2 + \sigma_2^2 + \cdots + \sigma_n^2) \tag{3-6}$$

然后，最小二乘法不适合做逻辑回归的误差函数，因为最小二乘法的误差与先前假设的符合正态分布不符，而逻辑回归的误差符合的是二项分布，所以不能用最小二乘法作为损失函数，但可以用最大似然法。

4. 结论和讨论

以统计学习理论作为坚实的理论依据，支持向量机（SVM）有很多优点，如基于结构风险最小化，克服了传统方法的过学习（overfitting）和陷入局部最小的问题，具有很强的泛化能力;采用核函数方法,向高维空间映射时并不增加计算的复杂性,又有效地克服了维数灾难问题。但同时也要看到目前 SVM 研究的一些局限性:

(1) SVM 的性能很大程度上依赖于核函数的选择,但没有很好的方法指导针对具体问题的核函数选择。

(2) 训练测试 SVM 的速度和规模是另一个问题,尤其是对实时控制问题,速度是一个对 SVM 应用的很大限制因素;针对这个问题,Platt 和 Keerthi 等分别提出了 SMO (Sequential Minimization Optimization)和改进的 SMO 方法,但还值得进一步研究。

(3) 现有的 SVM 理论仅讨论具有固定惩罚系数 C 的情况,而实际上正负样本的两种误判造成的损失往往是不同的。

显然,SVM 实际应用中表现出的性能决定于特征提取的质量和 SVM 两个方面:特征提取是获得好的分类的基础,对于分类性能,还可以结合其他方法进一步提高。就目前的应用研究状况而言,尽管支持向量机的应用研究已经很广泛,但应用尚不及人工神经网络方法,所以我们有理由相信 SVM 的应用研究还有很大的潜力可挖。

3.2.2 聚类算法

1. 聚类的定义

Wikipedia 对聚类的定义:"聚类是把相似的对象通过静态分类的方法分成不同的组别或者更多的子集(subset),这样可使同一个子集中的成员对象都有一些相似的属性。"

百度百科中对聚类的定义:"聚类分析指将物理或抽象对象的集合分组为由类似的对象组成的多个类的分析过程。它是一种重要的人类行为。聚类是将数据分类到不同的类或者簇的过程,所以同一个簇中的对象有很大的相似性,而不同簇间的对象有很大的相异性。"

聚类(clustering)可以按字面意思来理解——将相同、相似、相近、相关的对象实例聚成一类的过程。简单理解为如果一个数据集合包含 N 个实例,根据某种准则可以将这 N 个实例划分为 m 个类别,每个类别中的实例都是相关的,而不同类别之间是有区别的,也就是不相关的,这个过程就叫作聚类[6]。

2. 聚类过程

(1) 数据准备,包括特征标准化和降维。

(2) 特征选择,从最初的特征中选择最有效的特征,并将其存储于向量中。

(3) 特征提取,通过对所选择的特征进行转换形成新的突出特征。

(4) 聚类(或分组),首先选择合适特征类型的某种距离函数(或构造新的距离函数)进行接近程度的度量,而后执行聚类或分组。

(5) 聚类结果评估,主要有 3 种,即外部有效性评估、内部有效性评估和相关性测试评估。

3. 聚类算法的分类

没有任何一种聚类技术(聚类算法)普遍适用于揭示各种多维数据集所呈现出来的多种多样的结构,根据数据在聚类中的积聚规则及应用这些规则的方法,可以有多种聚类算法。聚类算法有多种分类方法,大致可以分为基于划分的聚类算法、基于层次的聚类算法、基于密度的聚类算法和基于网格的聚类算法。

4. 各类型聚类算法描述

各类型聚类算法[7]的描述见表3-1～表3-4。

表 3-1 基于划分的聚类算法

算 法 名 称	算 法 描 述
k-means	这是一种典型的划分聚类算法,它用一个聚类的中心来代表一个簇,即在迭代过程中选择的聚点不一定是聚类中的一个点,只能处理数值型数据
k-modes	k-means 算法的扩展,采用简单的匹配方法来度量用来分类的数据的相似度
k-prototypes	结合了 k-means 和 k-modes 两种算法,能够处理混合型数据
k-medoids	在迭代过程中选择簇中的某点作为聚点,PAM 是典型的 k-medoids 算法
CLARA	CLARA 算法在 PAM 的基础上采用了抽样技术,能够处理大规模数据
CLARANS	CLARANS算法融合了 PAM 和 CLARA 两者的优点,是第一个用于空间数据库的聚类算法
FocusedCLARAN	采用了空间索引技术,提高了 CLARANS 算法的效率
PCM	将模糊集合理论引入聚类分析中并提出了 PCM 模糊聚类算法

表 3-2 基于层次的聚类算法

算 法 名 称	算 法 描 述
CURE	采用抽样技术先对数据集 D 随机抽取样本,再采用分区技术对样本进行分区,然后对每个分区局部聚类,最后对局部聚类进行全局聚类
ROCK	该算法采用了随机抽样技术,在计算两个对象的相似度时,同时考虑了周围对象的影响
CHEMALOEN (变色龙算法)	首先由数据集构造成一个 k-最近邻图,再通过一个图的划分算法将图划分成大量的子图,每个子图代表一个初始子簇,最后用一个凝聚的层次聚类算法反复合并子簇,找到真正的结果簇
SBAC	SBAC 算法则在计算对象间的相似度时,考虑了属性特征对于体现对象本质的重要程度,对于更能体现对象本质的属性赋予较高的权值
BIRCH	BIRCH 算法利用树结构对数据集进行处理,叶节点存储一个聚类,用中心和半径表示,顺序处理每一个对象,并把它划分到距离最近的节点,该算法也可以作为其他聚类算法的预处理过程
BUBBLE	BUBBLE 算法则把 BIRCH 算法的中心和半径概念推广到普通的距离空间
BUBBLE-FM	BUBBLE-FM 算法通过减少距离的计算次数,提高了 BUBBLE 算法的效率

表 3-3 基于密度的聚类算法

算 法 名 称	算 法 描 述
DBSCAN	DBSCAN 算法是一种典型的基于密度的聚类算法,该算法采用空间索引技术来搜索对象的邻域,引入了"核心对象"和"密度可达"等概念,从核心对象出发,把所有密度可达的对象组成一个簇
GDBSCAN	该算法通过泛化 DBSCAN 算法中邻域的概念来适应空间对象的特点
OPTICS	OPTICS 算法结合了聚类的自动性和交互性,先生成聚类的次序,可以对不同的聚类设置不同的参数,以得到用户满意的结果
FDC	FDC 算法通过构造 k-dtree 把整个数据空间划分成若干个矩形空间,当空间维数较少时可以大大提高 DBSCAN 的效率

表 3-4　基于网格的聚类算法

算 法 名 称	算 法 描 述
STING	利用网格单元保存数据统计信息,从而实现多分辨率的聚类
WaveCluster	在聚类分析中引入了小波变换的原理,主要应用于信号处理领域。(备注:小波算法在信号处理、图形图像、加密解密等领域有着重要应用)
CLIQUE	这是一种结合了网格和密度的聚类算法

5．k-means 算法

1)k-means 算法的使用

k-means 算法的基本思想是初始随机给定 K 个簇中心,按照最邻近原则把待分类样本点分到各个簇;然后按平均法重新计算各个簇的质心,从而确定新的簇心。一直迭代,直至簇心的移动距离小于某个给定值。

在聚类问题中,本书的训练样本是 $\{x^{(1)}, x^{(2)}, \cdots, x^{(m)}\}, x^{(i)} \in \mathbf{R}^n$。

k-means 算法是将样本聚类成 k 个簇,具体算法描述如下:

(1)第一步,为待聚类的点寻找聚类中心 $\mu_1, \mu_2, \cdots, \mu_k \in \mathbf{R}^n$;

(2)第二步,计算每个点到聚类中心的距离,将每个点聚类到离该点最近的聚类中,对于每一个样例 i,计算其应该属于的类 $c^{(i)} := \underset{j}{\arg\min} |x^{(i)} - \mu_j|^2$。

(3)第三步,计算每个聚类中所有点的坐标平均值,并将这个平均值作为新的聚类中心,对于每一个类 j,重新计算该类的质心:

$$\mu_j := \frac{\sum_{i=1}^{m} 1\{c^{(i)} = j\} x^{(i)}}{\sum_{i=1}^{m} 1\{c^{(i)} = j\}} \tag{3-7}$$

反复执行步骤(2)(3),直到聚类中心不再进行大范围移动或者聚类次数达到要求为止。

K 是本书事先给定的聚类数,$c^{(i)}$ 代表样例 i 与 k 个类中距离最近的那个类,$c^{(i)}$ 的值是 $1 \sim k$ 中的一个。质心 μ_j 代表本书对属于同一个类的样本中心点的猜测,拿星团模型来解释就是将所有的星星聚成 k 个星团,首先随机选取 k 个宇宙中的点(或者 k 个星星)作为 k 个星团的质心,然后第一步是计算每一个星星到 k 个质心的距离,然后选取距离最近的那个星团作为 $c^{(i)}$,这样经过第一步每一个星星都有了所属的星团;第二步对于每一个星团,重新计算它的质心 μ_j(对里面所有的星星坐标求平均值)。重复迭代第一步和第二步,直到质心不变或者变化很小为止。

图 3-2 和图 3-3 展示了对 n 个样本点进行 k-means 聚类的过程和结果($k=2$):

(1)未聚类的初始点集;

(2)随机选取两个点作为聚类中心;

(3)计算每个点到聚类中心的距离,并聚类到离该点最近的聚类中;

(4)计算每个聚类中所有点的坐标平均值,并将这个平均值作为新的聚类中心;

(5)重复步骤(3),计算每个点到聚类中心的距离,并聚类到离该点最近的聚类中;

(6)重复步骤(4),计算每个聚类中所有点的坐标平均值,并将这个平均值 z 作为新的聚类中心。

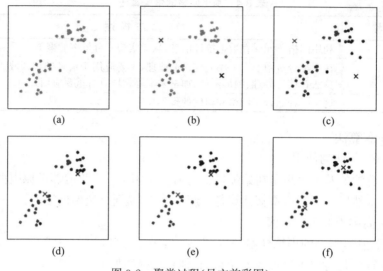

图 3-2　聚类过程（见文前彩图）

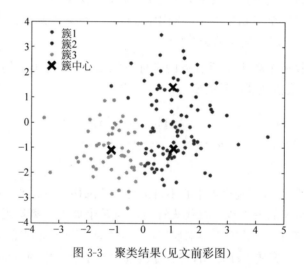

图 3-3　聚类结果（见文前彩图）

2）k-means 算法存在的问题

k-means 算法的特点是采用两阶段反复循环过程算法，结束的条件是不再有数据元素被重新分配：

（1）指定聚类，即指定数据到某一个聚类，使得它与这个聚类中心的距离比它到其他聚类中心的距离要近。

（2）修改聚类中心。

k-means 算法的优点：

本算法确定的 k 个划分使二次方误差最小，当聚类是密集的，且类与类之间区别明显时，效果较好。对于处理大数据集，这个算法是相对可伸缩和高效的，计算的复杂度为 $O(NKt)$，其中 N 是数据对象的数目，t 是迭代的次数，一般，$k \ll N$，$t \ll N$。

k-means 算法的缺点：

（1）在 k-means 算法中 k 是事先给定的，这个 k 值的选定是非常难以估计的。很多时候,事先并不知道给定的数据集应该分成多少个类别才最合适。这也是 k-means 算法的一个不足。

（2）在 k-means 算法中,首先需要根据初始聚类中心来确定一个初始划分,然后对初始划分进行优化。这个初始聚类中心的选择对聚类结果有较大的影响,一旦初始值选择得不好,就可能无法得到有效的聚类结果,这也成为 k-means 算法的一个主要问题。

（3）从 k-means 算法框架可以看出,该算法需要不断地进行样本分类调整,不断地计算调整后的新的聚类中心,因此当数据量非常大时,算法的时间是非常长的。所以需要对算法的时间复杂度进行分析、改进,提高算法的应用范围。

（4）k-means 算法对噪声数据敏感。例如:类簇 C_1 中已经包含点 $A(1,1)$、$B(2,2)$、$C(1,2)$、$D(2,1)$,假设 $N(100,100)$ 为异常点,当它纳入类簇 C_1 时,计算质心为:

$$\text{Centroid}\left(\frac{1+2+1+2+100}{5},\frac{1+2+1+2+100}{5}\right)=\text{Centroid}(21,21) \qquad (3\text{-}8)$$

此时可能造成了类簇 C_1 质点偏移,使其在下一轮迭代重新划分样本点的时候,将大量不属于类簇 C_1 的样本点纳入,因此得到不准确的聚类结果。k-medoids 算法在类中是选取中心点而不是求类所有点的均值,在某种程度上解决了噪声敏感问题。

k-means 算法的 2 个核心问题:

（1）度量记录之间相关性的计算公式一般采用欧氏距离。

（2）更新簇内质心的方法采用平均值法,即 means。

k-modes 算法按照 k-means 算法的核心内容进行修改,针对分类属性的度量方法和更新质心的问题而改进。具体如下:

（1）度量记录之间的相关性 D 的计算公式是比较两记录之间的属性,相同时为 0,不同时为 1,并将所有节点之间的结果进行相加。因此 D 越大,其不相关程度越强(与欧氏距离代表的意义是一样的)。

（2）更新 modes,使用一个簇的每个属性出现频率最高的那个属性值作为代表簇的属性值(如 $\{[a,b][a,c][c,b][b,c]\}$)代表模式为 $[a,b]$ 或者 $[a,c]$。

6. k-prototypes 算法

k-modes 算法可以处理分类数据、高维数据、大数据集,再加上用图的深度搜索方法求初始簇数、基于频率模式更新簇中心向量值、用相异度平均值求阈值 t,可以说是很有效的聚簇分类数据方法。但在实际应用中容易见到的数据类型是数据对象属性既有数值数据描述,又有分类数据描述的混合情况。对于这个问题,k-prototypes 算法是结合了 k-means 算法和 k-modes 算法来解决,用数学公式表示其相异度测量方法。

两个混合型的对象 X 和 Y,它们的属性描述是 $A_1r,A_2r,\cdots,A_pr,A_{p+1}c,\cdots,A_mc$,前 p 个属性是数值数据,后 $m-p$ 个属性是分类数据,这样的两个数据对象 X 和 Y 的相异度是:

$$d(X,Y)=\sqrt{\sum_{j=1}^{p}|x_j-y_j|^2+\sum_{j=p+1}^{m}\delta(x_j,y_j)} \qquad (3\text{-}9)$$

其中,第 1 部分是欧氏距离测量数值属性,第 2 部分是简单匹配相异度测量处理分类属性,是权值,用来衡量数值属性和分类属性在聚簇测量中所占的权重。每个簇的模式 Q 的前 p 个属性是数值型的,就用每个属性 i 在簇中的平均值作为 Q 的属性 q_i 的值,后 $m-p$

个属性用相对频率最高的一个作为属性值。对这种混合型数据对象的相异度测量，k prototypes 算法结合了 k-means 算法和 k-modes 算法的技术。

3.2.3 降维算法

随着信息获取与处理技术的飞速发展，人们获取信息和数据的能力越来越强，高维数据频繁地出现于科学研究及产业界等相关领域。为了对客观事物进行细致的描述，人们往往需要利用这些高维数据，如在图像处理中，数据通常为 $m \times n$ 大小的图像，若将单幅图像看成图像空间中的一个点，则该点的维数为 $m \times n$ 维，其对应的维数是相当高的，在如此高维的空间中做数据处理无疑会给人们带来很大的困难，同时所取得的效果也是极其有限的；再如网页检索领域一个中等程度的文档集表示文档的特征词向量通常高达几万维甚至几十万维；而在遗传学中所采集的每个基因片段往往是成千上万维的。另外，若直接处理高维数据，会遇到所谓的"维数灾难"[8]问题，即在缺乏简化数据的前提下，要在给定的精度下准确地对某些变量的函数进行估计，本书所需要的样本数量会随着样本维数的增加而呈指数形式增长。因此，人们通常会对原始数据进行"数据降维"。

数据降维是指通过线性或者非线性映射将高维空间中的原始数据投影到低维空间，且这种低维表示是对原始数据紧致而有意义的表示，通过寻求低维表示，能够尽可能地发现隐藏在高维数据后的规律。对高维数据进行降维处理的优势体现在如下方面：①对原始数据进行有效压缩以节省存储空间；②可以消除原始数据中存在的噪声；③便于提取特征以完成分类或者识别任务；④将原始数据投影到二维或三维空间，实现数据可视化。主流的数据降维算法主要有 7 种，其名称和对比如表 3-5 所示，下面详细地介绍其中的 5 种：线性的 PCA、MDS、LDA 及非线性的 Isomap、LLE。

1. 主成分分析法

1）基本原理

PCA 是通过对原始变量的相关矩阵或协方差矩阵内部结构的研究，将多个变量转换为少数几个综合变量即主成分，从而达到降维目的的一种线性降维方法。这些主成分能够反映原始变量的绝大部分信息，它们通常表示为原始变量的线性组合。PCA 将数据方差作为对信息衡量的准则：方差越大，它所能包含的信息就越多，反之包含的信息就越少。因此，PCA 可以看成一个坐标变换的过程：将高维数据的坐标投影到数据方差最大的方向组成的新坐标系中。虽然 PCA 具有容易计算、解释性强等特点，但也存在不适用非线性结构高维数据、不适用非高斯分布数据及主分量的个数难以确定等缺点，其算法步骤大致为：

（1）计算所有样本的均值 m 和散布矩阵 S，所谓散布矩阵同协方差矩阵；

（2）计算 S 的特征值，然后由大到小排序；

（3）选择前 p 个特征值对应的特征矢量作为一个变矩阵 $E = [e_1, e_2, \cdots, e_p]$；

（4）对于之前每一个 n 维的特征向量 x 可以转换为 p 维的新特征向量 y：

$$y = \text{transpose}(E)(x - m) \tag{3-10}$$

2）应用及示例

因在特征提取和数据降维方面的优越性，PCA 近年来被广泛应用于特征提取、信号评测和信号探测等方面，其中人脸识别是 PCA 的一个经典应用领域：利用 K-L 变换抽取人脸的主要成分，构成特征脸空间，识别时将测试图像投影到此空间，得到一组投影系数，通过

表 3-5 7 种不同降维算法及其对比

算法名称	线性/非线性	有监督/无监督	(超)参数	是否去中心化	目 标	假 设	涉及矩阵	解 的 形 式
PCA	线性	无监督	w, d	是	降维后的低维样本之间每一维方差尽可能大	低维空间相互正交	C, W	取 C 前 d 个最大特征值对应特征向量排列成线性变换 W 的列
MDS	线性	无监督	d	是	降维的同时保证数据之间的相对关系不变	已知高维空间的 N 个样本之间的距离矩阵	E, A	取 E 前 d 个最大特征值对应特征向量排列成低维矩阵 Z 的列
LDA	线性	有监督	w, d	否	降维后同一类样本之间协方差尽可能小，不同类中心距离尽可能大	数据能够被分成 $d+1$ 类	S_w, S_b, W	取 $S_w^{-1} S_b$ 特征分解的前 d 个最大特征值对应特征向量排列成 W
Isomap	非线性	无监督	d, k	是	降维的同时保证高维数据的流形不变	高维空间的局部区域上某两点的距离可以由欧氏距离算出	E, A	与 MDS 一致
LLE	非线性	无监督	d, k	是	降维的同时保证高维数据的流形不变	高维空间的局部区域上某一点是相邻 K 个点的线性组合，低维空间各自不变	F, M	取 M 前 d 个非 0 最小特征值对应特征向量构成
t-SNE	非线性	无监督	$K=2/3$	—	降维到二维或者三维可视化	在高维空间中，一个点的取值服从以另外一个点为中心的高斯分布。在低维空间中，两个点之间的欧氏距离服从自由度为 1 的 t 分布	P, Q	以梯度下降的方式来更新低维空间的 Z
Auto encoder	非线性	无监督	w_i, l, D_l	—	这个网络能够重构输入数据	网络能够学习到数据内部的一些性质或者结构	W_l	网络最后一层的输出

与各个人脸图像比较进行识别。下面给出利用特征脸法进行人脸识别的数据降维部分的具体步骤。

(1) 假设训练集有 200 个样本，由灰度图组成，则训练样本矩阵为：

$$x = (x_1, x_2, \cdots, x_{200})^{\mathrm{T}} \tag{3-11}$$

其中，向量 x_i 为由第 i 个图像的向量按列堆叠成一列的 $M \times N$ 维向量。

(2) 计算训练图片的平均脸：

$$\phi = \frac{1}{200} \sum_{i=1}^{200} x_i \tag{3-12}$$

(3) 计算差值脸，即每一张人脸与平均脸的差值：

$$d_i = x_i - \phi, \quad i = 1, 2, \cdots, 200 \tag{3-13}$$

(4) 构建协方差矩阵：

$$C = \frac{1}{200} \sum_{i=1}^{200} d_i d_i^{\mathrm{T}} = \frac{1}{200} AA^{\mathrm{T}}, \quad A = (d_1, d_2, \cdots, d_{200}) \tag{3-14}$$

(5) 求协方差矩阵的特征值和特征向量，构造"特征脸"空间。首先采用奇异值分解定理，通过求解 $A^{\mathrm{T}}A$ 的特征值和特征向量来获得 AA^{T} 的特征值和特征向量。求出 $A^{\mathrm{T}}A$ 的特征值 λ_i 及其正交归一化特征向量 v_i。根据特征值的贡献率选取前 p 个最大特征向量及其对应的特征向量，贡献率是指选取的特征值的和与占所有特征值的和之比，即

$$\varphi = \sum_{i=1}^{p} \lambda_i \bigg/ \sum_{i=1}^{200} \lambda_i \geqslant a \tag{3-15}$$

一般取 $a = 99\%$，即使训练样本在前 p 个特征向量集上的投影有 99% 的能量。再求出原协方差矩阵的特征向量：

$$u_i = Av_i \big/ \sqrt{\lambda_i} \quad (i = 1, 2, \cdots, p) \tag{3-16}$$

则特征空间为：

$$w = (u_1, u_2, \cdots, u_p) \tag{3-17}$$

(6) 将每一张人脸与平均脸的差值脸矢量投影到"特征脸"空间，即

$$\Omega_i = w^{\mathrm{T}} d_i \quad (i = 1, 2, \cdots, 200) \tag{3-18}$$

至此根据需要提取了前面最重要的部分，将 p 后面的维数省去，从而达到降维的效果，同时保持了 99% 以上原有的数据信息，接着就可以很方便地进行人脸的识别匹配了。

2. 多维尺度分析法

1) 基本原理

MDS 分析的是成对样本间的相似性，利用这个信息去构建合适的低维空间，使得样本在此空间的距离和在高维空间中的样本间的相似性尽可能保持一致。根据样本是否可计量，MDS 算法可分为计量多元尺度法和非计量多元尺度法，前者以样本间相似度作为实际输入，需要样本是等距(interval)比例(ratio)尺度，优点是精确，可以根据多个准则评估样本间的差异，缺点是计算成本高且耗时。但对于很多应用问题，样本大多都是不可计量的，需要使用非计量多元尺度法，这种方法接受样本的顺序尺度作为输入，并以此自动计算相似值。样本尺度要求是顺序的(ordinal)，较简便、直观，从非计量的样本导出计量的分析结果，应用范围更广，但没法知道评估准则，效果较差。

基本的 MDS 算法原理为：设 $X[1], \cdots, X[n]$ 为 p 维空间上的 n 个点，其两两距离(相

异度)为 $\delta[i,j]$。相异度可以是定量的(如物理距离或比例),此时对应度量标度(metric scaling),也可以是定性的(如感觉或偏好的排序),此时对应非度量标度(nonmetric scaling)。度量标度要寻找 t 维空间上($t < p$)的一个 n 点结构 $Y[1], \cdots, Y[n]$,这称为 MDS 的一个解,其内点距离为 $d[i,j]$,使得 $\delta[i,j]$ 和 $d[i,j]$ 近似相等。即存在一个单调函数 f,使 $d[i,j] \approx f(\delta[i,j])$。寻找函数 f 的方法是极小化压力函数:

$$\left\{ \sum_{i<j} w_{ij} (d_{ij} - \hat{d}_{ij})^2 \right\}^{1/2} \tag{3-19}$$

这样得到的解称为最小二乘标度。

2) 应用及示例

作为一种解决特殊类型问题的方法,MDS 算法在多个领域有着广泛的应用:在心理学领域研究不同类别的心理刺激(如人格特质、性别角色)或物理刺激(如面孔、声音、颜色、味道)认知的潜在结构[9],并绘制这些刺激的"感知图"(perceptual map);基于市场研究消费者的产品选择和产品偏好,可以识别产品间的联系;还可以应用到社交网络进行大型网络集群的识别;其他应用涉及地理学、生态学、分子生物学、计算化学、图形学甚至流行音乐等研究。

譬如,对一个国家的许多城市而言,假如本书并不能确定它们的经纬度信息,却知道所有城市两两之间的距离,就可以通过 MDS 方法将这些代表相似性的距离数据呈现在二维坐标上。这种对相似性矩阵的处理可以推广到一般情况,从而实现数据的压缩。简单地讲,譬如本书可以获知高维数据点的距离分布,它们的绝对位置对本书而言意义并不大,本书所关注的是点与点之间的距离关系,那么就可以通过 MDS 方法将高维点映射到二维空间,同时很好地保持了其距离关系。通过这样一个等距映射,本书就可以将数据量大幅减少。

3. 线性判别式分析

1) 基本原理

线性判别式分析,也叫作 Fisher 线性判别(fisher linear discriminant,FLD),是模式识别的经典算法。线性判别的基本思想是将高维的模式样本投影到最佳鉴别矢量空间,以达到抽取分类信息和压缩特征空间维数的效果,投影后保证模式样本在新的子空间有最大的类间距离和最小的类内距离,即模式在该空间中有最佳的可分离性。因此,它是一种有效的特征抽取方法。使用这种方法能够使投影后模式样本的类间散布矩阵最大,同时使类内散布矩阵最小。与 PCA 保持数据信息不同,LDA 是为了使降维后的数据点尽可能容易地区分。

2) 应用及示例

LDA 常用来提取特征向量,因此被广泛用于模式识别、特征提取、图像识别等领域。因其利用有监督的学习得到可分离的数据,所以也被用于聚类分析中。如果用 LDA 算法进行人脸特征提取,假设对于一个 $\mathbf{R}^n$ 空间有 m 个样本分别为 $x_1, x_2, \cdots, x_m$,即每个 $\boldsymbol{x}$ 是一个 n 行的矩阵,其中 n_i 表示属于 i 类的样本个数,一共有 c 个类。首先得到类 i 的样本均值和总体样本均值,再求出类间离散度矩阵和类内离散度矩阵。LDA 算法希望所分的类之间的耦合度低,同时类内的聚合度高,即类内离散度矩阵中的数值要小,而类间离散度矩阵中的数值要大,此处根据 Fisher 鉴别准则找到由一组最优鉴别矢量构成的投影矩阵 $\boldsymbol{W}_{\text{opt}}$,其列向量为 d 个最大特征值所对应的特征向量,其中 $d \leqslant c-1$,从而完成了数据的降维和聚类。

4. 等距映射算法(isometric mapping,Isomap)

1)基本原理

Isomap 算法是近年来用于非线性降维的一个重要算法,算法的关键在于利用样本向量之间的欧氏距离 $dx(i,j)$ 计算出样本之间的测地距离 $dG(i,j)$,从而真实再现高维数据内在的非线性几何结构。然后使用经典 MDS 算法构造一个新的 d 维欧氏空间 Y(d 是降维空间的维数),最大限度地保持样本之间的欧式距离 $dY(i,j)$ 与 $dG(i,j)$ 的误差最小,从而达到降维的目的,其核心是估算两点间的测地距离,优点是能处理大部分非线性高维数据、全局优化和渐进恢复,缺点是数据拓扑空间不稳定。算法的主要步骤如下:

(1)构造近邻图。首先计算任意两个样本向量 x_i 与 x_j 的欧氏距离 $dX(x_i,x_j)$,然后用全部的样本向量 $x_i(1 \leqslant i \leqslant N)$ 构造无向图 G。对于样本向量 x_i,在图 G 中将它与离它最近的 n 个样本向量(n 是可调参数)连接起来,设置连接线的长度分别为它们各自的距离。

(2)计算任意两个样本向量之间的最短路径。在图 G 中,设置任意两个样本向量 x_i 与 x_j 之间的最短距离为 $dG(i,j)$。如果 x_i 与 x_j 之间存在连线,则 $dG(i,j)$ 的初始值设为 $dX(i,j)$,否则令 $dX(i,j)=\infty$。接下来依次更新 $dG(i,j)$ 的数值:$dG(i,j)=\min \leqslant I \leqslant N\{dG(i,J),dG(1,j)\}$。

(3)经过多次迭代,样本向量间最短路径矩阵 $DG=\{dG(i,j)\}$ 便可收敛。使用经典 MDS 将样本向量压缩到 d 维,并使压缩之后样本向量间的欧氏距离尽可能接近已求出的最短路径[10]。

2)应用及示例

当前,由于大数据的持续火热,对数据降维技术的需求在持续增加,将流形学习引入模式识别是一个非常诱人的想法,而且也有研究人员对这方面进行了研究,但是目前还没有非常成功的案例。在未来的工作中,可以考虑将对流形学习和人脸识别进行深度融合。同样以人脸识别为例,提供多张人脸的图像,可以通过 Isomap 降维方法将每张脸当作一个点映射到二维平面上,使得横坐标恰好反映人脸左右看的程度,纵坐标反映人脸上下看的程度:首先构建一个距离矩阵 D,把一个人脸图像数据当作一个向量,每个元素表示人脸之间的距离,根据某种策略和矩阵 D 确立邻居节点,然后用 Dijkstra 算法计算任意两点间的最短路径,把其当作 MDS 算法的输入,就可以得到一个坐标轴,由其描述的数据就是原数据的低维映射。Isomap 解决了 PCA 等其他线性降维方法的问题,通过邻居的定义,强化了数据之间的连接性,而不是只以绝对距离当作衡量的方法。

5. 局部线性嵌入(locally linear embedding,LLE)

1)基本原理

LLE 是一种非线性降维算法,它能够使降维后的数据较好地保持原有的流形结构,LLE 可以说是流形学习方法最经典的工作之一。如果高维数据分布在整个封闭的球面上,LLE 则不能将它映射到二维空间,且不能保持原有的数据流形,所以本书在处理数据中,首先假设数据不是分布在闭合的球面或者椭球面上[11]。LLE 算法可以归结为三步:

(1)寻找每个样本点的 k 个近邻点;把相对于所求样本点距离最近的 k 个样本点规定为所求样本点的近邻点,k 是一个预先给定值。

(2)由每个样本点的近邻点计算出该样本点的局部重建权值矩阵,并需要定义一个误差函数。

（3）由该样本点的局部重建权值矩阵和其近邻点计算出该样本点的输出值。

2）应用及示例

LLE 算法是近年来提出的针对非线性数据的一种新的降维方法，处理后的低维数据均能够保持原有的拓扑关系。它已经广泛应用于图像数据的分类与聚类、文字识别、多维数据的可视化及生物信息学等领域。图 3-4 是利用 LLE 算法进行数据降维的一个实例，其中图(a)是三种原始数据的集合，图(b)是从图(a)中提取的三维样本点，通过非线性降维算法将数据映射到二维空间，如图(c)所示，由图(c)中的颜色可以看出，LLE 很好地保持了原有数据的邻域特性。

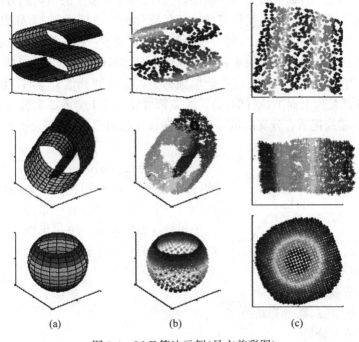

(a)　　　　　　　　(b)　　　　　　　　(c)

图 3-4　LLE 算法示例（见文前彩图）

6. 总结

数据降维对于高维数据的意义毋庸置疑，既可以避免"高维灾难"，又有利于数据的存储与进一步分析。数据降维往往是作为数据预处理的一部分，这里详细介绍了 5 种应用比较广泛的数据降维算法，其中有便于处理线性数据的 PCA、MDS 和 LDA：PCA 原理简单，解释性强，但要求数据分布服从高斯分布；MDS 应用范围广，但计算成本高且耗时，常用来解决特殊的问题；LDA 则能够将数据更好地分类。非线性降维方法主要包括流行学习的两个经典——Isomap 和 LLE，它们能够很好地应用于非线性高维数据，Isomap 能更好地保存数据的全局信息，而 LLE 能更好地维持数据的邻近信息，两者都有对应的应用。除此之外，还有其他一些数据降维算法，如 t-SNE[12] 能够将高维数据映射到二维或三维进行可视化；另外随着神经网络和深度学习的快速发展，基于这些技术的自动编码不需要进行过多的人为设立特征，就能够发现数据内在的分布式特征。总之，降维算法要结合具体的原始数据特征和分析目的进行选取。

3.3 决策树学习

3.3.1 决策树构造算法

1. 决策树的定义

在机器学习领域,决策树是一个用来预测的数学模型。它代表的是对象属性与对象值之间的一种映射关系。决策树中的每个节点表示一个对象,每个分叉路径则代表着某个可能的属性值,而每个叶节点则对应从根节点到叶节点经历的路径表示的对象的值。一般来说,决策树只有一个输出,如果需要多个输出,可以通过建立多个决策树的方法设置。

本书把机器学习技术中对数据信息的决策处理称为决策树学习,简称决策树。决策树学习是数据挖掘中的一种常用方法,每一种决策树都表示了一种数据结构,通过结构的分支对该类型的对象进行分类。每棵决策树都可以依靠对数据库的分割进行数据分析。在决策树执行过程中,当不能再进行分割或一个单独的类再分成到其他分支时,递归过程就完成了。决策树一般都是自上而下执行的,每个决策都可能分成 1 个或 2 个分支,不同的分支会导致不同的结果,最终把所有分支决策形成一个树枝状的图形,因此称为决策树[13],如图 3-5 所示。

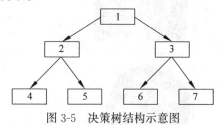

图 3-5　决策树结构示意图

选择和分支分割的方法很多,但其目的是一致的,都是对需要完成的目标进行最佳分割。从根节点到每一个子节点都会有一条路径,每条路径都有一条需要遵循的规则。决策可以是二分支的,也可以是多分支的。在进行决策的过程中,需要对每个节点进行如下操作:

(1) 记录该节点的数目。

(2) 若是叶子节点,则分类路径。

(3) 对叶子节点分类。

如图 3-6 所示,决策树主要由 4 个要素构成,即决策节点、方案枝、状态节点、概率枝。

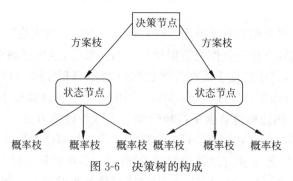

图 3-6　决策树的构成

决策树的优点:

(1) 生成可理解的规则。

(2) 计算量相对较小。

（3）可以处理连续和不同类型的字段。

（4）可以清晰地显示较为重要的字段。

决策树的缺点：

（1）对连续性字段的预测较难。

（2）对有时间顺序的数据，需要更多预处理。

（3）当类别过多时，错误率也会增加。

理想的决策树，叶节点数最少且叶节点深度最小。

2. 特征选择

前面已经介绍，决策树作分支选择时的依据是非常重要的，在每一次进行特征选择时，必须有一套科学的理论知识来支撑，下面着重介绍信息增益、信息增益比、基尼系数等。

1）信息增益

通常情况下，在需要解决某些问题时，其不确定度越高，解决问题需要的信息也越多。由此可见，一条信息量的大小和它的不确定性有着直接的关系。因此，可以用不确定度来衡量信息量的大小。

在概率论与数理统计学中，用熵度量随机变量的不确定度大小，熵度量与随机变量的不确定度成正比。

如果一个随机变量 A 的可能取值为 $(a_1, a_2, \cdots, a_K)$，其概率分布为 $P(A=a_i)=P_i$，其中 $i=1,2,\cdots,K$。则随机变量 A 的熵定义为：

$$H(A) = -\sum_{i=1}^{K} P_i \lg P_i \tag{3-20}$$

当有两个随机变量 A、B 时，

$$H(A,B) = -\sum_{i=1}^{K} P(a_i, b_i) \lg P(a_i, b_i) \tag{3-21}$$

在随机变量 A 发生的条件下，随机变量 B 发生，则称为条件熵：

$$H(B \mid A) = -\sum_{i=1}^{K} P(a_i \mid b_i) \lg P(a_i \mid b_i) \tag{3-22}$$

式（3-19）～式（3-21）用来表达在 A 变量发生时，衡量随机变量 B 的不确定性。

本书将 A 的熵 $H(A)$ 与条件熵 $H(B|A)$ 之间的差称为信息增益：

$$g(A,B) = H(A) - H(B \mid A) \tag{3-23}$$

实际上，信息增益也可以称为互信息。ID3 决策树使用应用信息增益作为特征选择标准，信息增益依赖于该特征，不同特征往往具有不同的信息增益，信息增益越大，信息分辨能力越强。

2）信息增益比

当本书使用信息增益作为分支标准时，存在一个潜在的问题，信息增益会倾向于选择类别取值较多的特征。因此，提出信息增益比的概念来解决这一潜在的问题：

特征 A 对训练集的信息增益比可以看作特征 A 的信息增益与特征 A 的熵的比值，记为 $g_R(B,A)$，即

$$g_R(B,A) = \frac{g(B,A)}{H(A)} \tag{3-24}$$

3）基尼系数

基尼系数常用来衡量不均匀分布的问题，但其只能衡量 0～1 之间的数值。分类度量时，总体中包含的类别越杂，基尼系数就越大。因此，基尼系数可以用来衡量总体中类别的杂乱度。基尼指数越小，说明样本的杂乱度较低，样本的类别也相对较少，即样本的纯净度较高。计算出数据集中某个特征值所有取值的基尼指数后，就可以得到指数增加值，而指数增加值是通过特征进行分类的一类值。决策树模型的生成就是以递归选择最小的节点作为分岔点，直到所有子集属于同一类或者所有的特征值都用光，换句话说，就是找基尼系数最低的集合。

在解决分类问题时，假如有 K 个类别 $c_1, c_2, \cdots, c_k$，样本点属于第 K 类的概率为 p_k，则该概率分布的基尼系数可定义为：

$$\mathrm{Gini}(P) = \sum_{k=1}^{k} P_k(1 - P_k) \tag{3-25}$$

若给定样本集合 D，则有：

$$\mathrm{Gini}(D) = 1 - \sum_{k=1}^{K} \left(\frac{|c_k|}{|D|} \right)^2 \tag{3-26}$$

在式(3-26)中，c_k 是 D 中属于第 K 类的样本子集。数据处理一直是现代人工智能需要着重解决的问题，也是众多研究者需要突破的一个方向。从需要解决的问题中提取样本数据，并从样本中找一组最具代表性的数据，通过知识推理从而实现智能。一般来说，获取知识规则可以通过样本集 $\{(x_1^{(k)}, x_2^{(k)}, \cdots, x_n^{(k)}, y^{(k)}) | k = 1, 2, \cdots, m\}$ 建模实现。由于推理的结果是有限的，所以需要通过建模解决这一系列问题。当使用神经网络解决数学分类建模问题时，由于影响因素的变量数量较多，即使神经网络可以有一定的容错性，但也会在一定程度上影响分类结果。在实际使用过程中，仅仅有几个主要因素可以影响分类结果，并非取决于全部的因素变量，因此，也可以将知识的获取转化成其他的问题解决，例如，某一类下哪些变量是主要影响因素，这些主要影响因素与分类结果的因素规则表示如何获取？决策树是解决这些问题的重要方法。

做决策的过程可以看作一个对数据进行分类的过程，是树形状的知识结构，可以转化为分类标准。将树的根节点看作整个空间的集合，每个分支都是一个分裂的问题，它对应某个单一的测试问题，该测试将数据集合空间分成两个或多个数据块，每个叶节点是带有分类结果的数据分割。每个决策树算法主要针对"以离散型变量作为属性类型进行分类"的学习方法。连续性变量必须被离散化才能被学习和分类。决策树的决策算法在学习过程中不需要了解很多的背景知识，只从样本数据及提供的信息就能够产生一棵决策树，通过树节点的分叉判别可以使某一分类问题仅与主要的树节点对应的变量属性取值相关，即不需要全部变量取值来判别对应的类。

3.3.2　决策树学习算法

1. CLS（concept learning system）学习算法

早在 1966 年，Hunt 就已经提出了 CLS 学习算法[14]，这是最早的决策树学习算法。后期发展的很多学习算法都可以看作是在 CLS 学习算法的基础上进行的改进与更新。该算法的思想就是从一个空的决策开始，根据样本提供的数据，增加节点，不断进行分支，直到产生最终的决策能够正确地将样本数据分类为止。

CLS算法的使用步骤如下：

（1）假设决策树的初始只有一个状态(X,Q)，其中X是全体样本数据的集合，Q是全体测试属性的集合。

（2）如果T中所有叶节点(X',Q')有如下状态：或者X'中的样本数据都属于同一个类，或者Q'为空，则停止执行学习算法，学习的结果为T。

（3）否则，选择一个不具有步骤（2）所描述状态的叶节点(X',Q')。

（4）对于Q'，按照一定的规则选取属性$b\in Q'$，设X'被b的不同取值分为m个不同的子集X'，$1\leqslant i\leqslant m$，从(X',Q')中伸出m个分支，每个分支代表属性b的一个不同取值，从而形成m个新的叶节点$(X',Q'-|b|)$，$1\leqslant i\leqslant m$。

在步骤（4）中，并没有明确地说明按照怎样的规则来选取测试属性，所以CLS有很大的改进空间，而后来很多的决策树学习算法都采取了各种各样的规则和标准来选取测试属性，所以说，后来的各种决策树学习算法都是CLS学习算法的改进。

2. ID3算法

ID3是迭代二分器（iterative dichotomiser）版本3的缩写，该算法是在1986年已有算法的基础上发展来的，是一种根据数据来构建决策树的学习算法，使用信息增益作为划分节点的标准。ID3算法是各种决策树学习算法中最有影响力、使用最广泛的一种决策树学习算法。

假设样本数据集为X，把样本数据集分为n类。设属于第i类的样本数据个数是C_i，X中总的样本数据个数是$|X|$，则一个样本数据属于第i类的概率$P(C_i)=\dfrac{C_i}{|X|}$。此时决策树对划分C的不确定程度（即信息熵）为：

$$H(X,C)=H(X)=-\sum_{i=1}^{n}P(C_i)\log_2 P(C_i) \tag{3-27}$$

若选择属性a（设属性a有m个不同的取值）进行测试，其不确定程度（即条件熵）为：

$$H(X\mid a)=-\sum_{i=1}^{n}\sum_{j=1}^{m}P(C_i,a=a_j)\log_2 P(C_i\mid a=a_j) \tag{3-28}$$

$$=-\sum_{i=1}^{n}\sum_{j=1}^{m}P(a=a_j)P(C_i\mid a=a_j)\log_2 P(C_i\mid a=a_j) \tag{3-29}$$

$$=\sum_{j=1}^{m}P(a=a_j)\sum_{i=1}^{n}P(C_i\mid a=a_j)\log_2 P(C_i\mid a=a_j) \tag{3-30}$$

则属性a对于分类提供的信息量为：

$$I(X,a)=H(X)-H(X\mid a) \tag{3-31}$$

式中，$I(X,a)$表示选择了属性a作为分类属性之后信息熵的下降程度，所以应该选择$I(X,a)$最大的属性作为分类属性，使用这种方法得到的决策树的确定性最大。由此可以看出，ID3算法是CLS算法的拓展与延伸，并且根据信息论选择$I(X,a)$最大的属性作为分类属性的测试属性选择标准。

另外，ID3算法除了引入信息论作为选择测试属性的标准外，还引入窗口的方法进行增量学习。

ID3 算法的使用步骤如下：

（1）选出整个样本数据集 X 的规模为 W 的随机子集 X_1（W 称为窗口规模，子集称为窗口）。

（2）以 $I(X,a)=H(X)-H(X|a)$ 的值最大，即 $H(X|a)$ 的值最小为标准，选取每次的测试属性，形成当前窗口的决策树。

（3）顺序扫描所有样本数据，找出当前决策树的例外，如果没有例外则结束。

（4）组合当前窗口的一些样本数据与某些步骤（3）中找到的例子形成新的窗口，转至步骤（4）。

3. CART（classification and regression trees）算法

在 ID3 与 C4.5 算法中，当确定作为某层树节点的变量属性取值较多时，按每一属性值引出一个分支进行递归算法，就会出现引出的分支较多，对应的算法次数也多，使决策树算法速度缓慢的问题，能否使每一个树节点引出的分支尽可能少，以提高算法速度？分类与回归算法（CART）是一种产生二叉决策树[15]的技术，即每个树节点（即测试属性）与 ID3 算法一样，以平均互信息作为分裂属性的度量，对于取定的测试属性变量 t，若 t 有 n 个属性值 $s_1,s_2,\cdots,s_n$，那么应选取哪个属性值 s_i 作为分裂点引出两个分支以使分类结果尽可能正确？"最佳"分裂属性值 s_0 应满足条件：

$$\phi(s_0/t)=\max_i(s_i/t) \tag{3-32}$$

其中，

$$\phi(s/t)=2P_L P_R \sum_{j=1}^{m} |P(C_i | t_L)-P(C_j | t_R)| \tag{3-33}$$

$\phi(s/t)$ 主要度量在节点 t 的 s 属性值引出的两个分支出现的可能性及两分支每个分类结果出现的可能性差异大小。当 $\phi(s/t)$ 较大时，表示两个分支分类结果出现的可能性差异大，即分类不均匀，特别地，当一个分支完全含有同一类别结果的样本而另一个分支不含有时，差异最大，这种情况越早出现，表示可利用越少的节点，可以越快获得分类结果。式（3-33）中的 L 和 R 是指树中当前节点的左子树和右子树。P_L 和 P_R 分别指在训练集（样本集）中的样本在树的左边和右边的概率，具体定义为：

$$P_L=\frac{左子树中的样本数}{样本总数} \tag{3-34}$$

右分支的定义为：

$$P_R=\frac{右子树中的样本数}{样本总数} \tag{3-35}$$

$P(C_i|t_L)$ 和 $P(C_i|t_R)$ 分别指在左子树和右子树中的样本属于类别 C_i 的概率，定义为：

$$P(C_i | t_L)=\frac{左子树属于 C_i 类的样本数}{t_L 节点样本数} \tag{3-36}$$

$$P(C_i | t_R)=\frac{右子树属于 C_i 类的样本数}{t_R 节点样本数} \tag{3-37}$$

表 3-6 给出了一个关于身高的数据集合，它有两个属性，即性别和身高，分为 3 类，分别是矮、中和高。

表 3-6　关于身高数据的集合

姓　名	性　别	身高/m	输出 1
Kristina	女	1.60	矮
Jim	男	2.00	高
Maggie	女	1.90	中
Martha	女	1.88	中
Stephanie	女	1.70	矮
Bob	男	1.85	中
Kathy	女	1.60	矮
Dave	男	1.70	矮
Worth	男	2.20	高
Steven	男	2.10	高
Debbie	女	1.80	中
Todd	男	1.95	中
Kim	女	1.90	中
Amy	女	1.80	中
Wynette	女	1.75	中

设应用平均互信获得当前树节点的身高属性为 t，t 的取值 s 被划分为 6 个区间：$(0,1.60)$，$[1.60,1.70)$，$[1.70,1.80)$，$[1.80,1.90)$，$[1.90,2.00)$，$[2.00,\infty)$。利用这些区间，可得到潜在的分裂值 1.60、1.70、1.80、1.90、2.00。因此，依据上述分裂点的定义，需要从 6 个可能的属性值中选择一个分裂点，CART 算法如下：

(1) 当 $S=1.60$ 时，由于 P_L（身高<1.60）$=\dfrac{0}{15}=0$，所以 $\phi(1.60|$身高$)=0$。

(2) 当 $S=1.70$ 时，设 C_1 代表矮类，C_2 代表中类，C_3 代表高类，为了选择分裂属性，对于 C_1：样本身高<1.70 时，$P(C_1|t_L)=\dfrac{2}{15}$，样本身高≥1.7 时，$P(C_1|t_R)=\dfrac{2}{15}$，$|P(C_1|t_L)-P(C_1|t_R)|=0$。

对于 C_2：样本身高<1.70 时，$P(C_2|t_L)=0$，样本身高≥1.70 时，$P(C_2|t_R)=\dfrac{8}{15}$，$|P(C_2|t_L)-P(C_2|t_R)|=\dfrac{8}{15}$；对于 C_3：样本身高<1.70 时，$P(C_3|t_L)=0$，样本身高≥1.70 时，$P(C_3|t_R)=\dfrac{3}{15}$，$|P(C_3|t_L)-P(C_3|t_R)|=\dfrac{3}{15}$；$P_L=P_L(<1.70)=\dfrac{2}{15}$，$P_R=P_R(\geqslant1.70)=\dfrac{13}{15}$。

所以，

$$\phi(1.70\mid 身高)=2\times(2/15)(13/15)(0+8/15+3/15)=0.169 \tag{3-38}$$

同理，可以计算 $\phi(1.80|$身高$)$、$\phi(1.90|$身高$)$、$\phi(2.00|$身高$)$，综合有：

$$\phi(1.60)=0 \tag{3-39}$$

$$\phi(1.70)=2\times(2/15)(13/15)(0+8/15+3/15)=0.169 \tag{3-40}$$

$$\phi(1.80)=2\times(5/15)(10/15)(4/15+6/15+3/15)=0.385 \tag{3-41}$$

$$\phi(1.90)=2\times(9/15)(6/15)(4/15+2/15+3/15)=0.288 \tag{3-42}$$

$$\phi(2.00)=2\times(12/15)(3/15)(4/15+8/15+3/15)=0.320 \tag{3-43}$$

可见,在分裂点 1.80 处取得最大值,所以应该选择身高属性作为第一个测试属性,1.80 作为第一个分裂点,如图 3-7 所示,括号中的数字代表第几条记录。

从图 3-7 中可以看出,由身高≥1.80 引出的分支(2,3,4,6,9,10,11,12,13,14)包括 10 条记录。为了能够区别最终的分类,可以继续对分支子集应用平均互信息确定测试属性,根据测试属性再确定二叉树的最佳分裂属性值,直至能够分出每一类,停止树的生长。

图 3-7　CART 算法第一次分裂决策树

4. 例题

1)例题 1

表 3-7 是有关天气的数据样本集合,每个样本有 4 个属性变量:Outlook、Temperature、Humidity 和 Windy。样本被分为两类:P 和 N,分别表示正例和反例。

表 3-7　天气样本数据

属性	Outlook	Temperature	Humidity	Windy	类别
1	Overcast	Hot	High	Not	N
2	Overcast	Hot	High	Very	N
3	Overcast	Hot	High	Medium	N
4	Sunny	Hot	High	Not	P
5	Sunny	Hot	High	Medium	P
6	Rain	Mild	High	Not	N
7	Rain	Mild	High	Medium	N
8	Rain	Hot	Normal	Not	P
9	Rain	Cool	Normal	Medium	N
10	Rain	Hot	Normal	Very	N
11	Sunny	Cool	Normal	Very	P
12	Sunny	Cool	Normal	Medium	P
13	Overcast	Mild	High	Not	N
14	Overcast	Mild	High	Medium	N
15	Overcast	Cool	Normal	Not	P
16	Overcast	Cool	Normal	Medium	P
17	Rain	Mild	Normal	Not	N
18	Rain	Mild	Normal	Medium	N
19	Overcast	Mild	Normal	Medium	P
20	Overcast	Mild	Normal	Very	P
21	Sunny	Mild	High	Very	P
22	Sunny	Mild	High	Medium	P
23	Sunny	Hot	Normal	Not	P
24	Rain	Mild	High	Very	N

首先计算信息熵 $H(X)$，由表 3-7 可知，一共有 24 条记录，其中 P 类的记录和 N 类的记录都是 12 条，则根据上面介绍的信息熵和条件熵的算法，可以得到信息熵值为：

$$H(X) = -\frac{12}{24}\log_2\frac{12}{24} - \frac{12}{24}\log_2\frac{12}{24} = 1 \tag{3-44}$$

如果选取 Outlook 属性作为测试属性，则计算条件熵值 $H(X|\text{Outlook})$。由表 3-7 可知，Outlook 属性共有 3 个属性值，分别是 Overcast、Sunny 和 Rain。

Outlook 属性取 Overcast 属性值的记录共有 9 条，其中 P 类的记录和 N 类的记录分别是 4 条和 5 条，因此，由 Overcast 引起的熵值为 $-\frac{9}{24}\times\left(\frac{4}{9}\log_2\frac{4}{9} + \frac{5}{9}\log_2\frac{5}{9}\right)$。

而 Outlook 属性取 Sunny 属性值的记录共有 7 条，其中 P 类的记录和 N 类的记录分别是 7 条和 0 条，因此，由 Sunny 引起的熵值为 $-\frac{7}{24}\times\left(\frac{7}{7}\log_2\frac{7}{7}\right)$。

同理，Outlook 属性取 Rain 属性值的记录共有 8 条，其中 P 类的记录和 N 类的记录分别是 1 条和 7 条，因此，由 Rain 引起的熵值为 $-\frac{8}{24}\times\left(\frac{1}{8}\log_2\frac{1}{8} + \frac{7}{8}\log_2\frac{7}{8}\right)$。

因此，条件熵值 $H(X|\text{Outlook})$ 为：

$$\begin{aligned}
H(X \mid \text{Outlook}) = &-\frac{9}{24}\times\left(\frac{4}{9}\log_2\frac{4}{9} + \frac{5}{9}\log_2\frac{5}{9}\right) - \frac{7}{24}\times \\
&\left(\frac{7}{7}\log_2\frac{7}{7}\right) - \frac{8}{24}\times\left(\frac{1}{8}\log_2\frac{1}{8} + \frac{7}{8}\log_2\frac{7}{8}\right) \\
= &\ 0.5528
\end{aligned} \tag{3-45}$$

仿照上面条件熵值 $H(X|\text{Outlook})$ 的计算方法，可以得到，如果选取 Temperature 属性为测试属性，则条件熵值为：

$$\begin{aligned}
H(X \mid \text{Temperature}) = &-\frac{8}{24}\times\left(\frac{4}{8}\log_2\frac{4}{8} + \frac{4}{8}\log_2\frac{4}{8}\right) - \frac{11}{24}\times \\
&\left(\frac{4}{11}\log_2\frac{4}{11} + \frac{7}{11}\log_2\frac{7}{11}\right) - \frac{5}{24}\times\left(\frac{4}{5}\log_2\frac{4}{5} + \frac{1}{5}\log_2\frac{1}{5}\right) \\
= &\ 0.9172
\end{aligned} \tag{3-46}$$

如果选取 Humidity 属性为测试属性，则条件熵值为：

$$\begin{aligned}
H(X \mid \text{Humidity}) = &-\frac{12}{24}\times\left(\frac{4}{12}\log_2\frac{4}{12} + \frac{8}{12}\log_2\frac{8}{12}\right) - \\
&\frac{12}{24}\times\left(\frac{4}{12}\log_2\frac{4}{12} + \frac{8}{12}\log_2\frac{8}{12}\right) = 0.9172
\end{aligned} \tag{3-47}$$

如果选取 Windy 属性为测试属性，则条件熵值为：

$$\begin{aligned}
H(X \mid \text{Windy}) = &-\frac{8}{24}\times\left(\frac{4}{8}\log_2\frac{4}{8} + \frac{4}{8}\log_2\frac{4}{8}\right) - \frac{6}{24}\times\left(\frac{3}{6}\log_2\frac{3}{6} + \frac{3}{6}\log_2\frac{3}{6}\right) - \\
&\frac{10}{24}\times\left(\frac{5}{10}\log_2\frac{5}{10} + \frac{5}{10}\log_2\frac{5}{10}\right) = 1
\end{aligned} \tag{3-48}$$

可见 $H(X|\text{Outlook})$ 的值最小，所以应该选择 Outlook 属性作为测试属性，得到根据节点为 Outlook 属性，根据不同记录的 Outlook 属性取值不同，向下引出 3 条分支，如图 3-8 所示，括号中的数字代表第几条记录。

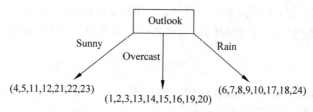

图 3-8　ID3 算法第一次分类的决策树

综合表 3-7 和图 3-8 可以看出，由 Sunny 引出的分支包括(4,5,11,12,21,22,23)共 7 条记录，这 7 条记录都属于 P 类，因此由 Sunny 引出的分支得到的是 P 类。由 Overcast 引出的分支包括(1,2,3,13,14,15,16,19,20)共 9 条记录，类似上面的做法，可以求得：

$$H(X \mid \text{Temperature}) = -\frac{3}{9} \times \left(\frac{3}{3}\log_2 \frac{3}{3}\right) - \frac{4}{9} \times \left(\frac{2}{4}\log_2 \frac{2}{4} + \frac{2}{4}\log_2 \frac{2}{4}\right) -$$

$$\frac{2}{9} \times \left(\frac{2}{2}\log_2 \frac{2}{2}\right) = 0.4444 \tag{3-49}$$

$$H(X \mid \text{Humidity}) = -\frac{5}{9} \times \left(\frac{5}{5}\log_2 \frac{5}{5}\right) - \frac{4}{9} \times \left(\frac{4}{4}\log_2 \frac{4}{4}\right) = 0 \tag{3-50}$$

$$H(X \mid \text{Windy}) = -\frac{3}{9} \times \left(\frac{1}{3}\log_2 \frac{1}{3} + \frac{2}{3}\log_2 \frac{2}{3}\right) - \frac{2}{9} \times \left(\frac{1}{2}\log_2 \frac{1}{2} + \frac{1}{2}\log_2 \frac{1}{2}\right) -$$

$$\frac{4}{9} \times \left(\frac{2}{4}\log_2 \frac{2}{4} + \frac{2}{4}\log_2 \frac{2}{4}\right) = 0.9728 \tag{3-51}$$

可见 $H(X \mid \text{Humidity})$ 的值最小，因此，对于由 Overcast 引出的分支所包括的 9 条记录应该选择 Humidity 作为测试属性。重复上面的做法，直到每一个分支的记录都属于同一类，则算法结束。

2）例题 2：求抛一枚均匀硬币的信息熵

解：出现正面与反面的概率均为 0.5，信息熵为

$$H(X) = -\sum_{i=1}^{k} P(x_i)\log_2 P(x_i) = -(0.5\log_2 0.5 + 0.5\log_2 0.5) = 1 \tag{3-52}$$

X 的信息熵如图 3-9 所示，有如下性质：

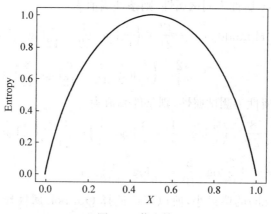

图 3-9　信息熵

(1) X 的所有成员属于同一类，Entropy$(X)=0$；

(2) X 的正反样例数量相等，Entropy$(X)=1$；

(3) X 的正反样例数量不等，熵介于 $0\sim1$。

这里给出条件熵的概念：条件熵代表在某一条件下，随机变量的复杂度(不确定度)。

设有随机变量(X,Y)，其联合概率分布为：

$$P(X=x_i,Y=y_j)=p_{ij}, \quad i=1,2,\cdots,n; j=1,2,\cdots,m \tag{3-53}$$

条件熵 $H(Y \mid X)$ 表示在已知随机变量 X 的条件下，随机变量 Y 的不确定性。随机变量 X 给定的条件下，随机变量 Y 的条件熵 $H(Y \mid X)$ 定义为 X 给定条件下 Y 的条件概率分布的熵对 X 的数学期望：

$$H(Y \mid X)=\sum_{i=1}^{n} p_i H(Y \mid X=x_i) \tag{3-54}$$

其中，

$$p_i=P(X=x_i), \quad i=1,2,\cdots,n \tag{3-55}$$

ID3 算法的学习过程：

(1) 以整个例子集作为决策树的根节点 S，并计算 S 关于每个属性的条件熵。

(2) 选择能使 S 的条件熵最小的一个属性对根节点进行分裂，得到根节点的一层子节点。

(3) 用同样的方法对这些子节点进行分裂，直到所有叶节点的熵值下降到 0 为止。

此时得到一棵与训练例子集对应的熵为 0 的决策树，即 ID3 算法学习过程所得到的最终决策树。该树中每一条根节点到叶节点的路径都代表了一个分类过程，即决策过程。

3)例题 3：用 ID3 算法完成学生选课的决策树

假设将决策 y 分为以下 3 类：y_1——必修 AI，y_2——选修 AI，y_3——不修 AI。做出这些决策的依据有以下 3 个属性：x_1——学历层次 $x_1=1$ 研究生，$x_1=2$ 本科生；x_2——专业类别 $x_2=1$ 电信类，$x_2=2$ 机电类；x_3——学习基础 $x_3=1$ 修过 AI，$x_3=2$ 未修过 AI。

表 3-8 给出了一个关于选课决策的训练例子集 S。

表 3-8 选课决策例子集

序　号	属性值			决策方案 y_i
	x_1	x_2	x_3	
1	1	1	1	y_3
2	1	1	2	y_1
3	1	2	1	y_3
4	1	2	2	y_2
5	2	1	1	y_3
6	2	1	2	y_2
7	2	2	1	y_3
8	2	2	2	y_3

在表 3-8 中,训练例子集 S 的大小为 8。ID3 算法依据这些训练例子,以 S 为根节点,按照信息熵下降最大的原则构造决策树。

解:首先计算根节点的信息熵:

$$H(S) = -\sum_{i=1}^{3} P(y_i) \log_2 P(y_i) \tag{3-56}$$

其中,3 为可选的决策方案数,且有

$$P(y_1) = 1/8, P(y_2) = 2/8, P(y_3) = 5/8 \tag{3-57}$$

即

$$H(S) = -(1/8)\log_2(1/8) - (2/8)\log_2(2/8) - (5/8)\log_2(5/8)$$
$$= 1.2988 \tag{3-58}$$

按照 ID3 算法,需要选择一个能使 S 的条件熵最小的属性对根节点进行分裂,因此需要先计算 S 关于每个属性的条件熵:

$$H(S \mid x_i) = \sum_t \frac{|S_t|}{|S|} H(S_i) \tag{3-59}$$

其中,t 为属性 x_i 的属性值,S_t 为 $x_i = t$ 时的例子集,$|S|$ 和 $|S_t|$ 分别是例子集 S 和 S_t 的大小。

先计算 S 关于属性 x_i 的条件熵:

在表 3-8 中,x_1 的属性值可以为 1 或 2。当 $x_1 = 1$ 时,$t = 1$,则有:

$$S_1 = \{1,2,3,4\} \tag{3-60}$$

当 $x_1 = 2$ 时,$t = 2$,则有:

$$S_2 = \{5,6,7,8\} \tag{3-61}$$

其中,S_1 和 S_2 中的数字均为例子集 S 中各个例子的序号,且有 $|S| = 8$,$|S_1| = |S_2| = 4$。

由 S_1 可知:

$$PS_1(y_1) = 1/4, \quad PS_1(y_2) = 1/4, \quad PS_1(y_3) = 2/4 \tag{3-62}$$

则有:

$$H(S_1) = -PS_1(y_1)\log_2 PS_1(y_1) - PS_1(y_2)\log_2 PS_1(y_2) - PS_1(y_3)\log_2 PS_1(y_3)$$
$$= -(1/4)\log_2(1/4) - (1/4)\log_2(1/4) - (2/4)\log_2(2/4) = 1.5 \tag{3-63}$$

再由 S_2 可知:

$$PS_2(y_1) = 0/4, \quad PS_2(y_2) = 1/4, \quad PS_2(y_3) = 3/4 \tag{3-64}$$

则有:

$$H(S_2) = -PS_2(y_2)\log_2 PS_2(y_2) - PS_2(y_3)\log_2 PS_2(y_3)$$
$$= -(1/4)\log_2(1/4) - (3/4)\log_2(3/4) = 0.8113 \tag{3-65}$$

将 $H(S_1)$ 和 $H(S_2)$ 代入条件熵公式,可得:

$$H(S \mid x_1) = \sum_t \frac{|S_t|}{|S|} H(S_1) = \frac{|S_1|}{S} H(S_1) + \frac{|S_2|}{S} H(S_2)$$
$$= \frac{4}{8} \times 1.5 + \frac{4}{8} \times 0.8113 = 1.1557 \tag{3-66}$$

同理,可以求得:

$$H(S \mid x_2)=1.1557, \quad H(S \mid x_3)=0.75 \tag{3-67}$$

可见,应选择属性 x_3 对根节点进行扩展。用属性 x_3 对 S 扩展后得到的部分决策树如图 3-10 所示。

在该决策树中,节点"不修 AI"为决策方案 y_3。由于 y_3 已是具体的决策方案,故该节点的信息熵为 0,已经为叶节点,不需要再扩展。

节点"学历和专业"的含义是需要进一步考虑学历和专业这两个属性,它是一个中间节点,还要继续扩展。通过计算可知,该节点对属性 x_1 和 x_2 的条件熵均为 1。因此可以先选择 x_1,也可以先选择 x_2。依次进行下去,可得如图 3-11 所示的最终决策树。

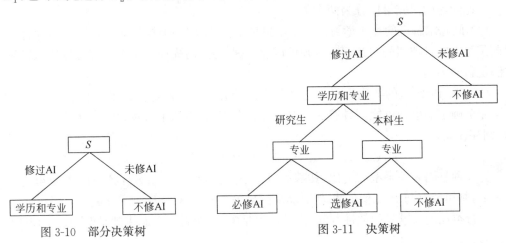

图 3-10　部分决策树　　　　　　　图 3-11　决策树

3.4　类比学习

3.4.1　类比学习的定义

类比学习是基于类比推理的一种学习方法。类比能力是人类智能的核心,其一般含义是对于两个对象,如果它们之间有某些相似之处,那么就可以推知这两个对象间还有其他相似的特征。类比学习系统就是通过在几个对象之间检测相似性,根据一方对象所具有的事实和知识推论出相似对象所具有的事实和知识。

机器学习是一种单纯依靠记忆学习材料,避免理解其复杂内部和主题推论的学习方法。美国心理学家奥苏伯尔提出与机器学习相对的有意义学习的概念,指符号所代表的新知识与学习者认知结构中已有的知识建立非实质性的和人为的联系,此理论可被描述为类比学习。运用类比,可迅速地将新旧知识对比、联系,从而发现同中的异,清晰地理解知识;找出异中的同,构建知识网络[16]。类比学习主要包括 4 个过程:

(1) 输入一组已知条件(已解决问题)和一组未完全确定的条件(新问题)。

(2) 对输入的两组条件,根据其描述,按某种相似性的定义寻找二者可类比的对应关系。

(3) 根据相似变换的方法,将已有问题的概念、特性、方法、关系等映射到新问题上,以获得待求解新问题所需的新知识。

(4) 对类推得到的新问题的知识进行校验。将验证正确的知识存入知识库中,而暂时还无法验证的知识只能作为参考性知识,置于数据库中。

类比学习的关键是相似性的定义与相似变换的方法。相似性定义所依据的对象因类比学习的目的而不同。如果学习目的是获得新事物的某种属性,那么应依据新、旧事物的其他属性间的相似对应关系定义相似性;如果学习目的是获得求解新问题的方法,那么应依据新问题各个状态间的关系与老问题各个状态间的关系进行类比。相似变换一般要根据新、旧事物间以何种方式对问题进行相似类比来决定。

3.4.2 类比学习的研究类型

类比学习的研究可以分为两大类:

(1) 问题求解型的类比学习。其基本思想是,当求解一个新问题时,总是首先回忆一下以前是否求解过类似的问题,若是,则可以此为据,通过对先前的求解过程加以适当修改,使之满足新问题的解。

(2) 预测推定型的类比学习。它又分为两种方式:一种是传统的类比法,用来推断一个不完全确定的事物可能还具有的其他属性。设 X、Y 为两个事物,P_i 为属性($i=1,2,\cdots,n$),则存在关系:

$$P_1(x) \wedge \cdots \wedge P_n(x) \wedge P_1(y) \wedge \cdots \wedge P_n(y) \tag{3-68}$$

另一种是因果关系型的类比,其基本问题是:已知因果关系 $S_1 : A \rightarrow B$,给定事物 A' 与 A 相似,则可能有与 B 相似的事物 B' 满足因果关系 $S_2 : A' \rightarrow B$。

进行类比的关键是相似性判断,而其前提是配对,两者结合起来就是匹配。实现匹配有多种形式,常用的有以下几种:

(1) 等价匹配,要求两个匹配对象之间具有完全相同的特性数据。

(2) 选择匹配,在匹配对象中选择重要特性进行匹配。

(3) 规则匹配,若两个规则的结论部分匹配,且其前提部分也匹配,则两规则匹配。

(4) 启发式匹配:根据一定的背景知识,对对象的特征进行提取,然后通过一般化操作使两个对象在更高、更抽象的层次上相同。

类比系统中的关键问题:

(1) 类比的匹配机制为了确定两个对象是否相似,就要将两个对象的各个部分对应起来。但是在类比活动中并不是所有部分完全匹配。因此,在类比推理中匹配应当是灵活的而不是严格的。

(2) 类比的相似性,类比学习的关键是相似性的定义和度量。相似性定义所依据的对象因类比学习目的的不同而异。常用的相似性的度量有权系数方法、语义距离方法、规则方法、空间方法等。

(3) 类比的修正。类比学习和推理虽然有很多优点,但它是不保真的方法。在类比中经过合理的变换与重构后可能产生一些无用的、甚至是失效的案例。这不仅会造成存储量过大、检索速度减慢,甚至会导致类比学习失效。因此,除了将老问题的知识直接应用于新问题求解的特殊情况外,一般来说,对于检验过的老问题的概念或求解知识要进行修正才能得出关于新问题的求解规则。

历史上,许多重大科学发现、技术发明和文学艺术创作皆是运用类比创意技法的硕果。例如:在科学领域,惠更斯提出的光的波动说就是通过与水的波动、声音的波动类比发现的;欧姆将其对电的研究和傅里叶关于热的研究加以类比,创立了欧姆定律;医生詹纳发现种牛痘可以预防天花,是受到挤牛奶女工感染牛痘而不患天花的启示;等等。在技术领域,控制论创始人维纳通过类比,把人的行为、目的等引入机器,又把通信工程信息和自动控制工程的反馈概念引入活的有机体,从而创立了控制论;皮卡尔父子利用平流层理论先设计平流层气球飞过 15690m 高空,又通过类比设计出世界上下潜最深的深潜器,下潜深度达到 19168m;仿生学的迅猛发展更加说明了类比学习的重要性。

3.5 解释学习

3.5.1 解释学习的基本研究

基于解释的学习(explanation-based learning)简称为解释学习,是 20 世纪 80 年代中期开始兴起的一种机器学习方法[17]。解释学习根据任务所在领域知识和正在学习的概念知识,对当前实例进行分析和求解,得出一个表征求解过程的因果解释树,以获取新的知识。在获取新知识的过程中,通过对属性、表征现象和内在关系等进行解释而学习到新的知识。

解释学习的基本思想首先是使用先验领域知识给观察对象一个解释,然后建立针对能够使用相同解释结构的一类情况的定义。这个定义为可以涵盖该类所有情况的规则提供了基础。"解释"可以是一个逻辑证明,但是更一般地,它可以是步骤定义明确的任何推理或问题求解过程,关键是能够明确这些相同步骤应用于其他情况的必要条件。解释学习本质上属于演绎学习,它是根据给定的领域知识进行保真度演绎推理,存储有用的结论,经过知识的求精和编辑,产生适合以后求解类似问题的控制知识。

解释学习和归纳学习都需要用到具体例子,但其学习方式完全不同。归纳学习需要大量的实例(正例和反例),而解释学习只需要单个例子(常为正例)。它通过应用相关的领域知识及单个问题求解实例来对某一目标概念进行学习,最终生成这个目标概念的一般性描述,而该一般性描述就是可形式化表示的一般性知识。

解释学习一般包括 3 个步骤:

(1)利用基于解释的方法对训练实例进行分析与解释,以说明它是目标概念的一个实例。

(2)对实例的结构进行概括性解释,建立该训练实例的一个解释结构以满足所学概念的定义;解释结构的各个叶节点应符合可操作性准则,且使这种解释相比最初的例子适用于更大的一类例子。

(3)从解释结构中识别出训练实例的特性,并从中得到更大一类例子的概括性描述,获取一般控制知识。

3.5.2 解释学习算法

解释学习是把现有的不能用或不实用的知识转化为可用操作准则的形式,因此必须了解目标概念的初始描述。1986 年,米切尔(Mitchell)等为基于解释的学习提出了一个统一的算法目标概念。其基本的过程如下:

(1)给定一个实例,使用可用的背景知识构造出一棵把目标谓词应用于实例的证明树。

（2）使用与原始证明相同的推理步骤，为经过变形的目标构造一棵一般化证明树。

（3）构造一条新规则，其左侧由证明树的叶子节点组成，右侧是经过变形的目标。

（4）丢弃任何与目标中的变量取值无关的条件。

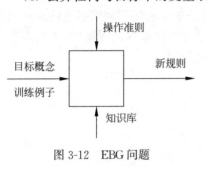

图 3-12　EBG 问题

EBG 算法建立了基于解释的概括过程，并运用知识的逻辑训练例子表示和演绎推理，求解问题，如图 3-12 所示。下面给出其求解问题的具体方法。

1）给定

（1）目标概念（要学习的概念）描述 TC。

（2）训练实例（目标概念的一个实例）TE。

（3）领域知识（由一组规则和事实组成的用于解释训练实例的知识库）DT。

（4）操作准则（说明概念描述应具有的形式化谓词公式）OC。

2）求解

训练实例的一般化特征，使之满足：

（1）目标概念的充分概括描述 TC。

（2）操作准则 OC。

其中，领域知识 DT 是相关领域的事实和规则，在学习系统中作为背景知识，用于证明训练实例 TE 可以作为目标概念的一个实例，从而形成相应的解释。训练实例 TE 是为学习系统提供的一个例子，在学习过程中起着重要的作用，应能充分地说明目标概念 TC。操作准则 OC 用于指导学习系统对目标概念进行取舍，使得通过学习产生的关于目标概念 TC 的一般性描述成为可用的一般知识。

从上述描述中可以看出，在解释学习中，为了对某一目标概念进行学习，从而得到相应的知识，必须为学习系统提供完善的领域知识及能够说明目标概念的一个训练实例。

在系统进行学习时，首先运用领域知识 DT 找出训练实例 TE 是目标概念 TC 实例的证明（即解释），然后根据操作准则 OC 对证明进行推广，从而得到关于目标概念 TC 的一般性描述，即以后可以使用的形式化表示的一般性知识。

EBG 算法可分为解释和概括两个步骤：

（1）解释，即根据领域知识建立一个解释，以证明训练实例满足目标概念的定义。目标概念的初始描述通常是不可操作的。

（2）概括，即对步骤（1）的证明树进行处理，对目标概念进行回归，包括用变量代替常量，以及必要的新项合成等工作，从而得到所期望的概念描述。

由上可知，解释工作是将实例的相关属性与无关属性分离，概括工作则是分析解释结果。

3.6　分类算法

3.6.1　支持向量机

1. 统计学理论

基于大数据的机器学习是现代科学研究中必不可少的重要因素。它主要是从研究数据中寻找规律,并且根据这些规律对未来的数据应用进行预测。机器学习的过程就是构建学习机的过程[18]。机器学习包含很多种方法,如决策树、遗传算法、神经网络等。到目前为止,机器学习的框架主要分为以下几个方面:

一是经典的统计估计值方法,其中模式识别和神经网络都采用了这种方法。统计学一直都是机器学习方法的重要理论基础,参数的方法正是基于统计学的方法。在这种学习方法中,参数的相关形式是已知的,训练样本用来对参数估值。但是这种方法也存在一定的局限性:一是该计算方法必须知道样本的分布形式,这一条件是相对比较难实现的;二是由统计学理论可知,统计学方法研究的样本大多趋于无限大,但是在很多实际问题中,样本的数量往往是有限的。因此,一些理论上误差很小的学习方法在实际计算中的误差可能会较大。

二是经验非线性方法,如人工神经网络。这种方法在实现过程中要利用已知的建立样本非线性模型,克服了传统的参数估计方法的困难。但是,这一理论缺乏一种统一的数学理论基础。

三是 20 世纪后期兴起的一种学习理论。这种学习理论专门用于研究有限样本下的非参数估计问题。与传统统计学相比,该理论专门针对有限样本下的非参数估计问题建立了一套独特的理论体系,该体系下的统计推理规则不仅考虑了对渐进性能的要求,还追求现有条件下的最优结果。

统计学理论是建立在一套比较完善的知识体系之上的一种理论体系,为解决很多的有限样本学习问题提供了一个统一的框架。它可以包含很多的理论方法,所以它有能够解决更多问题的潜力;与此同时,在这一理论的基础上又发展了新的应用方法,即支持向量机。它具有较好的性能,很多学者认为,支持向量机的快速发展一定能够推动机器学习理论和技术的重大进步。

2. 最优化理论

最优化理论是数学学科中的一个重要分支,用以研究数学定理中的最优解问题。根据特定的数学函数和约束的限制,可以求解很多最优解问题,这些问题已经被很多数学学者研究。训练支持向量机时,要涉及线性约束、二次目标函数等问题。

在二次规划中,凸性在最优化理论中起着重要的作用。设集合 $x \in \mathbf{R}^n$,对任意 x_1,$x_2 \in X$,则有:

$$\alpha x_1 + (1-\alpha)x_2 \in X \qquad (3\text{-}69)$$

则称 X 为凸集。其中,$\forall \alpha \in [0,1]$,通过式(3-68)可以看出,如果 $x_1, x_2 \in X$,则连接 x_1 和 x_2 的线段仍属于 X。

假设 $x_1, x_2 \in \mathbf{R}^n$,若 $x = \sum_{i=1}^{l} \alpha_i x_i$,其中,$\sum_{i=1}^{l} \alpha_i = 1$,则称 X 为 $x_1, x_2, \cdots, x_l$ 的一个凸组合。

集合 $x \in \mathbf{R}^n$ 是凸集的充分必要条件是:X 中任意若干点的任一凸组合仍属于 X。

对于一般的优化问题,有

$$\min f(x) \quad x \in \mathbf{R}^n \qquad (3\text{-}70)$$

$$g_i(x) \leqslant 0 \quad i = 1, 2, \cdots, k \qquad (3\text{-}71)$$

$$h_i(x) = 0 \quad i = 1, 2, \cdots, m \qquad (3\text{-}72)$$

式(3-70)中的 $f(x)$ 为目标函数,式(3-71)和式(3-72)为不等约束和等式约束,目标函数的最优解问题就是最优化问题的值。

考虑凸约束的问题,假设 Ω 是问题的可行域,那么,若问题有局部解 $\bar{x}$,则 $\bar{x}$ 就是该问题的最优解;由该问题的全局解组成的集合就是全局解。若问题有局部解 $\bar{x}$,$f(x)$ 为严格的凸函数,则 $\bar{x}$ 就是唯一的全局解。

解决非线性约束规划问题的方法主要可以分为 3 类[19]:直接处理约束、线性规划逼近、转化成无约束问题。拉格朗日定理就是一种将约束问题转化为无约束问题的方法,该方法揭示了条件极值的基本特性,也是最优的理论基础。

使用拉格朗日理论解决凸最优化问题时,可以使用一个对偶表示替代原问题。使用对偶时问题通常比原问题更易处理,但想要直接处理不等式的约束是非常困难的。引入对偶问题的概念是十分必要的。对偶函数的方法来源于对偶变量作为问题的基本未知量的思想。下面给出了一个将对偶性应用到凸二次函数的重要应用场景。

对于二次规划问题,有:

$$\min \frac{1}{2} \boldsymbol{x}^{\mathrm{T}} \boldsymbol{G} \boldsymbol{x} + \boldsymbol{r}^{\mathrm{T}} \boldsymbol{x} \tag{3-73}$$

$$A\boldsymbol{x} + \boldsymbol{d} \leqslant 0 \tag{3-74}$$

式中,G 是一个 n 维的正定矩阵,$\boldsymbol{x}, \boldsymbol{r} \in R^n, d \in R^p$。假设可行域是非空的,那么这个问题可以改写为:

$$\max_{a \geqslant 0}\left(\min_{x}\left(\frac{1}{2}\boldsymbol{x}^{\mathrm{T}}\boldsymbol{G}\boldsymbol{x} + \boldsymbol{r}^{\mathrm{T}}\boldsymbol{x} + \boldsymbol{\alpha}^{\mathrm{T}}(A\boldsymbol{x} + \boldsymbol{d})\right)\right) \tag{3-75}$$

在 x 上的最小约束是没有限制的,将式(3-75)代入元问题中求解,可以得到它的对偶形式:

$$\max_{a}\left(-\frac{1}{2}\boldsymbol{\alpha}^{\mathrm{T}}(\boldsymbol{A}\boldsymbol{G}^{-1}\boldsymbol{A}^{\mathrm{T}})\alpha + (\boldsymbol{d}^{\mathrm{T}} - \boldsymbol{r}^{\mathrm{T}}\boldsymbol{G}^{-1}\boldsymbol{A}^{\mathrm{T}})\alpha\right), \quad \alpha \geqslant 0 \tag{3-76}$$

二次规划的对偶形式是另一个二次规划问题,这个二次规划问题的约束更简单。二次规划问题已经成为支持向量机技术的标准技术,为最优化向算法技术的转化奠定了基础。还有一个问题就是,KKT(Karush-Kuhn-Tucker)互补条件意味着只有积极约束又非零对偶变量,这就说明一些最优化的实际问题的数量要比实际训练的规模小得多。

3. 支持向量机

1995 年,俄罗斯科学家提出了支持向量机的概念,是一种通过提取分类中边界上的少数样本点作为该类别中的支持向量,构建最优分类超平面实现分类的机器学习方法。该方法主要用来解决非线性、高维度及局部最小值点等问题,体现了良好的优越性。

支持向量机的基本思想是:对于低维空间中线性不可分的样本,通过非线性变换的方法,将其映射到另一个高维空间,在经过变换以后的空间中,寻找一个最优的分界面,将非线性问题变成线性可分的问题。与传统的神经网络等机器学习算法相比,支持向量机具有很多优点,主要体现在以下几个方面:

(1) 支持向量机可以避免过拟合现象的产生。根据统计学理论,机器学习风险的产生主要有样本训练时的经验风险和置信范围。置信范围主要与机器的维数有关。传统的学习方法只能够关注经验风险的问题。支持向量机在最小化经验风险的同时,通过最大化的分类间隔,可以实现对学习有效的控制,从而缩小置信范围。因此,使用支持向量机可以有效避免过拟合现象的产生,且比传统的学习方法具有更好的推动力和执行力。

（2）支持向量机可以很好地处理非线性问题。支持向量机能够利用非线性映射将问题转换到高维的特征空间,并且通过求解高维空间中的线性分类问题解决原来空间中的非线性问题。此外,通过引入定义在特征空间的核函数,有效避免了高维内积运算。通过求解对偶问题,也使得算法复杂度与样本维数无关,有效避免了维数过多的问题。

（3）支持向量机的解是全局最优解。支持向量机将最优的分类超平面求解问题转化成一个凸二次规划问题,从理论上讲,能够获得全局最优解,有效避免了传统神经网络方法中的局部极值问题。

（4）支持向量机具有较好的计算效率。一般情况下,支持向量机经过训练以后得到的支持向量只占训练样本的很小一部分。在训练好模型以后,只需要将这些向量保存下来即可,从而有效节省了储存空间。对于新的样本进行监测的时候,也只会涉及支持向量的运算,从而提高了运算效率。与此同时,采用最近邻算法进行计算时,需要保存所有的训练样本,进行分类的时候,也需要将新样本与训练集中的所有样本进行比较。

根据资料显示,支持向量机具有很好的稳定性,对于噪声和异常点数据的读取并不敏感,而且训练速度较快,拟合能力较强,在解决实际问题的时候,具有重要的参考价值。支持向量机的稳定性主要体现在以下方面:

（1）模型仅仅由支持向量决定。

（2）支持向量构成的样本具有稳定性。

（3）计算结果对于核的选取不敏感。

支持向量机具有结构简单、计算速度快、稳定性好等优点,因此受到了许多研究者的青睐,具有十分广阔的发展空间。分类问题主要分为两种,即线性问题和非线性问题。与之相对应的支持向量机的算法也是由浅入深,线性的支持向量机是实现分类过程的基础,而对于非线性问题,主要通过转化为线性问题来求解。下面主要介绍非线性问题求解的问题。

假设 p 维输入空间中的样本点 $x_i \in \mathbf{R}^p$,如图 3-13 所示,是线性不可分的,需要将其进行映射,然后开始分离。映射之后的样本点记作 z,所以有 $z = \varphi(x)$,其中 $\varphi \in \mathbf{R}$,还需要 $r > p$。

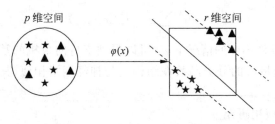

图 3-13　高维特征空间映射

从图 3-13 中可以看出,从 p 维映射到高维之后,样本点由线性不可分转化为线性可分了,最优分类超平面也可以计算了。此时,可以使用前面已经介绍过的线性条件下的解决方法来求解,判断样本点的类别标签。这个问题需要解决的核心就是能够进行非线性映射,构造高维特征空间中的线性可分条件。

假设经过非线性映射之后,高维空间中的样本点是线性可分的,那么就可以将非线性条件下的问题表述为:

$$\max_a L_D = \max\left\{ \sum_{i=1}^{n} a_i - \frac{1}{2} \sum_{i=1}^{n} \sum_{j=1}^{n} \alpha_i \alpha_j y_i y_j \mathbf{z}_i^{\mathrm{T}} \mathbf{z}_j \right\}, \quad \alpha_i \geqslant 0, \sum_{i=1}^{n} \alpha_i y_i = 0 \quad (3\text{-}77)$$

式中,α_i 是拉格朗日系数。

想要完成这种转化是比较困难的,即使可以进行转化,那么在转化的过程中也会随着维数的快速增长,使问题变得复杂。因此,这种将非线性问题转化为线性问题的方法也是很难实现的。但是由上面讲的对偶问题可以看出,式(3-77)的分类函数寻找最优函数只用到了训练样本内的 $\mathbf{x}_i^{\mathrm{T}} x_j$,相当于样本的内积运算 (x_i, x_j)。假设由 p 维空间到 r 维空间为非线性映射,那么它将输入空间 p 的样本映射到高维特征空间 r 中也可以是无穷维,在构造最优平面模型时,训练算法仅仅使用 r 空间的点积,没有单独的 $\varphi(x)$ 出现。因此,可以找到一个函数:

$$K(x_i, x_j) = \boldsymbol{\varphi}(x_i)^{\mathrm{T}} \boldsymbol{\varphi}(x_j) \quad (3\text{-}78)$$

式中,k 函数就称为核函数。

这样看来,原来的问题就转化为如何找到这种核函数来替代原来的内积运算,所以就出现了 Mercer 定理:

$\forall x_i, x_j \in R^p$,假设 $K(x_i, x_j) = K(x_j, x_i)$,那么就存在一个 $\boldsymbol{\alpha} = (\alpha_1, \alpha_2, \cdots, \alpha_n)^{\mathrm{T}}$,由 $K(x_i, x_j) = \sum_{k=1}^{r} \boldsymbol{\alpha}_k \boldsymbol{\varphi}(x_i)^{\mathrm{T}} \boldsymbol{\varphi}(x_j)$,则这个公式的充要条件是:$\forall x_1, x_2, \cdots, x_n \in R^p$,$\sum_{i=1}^{n} \sum_{j=1}^{n} K(x_i, x_j) \geqslant 0$ 成立。

在 Mercer 定理的基础上,如果核函数满足 Mercer 定理所需要的条件,那么就一定会有某一特定的映射空间中的内积与之对应,所以,非线性问题就可以使用非线性映射后的最优超平面的内积函数来解决,采用这种方法不会增加计算难度,则目标函数可以写成:

$$Q(\alpha) = \frac{1}{2} \sum_{i=1, j=1}^{n} \alpha_i \alpha_j y_i y_j K(x_i, x_j) \quad (3\text{-}79)$$

与其对应的判别函数为:

$$f(x) = \mathrm{sgn}\left\{ \sum_{i=1}^{n} \alpha_i y_i K(x_i, x_j) + b^* \right\} \quad (3\text{-}80)$$

在保持算法其他条件不变的情况下,就可以得到支持向量机的基本框架。从以上的分析中不难看出,支持向量机的分类函数在结构上与神经网络相似,其线性组合就是网络的输出。

4. 支持向量机的应用研究

SVM 的应用领域在理论方面已经取得了重大进步,贝尔实验室率先在美国邮政手写数字库识别研究方面应用了 SVM,标志着 SVM 进入一个全新的时代。在随后的几年,有关 SVM 的应用研究受到了很多领域研究者的青睐。在人脸检测、验证和识别、语音识别、文字/手写体识别、图像处理及其他应用研究等方面取得了大量的研究成果[20]。最初,SVM 只能应用到最简单的输入模式研究领域,后来进入多种方法取长补短的联合应用研究,

SVM 也得到很多改进。

1) 人脸检测、验证和识别

Osuna 最早将 SVM 应用于人脸检测并取得了较好的效果。使用这种方法直接训练非线性 SVM 分类器完成人脸与非人脸的分类。由于 SVM 的训练需要大量的存储空间,并且非线性 SVM 分类器需要较多的支持向量,所以使用该方法的速度较慢。为此,马勇等提出了一种关于层次型结构的 SVM 分类器,主要由一个线性 SVM 组合和一个非线性 SVM 组成。在使用该方法进行检测时,由前者快速排除掉图像中绝大部分背景窗口,而后者只需对少量的候选区域做出确认,训练时,在线性 SVM 组合的限定下,与"自举(bootstrapping)"方法相结合可收集到训练非线性 SVM 的更有效的非人脸样本,简化 SVM 训练的难度,大量实验结果表明这种方法不仅具有较高的检测率和较低的误检率,还具有较快的速度。

对于姿态变化的捕捉一直都是人脸检测研究中的难点。叶航军等提出了利用支持向量机方法进行人脸姿态的判定,将人脸姿态划分成 6 个类别,从一个多姿态人脸库中手工标定训练样本集和测试样本集,训练基于支持向量机姿态的分类器,将分类错误率降低到 1.67%,明显优于在传统方法中效果最好的人工神经元网络方法。

在研究人脸识别的过程中,对于面部特征的提取和识别可看作是对 3D 物体的 2D 投影图像进行匹配的问题。由于许多不确定性因素的影响,特征的选取与识别就成为一个难点。凌旭峰等及张燕昆等分别提出基于 PCA 与 SVM 相结合的人脸识别算法,充分利用了 PCA 在特征提取方面的有效性及 SVM 在处理小样本问题和泛化能力强等方面的优势,通过 SVM 与最近距离的分类器相结合,使得所提出的算法具有比传统最近邻分类器和 BP 网络分类器更高的识别率。王宏漫等在 PCA 基础上进一步做 ICA,提取更加有利于分类的面部特征的主要独立成分,然后采用分阶段淘汰的支持向量机分类机制进行识别。对两组人脸图像库的测试结果表明,基于 SVM 的方法在识别率和识别时间等方面都取得了较好的效果。

2) 语音识别

语音识别的应用属于连续输入信号的分类问题,支持向量机是一个分类器,但不适合处理连续输入样本。针对这个问题,忻栋等引入隐式马尔可夫模型 HMM,建立了 SVM 和 HMM 的混合模型。HMM 适合处理连续信号,而 SVM 适合分类问题;HMM 的结果反映了同类样本的相似度,而 SVM 的输出结果则体现了异类样本间的差异。为了方便与 HMM 组成混合模型,首先将 SVM 的输出形式改为概率输出。实验中使用 YOHO 数据库,特征提取采用 12 阶的线性预测系数分析及其微分,组成 24 维的特征向量。实验表明,HMM 和 SVM 的结合达到了很好的效果,表明支持向量机在语音识别中的可重用性。

3) 文字/手写体识别

贝尔实验室率先对手写数据库进行实验,人工识别的平均错误率是 2.5%,专门针对该特定问题设计的 5 层神经网络错误率为 5.1%(其中利用了大量先验知识),而用 3 种 SVM 方法(采用 3 种核函数)得到的错误率分别为 4.0%、4.1% 和 4.2%,而且是直接采用 16×16 的字符点阵作为输入,充分表明了 SVM 的优越性能。

4) 图像处理

(1) 图像过滤。一般的互联网色情网图像过滤软件主要采用网址库的形式来封锁色情网址或采用人工智能方法对接收到的中、英文信息进行分析甄别。段立娟等提出一种多层次特定类型图像过滤法,即以综合肤色模型检验、支持向量机分类和最近邻方法校验的多层次图像处理框架,达到85%以上的识别率。

(2)视频字幕提取。视频字幕蕴含了丰富的语义,可用于对相应的视频流进行高级语义标注。庄越挺等提出并实践了基于SVM的视频字幕自动定位和提取方法。该方法首先将原始图像帧分割为 $N \times N$ 的子块,提取每个子块的灰度特征;然后使用预先训练好的SVM分类机对字幕子块和非字幕子块进行分类;最后结合金字塔模型和后期处理过程,实现视频图像字幕区域的自动定位提取。该方法取得了良好的实验效果。

(3)图像分类和检索。由于计算机自动抽取的图像特征和人所理解的语义间存在巨大的差距,图像检索结果难以令人满意。近年来出现了相关反馈方法,张磊等以SVM为分类器,在每次反馈中对用户标记的正例和反例样本进行学习,并根据学习所得的模型进行检索,使用由9918幅图像组成的图像库进行实验,结果表明,在有限训练样本的情况下具有良好的泛化能力。

目前3D虚拟物体图像应用越来越广泛,肖俊等提出了一种基于SVM对相似3D物体进行识别与检索的算法。该算法首先使用细节层次模型对3D物体进行三角面片数量的约减,然后提取3D物体的特征,由于所提取的特征维数很大,因此先用独立成分分析进行特征约减,再使用SVM进行识别与检索。将该算法用于3D丘陵与山地的地形识别中,取得了良好的效果。

5)其他应用研究

(1)由于SVM的优越性,其应用研究目前已经相当广泛。陈光英等设计并实现了一种基于SVM分类机的网络入侵检测系统。它收集并计算除服务器端口之外TCP/IP的流量特征,使用SVM算法进行分类,从而识别出该连接的服务类型,通过与该连接服务器端口所标明的服务类型比较,检测出异常的TCP连接。实验结果表明,系统能够有效地检测出异常TCP连接。

(2)口令认证简便易实现,但容易被盗用。刘学军等提出利用SVM进行键入特性的验真,并通过实验将其与BP、RBF、PNN和LVQ 4种神经网络模型进行对比,证实了采用SVM进行键入特性验真的有效性。

(3)李晓黎等提出了一种将SVM与无监督聚类相结合的新分类算法,并应用于网页分类问题。该算法首先利用无监督聚类分别对训练集中正例和反例聚类,然后挑选一些例子训练SVM并获得SVM分类器。任何网页都可以通过比较其与聚类中心的距离来决定采用无监督聚类方法或SVM分类器进行分类。该算法充分利用了SVM准确率高与无监督聚类速度快的优点。实验表明它不仅具有较高的训练效率,还有很高的精确度。

(4)刘江华等提出并实现一个用于人机交互的静态手势识别系统。基于皮肤颜色模型进行手势分割,并用傅里叶描述子描述轮廓,采用最小二乘支持向量机(LS-SVM)作为分类器。提出了LS-SVM的增量训练方式,避免了费时的矩阵求逆操作。为实现多类手势识别,利用DAG(Directed Acyclic Graph)将多个两类LS-SVM结合起来,对26个字母手势进行识别。与多层感知器、径向基函数网络等方法比较,LS-SVM的识别率最高,达到93.62%。

另外的研究还有应用SVM进行文本分类、应用SVM构造自底向上二叉树结构进行空间数据聚类分析等。近年来,SVM在工程实践、化学化工等方面也取得了很多有益的应用研究成果,其应用领域日趋广泛。

3.6.2 基于概率论的方法——朴素贝叶斯法

朴素贝叶斯法是基于贝叶斯定理与特征条件独立假设的分类方法,是经典的机器学习算法之一,处理很多问题时直接又高效,因此在很多领域有着广泛的应用,如垃圾邮件过滤、文本分类等。此外,它也是学习研究自然语言处理问题的一个很好的切入口。朴素贝叶斯法原理简单,却有着坚实的数学理论基础,对于刚开始学习算法或者数学基础差的读者来说,还是会遇到一些困难,花费一定的时间。贝叶斯分类是一类分类算法的总称,这类算法均以贝叶斯定理为基础,故统称为贝叶斯分类。而朴素贝叶斯分类是贝叶斯分类中最简单,也是常见的一种分类方法。

1. 分类问题综述

对于分类问题,谁都不会陌生,日常生活中我们每天都进行着分类。例如,当你看到一个人时,你的脑海中会下意识地判断他是学生还是社会上的人;你可能经常会走在路上对身旁的朋友说"这个人一看就很有钱"之类的话,其实这就是一种分类。

既然是贝叶斯分类算法,那么分类的数学描述又是什么呢?

从数学的角度来说,分类问题可做如下定义:

已知集合 $C=y_1,y_2,\cdots,y_n$ 和 $I=x_1,x_2,\cdots,x_n$,确定映射规则 $y=f()$,使得任意 $x_i \in I$ 有且仅有一个 $y_i \in C$,使得 $y_i \in f(x_i)$ 成立。

其中,C 叫作类别集合,其中的每一个元素是一个类别;而 I 叫作项集合(特征集合),其中的每一个元素是一个待分类项;f 叫作分类器。分类算法的任务就是构造分类器 f。

分类算法的内容是要求给定特征,以得出类别,这也是所有分类问题的关键。那么如何由指定特征得到最终的类别,也是下面要讲的内容,每一种不同的分类算法都对应着不同的核心思想。

2. 朴素贝叶斯分类

给定数据如下:现在的问题是,假设有一对男女朋友,男生想向女生求婚,男生的 4 个特点分别是:不帅、性格不好、身高矮、不上进,请你判断一下女生是嫁还是不嫁?

这是一个典型的分类问题,转化为数学问题就是比较 p(嫁|(不帅、性格不好、身高矮、不上进))与 p(不嫁|(不帅、性格不好、身高矮、不上进))的概率,哪个概率大,就能给出嫁或者不嫁的答案。

这里可以联系到朴素贝叶斯公式,即需要求 p(嫁|(不帅、性格不好、身高矮、不上进),可以通过朴素贝叶斯公式转化为好求的三个量:

p(不帅、性格不好、身高矮、不上进|嫁)、p(不帅、性格不好、身高矮、不上进)、p(嫁)。

至于为什么能求,后面会详细介绍,将待求的量转化为其他可求的值,这就相当于解决了之前的问题。

那么只要求得 p(不帅、性格不好、身高矮、不上进|嫁)、p(不帅、性格不好、身高矮、不上进)、p(嫁)即可,下面分别求出这几个概率,最后进行比较,就得到了最终结果。

p(不帅、性格不好、身高矮、不上进|嫁)=p(不帅|嫁)$\times p$(性格不好|嫁)$\times p$(身高矮|嫁)$\times p$(不上进|嫁),于是分别统计后面几个概率,就得到了左边的概率。

这个等式成立的条件是需要特征之间相互独立,这也是朴素贝叶斯分类中"朴素"一词的来源。

（1）假如没有这个假设，那么对右边这些概率的估计其实是不可做的，这个例子有 4 个特征，其中包括帅、性格、身高、上进，那么 4 个特征的联合概率分布是 4 维空间，总个数为 $2 \times 3 \times 3 \times 2 = 36$ 个。

在现实生活中，往往有非常多的特征，每一个特征的取值也非常多，那么通过统计来估计后面概率的值变得几乎不可做，这也是需要假设特征之间独立的原因。

（2）假如本书没有假设特征之间相互独立，那么本书统计的时候，就需要在整个特征空间寻找，比如统计 p（不帅、性格不好、身高矮、不上进|嫁）。

这就需要在嫁的条件下，去寻找 4 种特征全满足，分别是不帅、性格不好、身高矮、不上进的人的数量，这样的话，由于数据的稀疏性，很容易统计到 0 的情况，明显是不合适的。

鉴于上面两个原因，朴素贝叶斯法对条件概率分布做了条件独立性的假设，由于这是一个较强的假设，所以朴素贝叶斯法也由此得名。这一假设使得朴素贝叶斯法变得简单，但有时会牺牲一定的分类准确率。

下面开始求解。接下来将逐一进行统计计算（在数据量很大的时候，根据中心极限定理，频率是等于概率的，这里只是一个例子，所以进行统计即可）。

p（嫁）＝？

首先整理训练数据中，嫁的样本数如下：

则 p（嫁）＝6/12（总样本数）＝1/2

p（不帅|嫁）＝？

统计满足条件的样本如下：

则 p（不帅|嫁）＝3/6＝1/2

p（性格不好|嫁）＝？

统计满足条件的样本如下：

则 p（性格不好|嫁）＝1/6

p（矮|嫁）＝？

统计满足条件的样本如下：

则 p（矮|嫁）＝1/6

p（不上进|嫁）＝？

统计满足条件的样本如下：

则 p（不上进|嫁）＝1/6

下面开始求分母：p（不帅）、p（性格不好）、p（矮）、p（不上进）。

统计样本如下：

不帅统计如上所示，占 4 个，那么 p（不帅）＝4/12＝1/3

性格不好统计如上所示，占 4 个，那么 p（性格不好）＝4/12＝1/3

身高矮统计如上所示，占 7 个，那么 p（身高矮）＝7/12

不上进统计如上所示，占 4 个，那么 p（不上进）＝4/12＝1/3

到这里，要求 p（不帅、性格不好、身高矮、不上进|嫁）的所需项全部求出来了，代入即可：

$$p = (1/2 \times 1/6 \times 1/6 \times 1/6 \times 1/2)/(1/3 \times 1/3 \times 7/12 \times 1/3)$$

下面根据同样的方法来求 p（不嫁|不帅、性格不好、身高矮、不上进），完全一样的做法，为了方便理解，这里对其过程进行详细介绍。首先公式如下：

同样也一个一个地进行统计计算，这里与上面公式中的分母是一样的，所以分母不需要重新统计计算。

p（不嫁）＝? 根据统计计算如下：

则 p（不嫁）＝6/12＝1/2

p（不帅|不嫁）＝? 根据统计计算如下：

则 p（不帅|不嫁）＝1/6

p（性格不好|不嫁）＝? 据统计计算如下：

则 p（性格不好|不嫁）＝3/6＝1/2

p（矮|不嫁）＝? 据统计计算如下：

则 p（矮|不嫁）＝6/6＝1

p（不上进|不嫁）＝? 据统计计算如下：

则 p（不上进|不嫁）＝3/6＝1/2

那么根据公式：

p（不嫁|不帅、性格不好、身高矮、不上进）＝((1/6×1/2×1×1/2)×1/2)/(1/3×1/3×7/12×1/3)

很显然(1/6×1/2×1×1/2)＞(1/2×1/6×1/6×1/6×1/2)

于是有：

p（不嫁|不帅、性格不好、身高矮、不上进）＞p（嫁|不帅、性格不好、身高矮、不上进）

所以根据朴素贝叶斯算法可以给这个女生答案，那就是不嫁。

3. 朴素贝叶斯分类的优、缺点

优点：算法逻辑简单，易于实现；分类过程中时空开销小。

缺点：理论上，朴素贝叶斯模型与其他分类方法相比具有最小的误差率。但是实际上并非总是如此，这是因为朴素贝叶斯模型假设属性之间相互独立，这个假设在实际应用中往往是不成立的，在属性个数比较多或者属性之间相关性较大时，分类效果不好。

在属性相关性较小时，朴素贝叶斯模型的性能良好。对于这一点，有半朴素贝叶斯之类的算法通过考虑部分关联性适度改进。

参考文献

[1] 何清，李宁，罗文娟，等. 大数据下的机器学习算法综述[J]. 模式识别与人工智能，2014，27(4)：327-336.

[2] 郑捷. 机器学习算法原理与编程实践[M]. 北京：电子工业出版社，2015.

[3] SINGH G, SETHI G K, SINGH S. Survey on machine learning and deep learning techniques for agriculture Land[J]. SN Computer Science, 2021, 2(6)：487.

[4] USMANI S, SABOOR A, HARIS M, et al. Latest research trends in fall detection and prevention using machine learning: A systematic review[J]. Sensors, 2021, 21(15)：5134.

[5] AL-AMRI R, MURUGESAN R K, MAN M, et al. A review of machine learning and deep learning techniques for anomaly detection in IoT data[J]. Applied Sciences, 2021, 11(12)：5320.

[6] AL-SAHAF H, BI Y, CHEN Q, et al. A survey on evolutionary machine learning[J]. Journal of the

Royal Society of New Zealand,2019,49(2):205-228.

[7] IKOTUN A M,ALMUTARI M S,EZUGWU A E. K-means-based nature-inspired metaheuristic algorithms for automatic data clustering problems:Recent advances and future directions[J]. Applied Sciences,2021,11(23):11246.

[8] LI Y,MAGUIRE L. Selecting critical patterns based on local geometrical and statistical information [J]. IEEE transactions on pattern analysis and machine intelligence,2010,33(6):1189-1201.

[9] BURGSTALLER S,BETTELHEIM P,KRIEGER O,et al. 10th anniversary of the Austrian MDS Platform:aims and ongoing projects[J]. Wiener klinische Wochenschrift,2015,127.

[10] ANOWAR F,SADAOUI S,SELIM B. Conceptual and empirical comparison of dimensionality reduction algorithms (pca,kpca,lda,mds,svd,lle,isomap,le,ica,t-sne)[J]. Computer Science Review,2021,40:100378.

[11] KLERK D L,SCHWARZ C E. Simplified approach to the parameterization of the NRTL model for partially miscible binary systems:Tττ LLE methodology[J]. Industrial & Engineering Chemistry Research,2023,62(4):2021-2035.

[12] CAI T T,MA R. Theoretical foundations of t-sne for visualizing high-dimensional clustered data[J]. Journal of Machine Learning Research,2022,23(301):1-54.

[13] WAHBA G. Dissimilarity data in statistical model building and machine learning[C]. Proceedings of the 5th International Congress of Chinese Mathematicians. 2012:785-809.

[14] HOI S C H,WANG J,ZHAO P,et al. Online feature selection for mining big data[C]. Proceedings of the 1st international workshop on big data,streams and heterogeneous source mining:Algorithms, systems,programming models and applications. 2012:93-100.

[15] HE Q,SHANG T,ZHUANG F,et al. Parallel extreme learning machine for regression based on MapReduce[J]. Neurocomputing,2013,102:52-58.

[16] OYEWOLE G J,THOPIL G A. Data clustering:application and trends[J]. Artificial Intelligence Review,2023,56(7):6439-6475.

[17] HIGHSMITH J. Adaptive software development:a collaborative approach to managing complex systems[M]. Addison-Wesley,2013.

[18] SOUZA E,COSTA D,CASTRO D W,et al. Characterising text mining:a systematic mapping review of the portuguese language[J]. IET Software,2018,12(2):49-75.

[19] PAN E,KANG Z. Multi-view contrastive graph clustering[J]. Advances in neural information processing systems,2021,34:2148-2159.

[20] ZHOU Z,SI G,SUN H,et al. A robust clustering algorithm based on the identification of core points and KNN kernel density estimation[J]. Expert Systems with Applications,2022,195:116573.

第4章 深度学习

4.1 深度学习的定义与特点

4.1.1 深度学习的起源

为了解决各种各样的机器学习问题,深度学习提供了强大的工具。虽然许多深度学习方法都是最近才取得了重大突破,但使用数据和神经网络编程的核心思想已经研究了几个世纪。事实上,人类长期以来就有分析数据和预测未来结果的愿望,而自然科学大部分植根于此。例如,伯努利分布是以雅各布·伯努利(1654—1705)命名的;而高斯分布是由卡尔·弗里德里希·高斯(1777—1855)发现的,他发明了最小均方算法,至今仍用于解决从保险计算到医疗诊断的许多问题。这些工具算法催生了自然科学中的一种实验方法如电阻中电流和电压的欧姆定律可以用线性模型完美地描述。

即使在中世纪,数学家对估计(estimation)也有着敏锐的直觉。例如,雅各布·克贝尔(1460—1533)的几何学书籍中举例说明,通过平均 16 名成年男性的脚的长度,可以得出 1ft(1ft=30.48cm)的长度。

图 4-1 说明了这个估计器是如何工作的。16 名成年男子被要求脚连脚排成一行。然

图 4-1 估计 1ft 的长度

后将它们的总长度除以 16,便得到现在等于 1ft 的估计值。这个算法后来被改进以处理畸形的脚——将拥有最短脚和最长脚的两个人送走,对其余的人取平均值。这是最早的修剪均值估计的例子之一。

随着数据的收集和可获得,统计数据真正实现了腾飞。罗纳德·费舍尔(1890—1962)对统计理论在遗传学中的应用做出了重大贡献。他的许多算法(如线性判别分析)和公式(如费舍尔信息矩阵)至今仍被频繁使用。甚至,费舍尔在 1936 年发布的鸢尾花卉数据集仍然被用来解读机器学习算法。他也是优生学的倡导者,这也提醒我们:数据科学在道德上存疑的使用,与其在工业和自然科学中的生产性使用一样,有着悠远而持久的历史。

机器学习的第二个影响来自克劳德·香农(1916—2001)的信息论和艾伦·图灵(1912—1954)的计算理论。图灵在他著名的论文《计算机器与智能》[1]中提出了“机器能思考吗?”的问题。在他所描述的图灵测试中,如果人类评估者很难根据文本互动区分机器和人类的回答,那么机器就可以被认为是“智能的”。

第三个影响可以在神经科学和心理学中找到。其中,最古老的算法之一是唐纳德·赫布(1904—1985)的开创性著作《行为的组织》[2]。他提出神经元通过积极强化学习,是 Rosenblatt 感知器学习算法的原型,被称为“赫布学习”。这个算法也为当今深度学习的许多随机梯度下降算法奠定了基础——强化期望行为和减少不良行为,从而在神经网络中获得良好的参数设置。

神经网络(neural networks)的得名源于生物灵感。一个多世纪以来(可以追溯到 1873 年亚历山大·贝恩和 1890 年詹姆斯·谢林顿的模型),研究人员一直试图组装类似于相互作用的神经元网络的计算电路。随着时间的推移,对生物学的解释变得不再肤浅,但这个名字仍然存在。其核心是当今大多数网络中都可以找到的关键原则:

(1) 线性和非线性处理单元的交替,通常称为层(layers)。

(2) 使用链式规则[也称为反向传播(backpropagation)]一次性调整网络中的全部参数。

经过最初的快速发展,神经网络的研究在 1995 年前后开始停滞不前,直到 2005 年才稍有起色。这主要有两个原因:首先,训练网络(在计算上)非常昂贵。在 20 世纪末,随机存取存储器(RAM)非常强大,而计算能力很弱。其次,数据集相对较小。事实上,费舍尔 1936 年的鸢尾花卉数据集是测试算法有效性的流行工具,而 MNIST 数据集的 60000 个手写数字的数据集被认为是巨大的。考虑到数据和计算的稀缺性,核方法(kernel method)、决策树(decision tree)和图模型(graph models)等强大的统计工具(在经验上)被证明是更为优越的。与神经网络不同的是,这些算法不需要数周的训练,而且有很强的理论依据,可以提供可预测的结果。

4.1.2　深度学习的发展

大约自 2010 年开始,那些在计算上看起来不可行的神经网络算法变得热门起来,实际上是由以下两点导致的:一是随着互联网公司的出现,在为数亿在线用户提供服务的同时,大规模数据集变得触手可及;二是廉价又高质量的传感器、廉价的数据存储(克莱德定律)及廉价计算(摩尔定律)的普及,特别是 GPU 的普及,使大规模算力唾手可得。

表 4-1 给出了不同年代的数据集与计算机内存及计算能力的数据。

表 4-1 数据集与计算机内存及计算能力

年　代	数　据　规　模	内　　存	每秒浮点运算
20 世纪 70 年代	100(鸢尾花卉)	1kB	100kF(Intel 8080)
20 世纪 80 年代	1k(波士顿房价)	100kB	1MF(Intel 80186)
20 世纪 90 年代	10k(光学字符识别)	10MB	10MF(Intel 80486)
21 世纪 00 年代	10M(网页)	100MB	1GF(Intel Core)
21 世纪 10 年代	10G(广告)	1GB	1TF(Nvidia C2050)
21 世纪 20 年代	1T(社交网络)	100GB	1PF(Nvidia DGX-2)

很明显,随机存取存储器没有跟上数据增长的步伐。与此同时,算力的增长速度已经超过了现有数据的增长速度。这意味着统计模型需要提高内存效率(通常是通过添加非线性来实现的),同时由于计算预算的增加,能够花费更多的时间来优化这些参数。因此,机器学习和统计的关注点从(广义的)线性模型和核方法转移到了深度神经网络,这也造就了许多深度学习的中流砥柱,如多层感知机[3]、卷积神经网络[4]、长短期记忆网络[5]和 Q 学习[6],在休眠了相当长的一段时间之后,在过去 10 年中被"重新发现"。

最近 10 年,在统计模型、应用和算法方面的进展就像寒武纪大爆发——历史上物种飞速进化的时期一样。事实上,最先进的技术不仅仅是将可用资源应用于几十年前的算法的结果。下面列举了帮助研究人员在过去 10 年中取得巨大进步的想法(虽然只触及了皮毛)。

(1)新的容量控制方法,如 dropout[7],有助于减轻过拟合的危险。这是通过在整个神经网络中应用噪声注入[8]来实现的,出于训练目的,用随机变量来代替权重。

(2)注意力机制解决了困扰统计学一个多世纪的问题:如何在不增加可学习参数的情况下增加系统的记忆和复杂性。研究人员通过使用只能被视为可学习的指针结构[9]找到了一个优雅的解决方案。不需要记住整个文本序列(如用于固定维度表示中的机器翻译),所有需要存储的是指向翻译过程的中间状态的指针。这大大提高了长序列的准确性,因为模型在开始生成新序列之前不再需要记住整个序列。

(3)多阶段设计。例如,存储器网络[10]和神经编程器-解释器[11],它们允许统计建模者描述用于推理的迭代方法。这些工具允许重复修改深度神经网络的内部状态,从而执行推理链中的后续步骤,类似于处理器如何修改用于计算的存储器。

(4)另一个关键的发展是生成对抗网络[12]的发明。在传统模型中,密度估计和生成模型的统计方法侧重于找到合适的概率分布(通常是近似的)和抽样算法。因此,这些算法在很大程度上受到统计模型固有的灵活性的限制。生成式对抗性网络的关键创新是用具有可微函数的任意算法代替采样器,然后对这些数据进行调整,使得鉴别器(实际上是一个双样本测试)不能区分假数据和真实数据。通过使用任意算法生成数据的能力为各种技术打开了密度估计的大门。驰骋的斑马[13]和假名人脸[14]的例子都证明了这一进展。即使是业余的涂鸦者也可以根据描述场景布局的草图生成照片级的真实图像[15]。

(5)在许多情况下,单个 GPU 不足以处理可用于训练的大量数据。在过去的 10 年中,构建并行和分布式训练算法的能力有了显著提高。设计可伸缩算法的关键挑战之一是深度学习优化的主力——随机梯度下降,它依赖于相对较小的小批量数据进行处理。同时,小批量限制了 GPU 的效率。因此,在 1024 个 GPU 上进行训练,如每批 32 个图像的小批量大小相当于总计约 32000 个图像的小批量。最近的工作,首先是由文献[16]完成的,随后是文献[17]和文献[18],将观察量提高到 64000 个,将 ResNet-50 模型在 ImageNet 数据集上的训练时间减少到不到 7min。作为比较,最初的训练时间是以天为单位的。

（6）并行计算的能力也对强化学习的进步做出了关键的贡献。这导致计算机在围棋、雅达利游戏、星际争霸和物理模拟（如使用 MuJoCo）中实现了超人性能的重大进步。有关如何在 AlphaGo 中实现这一点的说明,可参见文献[19]。简而言之,如果有大量的（状态、动作、奖励）三元组可用,即只要有可能尝试很多东西来了解它们之间的关系,强化学习就会发挥最好的作用。仿真提供了这样一条途径。

（7）深度学习框架在传播思想方面发挥了至关重要的作用。允许轻松建模的第一代框架包括 Caffe、Torch 和 Theano。许多开创性的论文都是用这些工具写的。到目前为止,它们已经被 TensorFlow（通常通过其高级 API Keras 使用）、CNTK、Caffe 2 和 Apache MXNet 所取代。第三代工具,即用于深度学习的命令式工具,可以说是由 Chainer 率先推出的,它使用类似于 Python NumPy 的语法来描述模型。这一想法分别被 PyTorch、MXNet 的 Gluon API 和 Jax 采纳了。

"系统研究人员构建更好的工具"和"统计建模人员构建更好的神经网络"之间的分工大大简化了工作。例如,在 2014 年,对卡耐基·梅隆大学的机器学习博士生来说,训练线性回归模型曾经是一个不容易的作业问题。而现在,这项任务只需不到 10 行代码就能完成,这让每个程序员都轻易掌握了它。

4.1.3　深度学习的成功案例

人工智能在交付结果方面有着悠久的历史,它能带来用其他方法很难实现的结果。例如,使用光学字符识别的邮件分拣系统从 20 世纪 90 年代开始部署,毕竟,这是著名的手写数字 MNIST 数据集的来源,其同样适用于阅读银行存款支票和对申请者的信用进行评分,系统会自动检查金融交易是否存在欺诈。这成为许多电子商务支付系统的支柱,如 PayPal、Stripe、支付宝、微信、苹果、Visa 和万事达卡。国际象棋的计算机程序已经竞争了几十年。机器学习在互联网上提供搜索、推荐、个性化和排名。换句话说,机器学习是无处不在的,尽管它经常隐藏在人们的视线之外。

直到最近,人工智能才成为人们关注的焦点,主要是因为解决了以前被认为难以解决的问题,而这些问题与消费者直接相关。许多这样的进步都归功于深度学习。

（1）智能助理,如苹果的 Siri、亚马逊的 Alexa 和谷歌助手都能够相当准确地回答口头问题。这包括一些琐碎的工作,比如打开电灯开关（对残疾人来说是个福音）,甚至预约理发师和提供电话支持对话。这可能是人工智能正在影响人们生活的最明显的例子。

（2）数字助理的一个关键要素是准确识别语音的能力。在某些应用中,此类系统的准确性已经提高到与人类同等水平的程度[20]。

（3）物体识别同样也取得了长足的进步。估计图片中的物体在 2010 年是一项具有相当挑战性的任务。在 ImageNet 基准上,来自 NEC 实验室和伊利诺伊大学香槟分校的研究人员获得了 28% 的 Top-5 错误率[21]。到 2017 年,这一错误率降低到 2.25%[22]。同样,这一成果在鉴别鸟类或诊断皮肤癌方面也取得了惊人的成就。

（4）游戏曾经是人类智慧的堡垒。算法和计算的进步导致了算法被广泛应用于游戏中,例如 TD-Gammon,一个使用时差强化学习的五子棋游戏程序。与五子棋不同的是,国际象棋有一个复杂得多的状态空间和一组动作。深蓝公司利用大规模并行性、专用硬件和高效搜索游戏树[23]击败了加里·卡斯帕罗夫（Garry Kasparov）。围棋由于其巨大的状态空间，难度更大。AlphaGo 在 2015 年达到了相当于人类的棋力，使用和蒙特卡洛树抽样[19]相结合的深度学习。扑克中的挑战状态空间很大，而且没有完全观察到（我们不知道对手的牌）。在扑克游戏中，库图斯使用有效的结构化策略超过了人类的表现[24]。这说明游戏取得了令人瞩目的进步，而先进的算法在其中发挥了关键的作用。

（5）人工智能进步的另一个典型例子是自动驾驶汽车和卡车的出现。虽然完全自主还没有达到，但在这个方向上已经取得了很好的进展，特斯拉（Tesla）、英伟达（NVIDIA）和 Waymo 等公司的产品至少实现了部分自主。让完全自主具有挑战性的是正确的驾驶需要感知、推理和将规则纳入系统的能力。目前，深度学习主要应用于这些问题的计算机视觉方面。其余部分则由工程师进行大量调整。

同样，上面的例子仅仅触及了机器学习对实际应用影响的皮毛。例如，机器人学、物流、计算生物学、粒子物理学和天文学最近取得的一些突破性进展至少部分归功于机器学习。因此，机器学习正在成为工程师和科学家必备的工具。

在关于人工智能的非技术性文章中，经常提到人工智能奇点的问题，即机器学习系统会变得有知觉，并独立于人类来决定那些直接影响人类生计的事情。在某种程度上，人工智能已经直接影响到人类的生计，包括信誉度的自动评估、车辆的自动驾驶、保释决定的自动准予等。甚至，可以让 Alexa 打开咖啡机。

幸运的是，人们离一个能够控制人类创造者的有知觉的人工智能系统还很远。首先，人工智能系统是以一种特定的、面向目标的方式设计、训练和部署的。虽然它们的行为可能会给人一种通用智能的错觉，但设计的基础是规则、启发式和统计模型的结合。其次，目前还不存在能够自我改进、自我推理，能够在试图解决一般任务的同时，修改、扩展和改进自己的架构的"人工通用智能"工具。

一个更紧迫的问题是人工智能在日常生活中的应用。卡车司机和店员完成的许多琐碎的工作很可能也会自动化。农业机器人可能会降低有机农业的成本，它们也将使收割作业自动化。工业革命的这一阶段可能对社会的大部分地区产生深远的影响，因为卡车司机和店员是许多国家最常见的工作之一。此外，如果不加注意地应用统计模型，可能会导致种族、性别或年龄偏见，如果自动驱动相应的决策，则会引起对程序公平性的合理关注。重要的是要谨慎使用这些算法，因为它比恶意超级智能毁灭人类的风险更令人担忧。

4.1.4　深度学习的特点

前面已经广泛地讨论了机器学习，它既是人工智能的一个分支，也是人工智能的一种方法。虽然深度学习是机器学习的一个子集，但令人眼花缭乱的算法和应用程序集让人很难评估深度学习的具体成分。这就像试图确定披萨所需的配料一样困难，因为几乎每种成分都是可以替代的。

如前所述，机器学习可以使用数据来学习输入和输出之间的转换，如在语音识别中将音频转换为文本。这通常需要以适合算法的方式表示数据，以便将这种表示转换为输出。深度学习是"深度"的，模型学习了许多"层"的转换，每一层提供一个层次的表示。例如，靠近输入的层可以表示数据的低级细节，而接近分类输出的层可以表示用于区分更抽象的概念。

由于表示学习（representation learning）的目的是寻找表示本身，因此深度学习可以称为"多级表示学习"。

到目前为止，本节讨论的问题，如从原始音频信号中学习，图像的原始像素值，或者任意长度的句子与外语中对应句子之间的映射，都是深度学习优于传统机器学习方法的问题。事实证明，这些多层模型能够以以前的工具所不能的方式处理低级的感知数据。毋庸置疑，深度学习方法中最显著的共同点是使用端到端训练。也就是说，与其基于单独调整的组件组装系统，不如构建系统，然后联合调整它们的性能。例如，在计算机视觉中，科学家们习惯于将特征工程的过程与建立机器学习模型的过程分开。Canny 边缘检测器[25] 和 SIFT 特征提取器[26] 作为将图像映射到特征向量的算法，在过去的 10 年里备受推崇。在过去的日子里，将机器学习应用于这些问题的关键是提出人工设计的特征工程方法，将数据转换为某种适合于浅层模型的形式。然而，与一个算法自动执行的数百万个选择相比，人类通过特征工程所能完成的事情很少。当深度学习开始时，这些特征抽取器被自动调整的滤波器所取代，产生了更高的精确度。

因此，深度学习的一个关键优势是它不仅取代了传统学习管道末端的浅层模型，还取代了劳动密集型的特征工程过程。此外，通过取代大部分特定领域的预处理，深度学习消除了以前分隔计算机视觉、语音识别、自然语言处理、医学信息学和其他应用领域的许多界限，为解决各种问题提供了一套统一的工具。

除了端到端的训练，人们正在经历从参数统计描述到完全非参数模型的转变。当数据稀缺时，人们需要依靠简化对现实的假设来获得有用的模型。当数据丰富时，可以用更准确地拟合实际情况的非参数模型来代替。在某种程度上，这反映了在 20 世纪中叶随着计算机的出现和物理学的进步，现在人们可以借助于相关偏微分方程的数值模拟，而不是用人脑来求解。这产生了更精确的模型，尽管常常以牺牲可解释性为代价。

与以前工作的另一个不同之处是接受次优解，处理非凸非线性优化问题，并且愿意在证明之前尝试。这种在处理统计问题上新发现的经验主义，加上人才的迅速涌入，导致了实用算法的快速进步。尽管在许多情况下，这是以修改和重新发明存在了数十年的工具为代价的。

最后，深度学习社区引以为豪的是，他们跨越学术界和企业界共享工具，发布了许多优秀的算法库、统计模型和经过训练的开源神经网络。而且本书努力降低每个人了解深度学习的门槛，希望读者能从中受益。

4.2 基础神经网络

神经网络也可以被称作神经计算，是机器学习的一个分支，是对生物神经网络的抽象和建模，主要是通过学习生物的模仿能力，以类似生物的生活习性来适应新的生活环境。神经网络是智能科学计算和计算科学的重要组成部分，是在脑科学和认知神经学的基础上发展的新的信息处理方法。该方法为解决生活中的各类问题和实现智能控制提供了有力的参考。

早在 1946 年，第一台电子数字计算机就已经问世，那时采取信息处理的是应用程序式计算的方法。至今，仍然采用该方法，且一直沿用至今。将人脑和计算机的处理能力相比

较,差别也是可想而知的。例如:一个人可以很容易识别出一本书、一张桌子,并能够很快找出它们的不同,但是一台计算机想要做到这一点就很难。在进行数学计算的时候,计算机可以很快给出正确的答案,而通过人脑来计算的话,就需要通过一步步进行计算分析,计算速度大大降低。那么问题来了,在数学计算和物体识别之间的区别到底在哪呢?

识别物体时,并不是简单的定义,需要识别一本书,首先要给这本书做一个全面的定义,做这个定义的时候,等于要对这本书的每一个可以想象的变量进行定义。这些问题可以构成一个随机的问题组,所谓随机的问题就是要具备某一系统实际上每种可能状态的知识才能解答的问题。因此,为了解决一个随机问题,必须要求记忆所有可能的答案,给定输入数据时,从给出的可能答案中进行挑选。数学计算可以通过这一类表达出来,其解答通常可以用一种算法简洁地表达出来,换句话说,可以用一个通用的指令来表示,该指令系列规定了如何处理输入数据以得到相应的答案。处理一种新的问题的方法并不需要开发算法和规则,这就极大地减少了工程师的工作量,这种方法就可以称为神经网络。神经网络是电子信息和软件工程的一门必修学科,它从神经学和认知科学出发,在此研究成果的基础上,应用数学的方法研究并行的、非程序的、适应性的信息处理能力和风格。神经网络系统中主要的信息处理结构就是人工神经功能网络。

人脑对信息的处理特点:

(1)并行处理。人脑中的神经元之间的神经刺激都是毫秒级别的,比普通的计算机要慢上好几个数量级。但是人们能够在很短的时间内就对外界做出反应,这是机器做不到的。由此可见,人脑的运行过程是通过大规模的神经元并行处理的。人脑善于在复杂环境下做出判读和思考,这是机器所不能及的。

(2)具有容错性,善于联想概括和推理。通过生物学知识,我们可以了解到,人脑中每天都会有大量的神经细胞正常死亡,但是这并没有影响大脑的正常运行,大脑有时候也会受到一些损伤和记忆衰减的问题,但这并不会使其功能丧失,然而在计算机中,如果出现元器件损坏,就可能会出现数据处理出错甚至会出现崩溃的情况。人脑和计算机在信息处理时的最大差别就在于对信息的记忆及处理方式。计算机是局部存储,按需处理,需要用到时再送到处理器处理。

(3)具有很好的适应性。人脑通过后天的教育、训练、学习等因素,会对需要处理的信息进行综合评估,这恰恰说明了人脑具有很好的适应性。神经网络强调系统的自适应学习和学习过程,同一网络因学习方法或者内容不同而具有不同的功能。

由上可知,人脑是最复杂、最有效的信息处理装置,各个领域的研究者也在致力于研究人脑的机理和结构,并尝试模拟人脑进行创造。这一领域正等待着重大突破,这一突破必将给科学界乃至整个人类带来前所未有的工业革命。

4.2.1　神经网络的发展

20 世纪 40 年代中期,人们制造出了以运算放大器为基本器件的计算机,应用在自动控制和数字计算等领域。早在 1943 年,心理学家洛奇和数学家皮兹在《数学生物物理公报》上发表了关于神经网络的数学模型。它们总结出了神经元的一些基本生理特性,提出神经元形式化的数学模型,开创了神经网络的时代。神经网络计算机与普通计算机相比最大的区别就是它能够像动物一样进行学习,并且模仿它们的神经系统。但是,这个神经系统到底是如何进行的,目前还没有一个明确的结论。1958年,罗森勃拉特提出了感知器这一概念,这是第一次将神经网络研究从理论层面付诸实际应用中,开始了神经网络研究历程中的第一次革命。1960年,威德罗提出了自适应线性元器件,它是一种连续取值的线性网络,主要用于自适应网络,这与当时处于主导地位的以符号推理为特征的人工智能网络相悖,因为这是两个完全不同的概念,一起形成了神经网络研究热门的高潮。

20世纪60年代以后,由于数字计算机的飞速发展,使得传统的人工智能初期研究取得了巨大的成功,吸引了大量的研究者。他们同时也发现了神经网络的局限性。20世纪70年代末期,人工智能模拟人的某些认知活动取得了重大进展,但人们感觉到了传统的人工智能系统与人的自然智能相比,有很大的差距和明显的不足。科学家又将重心重新放回到神经网络的研究上,试图通过对人脑神经系统的结构、机理及逆行分析与探索,提出新的突破口。此外,伊利亚·普里高津提出了非平衡的自组织理论,获得了1977年诺贝尔化学奖。到了20世纪80年代,神经网络发展迅速,美国物理学家Hopfield的研究标志着神经网络发展高潮的又一次到来。1988年,鲁梅尔·哈特和麦克莱伦德团队提出了并行处理的理论,并且提出了多层网络的误差传播方法,即BP神经网络算法,这一算法增强了神经网络的运算能力,扩大了神经网络的使用范围。1997年,蔡少堂等提出了细胞神经网络这一概念,这是一个大规模非线性仿真系统,同时具有细胞自动机的动力学特点。很多国家又掀起了研究神经网络的热潮。

我国在神经网络热潮的推动下,也开始了神经网络的研究,并且在这一领域取得了一定的科研成果。一支支多学科的研究团队组织了众多的学术讨论会议。1986年,中国科学院召开了"脑工作原理讨论会";1989年,在北京大学召开了"识别和学习国际学术研讨会";1990年,中国自动化学会、中国计算机学会、中国电子学会等8个学会联合召开了"中国神经网络首届学术大会"。1992年,国际神经网络学会、IEEE神经网络学会、中国神经网络学会等联合在北京召开了神经网络学术会议。为了培养神经网络方面的研究型人才,国内外很多院校已经开设了与神经网络相关的课程,这为我国在神经网络领域的发展提供了有力的理论基础和人才储备。

4.2.2　人工神经网络原理

人脑神经网络主要由神经细胞和神经胶质细胞组成,神经细胞是组成神经系统最基本的单位,也就是人们常说的神经元。它主要由神经细胞体、树突和轴突3部分组成,如图4-2所示。

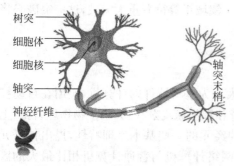

图4-2　神经元结构(见文前彩图)

细胞体是神经元的主体,一般呈星形、锥体形、球形等,形状大小不一,其直径在几微米到几百微米之间。细胞体是神经元的代谢和营养中心。神经元与神经元、神经元与非神经细胞之间通过突触连接,是神经元之间进行联系和生理活动的桥梁,通过它细胞与细胞之间可以进行通信。神经网络是由大量处理单元组成的线性大规模自适应动力系统。该网络系统具有非线性、非局域性、非定常性及非凸性等特点。脑神经细胞经过视觉、听觉、运动、嗅觉、味觉、触觉及想象等刺激会生长出"树突",通过这些"树突",与其他神经细胞形成网络。在某一方面的知识越丰富,大脑中相应的神经网络越密集,信息传递和加工的速度也越快。

4.2.3 神经网络模型

对于简单的线性模型是一个没有任何条件限制的实数,输出函数 $f(a_i)$ 与激活值 a_i 相等,经典的线性模型主要由两部分组成:一部分是输入,另一部分是输出。输入层的每一个单元都与输出的任何一个单元有关系,而且相连的单元都属于同一个类型。所以,使用一个矩阵就可以正确表示它们之间的关系,该矩阵主要由正数、负数和零组成,它们分别对应兴奋值、抑制值和零连接。假如连接矩阵为 W,则线性模型的规则为

$$a(t+1) = Wa(t) \tag{4-1}$$

模式联想学习是一种典型的线性模型,由于该模型是线性的,所以在该网络模型中无隐藏单元、无反馈。该模型中包含了两种输入模式,它们在输入时建立激活模式,另一种是教室输入,它们在输出单元中建立激活模式。

Hebb 学习和 δ 学习是最常用的规则学习方法,使用 Hebb 学习时,权值为: $w_{ij} = \eta a_j t_i$。在线性代数中,如果输入系统是正交的,那么系统的输出层就会产生正确的联想模式,如果它们不是正交的,那么就会互相干扰。由此可以看出,改变系统的学习方式,可以有效扩展联想集合。尤其是当输入模式是无关的时候,就可以在模式之间建立正确的联想,想要完成这一工作,就必须使用误差修正的方法,也就是 δ 学习规则,将 δ 学习规则应用于模式修正以进行误差修正。应用时,学习规则为 $\Delta w_{ij} = \eta(t_i - a_i)a_j$。从本质上来说,这里的单元就是 u_i 上的期望模式和输入作用下得到的模式之间的差别。它可能要在输入模式的集合中取出更多的模式来进行训练学习,如果模式是线性无关的,那么系统最终就能得到期望的输出;如果模式是线性相关的,那么就需要采取一定的措施来进行学习训练的改善,让更多的情景适用于当前模式。

当然,线性系统也有一些缺点,可以通过引入非线性因素的方法来克服。一个简单的非线性系统主要由线性阈值元件构成,假设阈值的单位是二值,其值只取 0、1。当该单元内的 u_i 输入加权大于某一阈值时,其激活值为 1,否则为 0。

$$a(t+1) = \text{sgn}(Wa(t) - \theta) \tag{4-2}$$

由式(4-2)可以看出,线性单元连接网络的连接矩阵和线性模型是一致的,输出函数是恒等函数时,单元输出就是它的激活值。

神经网络是一门交叉学科,反映了很多学科的特征。根据神经学、心理学、病理学等方面的知识建立神经元、神经网络模型。本书将从数学模型和认知模型两方面分析。所谓的数学模型,就是从数学的角度来分析物理现象,用数学表达式描述神经网络模型。最常用的数学模型主要有感知反转模型、玻尔兹曼机等。神经网络的认知模型主要是根据信息处理的认知过程提出的一类模型,常见的有自适应谐振理论、自组织特征映射、认知器、遗传神经网络等。

神经网络系统为了能够适应新的环境,必须产生新的长远的变化,这种变化使得神经系统能够快速而有效地完成一类工作,所以必须进行训练学习。就机器行为来说,学习是一个漫长的过程。由于存在学习功能,生物才能够在不断变化的环境中存活下来,所以学习算法

是神经网络中必不可少的因素之一。高质量的学习需要寻求一组连接权值,这组连接权值不能与单元激活值之间的相关性成正比,因此提出了学习规则这一概念,也被称作最小均方规则。这种方法主要是利用目标激活值与所得的激活值之差进行训练学习。其方法是调整连接权值和连接强度,使这一差值尽可能变小。此外,还有一些学者并不认同这种看法,它们强调学习在学习过程中的作用。在他们看来,学习就是在其环境中对所在环境事物认知的过程,这种看法也被称作认知论。Tolman认为个体的行为取决于对刺激的知觉,构成学习的必要条件就是对刺激的了解,即个体相对符号、目的之间的关系,只有真正地对环境有所认识,才能使得自己的行为具有目的性。

根据学习环境的不同,可以将学习方法分为监督学习和无监督学习。所谓监督学习,就是将网络训练中的样本数据加到网络输入端,同时将相应的期望值和网络输出值进行比较分析,可以得到它们之间的误差关系,这些误差关系可以控制权值连接强度的调整,经过多次往返训练以后,便可以得到一个确定的连接权值。当样本情况发生变化时,经过修正学习以后,可以得到新的权值,以适应所在的环境。所谓的无监督学习,就是不给定样本学习,直接将学习网络放在环境中学习,学习阶段和工作放在一起执行,此时,学习规律的变化为

$$\frac{\mathrm{d}w}{\mathrm{d}t} = f(w, x) \tag{4-3}$$

给定初始 w_0 之后,环境可以不断地提供 x,随着 w 逐渐改变。对于比较稳定的环境,w 可以达到一个较为稳定的值,如果环境发生变化,w 也会随之发生变化,这也体现了该学习方法的自适应学习能力。

神经网络具有特殊的信息处理能力,能够有效解决神经专家系统、模式识别、智能控制等问题,这些问题的解决充分显示了神经网络的可行性。神经网络不仅与现代科学有新的联系,与传统的人工智能、模糊数学等相结合,将给智能科学的发展和创新带来新的研究方法和研究途径。人类在探索宇宙空间、基本粒子、生命起源的发展历程中也经历了艰辛。从智能的角度看,通过认知神经科学、计算机科学等的结合,将人的神经网络与人工神经网络模型相结合,探索智能的真正含义,必将使神经网络的发展取得突破性进展,开创神经网络研究的新时代。

4.2.4　线性回归

回归(regression)是能为一个或多个自变量与因变量之间的关系建模的一类方法。在自然科学和社会科学领域,回归经常用来表示输入和输出之间的关系。

机器学习领域中的大多数任务通常与预测(prediction)有关。我们预测一个数值时,就会涉及回归问题,常见的例子有预测价格(房价、股票等)、预测住院时间(针对住院病人等)、预测需求(零售销量等)。但不是所有的预测都是回归问题。本书将介绍其分类问题。分类问题的目标是预测数据属于一组类别中的哪一个。

1. 线性回归的基本元素

线性回归(linear regression)可以追溯到19世纪初,它在回归的各种标准工具中最简单而且最流行。线性回归基于几个简单的假设:首先,假设自变量 x 和因变量 y 之间的关系是线性的,即 y 可以表示为 x 中元素的加权和,这里通常允许包含观测值的一些噪声;其次,本书假设任何噪声都比较正常,如噪声遵循正态分布。

为了解释线性回归,本书举了一个实际例子:人们希望根据房屋的面积(ft^2)和房龄(a)来估算房屋价格($\$$)。为了开发一个能预测房价的模型,我们需要收集一个真实的数据集。这个数据集包括房屋的销售价格、面积和房龄。在机器学习的术语中,该数据集称为训练数据集(training data set)或训练集(training set)。每行数据(比如一次房屋交易相对应的数据)称为样本(sample),也可以称为数据点(data point)或数据样本(data instance)。本书把试图预测的目标(比如预测房屋价格)称为标签(label)或目标(target),把预测所依据的自变量(面积和房龄)称为特征(feature)或协变量(covariate)。

本书使用 n 来表示数据集中的样本数。对索引为 i 的样本,其输入表示为 $\boldsymbol{x}^{(i)}=[x_1^{(i)},x_2^{(i)}]^{\mathrm{T}}$,其对应的标签是 $y^{(i)}$。

1)线性模型

线性假设是指目标(房屋价格)可以表示为特征(面积和房龄)的加权和,即

$$\mathrm{price}=w_{\mathrm{area}}\cdot\mathrm{area}+w_{\mathrm{age}}\cdot\mathrm{age}+b \tag{4-4}$$

式中的 w_{area} 和 w_{age} 称为权重(weight),它决定了每个特征对预测值的影响;b 称为偏置(bias)、偏移量(offset)或截距(intercept)。偏置是指当所有特征值都取 0 时的预测值。即使现实中不会有任何房子的面积是 0 或房龄正好是 0a,本书仍然需要偏置项。如果没有偏置项,本书模型的表达能力将受到限制。严格来说,公式(4-4)是输入特征的一个仿射变换(affine transformation)。仿射变换的特点是通过加权和对特征进行线性变换(linear transformation),并通过偏置项来进行平移(translation)。

给定一个数据集,本书的目标是寻找模型的权重 w 和偏置 b,使得根据模型做出的预测大体符合数据里的真实价格。输出的预测值由输入特征通过线性模型的仿射变换决定,仿射变换由所选权重和偏置确定。

而在机器学习领域,通常使用的是高维数据集,建模时采用线性代数表示法比较方便。当本书的输入包含 d 个特征时,预测结果 $\hat{y}$(通常使用"尖角"符号表示 y 的估计值)表示为

$$\hat{y}=w_1x_1+\cdots+w_dx_d+b \tag{4-5}$$

将所有特征放到向量 $\boldsymbol{x}\in\mathbf{R}^d$ 中,并将所有权重放到向量 $\boldsymbol{w}\in\mathbf{R}^d$ 中,本书可以用点积形式来简洁地表达模型:

$$\hat{y}=\boldsymbol{w}^{\mathrm{T}}\boldsymbol{x}+b \tag{4-6}$$

式中,向量 $\boldsymbol{x}$ 对应于单个数据样本的特征。用符号表示的矩阵 $\boldsymbol{X}\in\mathbf{R}^{n\times d}$ 可以很方便地引用本书整个数据集的 n 个样本。其中,$\boldsymbol{X}$ 的每一行是一个样本,每一列是一种特征。

对于特征集合 $\boldsymbol{X}$,预测值 $\hat{\boldsymbol{y}}\in\mathbf{R}^n$ 可以通过矩阵-向量乘法表示为

$$\hat{\boldsymbol{y}}=\boldsymbol{X}\boldsymbol{w}+b \tag{4-7}$$

这个过程中的求和将使用广播机制。给定训练数据特征 $\boldsymbol{X}$ 和对应的已知标签 y,线性回归的目标是找到一组权重向量 w 和偏置 b:当给定从 $\boldsymbol{X}$ 的同分布中取样的新样本特征时,这组权重向量和偏置能够使得新样本预测标签的误差尽可能小。

虽然我们相信给定 x 预测 y 的最佳模型会是线性的,但很难找到一个有 n 个样本的真实数据集,其中对于所有的 $1\leqslant i\leqslant n$,$y^{(i)}$ 完全等于 $w^{\mathrm{T}}x^{(i)}+b$。无论本书使用什么手段来观察特征 $\boldsymbol{X}$ 和标签 y,都可能会出现少量的观测误差。因此,即使确信特征与标签的潜在关系是线性的,本书也会加入一个噪声项来考虑观测误差带来的影响。

在开始寻找最好的模型参数(model parameters)w 和 b 之前,我们还需要一种模型质量的度量方式和一种能够更新模型以提高模型预测质量的方法。

2) 损失函数

在开始考虑如何用模型拟合(fit)数据之前,需要确定一个拟合程度的度量。损失函数(loss function)能够量化目标的实际值与预测值之间的差距。通常会选择非负数作为损失,且数值越小表示损失越小,完美预测时的损失为 0。回归问题中最常用的损失函数是平方误差函数。当样本 i 的预测值为 $\hat{y}^{(i)}$,其相应的真实标签为 $y^{(i)}$ 时,平方误差可以定义为

$$l^{(i)}(w,b) = \frac{1}{2}(\hat{y}^{(i)} - y^{(i)})^2 \tag{4-8}$$

常数 $\frac{1}{2}$ 不会带来本质的差别,但这样在形式上稍微简单一些(因为对损失函数求导后常

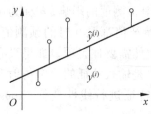

图 4-3　用线性模型拟合数据

数系数为 1)。由于训练数据集并不受我们控制,所以经验误差只是关于模型参数的函数。下面举例做进一步说明。本书为一维情况下的回归问题绘制了图像,如图 4-3 所示。

由于平方误差函数中的二次方项,估计值 $\hat{y}^{(i)}$ 和观测值 $y^{(i)}$ 之间较大的差异将导致更大的损失。为了度量模型在整个数据集上的质量,需要计算在训练集 n 个样本上的损失均值(也等价于求和):

$$L(w,b) = \frac{1}{n}\sum_{i=1}^{n} l^{(i)}(w,b)$$

$$= \frac{1}{n}\sum_{i=1}^{n} \frac{1}{2}(\boldsymbol{w}^{\mathrm{T}}x^{(i)} + b - y^{(i)})^2 \tag{4-9}$$

在训练模型时,希望寻找一组参数 (w^*, b^*),能最小化在所有训练样本上的总损失:

$$w^*, b^* = \underset{w,b}{\mathrm{argmin}} L(w,b) \tag{4-10}$$

3) 解析解

线性回归刚好是一个很简单的优化问题。与我们将讲到的其他大部分模型不同,线性回归的解可以用一个公式简单地表达出来,这类解叫作解析解(analytical solution)。首先,本书将偏置 b 合并到参数 w 中,合并方法是在包含所有参数的矩阵中附加一列。本书的预测问题是最小化 $\|y - \boldsymbol{X}w\|^2$。这在损失平面上只有一个临界点,这个临界点对应于整个区域的损失极小点。将损失关于 w 的导数设为 0,得到解析解:

$$w^* = (\boldsymbol{X}^{\mathrm{T}}\boldsymbol{X})^{-1}\boldsymbol{X}^{\mathrm{T}}y \tag{4-11}$$

像线性回归这样的简单问题存在解析解,但并不是所有的问题都存在解析解。解析解可以进行很好的数学分析,但解析解对问题的限制很严格,导致它无法广泛应用在深度学习里。

4) 随机梯度下降

即使在无法得到解析解的情况下,我们仍然可以有效地训练模型。在许多任务中,那些难以优化的模型效果要更好。因此,弄清楚如何训练这些难以优化的模型是非常重要的。

本书用到一种名为梯度下降(gradient descent)的方法,这种方法几乎可以优化所有深

度学习模型。它通过不断地在损失函数递减的方向上更新参数来降低误差。

梯度下降最简单的用法是计算损失函数(数据集中所有样本的损失均值)关于模型参数的导数(在这里也可以称为梯度)。但实际中的执行可能会非常慢:因为在每一次更新参数之前,必须遍历整个数据集。因此,我们通常会在每次需要计算更新的时候随机抽取一小批样本,这种变体叫作小批量随机梯度下降(minibatch stochastic gradient descent)。

在每次迭代中,首先随机抽样一个小批量 $\mathcal{B}$,它是由固定数量的训练样本组成的。然后,计算小批量的平均损失关于模型参数的导数(也可以称为梯度)。最后,将梯度乘以一个预先确定的正数 η,并将其从当前参数的值中减掉。

本书用下面的数学公式来表示这一更新过程(∂ 表示偏导数):

$$(w,b) \leftarrow (w,b) - \frac{\eta}{\mathcal{B}} \sum_{i \in \mathcal{B}} \partial_{(w,b)} l^{(i)}(w,b) \tag{4-12}$$

总结一下,算法的步骤如下:(1)初始化模型参数的值,如随机初始化;(2)从数据集中随机抽取小批量样本且在负梯度的方向上更新参数,并不断迭代这一步骤。对于平方损失和仿射变换,本书可以明确地写成如下形式:

$$w \leftarrow w - \frac{\eta}{|\mathcal{B}|} \sum_{i \in \mathcal{B}} \partial_w l^{(i)}(w,b) = w - \frac{\eta}{|\mathcal{B}|} \sum_{i \in \mathcal{B}} x^{(i)} (\boldsymbol{w}^{\mathrm{T}} x^{(i)} + b - y^{(i)})$$

$$b \leftarrow b - \frac{\eta}{|\mathcal{B}|} \sum_{i \in \mathcal{B}} \partial_b l^{(i)}(w,b) = b - \frac{\eta}{|\mathcal{B}|} \sum_{i \in \mathcal{B}} (\boldsymbol{w}^{\mathrm{T}} x^{(i)} + b - y^{(i)}) \tag{4-13}$$

式中的和都是向量。在这里,更优雅的向量表示法比系数表示法(如 $w_1, w_2, \cdots, w_d$)更具可读性。$|\mathcal{B}|$ 表示每个小批量中的样本数,也称为批量大小(batch size)。η 表示学习率(learning rate)。批量大小和学习率的值通常是手动预先指定,而不是通过模型训练得到的。这些可以调整但不在训练过程中更新的参数称为超参数(hyperparameter)。调参(hyperparameter tuning)是选择超参数的过程。超参数通常是本书根据训练迭代结果调整的,而训练迭代结果是在独立的验证数据集(validation dataset)上评估得到的。

在训练了预先确定的若干迭代次数后(或者直到满足某些其他停止条件后),我们记录了模型参数的估计值,表示为 $\hat{w}, \hat{b}$。但是,即使本书的函数确实是线性的且无噪声,这些估计值也不会使损失函数真正地达到最小值。因为算法会使得损失向最小值缓慢收敛,却不能在有限的步数内非常精确地达到最小值。

线性回归恰好是在整个域中只有一个最小值的学习问题。但是对像深度神经网络这样复杂的模型来说,损失平面上通常包含多个最小值。深度学习实践者很少会花费大力气寻找这样一组参数,使得在训练集上的损失达到最小。事实上,更难做到的是找到一组参数,这组参数能够在我们从未见过的数据上实现较低的损失,这一挑战被称为泛化(generalization)。

5)用模型进行预测

给定"已学习"的线性回归模型 $\hat{\boldsymbol{w}}^{\mathrm{T}} x + \hat{b}$,现在本书可以通过房屋面积 x_1 和房龄 x_2 来估计一个(未包含在训练数据中的)新的房屋价格。给定特征估计目标的过程通常称为预测(prediction)或推断(inference)。

本书尝试坚持使用预测这个词。虽然推断这个词已经成为深度学习的标准术语,但其实推断这个词有些用词不当。在统计学中,推断更多地表示基于数据集估计参数。当深学习从业者与统计学家交谈时，术语的误用经常导致一些误解。

2. 矢量化加速

在训练本书的模型时，希望能够同时处理整个小批量的样本。为了实现这一目标，需要对计算进行矢量化，从而利用线性代数库，而不是在 Python 中编写开销高昂的 for 循环：

```
% matplotlib inline
import math
import time                          # 导入相应库
import numpy as np
import torch
from d2l import torch as d2l
```

为了说明矢量化的重要性，考虑对向量相加的两种方法。本书实例化两个全为 1 的 10000 维向量。一种方法中，将使用 Python 的 for 循环遍历向量；另一种方法中，依赖对"+"的调用。

```
n = 10000                          # 初始化定义
a = torch.ones([n])
b = torch.ones([n])
```

由于在本书中将频繁地进行运行时间的基准测试，所以定义了一个计时器：

```
class Timer:  # @save
    """记录多次运行时间"""
    def __init__(self):
            self.times = []
            self.start()
    def start(self):
            """启动计时器"""
            self.tik = time.time()
    def stop(self):
            """停止计时器并将时间记录在列表中"""
            self.times.append(time.time() - self.tik)
            return self.times[-1]
    def avg(self):
            """返回平均时间"""
            return sum(self.times) / len(self.times)
    def sum(self):
            """返回时间总和"""
            return sum(self.times)
    def cumsum(self):
            """返回累计时间"""
            return np.array(self.times).cumsum().tolist()
```

下面可以对工作负载进行基准测试。

首先，使用 for 循环，每次执行一位的加法：

```
c = torch.zeros(n)
timer = Timer()
for i in range(n):
```

```
    c[i] = a[i] + b[i]
f'{timer.stop():.5f} sec'
```

```
'0.09661 sec'
```

或者,本书使用重载的"+"运算符来计算各元素的和。

```
timer.start()
d = a + b
f'{timer.stop():.5f} sec'
```

```
'0.00021 sec'
```

结果很明显,第二种方法比第一种方法快得多。矢量化代码通常会带来数量级的加速。另外,本书将更多的数学运算放到库中,而无须自己编写那么多的计算,从而减少了出错的可能性。

3. 正态分布与平方损失

接下来,本书通过对噪声分布的假设来解读平方损失目标函数。

正态分布和线性回归之间的关系很密切。正态分布(normal distribution),也称为高斯分布(Gaussian distribution),最早由德国数学家高斯(Gauss)应用于天文学研究。简单来说,若随机变量 x 具有均值 μ 和方差 σ^2(标准差 σ),其正态分布概率密度函数为

$$P(x) = \frac{1}{\sqrt{2\pi\sigma^2}} \exp\left(-\frac{1}{2\sigma^2}(x-\mu)^2\right) \qquad (4\text{-}14)$$

下面定义一个 Python 函数来计算正态分布:

```
def normal(x, mu, sigma):
    p = 1 / math.sqrt(2 * math.pi * sigma ** 2)
    return p * np.exp(-0.5 / sigma ** 2 * (x - mu) ** 2)
```

现在可视化正态分布:

```
# 再次使用 numpy 进行可视化
x = np.arange(-7, 7, 0.01)
# 均值和标准差对
params = [(0, 1), (0, 2), (3, 1)]
d2l.plot(x, [normal(x, mu, sigma) for mu, sigma in params], xlabel = 'x', ylabel = 'p(x)', figsize
        = (4.5, 2.5),
        legend = [f'mean {mu}, std {sigma}' for mu, sigma in params])
```

如图 4-4 所示,改变均值会产生沿 x 轴的偏移,增加方差将会分散分布、降低其峰值。

均方误差损失函数(简称均方损失)可以用于线性回归的一个原因是:假设观测中包含噪声,其中噪声服从正态分布。噪声的正态分布为

$$y = \boldsymbol{w}^{\mathrm{T}}x + b + \epsilon \qquad (4\text{-}15)$$

式中, $\epsilon \sim \mathcal{N}(0, \sigma^2)$ 。

因此,现在可以写出通过给定的 x 观测到特定 y 的似然(likelihood):

$$P(y \mid x) = \frac{1}{\sqrt{2\pi\sigma^2}} \exp\left(-\frac{1}{2\sigma^2}(y - \boldsymbol{w}^{\mathrm{T}}x - b)^2\right) \qquad (4\text{-}16)$$

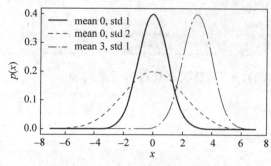

图 4-4　正态分布(见文前彩图)

根据极大似然估计法,参数和的最优值是使整个数据集的似然最大的值:

$$P(y \mid X) = \prod_{i=1}^{n} p(y^{(i)} \mid x^{(i)})\tag{4-17}$$

根据极大似然估计法选择的估计量称为极大似然估计量。虽然使许多指数函数的乘积最大化看起来很困难,但是本书可以在不改变目标的前提下,通过最大化似然对数来简化。由于历史原因,优化通常是最小化而不是最大化。可以改为最小化负对数似然 $-\log_2 P(y \mid X)$。由此可以得到数学公式:

$$-\log_2 P(y \mid X) = \sum_{i=1}^{n} \frac{1}{2}\log_2(2\pi\sigma^2) + \frac{1}{2\sigma^2}(y^{(i)} - \boldsymbol{w}^{\mathrm{T}}x - b)^2\tag{4-18}$$

现在本书只需要假设 σ 是某个固定常数就可以忽略第一项,因为第一项不依赖于 w 和 b。现在第二项除了常数 $\frac{1}{\sigma^2}$ 外,其余部分和均方误差是一样的。幸运的是,式(4-18)的解并不依赖于 σ。因此,在高斯噪声的假设下,最小化均方误差等价于对线性模型的极大似然估计。

4.2.5　归一化指数函数回归

归一化指数函数回归也可以称为 softmax 回归,回归可以用于预测多少的问题。比如预测房屋的售出价格,或者棒球队可能获得的胜场数,又或者患者住院的天数。

事实上,本书也对分类问题感兴趣:不是问"多少",而是问"哪一个":

(1) 某个电子邮件是否放于垃圾邮件文件夹?

(2) 某个用户是否注册订阅服务?

(3) 某个图像描绘的是驴、狗、猫,还是鸡?

(4) 某人接下来最有可能看哪部电影?

通常,机器学习实践者用分类这个词来描述两个有微妙差别的问题:①本书只对样本的"硬性"类别感兴趣,即属于哪个类别;②本书希望得到"软性"类别,即得到属于每个类别的概率。这两者的界限往往很模糊,其中一个原因是,即使本书只关心硬类别,仍然使用软类别的模型。

1. 分类问题

下面从一个图像分类问题开始。假设每次输入一幅 2×2 的灰度图像。可以用一个标量表示每个像素值,每个图像对应 4 个特征 x_1, x_2, x_3, x_4。此外,假设每幅图像属于类别

"猫""鸡"和"狗"中的一幅。

接下来,要选择如何表示标签。这里有两个明显的选择:最直接的想法是选择 $y \in \{1,2,3\}$,其中整数分别代表{狗,猫,鸡}。这是在计算机上存储此类信息的有效方法。如果类别间有一些自然顺序,比如说试图预测{婴儿,儿童,青少年,青年人,中年人,老年人}之中的一个,那么将这个问题转变为回归问题,并且保留这种格式是有意义的。

但是一般的分类问题并不与类别之间的自然顺序有关。幸运的是,统计学家很早以前就发明了一种表示分类数据的简单方法:独热编码(one-hot encoding)。独热编码是一个向量,它的分量和类别一样多。类别对应的分量设置为 1,其他所有分量设置为 0。在本书的例子中,标签将是一个三维向量,其中 $(1,0,0)$ 对应于"猫"、$(0,1,0)$ 对应于"鸡"、$(0,0,1)$ 对应于"狗",即

$$y \in \{(1,0,0),(0,1,0),(0,0,1)\} \tag{4-19}$$

2. 网络架构

为了估计所有可能类别的条件概率,需要一个有多个输出的模型,每个类别对应一个输出。为了解决线性模型的分类问题,需要和输出一样多的仿射函数(affine function)。每个输出对应它自己的仿射函数。在本书的例子中,由于有 4 个特征和 3 个可能的输出类别,将需要 12 个标量来表示权重(带下标的 w),3 个标量来表示偏置(带下标的 b)。下面给出每个输入的 3 个未规范化预测(logit):

$$\begin{cases} o_1 = x_1w_{11} + x_2w_{12} + x_3w_{13} + x_4w_{14} + b_1 \\ o_2 = x_1w_{21} + x_2w_{22} + x_3w_{23} + x_4w_{24} + b_2 \\ o_3 = x_1w_{31} + x_2w_{32} + x_3w_{33} + x_4w_{34} + b_3 \end{cases} \tag{4-20}$$

可以用神经网络图 4-5 来描述这个计算过程。与线性回归一样,softmax 回归也是一个单层神经网络。由于计算每个输出 o_1、o_2 和 o_3 取决于所有输入 x_1、x_2、x_3 和 x_4,所以 softmax 回归的输出层也是全连接层。

为了更简洁地表达模型,本书仍然使用线性代数符号。通过向量形式表达为 $\boldsymbol{o} = \boldsymbol{wx} + \boldsymbol{b}$,这是一种更适合数学和编写代码的形式。由此,本书已经将所有权重放到一个 3×4 的矩阵中。对于给定数据样本的特征 x,本书的输出是由权重与输入特征进行矩阵-向量乘法再加上偏置 b 得到的。

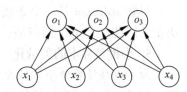

图 4-5 softmax 回归是一种单层神经网络

3. 全连接层的参数开销

正如本书将在后续章节中讲到的,在深度学习中,全连接层无处不在。然而,顾名思义,全连接层是"完全"连接的,可能有很多可学习的参数。具体来说,对于任何具有 d 个输入和 q 个输出的全连接层,参数开销为 $O(dq)$,这个数字在实践中可能高得令人望而却步。幸运的是,将 d 个输入转换为 q 个输出的成本可以减少到 $O\left(\dfrac{dq}{n}\right)$,其中超参数 n 可以由灵活指定,以在实际应用中节约成本,从而保证模型有效性[27]。

4. softmax 运算

现在将优化参数以最大化观测数据的概率。为了得到预测结果,将设置一个阈值,如选择具有最大概率的标签。

希望模型的输出 $\hat{y}_j$ 可以视为属于类 j 的概率,然后选择具有最大输出值的类别 $\underset{j}{\mathrm{argmax}}y_j$ 作为本书的预测。例如,如果 $\hat{y}_1$、$\hat{y}_2$ 和 $\hat{y}_3$ 分别为 0.1、0.8 和 0.1,那么预测的类别是 2,则在例子中代表"鸡"。

然而能否将未规范化的预测直接视作我们感兴趣的输出呢?答案是否定的。因为将线性层的输出直接视为概率时存在一些问题:一方面,没有限制这些输出数字的总和为 1;另一方面,根据输入的不同,它们可以为负值。

要将输出视为概率,必须保证在任何数据上的输出都是非负的且总和为 1。此外,需要一个训练的目标函数来激励模型精准地估计概率。例如,在分类器输出 0.5 的所有样本中,希望这些样本刚好有一半属于预测的类别。这个属性叫作校准(calibration)。

社会科学家邓肯·卢斯于 1959 年在选择模型(choice model)的理论基础上发明的 softmax 函数正是这样做的:softmax 函数能够将未规范化的预测变换为非负数并且总和为 1,同时让模型保持可导的性质。为了完成这一目标,首先对每个未规范化的预测求幂,这样可以确保输出非负。为了确保最终输出的概率值总和为 1,再让每个求幂后的结果除以它们的总和,即

$$\hat{y} = \mathrm{softmax}(o)$$

其中,

$$\hat{y}_j = \frac{\exp(o_j)}{\sum_k \exp(o_k)} \tag{4-21}$$

这里,对于所有的 j 总有 $0 \leqslant \hat{y}_j \leqslant 1$。因此,$\hat{y}$ 可以视为一个正确的概率分布。softmax 运算不会改变未规范化的预测 o 之间的大小次序,只会确定分配给每个类别的概率。因此,在预测过程中,本书仍然可以用式(4-22)来选择最有可能的类别:

$$\underset{j}{\mathrm{argmax}}\,\hat{y}_j = \underset{j}{\mathrm{argmax}}\,o_j \tag{4-22}$$

尽管 softmax 是一个非线性函数,但 softmax 回归的输出仍然由输入特征的仿射变换决定。因此,softmax 回归是一个线性模型(linear model)。

5. 小批量样本的矢量化

为了提高计算效率并且充分利用 GPU,本书通常会对小批量样本的数据执行矢量计算。假设读取了一个批量的样本 X,其中特征维度(输入数量)的批量大小为 n 此外,假设在输出中有 q 个类别。那么小批量样本的特征 $X \in \mathbf{R}^{n \times d}$,权重 $W \in \mathbf{R}^{d \times q}$,偏置 $b \in \mathbf{R}^{1 \times q}$。softmax 回归的矢量计算表达式为

$$\boldsymbol{O} = \boldsymbol{X}\boldsymbol{W} + b, \quad \hat{\boldsymbol{Y}} = \mathrm{softmax}(\boldsymbol{O}) \tag{4-23}$$

相对于一次处理一个样本,小批量样本的矢量化加快了 X 和 W 的矩阵-向量乘法。由于 X 中的每一行代表一个数据样本,softmax 运算可以按行(rowwise)执行:对于 O 的每一行,本书先对所有项进行幂运算,然后通过求和对它们进行标准化。在公式(4-23)中,$XW + b$ 的求和会使用广播机制,小批量的未规范化预测 O 和输出概率 $\hat{Y}$ 都是形状为 $n \times q$ 的矩阵。

6. 损失函数

接下来,需要一个损失函数来度量预测的效果。本书将使用最大似然估计,这与在线性

回归中的方法相同。

1）对数似然

softmax 函数给出了一个向量 $\hat{y}$，本书可以将其视为"对给定任意输入 x 的每个类的条件概率"，例如，$\hat{y}_1 = P(y = 猫 \mid x)$。假设整个数据集 $\{X, Y\}$ 具有 n 个样本，其中索引 i 的样本由特征向量 $\boldsymbol{x}^{(i)}$ 和独热编码的标签向量 $\boldsymbol{y}^{(i)}$ 组成。本书可以将估计值与实际值进行比较：

$$P(Y \mid X) = \prod_{i=1}^{n} P(y^{(i)} \mid x^{(i)}) \tag{4-24}$$

根据最大似然估计，本书最大化 $P(Y \mid X)$，相当于最小化负对数似然：

$$-\log_2 P(Y \mid X) = \sum_{i=1}^{n} -\log_2 P(y^{(i)} \mid x^{(i)}) = \sum_{i=1}^{n} l(y^{(i)}, \hat{y}^{(i)}) \tag{4-25}$$

其中，对于任何标签 y 和模型预测 $\hat{y}$，损失函数为

$$l(y, \hat{y}) = -\sum_{j=1}^{q} y_j \log_2 \hat{y}_j \tag{4-26}$$

本节下面的内容会讲到，模型预测和评估中的损失函数通常被称为交叉熵损失（cross-entropy loss）。由于 y 是一个长度为 q 的独热编码向量，所以除了一个项以外的所有项 j 都消失了。由于所有 $\hat{y}_j$ 都是预测的概率，所以它们的对数永远不会大于 0。因此，如果正确地预测实际标签，即如果实际标签 $P(y \mid x) = 1$，则损失函数不能进一步最小化。注意，这一般是不可能的。例如，数据集中可能存在标签噪声（比如某些样本可能被误标），或输入特征没有足够的信息来完美地对每一个样本分类。

2）softmax 函数及其导数

由于 softmax 函数和相关的损失函数很常见，因此需要更好地理解它的计算方式。将式(4-21)代入式(4-26)中。利用 softmax 的定义，可以得到：

$$l(y, \hat{y}) = -\sum_{j=1}^{q} y_j \log_2 \frac{\exp(o_j)}{\sum_{k=1}^{q} \exp(o_k)} \tag{4-27}$$

$$= \sum_{j=1}^{q} y_j \log_2 \sum_{k=1}^{1} \exp(o_k) - \sum_{j=1}^{q} y_j o_j$$

$$= \log_2 \sum_{k=1}^{q} \exp(o_k) - \sum_{j=1}^{q} y_j o_j$$

考虑相对于任何未规范化的预测 o_j 的导数，可以得到：

$$\partial_{o_j} l(y, \hat{y}) = \frac{\exp(o_j)}{\sum_{k=1}^{1} \exp(o_k)} - y_j = \text{softmax}(o)_j - y_j \tag{4-28}$$

换句话说，导数是 softmax 模型分配的概率与实际发生的情况（由独热标签向量表示）之间的差异从这个意义上讲，这与在回归中的结果非常相似，其中梯度是观测值 y 和估计值 $\hat{y}$ 之间的差异。这不是巧合，在任何指数族分布模型中，对数似然的梯度都是由此得出的。这使梯度计算在实践中变得容易了很多。

3）交叉熵损失

现在考虑整个结果分布的情况，即观察到的不仅仅是一个结果。对于标签 y，可以使用

与以前相同的表示形式。唯一的区别是，现在用一个概率向量表示，如$(0.1,0.2,0.7)$，而不是仅包含二元项的向量$(0,0,1)$。使用式(4-26)来定义损失l，它是所有标签分布的预期损失值。此损失称为交叉熵损失(cross-entropy loss)，它是分类问题中最常用的损失之一。下面我们通过介绍信息论基础来理解交叉熵损失。

7. 信息论基础

信息论(information theory)涉及编码、解码、发送及尽可能简洁地处理信息或数据。

1）熵

信息论的核心思想是量化数据中的信息内容。在信息论中，该数值被称为分布P的熵(entropy)，可以通过方程(4-29)得到：

$$H[P] = \sum_j -P(j)\log_2 P(j) \tag{4-29}$$

信息论的基本定理之一指出，为了对从分布P中随机抽取的数据进行编码，至少需要$H[P]$"纳特"(nat)对其进行编码。"纳特"相当于比特(bit)，但是对数的底为 e 而不是 2。因此，1 纳特$=\dfrac{1}{\ln 2}\approx 1.44$比特。

2）信息量

压缩与预测有什么关系呢？想象一下，本书有一个要压缩的数据流，如果很容易预测下一个数据，那么这个数据就很容易压缩。为什么呢？举一个极端的例子，假如数据流中的每个数据完全相同，这会是一个非常无聊的数据流。由于它们总是相同的，总是知道下一个数据是什么。所以，为了传递数据流的内容，不必传输任何信息。也就是说，"下一个数据是××"这一事件毫无信息量。

但是，如果不能完全预测每一个事件，那么有时会感到"惊异"。克劳德·香农决定用信息量$\log_2\dfrac{1}{P(j)}=-\log_2 P(j)$来量化这种惊异程度。在观察一个事件$j$时，并赋予它（主观）概率$P(j)$。当赋予一个事件较低的概率时，其惊异会更大，该事件的信息量也就更大。在式(4-29)中定义的熵，是当分配的概率真正匹配数据生成过程时的信息量的期望。

3）重新审视交叉熵

如果把熵$H(P)$想象为"知道真实概率的人所经历的惊异程度"，那么什么是交叉熵？交叉熵从$P\sim Q$，记为$H(P,Q)$。本书可以把交叉熵想象为"主观概率为Q的观察者在看到根据概率P生成的数据时的预期惊异"。当$P=Q$时，交叉熵达到最低。在这种情况下，从$P\sim Q$的交叉熵是$H(P,Q)=H(P)$。

简而言之，本书可以从两个方面来考虑交叉熵的分类目标：①最大化观测数据的似然；②最小化传达标签所需的惊异。

8. 模型预测和评估

在训练 softmax 回归模型后，给出任何样本特征，可以预测每个输出类别的概率。通常本书使用预测概率最高的类别作为输出类别。如果预测与实际类别（标签）一致，则预测是正确的。

4.2.6　多层感知机

在 4.2.5 节中，介绍了 softmax 回归，在这个过程中，讲解了如何处理数据，如何将输出

转换为有效的概率分布,并应用适当的损失函数,根据模型参数最小化损失。已经在简单的线性模型背景下掌握了这些知识,现在开始对深度神经网络进行探索。

1. 隐藏层

在 4.2.5 节中描述了仿射变换,它是一种带有偏置项的线性变换。首先,回想一下图 4-5 所示的 softmax 回归的模型架构。该模型通过单个仿射变换将输入直接映射到输出,然后进行 softmax 操作。如果标签通过仿射变换后确实与输入数据相关,那么这种方法确实足够了。但是,仿射变换中的线性是一个很强的假设。

1) 线性模型可能出错

例如,线性意味着单调假设:任何特征的增大都会导致模型输出的增大(如果对应的权重为正)或者导致模型输出的减小(如果对应的权重为负)。有时这是有道理的。例如,试图预测一个人是否会偿还贷款。可以认为,在其他条件不变的情况下,收入较高的申请人比收入较低的申请人更有可能偿还贷款。但是,虽然收入与还款概率存在单调性,但它们不是线性相关的。收入从 0 增加到 5 万元,可能比从 100 万元增加到 105 万元会带来更大的还款可能性。处理这一问题的一种方法是对本书的数据进行预处理,使线性变得更合理,如使用收入的对数作为本书的特征。

然而很容易找出违反单调性的例子。例如,想要根据体温预测死亡率。对体温高于 37℃ 的人来说,温度越高风险越大。然而,对体温低于 37℃ 的人来说,温度越高风险就越低。在这种情况下,也可以通过一些巧妙的预处理来解决问题。例如,可以使用与 37℃ 的距离作为特征。

但是,如何对猫和狗的图像进行分类呢? 增加位置 (13, 17) 处像素的强度是否总是增加(或降低)图像描绘狗的似然? 对线性模型的依赖对应于一个隐含的假设,即区分猫和狗的唯一要求是评估单个像素的强度。在一个倒置图像后依然保留类别的世界里,这种方法注定会失败。

与前面的例子相比,这里的线性很荒谬,而且难以通过简单的预处理来解决这个问题。这是因为任意像素的重要性都以复杂的方式取决于该像素的左邻右舍(周围像素的值)。数据可能会有一种表示,这种表示会考虑到在特征之间的相关交互作用。在此表示的基础上建立一个线性模型可能会是合适的,但不知道如何手动计算这种表示。对于深度神经网络,使用观测数据来联合学习隐藏层表示和应用于该表示的线性预测器。

2) 在网络中加入隐藏层

可以通过在网络中加入一个或多个隐藏层来克服线性模型的限制,使其能处理更普遍的函数关系类型。要做到这一点,最简单的方法是将许多全连接层堆叠在一起。每一层都输出到上面的层,直到生成最后的输出。可以把前 $L-1$ 层看作表示,把最后一层看作线性预测器。这种架构通常称为多层感知机(multilayer perceptron),通常缩写为 MLP。图 4-6 描述了多层感知机的结构。

这个多层感知机有 4 个输入,3 个输出,其隐藏层包含 5 个隐藏单元。输入层不涉及任何计算,因此使用此网络产生输出只需要实现隐藏层和输出层的计算即可。因此,这个多层感知机的层数为 2。注意,这 2 个层都是全连接的。每个输入都会影响隐藏层中的每个神经元,而隐藏层中的每个神经元又会影响输出层中的每个神经元。

然而,正如前文所说,具有全连接层的多层感知机的参数开销可能会高得令人望而却

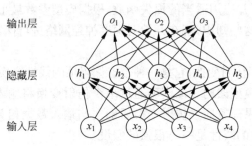

图 4-6　一个单隐藏层的多层感知机

步。即使在不改变输入或输出大小的情况下，也可能在参数节约和模型有效性之间进行权衡[27]。

3）从线性到非线性

同之前的章节一样，本书通过矩阵 $\boldsymbol{X} \in \mathbf{R}^{n \times d}$ 来表示 n 个样本的小批量，其中每个样本具有 d 个输入特征。对于具有个隐藏单元的单隐藏层多层感知机，用 $\boldsymbol{H} \in \mathbf{R}^{n \times h}$ 表示隐藏层的输出，称为隐藏表示（hidden representations）。在数学或代码中，$\boldsymbol{H}$ 也被称为隐藏层变量（hidden-layer variable）或隐藏变量（hidden variable）。因为隐藏层和输出层都是全连接的，所以有隐藏层权重 $\boldsymbol{W}^{(1)} \in \mathbf{R}^{d \times h}$ 和隐藏层偏置 $\boldsymbol{b}^{(1)} \in \mathbf{R}^{1 \times h}$ 及输出层权重 $\boldsymbol{W}^{(2)} \in \mathbf{R}^{h \times q}$ 和输出层偏置 $\boldsymbol{b}^{(2)} \in \mathbf{R}^{1 \times q}$。形式上，按式（4-30）计算单隐藏层多层感知机的输出 $\boldsymbol{O} \in \mathbf{R}^{n \times q}$：

$$\boldsymbol{H} = \boldsymbol{X}\boldsymbol{W}^{(1)} + \boldsymbol{b}^{(1)}, \quad \boldsymbol{O} = \boldsymbol{H}\boldsymbol{W}^{(2)} + \boldsymbol{b}^{(2)} \tag{4-30}$$

注意：在添加隐藏层之后，模型现在需要跟踪和更新额外的参数。在上面定义的模型里，我们得不到好处。原因很简单：上面的隐藏单元由输入的仿射函数给出，而输出（Softmax 操作前）只是隐藏单元的仿射函数。仿射函数的仿射函数本身就是仿射函数，但是本书之前的线性模型已经能够表示任何仿射函数。

可以证明这一等价性，即对于任意权重值，只需合并隐藏层，便可产生具有参数 $\boldsymbol{W} = \boldsymbol{W}^{(1)}\boldsymbol{W}^{(2)}$ 和 $b = \boldsymbol{b}^{(1)}\boldsymbol{W}^{(2)} + \boldsymbol{b}^{(2)}$ 的等价单层模型：

$$\begin{aligned} \boldsymbol{O} &= (\boldsymbol{X}\boldsymbol{W}^{(1)} + \boldsymbol{b}^{(1)})\boldsymbol{W}^{(2)} + \boldsymbol{b}^{(2)} \\ &= \boldsymbol{X}\boldsymbol{W}^{(1)}\boldsymbol{W}^{(2)} + \boldsymbol{b}^{(1)}\boldsymbol{W}^{(2)} + \boldsymbol{b}^{(2)} \\ &= \boldsymbol{X}\boldsymbol{W} + b \end{aligned} \tag{4-31}$$

为了发挥多层架构的潜力，还需要一个额外的关键要素：在仿射变换之后对每个隐藏单元应用非线性的激活函数（activation function）σ。激活函数的输出（如 $\sigma(\cdot)$）被称为活性值（activations）。一般来说，有了激活函数，就不可能再将多层感知机退化成线性模型：

$$\boldsymbol{H} = \sigma(\boldsymbol{X}\boldsymbol{W}^{(1)} + \boldsymbol{b}^{(1)}), \quad \boldsymbol{O} = \boldsymbol{H}\boldsymbol{W}^{(2)} + \boldsymbol{b}^{(2)} \tag{4-32}$$

由于 X 中的每一行对应于小批量中的一个样本，出于记号习惯的考量，定义非线性函数 σ 也以按行的方式作用于其输入，即一次计算一个样本。在前文中以相同的方式使用了 Softmax 符号来表示按行操作。但是本节应用于隐藏层的激活函数通常不仅按行操作，还按元素操作。这意味着在计算每一层的线性部分之后，可以计算每个活性值，而不需要查看其他隐藏单元所取的值。大多数激活函数都是这样的。

为了构建更通用的多层感知机，可以继续堆叠这样的隐藏层，例如 $\boldsymbol{H}^{(1)} = \sigma_1(\boldsymbol{X}\boldsymbol{W}^{(1)} +$

$b^{(1)}$) 和 $\boldsymbol{H}^{(2)} = \sigma_2(\boldsymbol{H}\boldsymbol{W}^{(2)} + b^{(2)})$，一层叠一层，从而产生更有表达能力的模型。

4）通用近似定理

多层感知机可以通过隐藏神经元捕捉到输入之间复杂的相互作用，这些神经元依赖于每个输入值。可以很容易地设计隐藏节点来执行任意计算。例如，在一对输入上进行基本逻辑操作，多层感知机是通用近似器。即使是网络只有一个隐藏层，给定足够的神经元和正确的权重，可以对任意函数建模，尽管实际中学习该函数是困难的。神经网络有点像 C 语言。C 语言和任何其他现代编程语言一样，能够表达任何可以计算的程序。但实际上，编写一个符合规范的程序才是最困难的部分。

而且，虽然一个单隐藏层网络能学习任何函数，但并不意味着应该尝试使用单隐藏层网络来解决所有问题。事实上，通过使用更深（而不是更广）的网络，可以更容易地逼近许多函数。这将在后面的章节中进行更细致的讨论。

2. 激活函数

激活函数（activation function）通过计算加权和并加上偏置来确定神经元是否应该被激活，它们将输入信号转换为输出的可微运算。大多数激活函数是非线性的。由于激活函数是深度学习的基础，下面简要介绍一些常见的激活函数。

```
% matplotlib inline            #导入相关库
import torch
from d2l import torch as d2l
```

1）ReLU 函数

最受欢迎的激活函数是修正线性单元（rectified linear unit，ReLU），因为它实现简单，同时在各种预测任务中表现良好。ReLU 提供了一种非常简单的非线性变换。给定元素 x，ReLU 函数被定义为该元素与 0 的最大值：

$$\mathrm{ReLU}(x) = \max(x, 0) \tag{4-33}$$

通俗地说，ReLU 函数通过将相应的活性值设为 0，仅保留正元素并丢弃所有负元素。为了直观感受一下，画出了函数的曲线图 4-7。正如从图 4-7 中看到的，激活函数是分段线性的。

```
x = torch.arange(-8.0, 8.0, 0.1, requires_grad=True)
y = torch.relu(x)
d2l.plot(x.detach(), y.detach(), 'x', 'relu(x)', figsize=(5, 2.5))    #画图
```

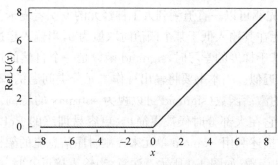

图 4-7　ReLU 函数（见文前彩图）

当输入为负时,ReLU 函数的导数为 0,而当输入为正时,ReLU 函数的导数为 1。注意,当输入值精确等于 0 时,ReLU 函数不可导。此时,默认使用左侧的导数,即当输入为 0 时导数为 0。可以忽略这种情况,因为输入可能永远都不会是 0。这里引用一句古老的谚语:"如果微妙的边界条件很重要,我们很可能是在研究数学而非工程。"这个观点正好适用于这里。下面本书绘制 ReLU 函数的导数,如图 4-8 所示。

```
y.backward(torch.ones_like(x), retain_graph = True)
d2l.plot(x.detach(), x.grad, 'x', 'grad of relu', figsize = (5, 2.5))    ♯画图
```

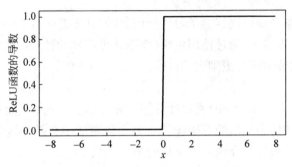

图 4-8　ReLU 函数的导数(见文前彩图)

使用 ReLU 的原因是,它求导表现得特别好:要么让参数消失,要么让参数通过。这使得优化表现得更好,并且 ReLU 减轻了困扰以往神经网络的梯度消失问题。

注意,ReLU 函数有许多变体,包括参数化 ReLU(parameterized ReLU,pReLU)函数[28]。该变体为 ReLU 添加了一个线性项,因此即使参数是负的,某些信息仍然可以通过:

$$\text{pReLU}(x) = \max(0,x) + \alpha \min(0,x) \tag{4-34}$$

2) sigmoid 函数

对于一个定义域在 **R** 中的输入,sigmoid 函数将输入变换为区间 $(0,1)$ 上的输出,因此,sigmoid 通常称为挤压函数(squashing function)。它将范围 $(-\inf,\inf)$ 中的任意输入压缩到区间 $(0,1)$ 中的某个值:

$$\text{sigmoid}(x) = \frac{1}{1 + \exp(-x)} \tag{4-35}$$

在最早的神经网络中,科学家们感兴趣的是对"激发"或"不激发"的生物神经元进行建模。因此,这一领域的先驱可以一直追溯到人工神经元的发明者麦卡洛克和皮茨,他们专注于阈值单元。阈值单元在其输入低于某个阈值时取值为 0,当输入超过阈值时取值为 1。

当人们逐渐关注基于梯度的学习时,sigmoid 函数是一个自然的选择,因为它是一个平滑的、可微的阈值单元近似。当本书要将输出视作二元分类问题的概率时,sigmoid 仍然被广泛用作输出单元上的激活函数(sigmoid 可以视为 softmax 的特例)。然而,sigmoid 在隐藏层中已经较少使用,它在大部分时候被更简单、更容易训练的 ReLU 所取代。在后面循环神经网络一节中,将描述利用 sigmoid 单元来控制时序信息流的架构。

下面绘制 sigmoid 函数,如图 4-9 所示。注意,当输入接近 0 时,sigmoid 函数接近线性变换。

```
y = torch.sigmoid(x)          #画 sigmoid 图
d2l.plot(x.detach(), y.detach(), 'x', 'sigmoid(x)', figsize=(5, 2.5))
```

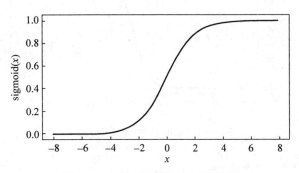

图 4-9　sigmoid 函数(见文前彩图)

sigmoid 函数的导数为

$$\frac{\mathrm{d}}{\mathrm{d}x}\mathrm{sigmoid}(x) = \frac{\exp(-x)}{(1+\exp(-x))^2} = \mathrm{sigmoid}(x)(1-\mathrm{sigmoid}(x)) \tag{4-36}$$

sigmoid 函数的导数图像如图 4-10 所示。注意,当输入为 0 时,sigmoid 函数的导数达到最大值 0.25;而输入在任一方向上距离 0 点越远时,导数越接近 0。

```
# 清除以前的梯度
x.grad.data.zero_()
y.backward(torch.ones_like(x), retain_graph=True)
d2l.plot(x.detach(), x.grad, 'x', 'grad of sigmoid', figsize=(5, 2.5))    #画图
```

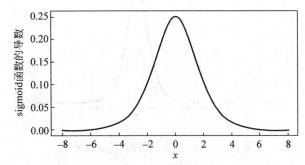

图 4-10　sigmoid 函数的导数(见文前彩图)

3) tanh 函数

与 sigmoid 函数类似,tanh(双曲正切)函数也能将其输入压缩转换到区间(−1,1)上。tanh 函数的公式为

$$\tanh(x) = \frac{1-\exp(-2x)}{1+\exp(-2x)} \tag{4-37}$$

下面绘制 tanh 函数,如图 4-11 所示。注意,当输入在 0 附近时,tanh 函数接近线性变换。函数的形状类似于 sigmoid 函数,不同的是 tanh 函数关于坐标系原点中心对称。

```
y = torch.tanh(x)
d2l.plot(x.detach(), y.detach(), 'x', 'tanh(x)', figsize=(5, 2.5))        #画 tanh
```

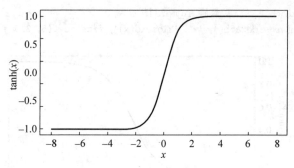

图 4-11　tanh 函数(见文前彩图)

tanh 函数的导数是:

$$\frac{\mathrm{d}}{\mathrm{d}x}\tanh(x) = 1 - \tanh^2(x) \tag{4-38}$$

tanh 函数的导数图像如图 4-12 所示。当输入接近 0 时,tanh 函数的导数接近最大值 1。与在 sigmoid 函数图像中看到的类似,输入在任一方向上距离 0 点越远,导数越接近 0。

```
# 清除以前的梯度
x.grad.data.zero_()
y.backward(torch.ones_like(x), retain_graph = True)
d2l.plot(x.detach(), x.grad, 'x', 'grad of tanh', figsize = (5, 2.5))    # 画图
```

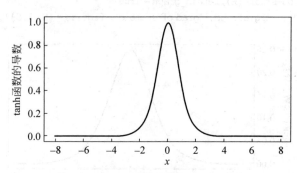

图 4-12　tanh 函数的导数(见文前彩图)

总结一下,现在了解了如何结合非线性函数来构建具有更强表达能力的多层神经网络架构。注意,这些知识已经让你掌握了一个相当于 1990 年前后深度学习从业者的工具。在某些方面,现在的人们比在 20 世纪 90 年代工作的任何人都有优势,因为现在的人们可以利用功能强大的开源深度学习框架,只需几行代码就可以快速构建模型,而以前训练这些网络需要研究人员编写数千行的 C 或 Fortran 代码。

4.2.7　卷积神经网络

之前讨论的多层感知机十分适合处理表格数据,其中行对应样本,列对应特征。对于表格数据,寻找的模式可能涉及特征之间的交互,但是不能预先假设任何与特征交互相关的先验结构。此时,多层感知机可能是最好的选择,然而对于高维感知数据,这种缺少结构的网

络可能会变得不实用。

例如,在之前猫狗分类的例子中:假设有一个足够充分的照片数据集,数据集中是带有标注的照片,每张照片具有百万级像素,这意味着网络的每次输入都有 100 万个维度。即使将隐藏层维度降低到 1000,这个全连接层也将有 $10^6 \times 10^3 = 10^9$ 个参数。想要训练这个模型是不可能的,因为这需要有大量的 GPU、分布式优化训练的经验和超乎常人的耐心。

有些读者可能会反对这个观点,认为要求百万像素的分辨率可能不是必要的。然而,即使分辨率减小为 10 万像素,使用 1000 个隐藏单元的隐藏层也可能不足以学习到良好的图像特征,在真实的系统中本书仍然需要数 10 亿个参数。此外,拟合如此多的参数还需要收集大量的数据。然而,如今人类和机器都能够很好地区分猫和狗:这是因为图像中本就拥有丰富的结构,而这些结构可以被人类和机器学习模型使用。卷积神经网络(convolutional neural networks,CNN)是机器学习利用自然图像中一些已知结构的创造性方法。

1. 不变性

假设人们想从一幅图片中找到某个物体。合理的假设是:无论用哪种方法找到这个物体,都应该和物体的位置无关。理想情况下,本书的系统应该能够利用常识:猪通常不在天上飞,飞机通常不在水里游泳。但是,如果一只猪出现在图片顶部,应该能够认出它。可以从儿童游戏"沃尔多在哪里"(图 4-13)中得到灵感:这个游戏中包含了许多充斥着活动的混乱场景,而沃尔多通常潜伏在一些不太可能的位置,读者的目标就是找出他。尽管沃尔多的装扮很有特点,但是在眼花缭乱的场景中找到他也如大海捞针。然而沃尔多的样子并不取决于他隐藏的地方,因此可以使用一个"沃尔多检测器"扫描图像。该检测器将图像分割成多个区域,并为每个区域包含沃尔多的可能性打分。卷积神经网络正是将空间不变性(spatial invariance)这一概念系统化,从而基于这个模型使用较少的参数来学习有用的表示。

图 4-13　沃尔多游戏示例(见文前彩图)

现在,将上述想法总结一下,从而帮助设计适合于计算机视觉的神经网络架构:

(1)平移不变性(translation invariance)。不管检测对象出现在图像中的哪个位置,神经网络的前面几层应该对相同的图像区域具有相似的反应,即"平移不变性"。

(2)局部性(locality)。神经网络的前面几层应该只探索输入图像中的局部区域,而不过度在意图像中相隔较远区域的关系,这就是"局部性"原则。最终,可以聚合这些局部特征,在整个图像级别进行预测。

接下来介绍这些原则是如何转化为数学表示的。

2. 多层感知机的限制

首先,多层感知机的输入是二维图像 X,其隐藏表示 H 在数学上是一个矩阵,在代码中表示为二维张量。其中 X 和 H 具有相同的形状。为了方便理解,可以认为,无论是输入还是隐藏表示都拥有空间结构。

$[X]_{i,j}$ 和 $[H]_{i,j}$ 分别表示输入图像和隐藏表示中位置 (i,j) 处的像素。为了使每个隐藏神经元都能接收到每个输入像素的信息,将参数从权重矩阵(如同先前在多层感知机中所做的那样)替换为四阶权重张量 W。假设 U 包含偏置参数,可以将全连接层形式化地表示为

$$[H]_{i,j} = [U]_{i,j} + \sum_k \sum_l [W]_{i,j,k,l} [X]_{k,l}$$
$$= [U]_{i,j} + \sum_a \sum_b [V]_{i,j,a,b} [X]_{i+a,j+b} \tag{4-39}$$

其中,从 $W \sim V$ 的转换只是形式上的转换,因为在这两个四阶张量的元素之间存在一一对应的关系。只须重新索引下标 (k,l),使 $k = i+a$、$l = j+b$,便可得 $[V]_{i,j,a,b} = [W]_{i,j,i+a,j+b}$。索引 a 和 b 通过在正偏移和负偏移之间移动覆盖了整幅图像。对于隐藏表示中任意给定位置 (i,j) 处的像素值 $[H]_{i,j}$,可以通过在 x 中以 (i,j) 为中心对像素进行加权求和得到,加权使用的权重为 $[V]_{i,j,a,b}$。

1)平移不变性

现在引用第一个原则:平移不变性。这意味着检测对象在输入 X 中的平移,应该仅导致隐藏表示 H 中的平移。也就是说,V 和 U 实际上不依赖于 (i,j) 的值,即 $[V]_{i,j,a,b} = [V]_{a,b}$,并且 U 是一个常数,比如 u。因此,可以简化定义 H 为

$$[H]_{i,j} = u + \sum_a \sum_b [V]_{a,b} [X]_{i+a,j+b} \tag{4-40}$$

这就是卷积(convolution)。使用系数 $[V]_{a,b}$ 对位置 (i,j) 附近的像素 $(i+a,j+b)$ 进行加权得到 $[H]_{i,j}$。注意,$[V]_{a,b}$ 的系数比 $[V]_{i,j,a,b}$ 小很多,因为前者不再依赖图像中的位置,这就是显著的进步。

2)局部性

现在引用第二个原则:局部性。如上所述,为了收集用来训练参数 $[H]_{i,j}$ 的相关信息,不应偏离到距 (i,j) 很远的地方。这就意味着在 $|a| > \Delta$ 或 $|b| > \Delta$ 的范围之外,本书可以设置 $[V]_{a,b} = 0$。因此,本书可以将 $[H]_{i,j}$ 重写为

$$[H]_{i,j} = u + \sum_{a=-\Delta}^{\Delta} \sum_{b=-\Delta}^{\Delta} [V]_{a,b} [X]_{i+a,j+b} \tag{4-41}$$

简而言之,式(4-41)是一个卷积层(convolutional layer),而卷积神经网络是包含卷积层的一类特殊的神经网络。在深度学习研究社区中,V 被称为卷积核(convolution kernel)或者滤波器(filter),抑或简单地称为该卷积层的权重,通常该权重是可学习的参数。当图像处理的局部区域很小时,卷积神经网络与多层感知机的训练差异可能是巨大的:以前,多层感知机可能需要数十亿个参数来表示网络中的一层,而现在卷积神经网络通常只需要几百

个参数,并且不需要改变输入或隐藏表示的维数。参数大幅减少的代价是,图像的特征现在是平移不变的,并且当确定每个隐藏活性值时,每一层只包含局部的信息。以上的权重学习都将依赖于归纳偏置。当这种偏置与现实相符时,就能得到样本有效的模型,并且这些模型能很好地泛化到未知数据中。但如果这种偏置与现实不符,比如当图像不满足平移不变的原则时,模型可能难以拟合其训练数据。

3. 卷积

在进一步讨论之前,先简要回顾一下上面的操作被称为卷积的原因。在数学中,两个函数(比如 $f,g:\mathbf{R}^d\rightarrow\mathbf{R}$)之间的"卷积"定义为

$$(f*g)(x)=\int f(z)g(x-z)\mathrm{d}z \tag{4-42}$$

也就是说,卷积是把一个函数"翻转"并移位 x 时,测量 f 和 g 之间的重叠。当为离散对象时,积分就变成求和。例如,对于由索引为 $\mathbf{Z}$ 的平方可和的无限维向量集合中抽取的向量,得到定义:

$$(f*g)(i)=\sum_a f(a)g(i-a) \tag{4-43}$$

对于二维张量,则为 f 的索引 (a,b) 和 g 的索引 $(i-a,j-b)$ 上对应的加和:

$$(f*g)(i,j)=\sum_a\sum_b f(a,b)g(i-a,j-b) \tag{4-44}$$

这看起来类似于式(4-41),但它们有一个主要区别:这里不是使用 $(i+a,j+b)$,而是使用差值。然而,这种区别是表面的,因为总是可以匹配式(4-41)和式(4-44)之间的符号。在式(4-41)中的原始定义更正确地描述了互相关(cross-correlation),这个问题将在后面讨论。

4. "沃尔多在哪里"回顾

回到上面的"沃尔多在哪里"游戏,让我们看看它到底是什么样子。卷积层根据滤波器 V 选取给定大小的窗口,并加权处理图片,如图 4-14 所示。本书的目标是学习一个模型,以便探测出"沃尔多"最可能出现的地方。

然而这种方法有一个问题:本书忽略了图像一般包含 3 个通道/3 种原色(红色、绿色和蓝色)。实际上,图像不是二维张量,而是一个由高度、宽度和颜色组成的三维张量,比如包含 1024×1024×3 个像素。前 2 个轴与像素的空间位置有关,而第 3 个轴可以看作每个像素的多维表示,因此,将 X 索引为 $[X]_{i,j,k}$。由此,卷积相应地调整为 $[V]_{a,b,c}$,而不是 $[V]_{a,b}$。

图 4-14 发现沃尔多(见文前彩图)

此外,由于输入图像是三维的,隐藏 H 表示也最好采用三维张量。换句话说,对于每一个空间位置,想要采用一组而不是一个隐藏表示。这样一组隐藏表示可以想象成一些互相堆叠的二维网格。因此,可以把隐藏表示想象为一系列具有二维张量的通道(channel)。这些通道有时也被称为特征映射(feature map),因为每个通道都向后续层提供一组空间化的学习特征。直观上可以想象在靠近输入的底层,其中一些通道专门识别边缘,另一些通道专

门识别纹理。

为了支持输入 X 和隐藏表示 H 中的多个通道,可以在 V 中添加第 4 个坐标,即 $[V]_{a,b,c,d}$,则有:

$$[H]_{i,j,d} = \sum_{a=-\Delta}^{\Delta} \sum_{b=-\Delta}^{\Delta} \sum_{c} [V]_{a,b,c,d} [X]_{i+a,j+b,c} \qquad (4-45)$$

其中隐藏 H 表示中的索引 d 表示输出通道,而随后的输出将继续以三维张量 H 作为输入进入下一个卷积层。所以,式(4-45)可以定义具有多个通道的卷积层,而其中 V 是该卷积层的权重。

5. 互相关运算

严格来说,卷积层是个错误的叫法,因为它所表达的运算其实是互相关运算,而不是卷积运算。根据之前的描述,在卷积层中,输入张量和核张量通过互相关运算产生输出张量。

首先,暂时忽略通道(第三维)这一情况,看看如何处理二维图像数据和隐藏表示。在图 4-15 中,输入是高度为 3、宽度为 3 的二维张量(即形状为 3×3)。卷积核的高度和宽度都是 2,而卷积核窗口(或卷积窗口)的形状由内核的高度和宽度决定(即 2×2)。

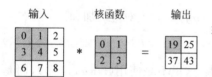

图 4-15 二维互相关运算

阴影部分是第一个输出元素,以及用于计算输出的输入张量元素和核张量元素:

$$0 \times 0 + 1 \times 1 + 3 \times 2 + 4 \times 3 = 19 \qquad (4-46)$$

在二维互相关运算中,卷积窗口从输入张量的左上角开始,从左到右、从上到下滑动。当卷积窗口滑动到一个新位置时,包含在该窗口中的部分张量与卷积核张量按元素相乘,得到的张量再求和便得到一个单一的标量值,由此本书得出了这一位置的输出张量值。在上面的例子中,输出张量的 4 个元素由二维互相关运算得到,这个输出高度为 2、宽度为 2,即

$$\begin{cases} 0 \times 0 + 1 \times 1 + 3 \times 2 + 4 \times 3 = 19 \\ 1 \times 0 + 2 \times 1 + 4 \times 2 + 5 \times 3 = 25 \\ 3 \times 0 + 4 \times 1 + 6 \times 2 + 7 \times 3 = 37 \\ 4 \times 0 + 5 \times 1 + 7 \times 2 + 8 \times 3 = 43 \end{cases} \qquad (4-47)$$

注意,输出大小略小于输入大小。这是因为卷积核的宽度和高度大于 1,而卷积核只与图像中每个大小完全适合的位置进行互相关运算。所以,输出大小等于输入大小 $n_h \times n_w$ 减去卷积核大小 $k_h \times k_w$,即

$$(n_h - k_h + 1) \times (n_w - k_w + 1) \qquad (4-48)$$

这是因为需要足够的空间在图像上"移动"卷积核。

6. LeNet

LeNe 是最早发布的卷积神经网络之一,因其在计算机视觉任务中的高效性能而受到广泛关注。这个模型是由 AT&T 贝尔实验室的研究员 Yann LeCun 于 1989 年提出的,目的是识别图像[29]中的手写数字。当时,Yann LeCun 发表了第一篇通过反向传播成功训练卷积神经网络的论文,这项工作代表了十多年来神经网络研究开发的成果。

当时,LeNet 取得了与支持向量机性能相媲美的成果,成为监督学习的主流方法。LeNet 被广泛用于自动取款机(ATM)中,帮助识别处理支票的数字。时至今日,一些自动

取款机仍在运行 Yann LeCun 和他的同事 Leon Bottou 在 20 世纪 90 年代编写的代码。

总体来看,LeNet(LeNet-5)由 2 部分组成:

(1) 卷积编码器,由 2 个卷积层组成。

(2) 全连接层密集块,由 3 个全连接层组成。

LeNet 的架构如图 4-16 所示。

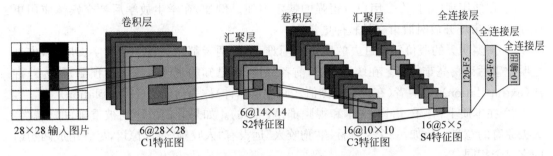

图 4-16　LeNet 中的数据流(见文前彩图)

每个卷积块中的基本单元是一个卷积层、一个 sigmoid 激活函数和平均汇聚层。请注意,虽然 ReLU 和最大汇聚层更有效,但它们在 20 世纪 90 年代还没有出现。每个卷积层使用 5×5 卷积核和一个 sigmoid 激活函数。这些层将输入映射到多个二维特征输出,通常同时增加通道的数量。第 1 个卷积层有 6 个输出通道,而第 2 个卷积层有 16 个输出通道。每个 2×2 池操作(步幅 2)通过空间下采样将维数减少至原来的四分之一。卷积的输出形状由批量大小、通道数、高度、宽度决定。

为了将卷积块的输出传递给稠密块,必须在小批量中展平每个样本。换言之,将这个四维输入转换成全连接层所期望的二维输入。这里的二维表示中第 1 个维度索引小批量中的样本,第 2 个维度给出每个样本的平面向量表示。LeNet 的稠密块有 3 个全连接层,分别有120、84 个和 10 个输出。因为在执行分类任务,所以输出层的十维对应于最后输出结果的数量。

4.2.8　循环神经网络

1. 序列模型

如果有人正在看网飞(Netflix,一个国外的视频网站)上的电影。一名忠实的用户会对每一部电影都给出评价,毕竟一部好电影需要更多的支持和认可。然而事实证明,事情并不那么简单。随着时间的推移,人们对电影的看法会发生很大的变化。心理学家甚至为这些现象命名:

(1) 锚定(anchoring)效应,基于其他人的意见做出评价。例如,奥斯卡颁奖后,受到关注的电影的评分会上升,尽管它还是原来那部电影。这种影响将持续几个月,直到人们忘记了这部电影曾经获得的奖项。结果表明[30],这种效应会使评分提高 0.5% 以上。

(2) 享乐适应(hedonic adaption),人们迅速接受并且适应一种更好或者更坏的情况作为新的常态。例如,在看了很多好电影之后,人们会强烈期望下一部电影更好。因此,在看过许多精彩的电影之后,即使是一部普通的电影也可能被认为是糟糕的。

(3) 季节性(seasonality),很少有观众喜欢在八月看圣诞老人的电影。

（4）有时，电影会由于导演或演员在制作中的不当行为变得不受欢迎。

（5）有些电影因为极度糟糕只能成为小众电影，Plan9from Outer Space 和 Troll2 就因为这个原因而臭名昭著的。

（6）电影评分不是固定不变的。因此，使用时间动力学可以得到更准确的电影推荐[31]。当然，序列数据不仅仅是关于电影评分的。下面给出了更多的场景：

① 在使用程序时，许多用户有很强的特定习惯。例如，在学生放学后社交媒体应用更受欢迎，在市场开放时股市交易软件更常用。

② 预测明天的股价要比过去的股价更困难，尽管两者都是估计一个数字。毕竟，先见之明比事后诸葛亮难得多。在统计学中，前者（对超出已知的观测范围进行预测）称为外推法（extrapolation），而后者（在现有观测值之间进行估计）称为内插法（interpolation）。

③ 在本质上，音乐、语音、文本和视频都是连续的。如果它们的序列被重排，那么就会失去原有的意义。比如，一个文本标题"狗咬人"远没有"人咬狗"令人惊讶，尽管组成两句话的字完全相同。

④ 地震具有很强的相关性，即大地震发生后，很可能会有多次小余震，这些余震的强度比非大地震后的余震要大得多。事实上，地震是与时空相关的，即余震通常发生在很短的时间跨度和很近的距离内。

⑤ 人类之间的互动也是连续的，这可以从微博上的争吵和辩论中看出。

处理序列数据需要统计工具和新的深度神经网络架构。为了简单起见，以图 4-17 所示的股票价格（富时 100 指数）为例加以说明。

图 4-17 1984—2014 年的富时 100 指数（见文前彩图）

其中，用 x_t 表示价格，即在时间步（time step）$t \in \mathbf{Z}^+$ 时，观察到的价格 x_t。请注意，对于本文中的序列通常是离散的，并在整数或其子集上变化。假设一名交易员想在当日的股市中表现良好，可以通过以下途径预测 x_t：

$$x_t \sim P(x_t \mid x_{t-1}, \cdots, x_1) \tag{4-49}$$

1）自回归模型

为了实现这个预测，交易员可以使用回归模型。仅有一个主要问题：输入数据的数量，输入 $x_{t-1}, \cdots, x_1$ 本身因 t 而异。也就是说，输入数据的数量这个数字将会随着数据量的增加而增加，因此需要一种近似方法来使这个计算变得容易。本章后面的大部分内容将围绕着如何有效估计 $P(x_t | x_{t-1}, \cdots, x_1)$ 展开。简单地说，它可以归结为以下两种策略：

第一种策略，假设在现实情况下相当长的序列 $x_{t-1}, \cdots, x_1$ 可能是不必要的，因此本书只需要满足某个长度为 τ 的时间跨度，即使用观测序列 $x_{t-1}, \cdots, x_{t-\tau}$ 即可。当下获得的最直接的好处就是参数的数量总是不变的，至少在 $t > \tau$ 时如此，这就使本书能够训练一个上面讲到的深度网络。这种模型被称为自回归模型（autoregressive models），因为它们是对自己执行回归。

第二种策略，如图 4-18 所示，是保留一些对过去观测的总结 h_t，并且同时更新预测 $\hat{x}_t$ 和总结 h_t，这就产生了基于 $\hat{x}_t = P(x_t | h_t)$ 估计 x_t，以及公式 $h_t = g(h_{t-1}, x_{t-1})$ 更新的模型。由于 h_t 从未被观测到，这类模型也被称为隐变量自回归模型（latent autoregressive models）。

这两种策略都存在一个显而易见的问题：如何生成训练数据？一个经典方法是使用历史观测来预测下一个未来观测。显然，本书并不指望时间会停滞不前。然而，一个常见的假设是虽然特定值 x_t 可能会改变，但是序列本身的动力学不会改变。这样的假设是合理的，因为新的动力学一定受新的数据影响，而本书不可能用目前所掌握的数据来预测新的动力学。统计学家称不变的动力学为静止的（stationary）。因此，整个序列的估计值都将通过以下的方式获得：

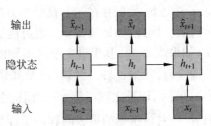

图 4-18　隐变量自回归模型

$$P(x_1, \cdots, x_T) = \prod_{t=1}^{T} P(x_t | x_{t-1}, \cdots, x_1) \tag{4-50}$$

注意，如果本书处理的是离散的对象（如单词）而不是连续的数字，则上述考虑仍然有效。唯一的差别是，对于离散的对象，本书需要使用分类器而不是回归模型来估计 $P(x_t | x_{t-1}, \cdots, x_1)$。

2）马尔可夫模型

在自回归模型的近似法中，本书使用 $x_{t-1}, \cdots, x_{t-\tau}$ 而不是 $x_{t-1}, \cdots, x_1$ 来估计 x_t。只要这种结果是近似精确的，本书就说该序列满足马尔可夫条件（Markov condition）。特别是，如果 $\tau = 1$，则得到一个一阶马尔可夫模型（first-order Markov model），$P(x)$ 由下式给出：

$$P(x_1, \cdots, x_T) = \prod_{t=1}^{T} P(x_t | x_{t-1}) \quad P(x_1 | x_0) = P(x_1) \tag{4-51}$$

当假设 x_t 仅是离散值时，这样的模型特别棒，因为在这种情况下，使用动态规划可以沿着马尔可夫链精确地计算结果。例如，本书可以高效地计算 $P(x_{t+1} | x_{t-1})$：

$$P(x_{t+1} | x_{t-1}) = \frac{\sum_{x_t} P(x_{t+1}, x_t, x_{t-1})}{P(x_{t-1})}$$

$$= \frac{\sum_{x_t} P(x_{t+1} | x_t, x_{t-1}) P(x_t, x_{t-1})}{P(x_{t-1})}$$

$$= \sum_{x_t} P(x_{t+1} | x_t) P(x_t | x_{t-1}) \tag{4-52}$$

利用这一事实,本书只需要考虑过去观察中的一个非常短的历史:$P(x_{t+1}|x_t,x_{t-1})=(x_{t+1}|x_t)$。隐马尔可夫模型中的动态规划这类计算工具已经在控制算法和强化学习算法中被广泛使用。

3) 因果关系

原则上,将 $P(x_1,\cdots,x_T)$ 倒序展开也没有什么问题。毕竟,基于条件概率公式,本书总是可以写出:

$$P(x_1,\cdots,x_T)=\prod_{t=T}^{1}P(x_t\mid x_{t+1},\cdots,x_T)\qquad(4\text{-}53)$$

事实上,如果基于一个马尔可夫模型,还可以得到一个反向的条件概率分布。然而,在许多情况下,数据存在一个自然的方向,即在时间上是前进的。很明显,未来的事件不能影响过去。因此,如果改变 x_t,则可能影响未来发生的事情 x_{t+1},但反过来不成立。也就是说,如果改变 x_t,基于过去事件得到的分布不会改变。因此,解释 $P(x_{t+1}|x_t)$ 应该比解释 $P(x_t|x_{t+1})$ 更容易。例如,在某些情况下,对于某些可加性噪声 ϵ,显然可以找到 $x_{t+1}=f(x_t)+\epsilon$,而反之则不行[32]。而这个向前推进的方向恰好也是通常感兴趣的方向。彼得斯等[33]对该主题的更多内容做了详尽的解释,而上述讨论只是其中的冰山一角。

2. 文本预处理

对于序列数据处理问题,在 4.2.7 节中评估了所需的统计工具和预测时面临的挑战。这样的数据存在许多种形式,文本是最常见的例子之一。例如,一篇文章可以被简单地看作一串单词序列,甚至是一串字符序列。这里将解析文本的常见预处理步骤,这些步骤通常包括:

(1) 将文本作为字符串加载到内存中。

(2) 将字符串拆分为词元(如单词和字符)。

(3) 建立一个词表,将拆分的词元映射到数字索引。

(4) 将文本转换为数字索引序列,方便模型操作。

3. 语言模型和数据集

文本列表中的每个元素是一个文本序列,每个文本序列又被拆分成一个词元列表,词元是文本的基本单位,如单词或字符。假设长度为 T 的文本序列中的词元依次为 $x_1,x_2,\cdots,x_T$。于是,$x_t(1\leqslant t\leqslant T)$ 可以被认为是文本序列在时间步处的观测或标签。在给定这样的文本序列时,语言模型(language model)的目标是估计序列的联合概率:

$$P(x_1,x_2,\cdots,x_T)\qquad(4\text{-}54)$$

例如,只需要一次抽取一个词元 $x_t\sim P(x_1,x_2,\cdots,x_T)$,一个理想的语言模型就能够基于模型本身生成自然文本。与猴子使用打字机完全不同的是,从这样的模型中提取的文本都将作为自然语言(如英语文本)来传递。只需要基于前面的对话片段中的文本,就足以生成一个有意义的对话。显然,本书离设计出这样的系统还很遥远,因为它需要"理解"文本,而不仅仅是生成语法合理的内容。

尽管如此,语言模型依然是非常有用的。例如,短语"to recognize speech"和"to wreck a nice beach"在读音上听起来非常相似。这种相似性会导致语音识别中的歧义,但是这很容易通过语言模型来解决,因为第二句的语义很奇怪。同样,在文档摘要生成算法中,"狗咬人"比"人咬狗"出现的频率要高得多,或者"我想吃奶奶"是一个相当匪夷所思的语句,而"我想吃,奶奶"则要正常得多。

1) 学习语言模型

显而易见,面对的问题是如何对一个文档,甚至是一个词元序列进行建模。假设在单词级别对文本数据进行词元化,可以依靠在前文中对序列模型的分析。从基本概率规则开始:

$$P(x_1, x_2, \cdots, x_T) = \prod_{t=1}^{T} P(x_t \mid x_1, \cdots, x_{t-1}) \tag{4-55}$$

例如,包含了 4 个单词的一个文本序列的概率是:

$$P(\text{deep}, \text{learning}, \text{is}, \text{fun}) =$$

$$P(\text{deep})P(\text{learning} \mid \text{deep})P(\text{is} \mid \text{deep}, \text{learning})P(\text{fun} \mid \text{deep}, \text{learning}, \text{is}) \tag{4-56}$$

为了训练语言模型,需要计算单词的概率,以及给定前面几个单词后出现某个单词的条件概率。这些概率本质上就是语言模型的参数。

假设训练数据集是一个大型的文本语料库,比如,维基百科的所有条目、古登堡计划,或者所有发布在网络上的文本。训练数据集中词的概率可以根据给定词的相对词频来计算。例如,可以将估计值 $\hat{P}(\text{deep})$ 计算为任何以单词"deep"开头的句子的概率。一种(稍稍不太精确的)方法是统计单词"deep"在数据集中出现的次数,然后将其除以整个语料库中的单词总数。这种方法效果不错,特别是对于频繁出现的单词。接下来,可以尝试估计:

$$\hat{P}(\text{learning} \mid \text{deep}) = \frac{n(\text{deep}, \text{learning})}{n(\text{deep})} \tag{4-57}$$

其中,$n(x)$ 和 $n(x, x')$ 分别是单个单词和连续单词对的出现次数。不幸的是,由于连续单词对"deep learning"的出现频率低得多,所以估计这类单词正确的概率要困难得多。特别是对于一些不常见的单词组合,要想找到足够的出现次数来获得准确的估计可能都不容易。而对于 3 个或者更多的单词组合,情况会变得更糟。许多合理的 3 个单词组合可能是存在的,在数据集中却找不到。除非本书提供某种解决方案来将这些单词组合指定为非零计数,否则将无法在语言模型中使用它们。如果数据集很小,或者单词罕见,那么这类单词出现一次的机会可能都找不到。

一种常见的策略是执行某种形式的拉普拉斯平滑(Laplace smoothing),具体方法是在所有计数中添加一个小常量。用 n 表示训练集中的单词总数,用 m 表示唯一单词的数量。此解决方案有助于处理单元素问题,例如,通过:

$$\hat{P}(x) = \frac{n(x) + \epsilon_1/m}{n + \epsilon_1} \tag{4-58}$$

$$\hat{P}(x' \mid x) = \frac{n(x, x') + \epsilon_2 \hat{P}(x')}{n(x) + \epsilon_2} \tag{4-59}$$

$$\hat{P}(x'' \mid x, x') = \frac{n(x, x', x'') + \epsilon_3 \hat{P}(x'')}{n(x, x') + \epsilon_3} \tag{4-60}$$

其中,ϵ_1、ϵ_2 和 ϵ_3 是超参数。以 ϵ_1 为例:当 $\epsilon_1 = 0$ 时,不应用平滑;当 ϵ_1 接近正无穷大时,$\hat{P}(x)$ 接近均匀概率分布 $1/m$。式(4-58)~式(4-60)是文献[34]的一个相当原始的

变形。

然而,这样的模型很容易变得无效,原因如下:首先,本书需要存储所有的计数;其次,这完全忽略了单词的意思。例如,"猫"(cat)和"猫科动物"(feline)可能出现在相关的上下文中,但是想根据上下文调整这类模型是相当困难的。最后,长单词序列大部分是没有出现过的,因此一个模型如果只是简单地统计先前"看到"的单词序列频率,那么模型面对这种问题肯定是表现不佳的。

2)马尔可夫模型与 n 元语法

在讨论包含深度学习的解决方案之前,需要了解更多的概念和术语。回想一下在前文中对马尔可夫模型的讨论,并且将其应用于语言建模。如果 $P(x_{t+1}|x_t,\cdots,x_1)=P(x_{t+1}|x_t)$,则序列上的分布满足一阶马尔可夫性质。阶数越高,对应的依赖关系就越长。这种性质推导出了许多可以应用于序列建模的近似公式:

$$P(x_1,x_2,x_3,x_4)=P(x_1)P(x_2)P(x_3)P(x_4) \tag{4-61}$$

$$P(x_1,x_2,x_3,x_4)=P(x_1)P(x_2|x_1)P(x_3|x_2)P(x_4|x_3) \tag{4-62}$$

$$P(x_1,x_2,x_3,x_4)=P(x_1)P(x_2|x_1)P(x_3|x_1,x_2)P(x_4|x_2,x_3) \tag{4-63}$$

通常,涉及1个、2个和3个变量的概率公式分别被称为一元语法(unigram)、二元语法(bigram)和三元语法(trigram)模型。下面将讲述如何设计更好的模型。

3)自然语言统计

在真实数据上进行自然语言统计,根据前文中介绍的时光机器数据集构建词表,并打印前十个最常用的(频率最高的)单词:

```
import random
import torch                    #导入相关库
from d2l import torch as d2l

tokens = d2l.tokenize(d2l.read_time_machine())
# 因为每个文本行不一定是一个句子或一个段落,因此本书把所有文本行拼接到一起
corpus = [token for line in tokens for token in line]
vocab = d2l.Vocab(corpus)
vocab.token_freqs[:10]          #制造词表
```

```
[('the', 2261), ('i', 1267), ('and', 1245), ('of', 1155), ('a', 816), ('to', 695), ('was', 552),
('in', 541), ('that', 443), ('my', 440)]
```

正如本书所看到的,最流行的词看起来很无聊,这些词通常被称为停用词(stop words),因此可以被过滤掉。尽管如此,它们本身仍然是有意义的,本书仍然会在模型中使用它们。此外,还有一个明显的问题是词频衰减的速度相当快。例如,最常用单词的词频对比,第十个还不到第一个的1/5。为了更好地理解,可以画出词频图,如图4-19所示。

```
freqs = [freq for token, freq in vocab.token_freqs]
d2l.plot(freqs, xlabel = 'token: x', ylabel = 'frequency: n(x)',   #画图
            xscale = 'log', yscale = 'log')
```

通过图4-19可以看到,词频以一种明确的方式迅速衰减。将前几个单词作为例外消除后,剩余的所有单词在双对数坐标上大致成一条直线。这意味着单词的频率满足齐普夫定律(Zipf's law),即第 i 个最常用单词的频率 n_i 为

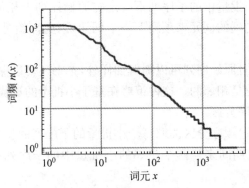

图 4-19　词频图（见文前彩图）

$$n_i \propto \frac{1}{i^\alpha} \tag{4-64}$$

等价于

$$\log_2 n_i = -\alpha \log_2 i + c \tag{4-65}$$

式中，α 是刻画分布的指数，c 是常数。这说明想要通过计数统计和平滑来建模单词是不可行的，因为这样建模的结果会大大高估尾部单词的频率，也就是所谓的不常用单词。

4）读取长序列数据

由于序列数据本质上是连续的，因此在处理数据时需要解决这个问题。在前文以一种相当特别的方式做到了这一点：当序列变得太长而不能被模型一次性全部处理时，可能希望拆分这样的序列以方便模型读取。

在介绍该模型之前，我们看一下总体策略。假设使用神经网络来训练语言模型，模型中的网络一次处理具有预定义长度（如 n 个时间步）的一个小批量序列。现在的问题是如何随机生成一个小批量数据的特征和标签以供读取。

首先，由于文本序列可以是任意长的，如整本《时光机器》（*The Time Machine*），于是任意长的序列可以被划分为具有相同时间步数的子序列。当训练神经网络时，这样的小批量子序列将被输入模型中。假设网络一次只能处理具有 n 个时间步的子序列。图 4-20 画出了从原始文本序列获得子序列的所有不同方式，其中 $n=5$，并且每个时间步的词元对应于一个字符。请注意，因为可以选择任意偏移量来指示初始位置，所以有相当大的自由度。

the time machine by h g wells
the time machine by h g wells
the time machine by h g wells
the time machine by h g wells
the time machine by h g wells
the time machine by h g wells

图 4-20　分割文本时，不同的偏移量会导致不同的子序列（见文前彩图）

因此，应该从图 4-20 中选择哪一个呢？事实上，他们都很好。然而，如果只选择一个偏移量，那么用于训练网络的、所有可能的子序列的覆盖范围将是有限的。因此，可以从随机偏移量开始划分序列，以同时获得覆盖性（coverage）和随机性（randomness）。下面，将介绍如何实现随机采样（random sampling）和顺序分区（sequential partitioning）策略。

在随机采样中，每个样本都是在原始的长序列上任意捕获的子序列。在迭代过程中，来自两个相邻的、随机的、小批量中的子序列不一定在原始序列上相邻。对于语言建模,目标是基于到目前为止本书看到的词元来预测下一个词元,因此标签是移位了一个词元的原始序列。

在迭代过程中,除了对原始序列可以随机抽样外,本书还可以保证两个相邻的小批量中的子序列在原始序列上也是相邻的。这种策略在基于小批量的迭代过程中保留了拆分的子序列的顺序,因此称为顺序分区。

基于相同的设置,通过顺序分区读取每个小批量的子序列的特征 X 和标签 Y。将它们打印出来可以发现:迭代期间来自两个相邻的小批量中的子序列在原始序列中确实是相邻的。

4. 循环神经网络

在前文中,本书介绍了 n 元语法模型,其中单词 x_t 在时间步 t 的条件概率仅取决于前面 $n-1$ 个单词。对于时间步 $t-(n-1)$ 之前的单词,如果本书想将其可能产生的影响合并到 x_t 上,则需要增加 n,然而模型参数的数量也会随之呈指数增长,因为词表 $\mathcal{V}$ 需要存储 $|\mathcal{V}|^n$ 个数字,因此与其将 $P(x_t|x_{t-1},\cdots,x_{t-n+1})$ 模型化,不如使用隐变量模型:

$$P(x_t \mid x_{t-1},\cdots,x_1) \approx P(x_t \mid h_{t-1}) \tag{4-66}$$

式中,h_{t-1} 是隐状态(hidden state),也称为隐藏变量(hidden variable),它存储了到时间步 $t-1$ 的序列信息。通常,本书可以基于当前输入 x_t 和先前隐状态 h_{t-1} 来计算时间步 t 处任何时间的隐状态:

$$h_t = f(x_t, h_{t-1}) \tag{4-67}$$

对于式(4-67)中的函数 f,隐变量模型不是近似值。毕竟 h_t 是可以仅仅存储到目前为止观察到的所有数据,然而这样的操作可能会使计算和存储的代价都变得高昂。

本书在前文中讨论过具有隐藏单元的隐藏层,值得我们注意的是,隐藏层和隐状态指的是两个截然不同的概念。隐藏层是在从输入到输出的路径上(从观测角度来理解)的隐藏的层,而隐状态则是在给定步骤所做的任何事情(从技术角度来定义)的输入,并且这些状态只能通过先前时间步的数据来计算。

循环神经网络(recurrent neural network,RNN)是具有隐状态的神经网络。在介绍循环神经网络模型之前,先回顾一下前文介绍的多层感知机模型。

1) 无隐状态的循环神经网络

下面介绍只有单隐藏层的多层感知机。设隐藏层的激活函数为,给定一个小批量样本 $X \in \mathbf{R}^{n \times d}$,其中批量大小为 n,输入维度为 d,则隐藏层的输出 $H \in \mathbf{R}^{n \times h}$ 可通过式(4-68)计算:

$$H = \phi(XW_{xh} + b_h) \tag{4-68}$$

在式(4-68)中,本书拥有的隐藏层权重参数为 $W_{xh} \in \mathbf{R}^{d \times h}$,偏置参数为 $b_h \in \mathbf{R}^{1 \times h}$,以及隐藏单元的数目为 h,因此求和时可以应用广播机制。接下来,将隐藏变量 H 用作输出层的输入。输出层由式(4-69)给出:

$$O = HW_{hq} + b_q \tag{4-69}$$

式中,$O \in \mathbf{R}^{n \times q}$ 是输出变量,$W_{hq} \in \mathbf{R}^{h \times q}$ 是权重参数,$b_q \in \mathbf{R}^{1 \times q}$ 是输出层的偏置参数。如果是分类问题,本书可以用 softmax(O) 来计算输出类别的概率分布。

这完全类似于之前解决的回归问题,因此本书省略了细节。无须多言,只要能够随机选择"特征-标签"对,并且通过自动微分和随机梯度下降能够学习网络参数就可以了。

2)有隐状态的循环神经网络

有了隐状态后,情况就完全不同了。假设本书在时间步 t 有小批量输入 $X_t \in \mathbf{R}^{n \times d}$。换言之,对于 n 个序列样本的小批量,X_t 的每一行对应于来自该序列的时间步处的一个样本。接下来,用 $H_t \in \mathbf{R}^{n \times h}$ 表示时间步 t 的隐藏变量。与多层感知机不同的是,本书在这里保存了前一个时间步的隐藏变量 H_{t-1},并引入了一个新的权重参数 $W_{hh} \in \mathbf{R}^{h \times h}$ 来描述如何在当前时间步中使用前一个时间步的隐藏变量。具体地说,当前时间步隐藏变量由当前时间步的输入与前一个时间步的隐藏变量一起计算得出:

$$H_t = \phi(X_t W_{xh} + H_{t-1} W_{hh} + b_h) \tag{4-70}$$

与式(4-68)相比,式(4-70)多了一项 $H_{t-1} W_{hh}$,从而实例化了式(4-67)。由相邻时间步的隐藏变量 H_t 和 H_{t-1} 之间的关系可知,这些变量捕获并保留了序列直到其当前时间步的历史信息,就如当前时间步下神经网络的状态或记忆,因此这样的隐藏变量被称为隐状态(hidden state)。由于在当前时间步中,隐状态使用的定义与前一个时间步中使用的定义相同,因此式(4-70)的计算是循环的(recurrent)。于是基于循环计算的隐状态神经网络被命名为循环神经网络。在循环神经网络中执行式(4-70)计算的层称为循环层(recurrent layer)。

构建循环神经网络的方法很多,由式(4-70)定义的隐状态循环神经网络是非常常见的一种。对于时间步 t,输出层的输出类似于多层感知机中的计算:

$$O_t = H_t W_{hq} + b_q \tag{4-71}$$

循环神经网络的参数包括隐藏层的权重 $W_{xh} \in \mathbf{R}^{d \times h}$、$W_{hh} \in \mathbf{R}^{h \times h}$ 和偏置 $b_h \in \mathbf{R}^{1 \times h}$,以及输出层的权重 $W_{hq} \in \mathbf{R}^{h \times q}$ 和偏置 $b_q \in \mathbf{R}^{1 \times q}$。值得一提的是,即使在不同的时间步,循环神经网络也总是使用这些模型参数。因此,循环神经网络的参数开销不会随着时间步的增加而增加。

图 4-21 展示了循环神经网络在 3 个相邻时间步的计算逻辑。在任意时间步,隐状态的计算可以被视为:

(1)拼接当前时间步 t 的输入 X_t 和前一时间步 $t-1$ 的隐状态 H_{t-1}。

(2)将拼接的结果送入带有激活函数 ϕ 的全连接层,全连接层的输出是当前时间步 t 的隐状态 H_t。

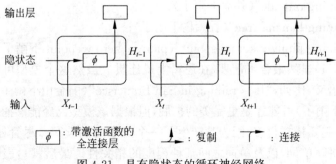

图 4-21　具有隐状态的循环神经网络

在本例中,模型参数是 W_{xh} 和 W_{hh} 的拼接,以及 b_h 的偏置,所有参数来自式(4-70)。当前时间步 t 的隐状态 H_t 将参与计算下一时间步 $t+1$ 的隐状态 H_{t+1},并且 H_t 还将送入全连接输出层,用于计算当前时间步 t 的输出 O_t。

3)基于循环神经网络的字符级语言模型

回想一下前文中的语言模型,本书的目标是根据过去和当前的词元预测下一个词元,因此本书将原始序列移位一个词元作为标签。Bengio 等首先提出使用神经网络进行语言建模[35]。接下来,看一下如何使用循环神经网络来构建语言模型。设小批量大小为1,批量中的文本序列为"machine"。为了简化后续部分的训练,考虑使用字符级语言模型(character-level language model),将文本词元化为字符而不是单词。图 4-22 演示了如何通过基于字符级语言建模的循环神经网络,使用当前和先前的字符预测下一个字符。

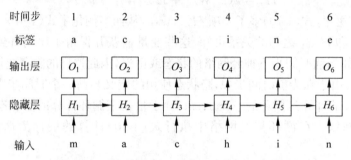

图 4-22　基于循环神经网络的字符级语言模型

在训练过程中,对每个时间步输出层的输出进行 softmax 操作,然后利用交叉熵损失计算模型输出和标签之间的误差。由于隐藏层中隐状态的循环计算,图 4-22 中第 3 个时间步的输出 O_3 由文本序列"m""a"和"c"确定。由于训练数据中这个文本序列的下一个字符是"h",因此第 3 个时间步的损失将取决于下一个字符的概率分布,而下一个字符是基于特征序列"m""a""c"和这个时间步的标签"h"生成的。

在实践中,本书使用的批量大小为 $n > 1$,每个词元都由一个 d 维向量表示。因此,在时间步 t 输入的 $\boldsymbol{X}_t$ 将是一个 $n \times d$ 矩阵,这与在前文的讨论相同。

4)困惑度

最后,讨论如何度量语言模型的质量,这将在后续部分中用于评估基于循环神经网络的模型。一个好的语言模型能够用高度准确的词元来预测本书接下来会看到的结果。考虑一下由不同的语言模型给出的对"It is raining..."("…下雨了")的续写:

(1)"It is raining outside"(外面下雨了);

(2)"It is raining banana tree"(香蕉树下雨了);

(3)"It is raining piouw; kcj pwepoiut"(piouw; kcj pwepoiut 下雨了)。

就质量而言,(1)显然最合乎情理,在逻辑上最连贯。虽然这个模型可能没有很准确地反映出后续词的语义,比如,"It is raining in San Francisco"(旧金山下雨了)和"It is raining in winter"(冬天下雨了)可能才是更完美的扩展,但根据该模型已经能够捕捉到跟在后面的是哪类单词。(2)则要糟糕得多,因为其产生了一个无意义的续写。尽管如此,至少该模型已经学会了如何拼写单词,以及单词之间某种程度的相关性。最后,(3)表明了训练不足的模型是无法正确拟合数据的。

可以通过计算序列的似然概率来度量模型的质量。然而这是一个难以理解、难以比较的数字。毕竟,较短的序列比较长的序列更有可能出现,因此评估模型产生托尔斯泰的巨著《战争与和平》的可能性不可避免地会比产生圣埃克苏佩里的中篇小说《小王子》的可能性小得多。而其中缺少的可能性值相当于平均数。

在这里,信息论可以派上用场。在引入 softmax 回归时定义了熵、惊异和交叉熵,如果想要压缩文本,可以根据当前词元集预测下一个词元。一个更好的语言模型应该能更准确地预测下一个词元,因此,它应该允许在压缩序列时花费更少的比特。所以可以通过一个序列中所有 n 个词元的交叉熵损失的平均值来衡量:

$$\frac{1}{n}\sum_{t=1}^{n} -\log_2 P(x_t \mid x_{t-1}, \cdots, x_1) \tag{4-72}$$

式中,P 由语言模型给出,x_t 是在时间步 t 从该序列中观察到的实际词元。这使得不同长度的文档的性能具有了可比性。由于历史原因,自然语言处理科学家更喜欢使用一个叫作困惑度(perplexity)的量。简而言之,它是式(4-73)的指数:

$$\exp\left(-\frac{1}{n}\sum_{t=1}^{n} -\log_2 P(x_t \mid x_{t-1}, \cdots, x_1)\right) \tag{4-73}$$

对困惑度最好的理解是"下一个词元的实际选择数的调和平均数"。下面介绍一些案例。

(1)在最好的情况下,模型总是完美地估计标签词元的概率为 1。在这种情况下,模型的困惑度为 1。

(2)在最坏的情况下,模型总是预测标签词元的概率为 0。在这种情况下,困惑度是正无穷大。

(3)在基线上,该模型的预测是词表所有可用词元上的均匀分布。在这种情况下,困惑度等于词表中唯一词元的数量。事实上,如果在没有任何压缩的情况下存储序列,将是做得最好的编码方式。因此,这种方式提供了一个重要的上限,而任何实际模型都必须超越这个上限。

在后文中,将基于循环神经网络实现字符级语言模型,并使用困惑度来评估这样的模型。

5. 通过时间反向传播

在前文描述了多层感知机中的前向与反向传播及相关的计算图。循环神经网络中的前向传播相对简单。通过时间反向传播(backpropagation through time,BPTT)[36]实际上是循环神经网络中反向传播技术的一个特定应用。它要求本书将循环神经网络的计算图一次展开一个时间步,以获得模型变量和参数之间的依赖关系。然后,基于链式法则,应用反向传播来计算和存储梯度。由于序列可能相当长,因此依赖关系也可能相当长。例如,某个1000 个字符的序列,其第一个词元可能会对最后位置的词元产生重大影响。这在计算上是不可行的(它需要的时间和内存都太多了),并且还需要超过 1000 个矩阵的乘积才能得到非常难以捉摸的梯度,这个过程充满了计算与统计的不确定性。下面将说明会发生什么及如何在实践中解决它们。

1)循环神经网络的梯度分析

从一个描述循环神经网络工作原理的简化模型开始,此模型忽略了隐状态的特性及其更新方式的细节。这里的数学表示没有像过去那样明确地区分标量、向量和矩阵,因为这些细节对于分析并不重要,反而只会使本小节中的符号变得混乱。

在这个简化模型中,将时间步 t 的隐状态表示为 h_t,输入表示为 x_t,输出表示为 o_t。回想一下本书在前文中的讨论,输入和状态可以拼接后与隐藏层中的一个权重变量相乘。因此,分别使用 w_h 和 w_o 来表示隐藏层和输出层的权重。每个时间步的隐状态和输出可以写为

$$h_t = f(x_t, h_{t-1}, w_h), \quad o_t = g(h_t, w_o) \tag{4-74}$$

式中,f 和 g 分别是隐藏层和输出层的变换。因此,有一个链 $\{\cdots, (x_{t-1}, h_{t-1}, o_{t-1}), (x_t, h_t, o_t), \cdots\}$,它们通过循环计算彼此依赖。前向传播相当简单,一次一个时间步地遍历三元组 (x_t, h_t, o_t),然后通过一个目标函数在 T 个时间步内评估输出 o_t 和对应的标签 y_t 之间的差异:

$$L(x_1, \cdots, x_T, y_1, \cdots, y_T, w_h, w_o) = \frac{1}{T} \sum_{t=1}^{T} l(y_t, o_t) \tag{4-75}$$

对于反向传播,问题则有点棘手,特别是当本书计算目标函数 L 关于参数 w_h 的梯度时。具体来说,按照链式法则:

$$\frac{\partial L}{\partial w_h} = \frac{1}{T} \sum_{t=1}^{T} \frac{\partial l(y_t, o_t)}{\partial w_h} = \frac{1}{T} \sum_{t=1}^{T} \frac{\partial l(y_t, o_t)}{\partial o_t} \cdot \frac{\partial g(h_t, w_o)}{\partial h_t} \cdot \frac{\partial h_t}{\partial w_h} \tag{4-76}$$

在式(4-76)中乘积的第一项和第二项很容易计算,而第三项 $\frac{\partial h_t}{\partial w_h}$ 使事情变得棘手,因为需要循环地计算参数 w_h 对 h_t 的影响。根据式(4-74)中的递归计算,h_t 既依赖于 h_{t-1} 又依赖于 w_h,其中 h_{t-1} 的计算也依赖于 w_h。因此,使用链式法则产生:

$$\frac{\partial h_t}{\partial w_h} = \frac{\partial f(x_t, h_{t-1}, w_h)}{\partial w_h} + \frac{\partial f(x_t, h_{t-1}, w_h)}{\partial h_{t-1}} \cdot \frac{\partial h_{t-1}}{\partial w_h} \tag{4-77}$$

为了导出上述梯度,假设有 3 个序列 $\{a_t\}, \{b_t\}, \{c_t\}$,当 $t = 1, 2, \cdots$ 时,序列满足 $a_0 = 0$ 且 $a_t = b_t + c_t a_{t-1}$。$t \geqslant 1$ 时,就很容易得出:

$$a_t = b_t + \sum_{i=1}^{t-1} \left(\prod_{j=i+1}^{t} c_j \right) b_i \tag{4-78}$$

基于下列公式替换 a_t、b_t 和 c_t:

$$a_t = \frac{\partial h_t}{\partial w_h}, \quad b_t = \frac{\partial f(x_t, h_{t-1}, w_h)}{\partial w_h}, \quad c_t = \frac{\partial f(x_t, h_{t-1}, w_h)}{\partial h_{t-1}} \tag{4-79}$$

公式(4-77)中的梯度计算满足 $a_t = b_t + c_t a_{t-1}$。因此,对于每个式(4-78),本书可以使用公式(4-80)移除式(4-77)中的循环计算:

$$\frac{\partial h_t}{\partial w_h} = \frac{\partial f(x_t, h_{t-1}, w_h)}{\partial w_h} + \sum_{i=1}^{t-1} \left(\prod_{j=i+1}^{t} \frac{\partial f(x_j, h_{j-1}, w_h)}{\partial h_{j-1}} \right) \frac{\partial f(x_i, h_{i-1}, w_h)}{\partial w_h} \tag{4-80}$$

虽然可以使用链式法则递归计算 $\frac{\partial h_t}{\partial w_h}$,但当模型 t 很大时这个链就会变得很长,需要处理这一问题。

显然,可以仅仅计算式(4-80)中的全部总和,然而,这样的计算非常缓慢,并且可能会发生梯度爆炸,因为初始条件的微小变化可能会对结果产生巨大的影响。也就是说,可以观察

到类似于蝴蝶效应的现象,即初始条件的很小变化就会导致结果发生不成比例的变化。这对于想要估计的模型而言是非常不可取的。毕竟,正在寻找的是能够很好地泛化高稳定性模型的估计器。因此,在实践中,这种方法几乎从未使用过。

或者,可以在 τ 步后截断式(4-80)中的求和计算。这是到目前为止一直在讨论的内容。这会带来真实梯度的近似,只需将求和终止为 $\frac{\partial h_{t-\tau}}{\partial w_h}$ 即可。在实践中,这种方式工作得很好,通常被称为截断的通过时间反向传播[37]。这样做会导致该模型主要侧重于短期影响,而不是长期影响。这在现实中是可取的,因为它会将估计值偏向更简单和更稳定的模型。

最后,可以用一个随机变量替换 $\frac{\partial h_t}{\partial w_h}$,该随机变量在预期中是正确的,但是会截断序列。这个随机变量是通过使用序列 ξ_t 来实现的,序列预定义了 $0 \leqslant \pi_t \leqslant 1$,其中 $P(\xi_t = 0) = 1 - \pi_t$ 且 $P(\xi_t = \pi_t^{-1}) = \pi_t$,因此 $E[\xi_t] = 1$。使用它来替换式(4-77)中的梯度 $\frac{\partial h_t}{\partial w_h}$,则得到:

$$z_t = \frac{\partial f(x_t, h_{t-1}, w_h)}{\partial w_h} + \xi_t \frac{\partial f(x_t, h_{t-1}, w_h)}{\partial h_{t-1}} \cdot \frac{\partial h_{t-1}}{\partial w_h} \tag{4-81}$$

从 ξ_t 的定义中可以推导出 $E[z_t] = \frac{\partial h_t}{\partial w_h}$。当 $\xi_t = 0$ 时,递归计算终止在这个 t 时间步。这导致了不同长度序列的加权和,其中长序列出现的很少,所以将适当地加大权重。这一想法是由塔莱克和奥利维尔[38]提出的。

图 4-23 说明了当基于循环神经网络使用通过时间反向传播分析《时光机器》一书中前几个字符的 3 种策略:

(1)第 1 行采用随机截断,方法是将文本划分为不同长度的片段。

(2)第 2 行采用常规截断,方法是将文本分解为相同长度的子序列。这也是在循环神经网络实验中一直在做的。

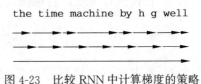

图 4-23　比较 RNN 中计算梯度的策略

(3)第 3 行采用通过时间的完全反向传播,结果是产生了在计算上不可行的表达式。

遗憾的是,虽然随机截断在理论上具有吸引力,但是由于多种因素在实践中的表现并不比常规截断更好。首先,在对过去若干个时间步经过反向传播后,观测结果足以捕获实际的依赖关系。其次,增加的方差抵消了时间步数越多梯度越精确的事实。最后,真正想要的是只有短范围交互的模型。因此,模型需要的正是截断的通过时间反向传播方法所具备的轻度正则化效果。

2)通过时间反向传播的细节

在讨论了一般性原则之后,下面讨论通过时间反向传播问题的细节。与前文的分析不同,下面将展示如何计算目标函数相对于所有分解模型参数的梯度。为了保持简单,考虑一个没有偏置参数的循环神经网络,其在隐藏层中的激活函数使用恒等映射($\phi(x) = x$)。对于时间步 t,设单个样本的输入及其对应的标签分别为 $x_t \in \mathbf{R}^d$ 和 y_t。计算隐状态 $h_t \in \mathbf{R}^h$ 和输出 $o_t \in \mathbf{R}^q$ 的方式为

$$h_t = W_{hx}x_t + W_{hh}h_{t-1}, \quad o_t = W_{qh}h_t \tag{4-82}$$

其中权重参数为 $W_{hx} \in \mathbf{R}^{h \times d}$、$W_{hh} \in \mathbf{R}^{h \times h}$ 和 $W_{qh} \in \mathbf{R}^{q \times h}$。用 $l(o_t, y_t)$ 表示时间步 t 处(即从序列开始的超过 T 个时间步)的损失函数,则目标函数的总体损失是:

$$L = \frac{1}{T} \sum_{t=1}^{T} l(o_t, y_t) \tag{4-83}$$

为了在循环神经网络的计算过程中可视化模型变量和参数之间的依赖关系,可以为模型绘制一个计算图,如图 4-24 所示。例如,时间步 3 的隐状态 h_3 的计算取决于模型参数 W_{hx} 和 W_{hh},以及最终时间步的隐状态 h_2 及当前时间步的输入 x_3。

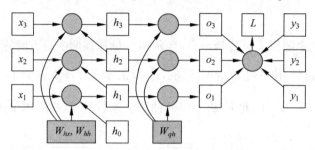

图 4-24　具有 3 个时间步的循环神经网络模型依赖关系的计算图

图 4-24 中的模型参数是 W_{hx}、W_{hh} 和 W_{qh}。通常,训练该模型需要对这些参数进行梯度计算:$\dfrac{\partial L}{\partial W_{hx}}$、$\dfrac{\partial L}{\partial W_{hh}}$ 和 $\dfrac{\partial L}{\partial W_{qh}}$。根据图 4-24 中的依赖关系,本书可以沿箭头的相反方向遍历计算图,依次计算和存储梯度。为了灵活地表示链式法则中不同形状的矩阵、向量和标量的乘法,使用 prod 运算符。在执行必要的操作后将其参数相乘。

首先,在任意时间步 t,目标函数关于模型输出的微分计算是相当简单的:

$$\frac{\partial L}{\partial o_t} = \frac{\partial l(o_t, y_t)}{T \cdot \partial o_t} \in \mathbf{R}^q \tag{4-84}$$

现在,本书可以计算目标函数关于输出层中参数 W_{qh} 的梯度:$\dfrac{\partial L}{\partial W_{qh}} \in \mathbf{R}^{q \times h}$。基于图 4-24,目标函数 L 通过 $o_1, o_2, \cdots, o_T$ 依赖于 W_{qh}。依据链式法则,可得到:

$$\frac{\partial L}{\partial W_{qh}} = \sum_{t=1}^{T} \mathrm{prod}\left(\frac{\partial L}{\partial o_t}, \frac{\partial o_t}{\partial W_{qh}}\right) = \sum_{t=1}^{T} \frac{\partial L}{\partial o_t} \boldsymbol{h}_t^{\mathrm{T}} \tag{4-85}$$

式中 $\dfrac{\partial L}{\partial o_t}$ 由式(4-84)给出。

如图 4-24 所示,在最后的时间步 T,目标函数 L 仅通过 o_T 依赖于隐状态 h_T。因此,通过使用链式法则可以很容易地得到梯度 $\dfrac{\partial L}{\partial h_T} \in \mathbf{R}^h$:

$$\frac{\partial L}{\partial h_T} = \mathrm{prod}\left(\frac{\partial L}{\partial o_T}, \frac{\partial o_T}{\partial h_T}\right) = W_{qh}^T \frac{\partial L}{\partial o_T} \tag{4-86}$$

当目标函数 L 通过 h_{t+1} 和 o_t 依赖 h_t 时,对任意时间步 $t < T$,都变得更加棘手。根据链式法则,隐状态的梯度 $\dfrac{\partial L}{\partial h_t} \in \mathbf{R}^h$ 在任何时间步 $t < T$ 时都可以递归地计算为

$$\frac{\partial L}{\partial h_t} = \mathrm{prod}\left(\frac{\partial L}{\partial h_{t+1}}, \frac{\partial h_{t+1}}{\partial h_t}\right) + \mathrm{prod}\left(\frac{\partial L}{\partial o_t}, \frac{\partial o_t}{\partial h_t}\right) = W_{hh}^T \frac{\partial L}{\partial h_{t+1}} + W_{qh}^T \frac{\partial L}{\partial o_t} \tag{4-87}$$

为了进行分析,对于任何时间步 $1 \leqslant t \leqslant T$ 展开递归计算得

$$\frac{\partial L}{\partial h_t} = \sum_{i=t}^{T} (W_{hh}^T)^{T-i} W_{qh}^T \frac{\partial L}{\partial o_{T+t-i}} \tag{4-88}$$

从式(4-88)中可以看到,这个简单的线性例子已经展现了长序列模型的一些关键问题:它陷入了 W_{hh}^T 潜在的非常大的幂。在这个幂中,小于 1 的特征值将会消失,大于 1 的特征值将会发散。这在数值上是不稳定的,表现形式为梯度消失或梯度爆炸。解决此问题的一种方法是按照计算的需要截断时间步长的尺寸。实际上,这种截断是通过在给定数量的时间步之后分离梯度来实现的。稍后,讲述更复杂的序列模型(如长短期记忆模型)是如何进一步缓解这一问题的。

最后,图 4-24 表明:目标函数 L 通过隐状态 $h_1, \cdots, h_T$ 依赖于隐藏层中的模型参数 W_{hx} 和 W_{hh}。为了计算这些参数的梯度 $\frac{\partial L}{\partial W_{hx}} \in \mathbf{R}^{h \times d}$ 和 $\frac{\partial L}{\partial W_{hh}} \in \mathbf{R}^{h \times h}$,应用链式法则得

$$\frac{\partial L}{\partial W_{hx}} = \sum_{t=1}^{T} \mathrm{prod}\left(\frac{\partial L}{\partial h_t}, \frac{\partial h_t}{\partial W_{hx}}\right) = \sum_{t=1}^{T} \frac{\partial L}{\partial h_t} x_t^T \tag{4-89}$$

$$\frac{\partial L}{\partial W_{hh}} = \sum_{t=1}^{T} \mathrm{prod}\left(\frac{\partial L}{\partial h_t}, \frac{\partial h_t}{\partial W_{hh}}\right) = \sum_{t=1}^{T} \frac{\partial L}{\partial h_t} h_{t-1}^T \tag{4-90}$$

式中,$\frac{\partial L}{\partial h_t}$ 是由式(4-87)递归计算得到的,是影响数值稳定性的关键量。

正如在前文中所解释的那样,由于通过时间反向传播是反向传播在循环神经网络中的应用方式,所以训练循环神经网络交替使用前向传播和通过时间反向传播。通过时间反向传播依次计算并存储上述梯度。具体而言,存储的中间值会被重复使用,以避免重复计算,如存储 $\frac{\partial L}{\partial h_t}$,以便在计算 $\frac{\partial L}{\partial W_{hx}}$ 和 $\frac{\partial L}{\partial W_{hh}}$ 时使用。

4.3 现代卷积神经网络

虽然深度神经网络的概念非常简单——将神经网络堆叠在一起。但由于不同的网络架构和超参数选择,这些神经网络的性能会发生很大变化。本节介绍的神经网络是将人类直觉和相关数学见解结合后,经过大量研究试错后的结晶。按时间顺序介绍这些模型,在追寻历史脉络的同时,帮助培养对该领域发展的直觉,这将有助于研究开发自己的架构。例如,下面介绍的批量规范化和残差网络为设计和训练深度神经网络提供了重要思想指导。

4.3.1 深度卷积神经网络

在 LeNet 提出后,卷积神经网络(AlexNet)在计算机视觉和机器学习领域中名气大涨,但卷积神经网络并没有主导这些领域。这是因为虽然 LeNet 在小数据集上取得了很好的效果,但是在更大、更真实的数据集上训练卷积神经网络的性能和可行性还有待研究。事实

上,在 20 世纪 90 年代初到 2012 年之间的大部分时间里,神经网络一直被其他机器学习方法超越,如支持向量机。

在计算机视觉中,直接将神经网络与其他机器学习方法进行比较也许不公平。这是因为,卷积神经网络的输入是由原始像素值或是经过简单预处理(如居中、缩放)的像素值组成的。但在使用传统机器学习方法时,从业者永远不会将原始像素作为输入。在传统机器学习方法中,计算机视觉流水线是由经过人的手工精心设计的特征流水线组成的。对于这些传统方法,大部分进展来自对特征有了更好的想法,并且学习到的算法往往归于事后的解释。

虽然 20 世纪 90 年代就有了一些神经网络加速卡,但仅靠它们还不足以开发出有大量参数的深层多通道多层卷积神经网络。此外,当时的数据集仍然相对较小。除了这些障碍,训练神经网络的一些关键技巧仍然缺失,包括启发式参数初始化、随机梯度下降的变体、非挤压激活函数和有效的正则化技术。

因此,与训练端到端(从像素到分类结果)系统不同,经典机器学习的流水线看起来更像下面这样:

(1)获取一个有趣的数据集。在早期,收集这些数据集需要昂贵的传感器(在当时最先进的图像也就是 100 万像素)。

(2)根据光学、几何学、其他知识及偶然的发现,手工对特征数据集进行预处理。

(3)通过标准的特征提取算法,如 SIFT(尺度不变特征变换)[26] 和 SURF(加速鲁棒特征)[39] 或其他手动调整的流水线来输入数据。

(4)将提取的特征送入最喜欢的分类器中(如线性模型或其他核方法),以训练分类器。

当人们和机器学习研究人员交谈时,会发现机器学习研究人员相信机器学习既重要又美丽:用优雅的理论去证明各种模型的性质。机器学习是一个正在蓬勃发展、严谨且非常有用的领域。然而,当人们和计算机视觉研究人员交谈时,会听到一个完全不同的故事。计算机视觉研究人员会告诉人们一个诡异的事实——推动领域进步的是数据特征,而不是学习算法。计算机视觉研究人员相信,从对最终模型精度的影响的角度看,更大或更干净的数据集或是稍微改进的特征提取比任何学习算法带来的进步都要大得多。

1. 学习表征

另一种预测这个领域发展的方法——观察图像特征的提取方法。在 2012 年以前,图像特征都是机械地计算出来的。事实上,设计一套新的特征函数、改进结果,并撰写论文是盛极一时的潮流。SIFT[26]、SURF[39]、HOG(定向梯度直方图)[40]、bags of visual words 和类似的特征提取方法占据了主导地位。

另一组研究人员,包括 Yann LeCun、Geoff Hinton、Yoshua Bengio、Andrew Ng、Shunichi Amari 和 Juergen Schmidhuber,想法则与众不同:他们认为特征本身应该被学习。此外,他们还认为,在合理的复杂性前提下,特征应该由多个共同学习的神经网络层组成,每个层都有可学习的参数。在机器视觉中,最底层可能检测边缘、颜色和纹理。事实上,Alex Krizhevsky、Ilya Sutskever 和 Geoff Hinton 提出了一种新的卷积神经网络变体——AlexNet。在 2012 年的 ImageNet 挑战赛中一鸣惊人。AlexNet 以 Alex Krizhevsky 的名字命名,他是文献[41]的第一作者。

有趣的是,在网络的最底层,模型学习到了一些类似于传统滤波器的特征抽取器。图 4-25 是从文献[41]中复制的,描述了底层图像的特征。

AlexNet 的更高层建立在这些底层表示的基础上,以表示更大的特征,如眼睛、鼻子、草叶等。而更高的层可以检测整个物体,如人、飞机、狗或飞盘。最终的隐藏神经元可以学习图像的综合表示,从而使属于不同类别的数据易于区分。尽管一直有一群执着的研究者不断钻研,试图学习视觉数据的逐级表征,然而很长一段时间里这些尝试都未有突破。深度卷积神经网络的突破出现在 2012 年,可归因于两个关键因素:

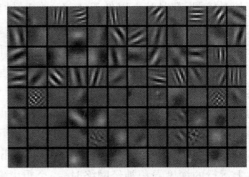

图 4-25　AlexNet 第一层学习到的特征抽取器
（见文前彩图）

(1) 包含许多特征的深度模型需要大量的有标签数据,才能显著优于基于凸优化的传统方法(如线性方法和核方法)。然而,限于早期计算机有限的存储和 20 世纪 90 年代有限的研究预算,大部分研究只基于小的公开数据集。例如,不少研究论文基于加州大学欧文分校(UCI)提供的若干个公开数据集,其中许多数据集只有几百至几千幅在非自然环境下以低分辨率拍摄的图像。这一状况在 2010 年前后兴起的大数据浪潮中得到改善。2009 年,ImageNet 数据集发布,并发起 ImageNet 挑战赛:要求研究人员从 100 万个样本中训练模型,以区分 1000 个不同类别的对象。ImageNet 数据集由斯坦福大学教授李飞飞小组的研究人员开发,利用谷歌图像搜索(google image search)对每一类图像进行预筛选,并利用亚马逊众包(amazon mechanical turk)来标注每幅图片的相关类别。这种规模是前所未有的,推动了计算机视觉和机器学习研究的发展,挑战研究人员确定哪些模型在更大的数据规模下表现最好。

(2) 深度学习对计算资源要求很高,训练可能需要数百个迭代轮次,每次迭代都需要通过代价高昂的许多线性代数层传递数据。这也是 20 世纪 90 年代至 21 世纪初优化凸目标的简单算法是研究人员首选的原因。然而,用 GPU 训练神经网络改变了这一格局。图形处理器(graphics processing unit,GPU)早年用来加速图形处理,使电脑游戏玩家受益。GPU 可优化高吞吐量的矩阵和向量乘法,从而服务于基本的图形任务。幸运的是,这些数学运算与卷积层的计算惊人地相似。由此,英伟达(NVIDIA)和 ATI 已经开始为通用计算操作优化 GPU,甚至把它们作为通用 GPU(general-purpose GPU,GPGPU)来销售。

那么 GPU 比 CPU 强在哪里呢?

首先,本书深度理解一下中央处理器(central processing unit,CPU)的核心。CPU 的每个核心都拥有高时钟频率的运行能力,和高达数兆字节的三级缓存(L3Cache)。它们非常适合执行各种指令,具有分支预测器、深层流水线和其他使 CPU 能够运行各种程序的功能。然而,这种明显的优势也是它的致命弱点:通用核心的制造成本非常高。它们需要大量的芯片面积、复杂的支持结构(内存接口、内核之间的缓存逻辑、高速互联等),而且它们在任何单个任务上的性能都相对较差。现代笔记本电脑最多为 4 核,即使是高端服务器也很少超过 64 核,因为它们的性价比不高。

相比于 CPU，GPU 由个小的处理单元组成（NVIDIA、ATI、ARM 和其他芯片供应商之间的细节稍有不同），通常被分成更大的组（NVIDIA 称之为 warps）。虽然每个 GPU 核心都相对较弱，有时甚至以低于 1GHz 的时钟频率运行，但庞大的核心数量使 GPU 比 CPU 快几个数量级。例如，NVIDIA 最新一代的 Ampere GPU 架构为每个芯片提供了高达 312 TFlops 的浮点性能，而 CPU 的浮点性能到目前为止还没有超过 1 TFlops。如此大差距的原因很简单：首先，功耗往往会随时钟频率呈二次方增长。对于一个 CPU 核心，假设它的运行速度比 GPU 快 4 倍，但可以使用 16 个 GPU 核代替，那么 GPU 的综合性能就是 CPU 的 4 倍。其次，GPU 内核要简单得多，这使得它们更节能。此外，深度学习中的许多操作需要相对较高的内存带宽，而 GPU 拥有 10 倍于 CPU 的带宽。

回到 2012 年的重大突破，当 Alex Krizhevsky 和 Ilya Sutskever 实现了可以在 GPU 硬件上运行的深度卷积神经网络时，一个重大突破出现了。他们意识到卷积神经网络中的计算瓶颈——卷积和矩阵乘法都是可以在硬件上并行化的操作。于是，他们使用两个显存为 3GB 的 NVIDIA GTX580 GPU 实现了快速卷积运算。他们的创新 cuda-convnet 一直是行业标准，并掀起了深度学习热潮。

2. AlexNet

2012 年，AlexNet 横空出世，它首次证明了学习到的特征可以超越手工设计的特征，一举打破了计算机视觉研究的现状。AlexNet 使用了 8 层卷积神经网络，并以很大的优势赢得了 2012 年 ImageNet 图像识别挑战赛。

AlexNet 和 LeNet 的架构非常相似，如图 4-26 所示。注意，本书在这里提供的是一个稍微精简版本的 AlexNet，去除了当年需要 2 个小型 GPU 同时运算的设计特点。

AlexNet 和 LeNet 的设计理念非常相似，但也存在显著的差异：

（1）AlexNet 比相对较小的 LeNet5 要深得多。AlexNet 由 8 层组成：5 个卷积层、2 个全连接隐藏层和 1 个全连接输出层。

（2）AlexNet 使用 ReLU 而不是 sigmoid 作为其激活函数。

在 AlexNet 的第一层，卷积窗口的形状是 11×11。由于 ImageNet 中大多数图像的宽和高比 MNIST 图像的多 10 倍以上，因此，需要一个更大的卷积窗口来捕获目标。第二层中的卷积窗口形状被缩减为 5×5，然后是 3×3。此外，在第 1 层、第 2 层和第 5 层卷积层之后，加入窗口形状为 3×3、步幅为 2 的最大汇聚层。而且，AlexNet 的卷积通道数目是 LeNet 的 10 倍。

在最后一个卷积层后有 2 个全连接层，分别有 4096 个输出。这 2 个巨大的全连接层拥有将近 1GB 的模型参数。由于早期 GPU 显存有限，原版的 AlexNet 采用了双数据流设计，使得每个 GPU 只负责存储和计算模型的一半参数。幸运的是，现在 GPU 显存相对充裕，所以很少需要跨 GPU 分解模型（因此，本书的 AlexNet 模型在这方面与原始论文稍有不同）。

此外，AlexNet 将 sigmoid 激活函数改为更简单的 ReLU 激活函数。一方面，ReLU 激活函数的计算更简单，它不需要像 sigmoid 激活函数那般复杂的求幂运算。另一方面，当使用不同的参数初始化方法时，ReLU 激活函数使训练模型更加容易。当 sigmoid 激活函数的输出非常接近 0 或 1 时，这些区域的梯度几乎为 0，因此反向传播无法继续更新一些模型参数。相反，ReLU 激活函数在正区间的梯度总是 1。因此，如果模型参数没有正确初

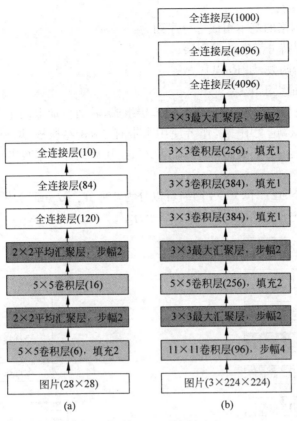

图 4-26　从 LeNet 到 AlexNet

(a) LeNet；(b) AlexNet

始化, sigmoid 函数可能在正区间内得到几乎为 0 的梯度, 从而使模型无法得到有效的训练。

　　AlexNet 通过暂退法控制全连接层的模型复杂度, 而 LeNet 只使用了权重衰减。为了进一步扩充数据, AlexNet 在训练时增加了大量的图像增强数据, 如翻转、裁切和变色。这使得模型更健壮, 而更大的样本量有效地减少了过拟合。

4.3.2　使用块的网络

　　虽然 AlexNet 证明深层神经网络卓有成效, 但它没有提供一个通用的模板来指导后续的研究人员设计新的网络。下面本书将介绍一些常用于设计深层神经网络的启发式概念。

　　与芯片设计中工程师从放置晶体管到逻辑元件再到逻辑块的过程类似, 神经网络架构的设计也逐渐变得更加抽象。研究人员开始从单个神经元的角度思考问题, 发展到整个层, 现在又转向块, 重复层的模式。

　　使用块的想法首先出现在牛津大学视觉几何组（visual geometry group）的 VGG 网络中。通过使用循环和子程序, 可以很容易地在任何现代深度学习框架代码中实现这些重复的架构。

1. VGG 块

经典卷积神经网络的基本组成部分序列为：

（1）带填充以保持分辨率的卷积层；

（2）非线性激活函数，如 ReLU；

（3）汇聚层，如最大汇聚层。

而一个 VGG 块与之类似，由一系列卷积层组成，后面再加上用于空间下采样的最大汇聚层。在最初的 VGG 论文中[42]，作者使用了带有 3×3 卷积核、填充为 1（保持高度和宽度）的卷积层和带有 2×2 汇聚窗口、步幅为 2（每个块后的分辨率减半）的最大汇聚层。

2. VGG 网络

与 AlexNet、LeNet 一样，VGG 网络可以分为 2 部分：第一部分主要由卷积层和汇聚层组成，第二部分由全连接层组成。如图 4-27 所示。

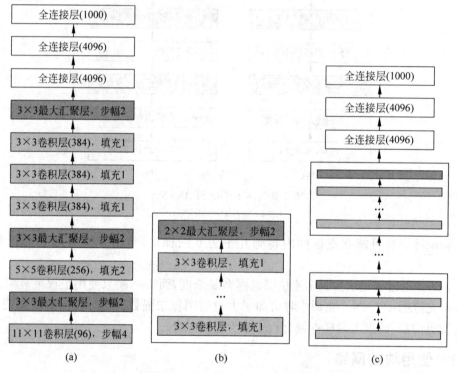

图 4-27　从 AlexNet 到 VGG，本质上都是块设计

（a）AlexNet；（b）VGG 块；（c）VGG

原始 VGG 网络有 5 个卷积块，其中前 2 个块各有 1 个卷积层，后 3 个块各包含 2 个卷积层。第 1 个模块有 64 个输出通道，每个后续模块将输出通道的数量翻倍，直到该数字达到 512。由于该网络使用 8 个卷积层和 3 个全连接层，因此它通常被称为 VGG-11。

4.3.3　网络中的网络

LeNet、AlexNet 和 VGG 都有一个共同的设计模式：通过一系列的卷积层与汇聚层来提取空间结构特征，然后通过全连接层对特征的表征进行处理。AlexNet 和 VGG 对 LeNet 的改进主要在于如何扩大和加深这两个模块。或者，可以想象在这个过程的早期使用全连接层。然而,如果使用了全连接层,则可能会完全放弃表征的空间结构。网络中的网络(NiN)提供了一个非常简单的解决方案:在每个像素的通道上分别使用多层感知机[43]。

1. NiN 块

回想一下,卷积层的输入和输出由四维张量组成,张量的每个轴分别对应样本、通道、高度和宽度。另外,全连接层的输入和输出通常是分别对应于样本和特征的二维张量。NiN 的想法是在每个像素位置(针对每个高度和宽度)应用一个全连接层。如果将权重连接到每个空间位置,则可以将其视为 1×1 卷积层,或作为在每个像素位置上独立作用的全连接层。从另一个角度看,即将空间维度中的每个像素视为单个样本,将通道维度视为不同特征(feature)。

图 4-28 说明了 VGG 和 NiN 及它们的块之间的主要架构差异。NiN 块以 1 个普通卷积层开始,后面是 2 个 1×1 卷积层。这 2 个 1×1 卷积层充当带有 ReLU 激活函数的逐像素全连接层。第 1 层的卷积窗口形状通常由用户设置,随后的卷积窗口形状固定为 1×1。

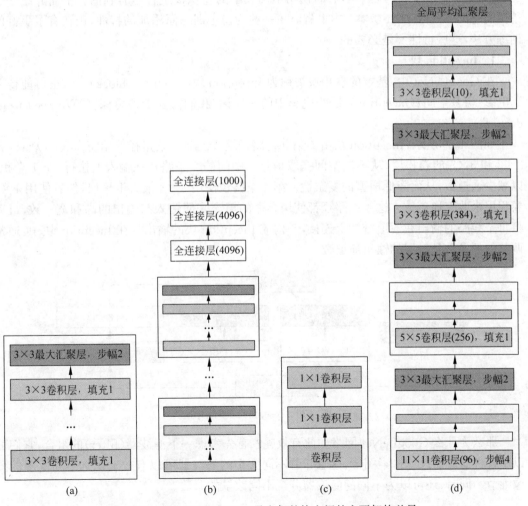

图 4-28 对比 VGG 和 NiN 及它们的块之间的主要架构差异

(a) VGG 块;(b) VGG;(c) NiN 块;(d) NiN

2. NiN 模型

最初的 NiN 网络是在 AlexNet 提出后不久提出的,显然是从中得到了一些启示。NiN 使用窗口形状为 11×11、5×5 和 3×3 的卷积层,输出通道数量与 AlexNet 中的相同。每个 NiN 块后有一个最大的汇聚层,汇聚窗口形状为 3×3,步幅为 2。

NiN 和 AlexNet 之间的一个显著区别是 NiN 完全取消了全连接层。相反,NiN 使用一个 NiN 块,其输出通道数等于标签类别的数量。最后放一个全局平均汇聚层(global average pooling layer),生成一个对数概率(logits)。NiN 设计的一个优点是,它显著减少了模型所需参数的数量。然而,在实践中,这种设计有时会增加训练模型的时间。

4.3.4 含并行连接的网络

在 2014 年的 ImageNet 图像识别挑战赛中,一个名为 GoogLeNet[44] 的网络架构大放异彩。GoogLeNet 吸收了 NiN 中串联网络的思想,并在此基础上做了改进。它的一个重点是解决了多大的卷积核最合适的问题。毕竟,以前流行的网络使用小到 1×1,大到 11×11 的卷积核。本文的一个观点是,有时使用不同大小的卷积核组合是有利的。下面介绍一个稍微简化的 GoogLeNet 版本:本书省略了一些为稳定训练而添加的特性,现在有了更好的训练方法,这些特性不是必要的。

1. Inception 块

在 GoogLeNet 中,基本的卷积块被称为 Inception 块(inception block)。这很可能得名于电影《盗梦空间》(inception),因为电影中的一句话"我们需要走得更深"("We need to go deeper")。

如图 4-29 所示,Inception 块由 4 条并行路径组成。前 3 条路径使用窗口大小为 1×1、3×3 和 5×5 的卷积层,从不同空间提取信息。中间的 2 条路径在输入上执行 1×1 卷积,以减少通道数,从而降低模型的复杂性。第 4 条路径使用 3×3 最大汇聚层,然后使用 1×1 卷积层来改变通道数。这 4 条路径都使用合适的填充来使输入与输出的高和宽一致,最后将每条线路的输出在通道维度上连接,并构成 Inception 块的输出。在 Inception 块中,通常调整的超参数是每层的输出通道数。

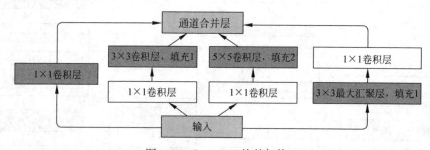

图 4-29　Inception 块的架构

那么为什么 GoogLeNet 网络如此有效呢? 首先考虑一下滤波器(filter)的组合,它们可以用各种滤波器尺寸探索图像,这意味着不同大小的滤波器可以有效地识别不同范围的图像细节。同时,还可以为不同的滤波器分配不同数量的参数。

2. GoogLeNet 模型

如图 4-30 所示,GoogLeNet 共使用 9 个 Inception 块和全局平均汇聚层的堆叠来生成其估计值。Inception 块之间的最大汇聚层可降低维度。第一个模块类似于 AlexNet 和 LeNet,Inception 块的组合从 VGG 继承,全局平均汇聚层避免了在最后使用全连接层。

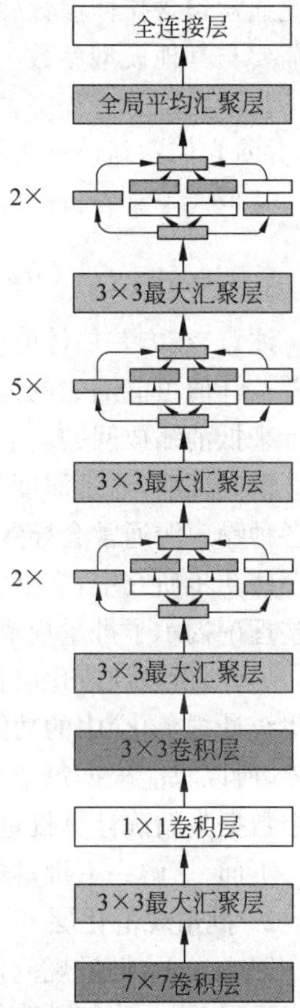

4.3.5 批量规范化

训练深层神经网络是十分困难的,特别是在较短的时间内使它们收敛更加棘手。下面介绍批量规范化(batch normalization,BN)[45],这是一种流行且有效的技术,可持续加速深层网络的收敛速度。再结合 4.3.6 节中将介绍的残差块,批量规范化使得研究人员能够训练 100 层以上的网络。

1. 训练深层网络

为什么需要批量规范化层呢?让我们来回顾一下训练神经网络时出现的一些实际挑战。

首先,数据预处理的方式通常会对最终结果产生巨大影响。使用真实数据时,第一步是标准化输入特征,使其平均值为 0,方差为 1。直观地说,这种标准化可以很好地与优化器配合使用,因为它可以将参数的量级进行统一。

其次,对于典型的多层感知机或卷积神经网络。当训练时,中间层中的变量(如多层感知机中的仿射变换输出)可能具有更广的变化范围:无论是沿着从输入到输出的层,跨同一层中的单元,或是随着时间的推移,模型参数随着训练更新变幻莫测。批量规范化的发明者非正式地假设这些变量分布中的这种偏移可能会阻碍网络的收敛。直观地说,我们可能会猜想,如果一个层的可变值是另一个层的 100 倍,这可能需要对学习率进行补偿调整。

最后,更深层的网络很复杂,容易过拟合。这意味着正则化变得更加重要。

批量规范化应用于单个可选层(也可以应用到所有层),其原理如下:在每次训练迭代中,本书首先规范化输入,即通过减去其均值并除以其标准差,其中二者均基于当前小批量处理。接下来,我们应用比例系数和比例偏移。正是基于批量统计的标准化,才有了批量规范化的名称。

注意,如果我们尝试使用大小为 1 的小批量应用批量规范化,将无法学到任何东西。这是因为在减去均值之后,每个隐藏单元将为 0。所以,只有使用足够大的小批量,批量规范化这种方法才是有效且稳定的。注意,在应用批量规范化时,批量大小的选择可能比没有批量规范化时更重要。

从形式上说,用 $x \in \mathcal{B}$ 表示一个来自小批量 $\mathcal{B}$ 的输入,批量规范化 BN 根据以下表达式转换 x:

$$\mathrm{BN}(x) = \gamma \odot \frac{x - \hat{\mu}_{\mathcal{B}}}{\hat{\sigma}_{\mathcal{B}}} + \beta \tag{4-91}$$

图 4-30 GoogLeNet 架构

式中,$\hat{\mu}_B$ 是小批量 $\mathcal{B}$ 的样本均值,$\hat{\sigma}_B$ 是小批量 $\mathcal{B}$ 的样本标准差。应用标准化后,生成的小批量平均值为 0、单位方差为 1。由于单位方差(与其他一些魔法数)是一个主观的选择,因此通常包含拉伸参数(scale)γ 和偏移参数(shift)β,它们的形状与 x 相同。注意,γ 和 β 是需要与其他模型参数一起学习的参数。

由于在训练过程中,中间层的变化幅度不能过于剧烈,而批量规范化将每一层主动居中,并将它们重新调整为给定的平均值和大小(通过 $\hat{\mu}_B$ 和 $\hat{\sigma}_B$)。

从形式上来看,计算出了式(4-91)中的 $\hat{\mu}_B$ 和 $\hat{\sigma}_B$:

$$\hat{\mu}_B = \frac{1}{|\mathcal{B}|}\sum_{x \in \mathcal{B}} x, \quad \hat{\sigma}_B^2 = \frac{1}{|\mathcal{B}|}\sum_{x \in \mathcal{B}}(x - \hat{\mu}_B)^2 + \epsilon \tag{4-92}$$

注意,在方差估计值中添加了一个小的常量 $\epsilon > 0$,以确保永远不会除以零,即使在经验方差估计值可能消失的情况下也是如此。估计值 $\hat{\mu}_B$ 和 $\hat{\sigma}_B$ 通过使用平均值和方差的噪声估计来抵消缩放问题。乍一看起来,这种噪声是一个问题,而事实上它是有益的。

事实证明,这是深度学习中一个反复出现的主题。由于尚未在理论上明确原因,优化中的各种噪声源通常会导致更快的训练和较少的过拟合,这种变化似乎是正则化的一种形式。在一些初步研究中,文献[46]和文献[47]分别将批量规范化的性质与贝叶斯先验相关联。这些理论揭示了批量规范化最适应 50~100 范围内的中等批量大小的难题。

另外,批量规范化层在"训练模式"(通过小批量统计数据规范化)和"预测模式"(通过数据集统计规范化)中的功能不同。在训练过程中,我们无法使用整个数据集来估计平均值和方差,所以只能根据每个小批次的平均值和方差不断训练模型。而在预测模式下,可以根据整个数据集精确计算批量规范化所需的平均值和方差。

下面,了解一下批量规范化在实践中是如何工作的。

2. 批量规范化层

回想一下,批量规范化和其他层之间的一个关键区别是,由于批量规范化在完整的小批量上运行,因此我们不能像以前在引入其他层时那样忽略批量大小。下面讨论两种情况:全连接层和卷积层。它们的批量规范化实现略有不同。

通常,将批量规范化层置于全连接层中的仿射变换和激活函数之间。设全连接层的输入为 x,权重参数和偏置参数分别为 W 和 b,激活函数为 ϕ,批量规范化的运算符为 BN。那么,使用批量规范化的全连接层的输出为

$$h = \phi(\text{BN}(Wx + b)) \tag{4-93}$$

回想一下,均值和方差是在应用变换的"相同"小批量上计算的。

同样,对于卷积层,可以在卷积层之后和非线性激活函数之前应用批量规范化。当卷积层有多个输出通道时,需要对这些通道的"每个"输出执行批量规范化,每个通道都有自己的拉伸和偏移参数,这两个参数都是标量。假设本书的小批量包含 m 个样本,并且对于每个通道,卷积层的输出具有高度 p 和宽度 q。那么对于卷积层,在每个输出通道的 $m \cdot p \cdot q$ 个元素上同时执行每个批量规范化。因此,在计算平均值和方差时,会收集所有空间位置的值,然后在给定通道内应用相同的均值和方差,以便在每个空间位置对值进行规范化。

正如前面提到的,批量规范化在训练模式和预测模式下的行为通常不同。首先,将训练好的模型用于预测时,不再需要样本均值中的噪声及在微批次上估计每个小批次产生的样

本方差了。其次,可能需要使用模型对逐个样本进行预测。一种常用的方法是通过移动平均估算整个训练数据集的样本均值和方差,并在预测时使用它们得到确定的输出。可见,和暂退法一样,批量规范化层在训练模式和预测模式下的计算结果也是不一样的。

3. 争议

直观地说,批量规范化被认为可以使优化更加平滑。然而,必须小心区分直觉和对本书观察到的现象的真实解释。回想一下,甚至不知道简单的神经网络(多层感知机和传统的卷积神经网络)为何如此有效。即使在暂退法和权重衰减的情况下,它们仍然非常灵活,因此无法通过常规的学习理论泛化保证来解释它们是否能够泛化到看不见的数据。

在提出批量规范化的论文中,作者除了介绍其应用,还解释了其原理:减少内部协变量偏移(internal covariate shift)。据推测,作者所说的内部协变量转移类似于上述的直觉性表述,即变量值的分布在训练过程中会发生变化。然而,这种解释有两个问题:①这种偏移与严格定义的协变量偏移非常不同,所以这个名字用词不当;②这种解释只提供了一种不明确的直觉,但留下了一个有待后续挖掘的问题:为什么这项技术如此有效?本书旨在传达实践者用来发展深层神经网络的直觉。然而,重要的是将这些指导性直觉与既定的科学事实区分开来。最终,当你掌握了这些方法,并开始撰写自己的研究论文时,你就希望清楚地区分技术和直觉。

随着批量规范化的普及,内部协变量偏移的解释反复出现在技术文献的辩论中,特别是关于"如何展示机器学习研究"的更广泛的讨论中。Ali Rahimi 在接受 2017 年 NeurIPS 大会的"接受时间考验奖"(test of time award)时发表了一篇令人难忘的演讲。他将"内部协变量转移"作为焦点,将现代深度学习的实践比作炼金术。他对该示例进行了详细回顾[48],概述了机器学习中令人不安的趋势。此外,一些作者对批量规范化的成功提出了另一种解释:在某些方面,批量规范化表现出与原始论文[49]中声称的行为是相反的。

然而,与机器学习文献中成千上万类似模糊的说法相比,内部协变量偏移不值得批评。它作为这些辩论的焦点而产生共鸣极有可能要归功于目标受众对它的广泛认可。批量规范化已经被证明是一种不可或缺的方法,适用于几乎所有图像分类器,并在学术界获得了数万引用。

4.3.6 残差网络

随着本书设计越来越深的网络,深刻理解"新添加的层如何提升神经网络的性能"变得至关重要。更重要的是设计网络的能力,在这种网络中,添加层会使网络更具表现力,为了取得质的突破,我们需要一些数学基础知识的支持。

1. 函数类

首先,假设有一类特定的神经网络架构 $\mathcal{F}$,它包括学习速率和其他超参数设置。对于所有 $f \in \mathcal{F}$,存在一些参数集(如权重和偏置),这些参数可以通过在合适的数据集上进行训练而获得。现在假设 f^* 是本书真正想要找到的函数,如果是 $f^* \in \mathcal{F}$,那么可以轻而易举地训练得到它,但一般不会那么幸运。相反,将尝试找到一个函数 $f_{\mathcal{F}}^*$,这是在 $\mathcal{F}$ 中的最佳选择。例如,给定一个具有 X 特性和 y 标签的数据集,可以尝试通过解决以下优化问题来找到它:

$$f^*_{\mathcal{F}} := \underset{f}{\arg\min} L(X, y, f) \text{ subject to } f \in \mathcal{F} \qquad (4\text{-}94)$$

那么,怎样得到更近似真正的 f^* 函数呢?唯一合理的可能性是,需要设计一个更强大的架构 $\mathcal{F}'$。换句话说,本书预计 $f^*_{\mathcal{F}'}$ 比 $f^*_{\mathcal{F}}$"更近似"。然而,如果 $\mathcal{F} \nsubseteq \mathcal{F}'$,则无法保证新的体系"更近似"。事实上,$f^*_{\mathcal{F}'}$ 可能更糟:如图 4-31 所示,对于非嵌套函数(non-nested function)类,较复杂的函数类并不总是向"真"函数 f^* 靠拢(复杂度由 $\mathcal{F}_1$ 向 $\mathcal{F}_6$ 递增)。在图 4-31(a)中,虽然 $\mathcal{F}_3$ 比 $\mathcal{F}_1$ 更接近 f^*,但 $\mathcal{F}_6$ 离的更远了。相反,对于图 4-31(b)的嵌套函数(nested function)类 $\mathcal{F}_1 \subseteq \cdots \subseteq \mathcal{F}_6$,则可以避免上述问题。

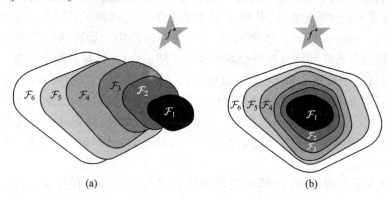

图 4-31 非嵌套函数类与嵌套函数类
(a) 非嵌套函数类;(b) 嵌套函数类

因此,只有当较复杂的函数类包含较小的函数类时,本书才能确保提高它们的性能。对于深度神经网络,如果本书能将新添加的层训练成恒等映射(identity function)$f(x) = x$,新模型和原模型将同样有效。同时,由于新模型可能得出更优的解来拟合训练数据集,因此添加层似乎更容易降低训练误差。

针对这一问题,何恺明等人提出了残差网络(ResNet)[50]。它在 2015 年的 ImageNet 图像识别挑战赛中夺魁,并深刻影响了后来的深度神经网络设计。残差网络的核心思想是:每个附加层都应该更容易地将原始函数作为其元素之一。于是,残差块(residual block)便诞生了,这个设计对如何建立深层神经网络产生了深远的影响。凭借它,ResNet 赢得了 2015 年 ImageNet 大规模视觉识别挑战赛。

2. 残差块

下面聚焦于神经网络局部:如图 4-32 所示,假设本书的原始输入为 x,而希望学出的理想映射为 $f(x)$(作为图 4-32 上方激活函数的输入)。图 4-32(a)的虚线框中的部分需要直接拟合出该映射 $f(x)$,而图 4-32(b)虚线框中的部分则需要拟合出残差映射 $f(x) - x$。残差映射在现实中往往更容易优化。以本节开头提到的恒等映射作为希望学出的理想映射 $f(x)$,本书只需将图 4-32(b)虚线框内上方的加权运算(如仿射)的权重和偏置参数设成 0,那么 $f(x)$ 便为恒等映射。实际中,当理想映射 $f(x)$ 极接近于恒等映射时,残差映射也易于捕捉恒等映射的细微波动。图 4-32(b)是 ResNet 的基础架构——残差块。在残差块中,输入可通过跨层数据线路更快地向前传播。

ResNet 沿用了 VGG 完整的 3×3 卷积层设计。残差块里首先有 2 个有相同输出通道数的 3×3 卷积层,每个卷积层后接一个批量规范化层和 ReLU 激活函数。然后本书通过跨

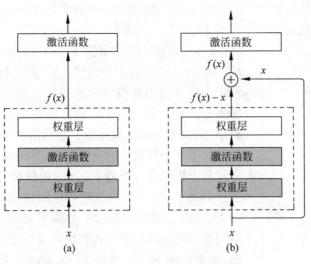

图 4-32　一个正常块和一个残差块

(a) 正常块；(b) 残差块

层数据通路，跳过这 2 个卷积运算，将输入直接加在最后的 ReLU 激活函数前。这样的设计要求 2 个卷积层的输出与输入形状一样，从而使它们可以相加。如果想改变通道数，就需要引入一个额外的 1×1 卷积层来将输入变换成需要的形状后再做相加运算。

如图 4-33 所示，此代码生成 2 种类型的网络：一种是不包含 1×1 卷积层时，应用 ReLU 非线性函数之前，将输入添加到输出。另一种是包含 1×1 卷积层时，添加通过 1×1 卷积层的调整通道和分辨率。

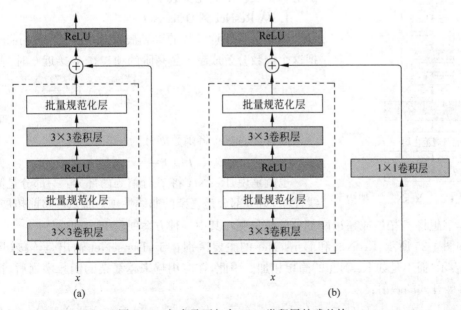

图 4-33　包含及不包含 1×1 卷积层的残差块

3. ResNet 模型

ResNet 的前两层跟之前介绍的 GoogLeNet 中的一样：在输出通道数为 64、步幅为 2

的 7×7 卷积层后,接步幅为 2 的 3×3 的最大汇聚层。不同之处在于 ResNet 的每个卷积层后增加了批量规范化层。

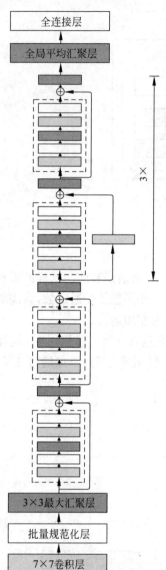

图 4-34　ResNet-18 架构

GoogLeNet 在后面接了 4 个由 Inception 块组成的模块。ResNet 则使用 4 个由残差块组成的模块,每个模块使用若干个同样输出通道数的残差块。第一个模块的通道数同输入通道数一致。由于之前已经使用了步幅为 2 的最大汇聚层,所以无须减小高和宽。之后的每个模块在第一个残差块里将上一个模块的通道数翻倍,并将高和宽减半。

每个模块有 4 个卷积层(不包括恒等映射的 1×1 卷积层),再加上第一个 7×7 卷积层和最后一个全连接层,共有 18 层。因此,这种模型通常被称为 ResNet-18。通过配置不同的通道数和模块里的残差块数可以得到不同的 ResNet 模型,如更深的含 152 层的 ResNet-152。虽然 ResNet 的主体架构跟 GoogLeNet 类似,但 ResNet 架构更简单,修改也更方便。这些因素都导致了 ResNet 迅速被广泛使用。图 4-34 描述了完整的 ResNet-18 架构。

4.3.7　稠密连接网络

ResNet 极大地改变了如何参数化深层网络中函数的观点。稠密连接网络(DenseNet)[51] 在某种程度上是 ResNet 的逻辑扩展。下面先从数学上介绍一下。

1. 从 ResNet 到 DenseNet

回想一下任意函数的泰勒展开式(taylor expansion),它把这个函数分解成越来越高阶的项。在 x 接近 0 时,有

$$f(x) = f(0) + f'(0)x + \frac{f''(0)}{2!}x^2 + \frac{f'''(0)}{3!}x^3 + \cdots$$
$$(4\text{-}95)$$

同样,ResNet 将函数展开为

$$f(x) = x + g(x) \qquad (4\text{-}96)$$

也就是说,ResNet 将 f 分解为两部分:一部分是简单的线性项,另一部分是复杂的非线性项。那么再向前拓展一步,如果本书想将 f 拓展成超过两部分的信息呢? 其中一种方案便是 DenseNet。

如图 4-35 所示,ResNet 和 DenseNet 的主要区别在于,DenseNet 输出是连接(用图中 [,] 的表示)而不是如 ResNet 的简单相加。因此,在应用越来越复杂的函数序列后,执行从 x 到其展式的映射:

$$x \to [x, f_1(x), f_2([x, f_1(x)]), f_3([x, f_1(x), f_2([x, f_1(x)])]), \cdots] \qquad (4\text{-}97)$$

最后,将这些展开式结合到多层感知机中,再次减少特征的数量。实现起来非常简单:本书不需要添加术语,而是将它们连接起来即可。DenseNet 这个名字由变量之间的"稠密连接"得来,最后一层与之前的所有层紧密相连。稠密连接如图 4-36 所示。

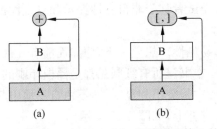

图 4-35 ResNet 与 DenseNet 在跨层连接上的主
要区别：使用相加和使用连接
(a) ResNet；(b) DenseNet

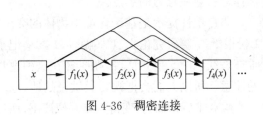

图 4-36 稠密连接

稠密网络主要由 2 部分构成：稠密块(dense block)和过渡层(transition layer)。前者定义如何连接输入和输出，而后者则控制通道数量，使其不会太复杂。

2. 稠密块体

DenseNet 使用了 ResNet 改良版的"批量规范化、激活和卷积"架构。一个稠密块由多个卷积块组成，每个卷积块使用相同数量的输出通道。然而，在前向传播中，将每个卷积块的输入和输出在通道维上连接。

定义一个有 2 个输出通道数为 10 的 DenseBlock。使用通道数为 3 的输入时，会得到通道数为$(3+2×10=23)$的输出。卷积块的通道数控制了输出通道数相对于输入通道数的增长，因此也被称为增长率(growth rate)。

由于每个稠密块都会带来通道数的增加，使用过多则会过于复杂化模型，而过渡层可以用来控制模型复杂度。它通过$(1×1)$卷积层来减小通道数，并使用步幅为 2 的平均汇聚层减半高和宽，从而进一步降低模型复杂度。

4.4 注意力机制及 Transformer 算法

4.4.1 注意力提示

自经济学研究稀缺资源分配以来，人们正处在"注意力经济"时代，即人类的注意力被视为可以交换的、有限的、有价值的且稀缺的商品。许多商业模式也被开发出来以利用这一点：在音乐或视频流媒体服务上，人们要么消耗注意力在广告上，要么付钱来隐藏广告；为了网络游戏世界的成长，人们要么消耗注意力在游戏战斗中，从而吸引新的玩家，要么付钱立即变得强大。总之，注意力不是免费的。

注意力是稀缺的，而环境中干扰注意力的信息并不少。比如人类的视觉神经系统大约每秒收到 10^8 位的信息，这远远超过了大脑能够完全处理的水平。幸运的是，人类的祖先已经从经验(也称为数据)中认识到"并非感官的所有输入都是一样的"。在整个人类历史中，这种只将注意力引向感兴趣的一小部分信息的能力使人类的大脑能够更明智地分配资源来生存、成长和社交，如发现天敌、找寻食物和伴侣等。

1. 生物学中的注意力提示

注意力是如何应用于视觉世界中的呢？这要从当今十分普及的双组件(two-component)框架开始讲起，这个框架可以追溯到 19 世纪 90 年代，其发明者威廉·詹姆斯被认为是"美国心理学之父"[52]。在这个框架中,受试者基于非自主性提示和自主性提示有选择地引导注意力的焦点。

非自主性提示是基于环境中物体的突出性和易见性。想象一下,假如面前有5件物品:1份报纸、1篇研究论文、1杯咖啡、1本笔记本和1本书。所有纸制品都是黑白印刷的,但咖啡杯是红色的。换句话说,咖啡杯在这种视觉环境中是突出和显眼的,不由自主地引起人们的注意。所以人们会把视力最敏锐的地方放到咖啡杯上,如图4-37所示。

喝咖啡后,人们会变得兴奋并想读书,所以转过头,重新聚焦眼睛,然后看书,就像图4-38中描述的那样。与图4-37中由于突出性导致的选择不同,此时选择书是受到了认知和意识的控制,因此注意力在基于自主性提示去辅助选择时将更为谨慎。受试者的主观意愿推动选择的力量也就更强大。

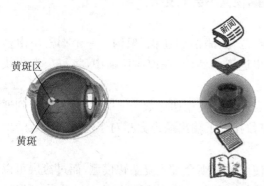 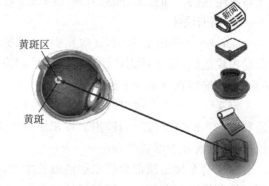

图4-37 由于突出性的非自主性提示(红色杯子),注意力不自主地指向了咖啡杯(见文前彩图)

图4-38 依赖于任务的意志提示(想读一本书),注意力被自主引导到书上(见文前彩图)

2. 查询、键和值

自主性的与非自主性的注意力提示解释了人类注意力的方式,下面讲解如何通过这两种注意力提示,用神经网络来设计注意力机制的框架。

首先,考虑一个相对简单的状况,即只使用非自主性提示。要想将选择偏向于感官输入,则可以简单地使用参数化的全连接层,甚至是非参数化的最大汇聚层或平均汇聚层。

因此,"是否包含自主性提示"将注意力机制与全连接层或汇聚层区别开来。在注意力机制的背景下,自主性提示被称为查询(query)。给定任何查询,注意力机制通过注意力汇聚(attention pooling)将选择引导至感官输入(sensory inputs,如中间特征表示)。在注意力机制中,这些感官输入被称为值(value)。更通俗的解释是每个值都与一个键(key)配对,这可以想象为感官输入的非自主提示。如图4-39所示,可以通过设计注意力汇聚的方式,便于给定的查询(自主性提示)与键(非自主性提示)进行匹配,这将引导得出最匹配的值(感官输入)。

鉴于上面所提框架在图4-39中的主导地位,这个框架下的模型将成为本小节的中心。然而,注意力机制的设计有许多替代方案,例如,可以设计一个不可微的注意力模型,该模型可以使用强化学习方法[53]进行训练。

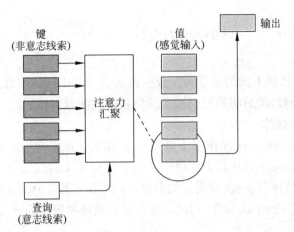

图 4-39　注意力机制通过注意力汇聚将查询(自主性提示)和键(非自主性提示)结合
在一起,实现对值(感官输入)的选择倾向

4.4.2　注意力评分函数

高斯核指数部分可以视为注意力评分函数(attention scoring function),简称评分函数
(scoring function),然后把这个函数的输出结果输入 softmax 函数中进行运算。通过上述
步骤,将得到与键对应的值的概率分布(即注意力权重)。最后,注意力汇聚的输出就是基于
这些注意力权重的值的加权和。

从宏观来看,上述算法可以用来实现图 4-39 中的注意力机制框架。图 4-40 说明了如
何将注意力汇聚的输出计算成为值的加权和,其中 a 表示注意力评分函数。由于注意力权
重是概率分布,因此加权和其本质上是加权平均值。

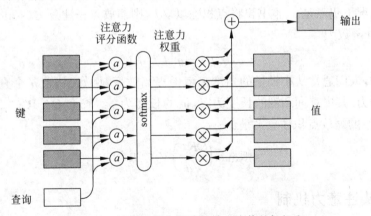

图 4-40　计算注意力汇聚的输出为值的加权和

用数学语言描述,假设有一个查询 $q \in \mathbf{R}^q$ 和 m 个"键—值"对 $(k_1, v_1), \cdots, (k_m, v_m)$,
其中 $k_i \in \mathbf{R}^k, v_i \in \mathbf{R}^v$,则注意力汇聚函数 f 被表示成值的加权和:

$$f(q, (k_1, v_1), \cdots, (k_m, v_m)) = \sum_{i=1}^{m} \alpha(q, k_i) v_i \in \mathbf{R}^v \tag{4-98}$$

其中查询 q 和键 k_i 的注意力权重(标量)是通过注意力评分函数 a 将 2 个向量映射成
标量,再经过 softmax 运算得到的:

$$\alpha(q,k_i) = \text{softmax}(a(q,k_i)) = \frac{\exp(a(q,k_i))}{\sum_{j=1}^{m} \exp(a(q,k_j))} \in \mathbf{R} \tag{4-99}$$

如图 4-40 所示,选择不同的注意力评分函数 a 会导致不同的注意力汇聚操作。下面介绍 2 个流行的评分函数,稍后将用它们来实现更复杂的注意力机制。

1. 掩蔽 softmax 操作

正如上面提到的,softmax 操作用于输出一个概率分布作为注意力权重。在某些情况下,并非所有值都应该被纳入注意力汇聚中。为了将有意义的词元作为值来获取注意力汇聚,可以指定一个有效序列长度(即词元的个数),以便在计算 softmax 时过滤掉超出指定范围的位置。经过掩蔽 softmax 操作,超出有效长度的值都被掩蔽为 0。

2. 加性注意力

一般来说,当查询和键是不同长度的矢量时,可以使用加性注意力作为评分函数。给定查询 $q \in \mathbf{R}^q$ 和键 $k \in \mathbf{R}^k$,加性注意力(additive attention)的评分函数为

$$a(q,k) = \boldsymbol{w}_v^{\mathrm{T}} \tanh(W_q q + W_k k) \in \mathbf{R} \tag{4-100}$$

其中可学习的参数是 $W_q \in \mathbf{R}^{h \times q}$、$W_k \in \mathbf{R}^{h \times k}$ 和 $\boldsymbol{w}_v \in \mathbf{R}^h$。式(4-100)将查询和键连接起来后输入一个多层感知机(MLP)中,感知机包含一个隐藏层,其隐藏单元数是一个超参数 h。使用 tanh 作为激活函数,并且禁用偏置项。

3. 缩放点积注意力

使用点积可以得到计算效率更高的评分函数,但是点积操作要求查询和键具有相同的长度 d。假设查询和键的所有元素都是独立的随机变量,并且都满足零均值和单位方差,那么两个向量的点积的均值为 0,方差为 d。为确保无论向量长度如何,点积的方差在不考虑向量长度的情况下仍然是 1,本书再将点积除以 $\sqrt{d}$,则缩放点积注意力(scaled dot-product attention)评分函数为

$$a(q,k) = \boldsymbol{q}^{\mathrm{T}} k / \sqrt{d} \tag{4-101}$$

在实践中,人们通常从小批量的角度来考虑提高效率,例如,基于 n 个查询和 m 个键-值对计算注意力,其中查询和键的长度为 d,值的长度为 v。查询 $Q \in \mathbf{R}^{n \times d}$、键 $K \in \mathbf{R}^{m \times d}$ 和值 $V \in \mathbf{R}^{m \times v}$ 的缩放点积注意力是:

$$\text{softmax}\left(\frac{QK^{\mathrm{T}}}{\sqrt{d}}\right)V \in \mathbf{R}^{n \times v} \tag{4-102}$$

4.4.3 多头注意力机制

在实践中,当给定相同的查询、键和值的集合时,人们希望模型可以基于相同的注意力机制学习到不同的行为,然后将不同的行为作为知识组合起来,捕获序列内各种范围的依赖关系(如短距离依赖和长距离依赖关系)。因此,允许注意力机制组合使用查询、键和值的不同子空间表示(representation subspaces)可能是有益的。

为此,与其只使用一个注意力汇聚,人们可以用独立学习得到的 h 组不同的线性投影(linear projections)来变换查询、键和值。然后,这 h 组变换后的查询、键和值将被并行地送到注意力汇聚中。最后,将这 h 个注意力汇聚的输出拼接在一起,并且通过另一个可以学

习的线性投影进行变换,以产生最终输出。这种设计被称为多头注意力(multihead attention)[54]。对于 h 个注意力汇聚输出,每一个注意力汇聚都被称作一个头(head)。图 4-41 展示了使用全连接层来实现可学习的线性变换的多头注意力。

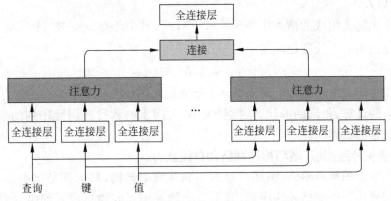

图 4-41 多头注意力:多头连接然后线性变换

1. 模型

在实现多头注意力之前,用数学语言将这个模型形式化地描述出来。给定查询 $q \in \mathbf{R}^{d_q}$、键 $k \in \mathbf{R}^{d_k}$ 和值 $v \in \mathbf{R}^{d_v}$,每个注意力头 $h_i (i=1,2,\cdots,h)$ 的计算方法为

$$h_i = f(W_i^{(q)}q, W_i^{(k)}k, W_i^{(v)}v) \in \mathbf{R}^{p_v} \tag{4-103}$$

其中,可学习的参数包括 $W_i^{(q)} \in \mathbf{R}^{p_q \times d_q}$、$W_i^{(k)} \in \mathbf{R}^{p_k \times d_k}$ 和 $W_i^{(v)} \in \mathbf{R}^{p_v \times d_v}$,以及代表注意力汇聚的函数 f。f 可以是前文中的加性注意力和缩放点积注意力。多头注意力的输出需要经过另一个线性转换,它对应着 h 个头连接后的结果,因此其可学习参数是 $W_o \in \mathbf{R}^{p_o \times hp_v}$:

$$W_o \begin{bmatrix} h_1 \\ \vdots \\ h_2 \end{bmatrix} \in \mathbf{R}^{p_o} \tag{4-104}$$

基于这种设计,每个头都可能会关注输入的不同部分,可以表示比简单加权平均值更复杂的函数。

2. 实现

在实现过程中通常选择缩放点积注意力作为每一个注意力头。为了避免计算代价和参数代价的大幅增长,设定 $p_q = p_k = p_v = p_o/h$。值得注意的是,如果将查询、键和值的线性变换的输出数量设置为 $p_q h = p_k h = p_v h = p_o$,则可以并行计算 h 个头。

(1)多头注意力融合了来自多个注意力汇聚的不同知识,这些不同的知识来源于相同查询、键和值的不同的子空间表示。

(2)基于适当的张量操作,可以实现多头注意力的并行计算。

4.4.4 自注意力机制

在深度学习中,经常使用卷积神经网络(CNN)或循环神经网络(RNN)对序列进行编码。有了注意力机制之后,人们将词元序列输入注意力池化层中,以便同一组词元同时充当查询、键和值。具体来说,每个查询都会关注所有的键-值对并生成一个注意力输出。由于查

询、键和值来自同一组输入，因此被称为自注意力（self-attention）[54,55]，也被称为内部注意力（intra-attention）[56 58]。本小节将使用自注意力进行序列编码，以及使用序列的顺序作为补充信息。

1. 自注意力

给定一个由词元组成的输入序列 $x_1,x_2,\cdots,x_n$，其中任意 $x_i \in \mathbf{R}^d (1 \leqslant i \leqslant n)$。该序列的自注意力输出为一个长度相同的序列 $y_1,y_2,\cdots,y_n$，其中：

$$y_i = f(x_i,(x_1,x_1),\cdots,(x_n,x_n)) \in \mathbf{R}^d \tag{4-105}$$

根据前文中定义的注意力汇聚函数 f。下面的代码片段是基于多头注意力对一个张量完成自注意力的计算，张量的形状为（批量大小，时间步的数目或词元序列的长度，d）。输出与输入的张量形状相同。

2. 比较卷积神经网络、循环神经网络和自注意力

接下来比较卷积神经网络、循环神经网络和注意力架构，目标都是将由 n 个词元组成的序列映射到另一个长度相等的序列，其中每个输入词元或输出词元都由 d 维向量表示。具体来说，比较的是卷积神经网络、循环神经网络和自注意力架构的计算复杂性、顺序操作和最大路径长度。注意，顺序操作会妨碍并行计算，而任意的序列位置组合之间的路径越短，则能更轻松地学习序列中的远距离依赖关系[59]。

考虑一个卷积核大小为 k 的卷积层，在后面的章节将提供关于使用卷积神经网络处理序列的更多详细信息，目前只需要知道，由于序列长度是 n，输入和输出的通道数量都是 d，所以卷积层的计算复杂度为 $O(knd^2)$。如图 4-42 所示，卷积神经网络是分层的，因此有 $O(1)$ 个顺序操作，最大路径长度为 $O(n/k)$。例如，x_1 和 x_5 处于图 4-42 中卷积核大小为 3 的双层卷积神经网络的感受器内。

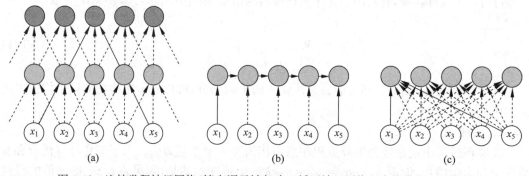

图 4-42　比较卷积神经网络（填充词元被忽略）、循环神经网络和自注意力 3 种架构
(a) 卷积神经网络；(b) 循环神经网络；(c) 自注意力

当更新循环神经网络的隐状态时，$d \times d$ 权重矩阵和 d 维隐状态的乘法计算复杂度为 $O(d^2)$。由于序列长度为 n，因此循环神经网络层的计算复杂度为 $O(nd^2)$。根据图 4-42，有 $O(n)$ 个顺序操作无法并行化，最大路径长度也是 $O(n)$。

在自注意力中，查询、键和值都是 $n \times d$ 的矩阵。考虑式（4-102）中缩放的点积注意力，其中 $n \times d$ 矩阵乘以 $d \times n$ 矩阵，令输出的 $n \times n$ 矩阵乘以 $n \times d$ 矩阵。因此，自注意力具有 $O(nd^2)$ 的计算复杂性。正如图 4-42 中的描述，每个词元都通过自注意力直接连接到任何其他词元。因此，有 $O(1)$ 个顺序操作可以并行计算，最大路径长度也是 $O(1)$。

总而言之,卷积神经网络和自注意力都拥有并行计算的优势,而且自注意力的最大路径长度最短。但是因为其计算复杂度是关于序列长度的二次方,所以在很长的序列中计算会非常慢。

3. 位置编码

在处理词元序列时,循环神经网络是逐个重复地处理词元,而自注意力则因为并行计算放弃了顺序操作。为了使用序列的顺序信息,通过在输入表示中添加位置编码(positional encoding)来注入绝对的或相对的位置信息。位置编码可以通过学习得到,也可以直接固定得到。接下来描述的是基于正弦函数和余弦函数的固定位置编码[54]。

假设输入表示 $X \in \mathbf{R}^{n \times d}$ 包含一个序列中 n 个词元的 d 维嵌入表示。位置编码使用相同形状的位置嵌入矩阵 $P \in \mathbf{R}^{n \times d}$ 输出 $X + P$,矩阵第 i 行、第 $2j$ 列和 $2j+1$ 列上的元素为

$$p_{i,2j} = \sin\left(\frac{i}{10000^{2j/d}}\right) \tag{4-106}$$

$$p_{i,2j+1} = \cos\left(\frac{i}{10000^{2j/d}}\right) \tag{4-107}$$

在位置嵌入矩阵 P 中,行代表词元在序列中的位置,列代表位置编码的不同维度。从图 4-43 的例子中可以看到位置嵌入矩阵第 6 列和第 7 列的频率高于第 8 列和第 9 列。第 6 列和第 7 列之间的偏移量(第 8 列和第 9 列相同)是由于正弦函数和余弦函数的交替造成的。

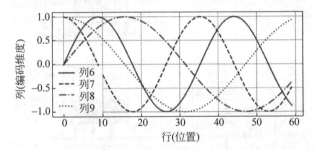

图 4-43 位置编码实现(见文前彩图)

1) 绝对位置信息

为了说明沿着编码维度单调降低的频率与绝对位置信息的关系,让人们打印出 $0, \cdots, 7$ 的二进制表示形式。其中,每个数字、每 2 个数字和每 4 个数字上的比特值在第一个最低位、第二个最低位和第三个最低位上分别交替。

在二进制表示中,较高比特位的交替频率低于较低比特位的,与图 4-44 所示相似,只是位置编码通过使用三角函数在编码维度上降低频率。由于输出是浮点数,因此此类连续表示比二进制表示法更省空间。

2) 相对位置信息

除了捕获绝对位置信息外,上述的位置编码还允许模型学习得到输入序列中的相对位置信息。这是因为对于任何确定的位置偏移 δ,位置 $i + \delta$ 处的位置编码可以线性

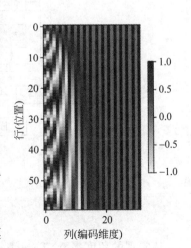

图 4-44 位置编码热力图(见文前彩图)

投影位置 δ 处的位置编码来表示。

4.4.5 Transformer 算法

前文中比较了卷积神经网络、循环神经网络和自注意力。值得注意的是,自注意力同时具有并行计算和最短的最大路径长度 2 个优势。因此,使用自注意力来设计深度架构是很有吸引力的。对比之前仍然依赖循环神经网络实现输入表示的自注意力模型[55-56,58],Transformer 模型完全基于注意力机制,没有任何卷积层或循环神经网络层[54]。尽管 Transformer 最初是应用在文本数据上的序列到序列学习,但现在已经推广到各种现代的深度学习中,如语言、视觉、语音和强化学习领域。

1. 模型

Transformer 作为编码器-解码器架构的一个实例,其整体架构图如图 4-45 所示。可见,Transformer 是由编码器和解码器组成的。Transformer 的编码器和解码器是基于自注意力的模块叠加而成的,源(输入)序列和目标(输出)序列的嵌入(embedding)表示将加上位置编码(positional encoding),再分别输入编码器和解码器中。

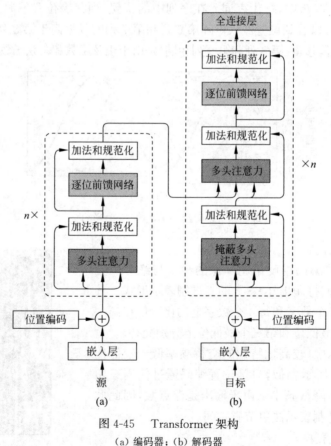

图 4-45　Transformer 架构
(a) 编码器;(b) 解码器

从宏观的角度来看,Transformer 的编码器是由多个相同的层叠加而成的,每个层都有两个子层(子层表示为 sublayer),其中第一个子层是多头自注意力(multi-head self-attention)汇聚,第二个子层是基于位置的前馈网络(position-wise feed-forward network)。

具体来说,在计算编码器的自注意力时,查询、键和值都来自前一个编码器层的输出。受残差网络的启发,每个子层都采用了残差连接(residual connection)。在 Transformer 中,对于序列中任何位置的任何输入 $x \in \mathbf{R}^d$,都要求满足 $\text{sublayer}(x) \in \mathbf{R}^d$,以便残差连接满足 $x + \text{sublayer}(x) \in \mathbf{R}^d$。在残差连接的加法计算之后,紧接着应用层规范化(layer normalization)[60]。因此,输入序列对应的每个位置,Transformer 编码器都将输出一个 d 维表示向量。

Transformer 解码器也是由多个相同的层叠加而成的,并且层中使用了残差连接和层规范化。除了编码器中描述的两个子层外,解码器还在这两个子层之间插入了第三个子层,称为编码器-解码器注意力(encoder-decoder attention)层。在编码器-解码器注意力中,查询来自前一个解码器层的输出,而键和值来自整个编码器的输出。在解码器自注意力中,查询、键和值都来自上一个解码器层的输出。但是,解码器中的每个位置只能考虑该位置之前的所有位置。这种掩蔽(masked)注意力保留了自回归(auto-regressive)属性,确保预测仅依赖于已生成的输出词元。

在此之前已经描述并实现了基于缩放点积多头注意力和位置编码。接下来将实现 Transformer 模型的剩余部分。

2. 基于位置的前馈网络

基于位置的前馈网络对序列中所有位置的表示进行变换时使用的是同一个多层感知机(MLP),这就是前馈网络是基于位置的(position-wise)的原因。

改变张量最里层维度的尺寸,会改变基于位置的前馈网络的输出尺寸。因为用同一个多层感知机对所有位置上的输入进行变换,所以当这些位置的输入相同时,它们的输出也是相同的。

3. 残差连接和层规范化

现在关注图 4-45 中的加法和规范化(add&norm)组件。正如在本小节开头所述,这是由残差连接和紧随其后的层规范化组成的。两者都是构建有效深度架构的关键。

前文中解释了在一个小批量样本内基于批量规范化对数据进行重新中心化和重新缩放的调整。层规范化和批量规范化的目标相同,但层规范化是基于特征维度进行规范化。尽管批量规范化在计算机视觉中被广泛应用,但在自然语言处理任务中(输入通常是变长序列)批量规范化通常不如层规范化的效果好。

4. 编码器

有了组成 Transformer 编码器的基础组件,现在可以先实现编码器中的一个层。EncoderBlock 类包含两个子层:多头自注意力和基于位置的前馈网络。这两个子层都使用了残差连接和紧随的层规范化。

Transformer 编码器中的任何层都不会改变其输入形状。

5. 解码器

如图 4-45 所示,Transformer 解码器也是由多个相同的层组成的。在 DecoderBlock 类中实现的每个层包含了三个子层:解码器自注意力、"编码器-解码器"注意力和基于位置的前馈网络。这些子层也都被残差连接和紧随的层规范化围绕。

正如在本节前面所述,在掩蔽多头解码器自注意力层(第一个子层)中,查询、键和值都来自上一个解码器层的输出。关于序列到序列模型(sequence-to-sequence model),在训练阶段，其输出序列的所有位置（时间步）的词元都是已知的；然而，在预测阶段，其输出序列的词元是逐个生成的。因此，在任何解码器的时间步中，只有生成的词元才能用于解码器的自注意力计算。为了在解码器中保留自回归的属性，其掩蔽自注意力设定了参数 dec_valid_lens，以便任何查询都只会与解码器中所有已经生成词元的位置（即直到该查询位置为止）进行注意力计算。

（1）Transformer 是编码器-解码器架构的一个实践，尽管在实际情况中编码器或解码器可以单独使用。

（2）在 Transformer 中，多头自注意力用于表示输入序列和输出序列，不过解码器必须通过掩蔽机制来保留自回归属性。

（3）Transformer 中的残差连接和层规范化是训练非常深度模型的重要工具。

（4）Transformer 模型中基于位置的前馈网络使用同一个多层感知机，其作用是对所有序列位置的表示进行转换。

参考文献 ////

［1］ TURING A. Computing machinery and intelligence［J］. Mind，1950，59(236)：433.

［2］ HEBB D O. The organization of behavior：A neuropsychological theory［M］. New York：Psychology Press，2005.

［3］ MCCULLOCH W S，PITTS W. A logical calculus of the ideas immanent in nervous activity［J］. The bulletin of mathematical biophysics，1943，5：115-133.

［4］ LECUN Y，BOTTOU L，BENGIO Y，et al. Gradient-based learning applied to document recognition ［J］. Proceedings of the IEEE，1998，86(11)：2278-2324.

［5］ GRAVES A，SCHMIDHUBER J. Framewise phoneme classification with bidirectional LSTM and other neural network architectures［J］. Neural networks，2005，18(5/6)：602-610.

［6］ WATKINS C J C H，Dayan P. Q-learning［J］. Machine learning，1992，8：279-292.

［7］ SRIVASTAVA N，HINTON G，KRIZHEVSKY A，et al. Dropout：a simple way to prevent neural networks from overfitting［J］. The journal of machine learning research，2014，15(1)：1929-1958.

［8］ BISHOP C M. Training with noise is equivalent to Tikhonov regularization［J］. Neural computation，1995，7(1)：108-116.

［9］ BAHDANAU D，CHO K，BENGIO Y. Neural machine translation by jointly learning to align and translate［J］. arXiv preprint arXiv：1409.0473，2014.

［10］ SUKHBAATAR S，WESTON J，FERGUS R. End-to-end memory networks［J］. Advances in neural information processing systems，2015：2440-2448.

［11］ REED S，DE F N. Neural programmer-interpreters［J］. arXiv preprint arXiv：1511.06279，2015.

［12］ GOODFELLOW I，POUGET A J，MIRZA M，et al. Generative adversarial networks ［J］. Communications of the ACM，2020，63(11)：139-144.

［13］ ZHU J Y，PARK T，ISOLA P，et al. Unpaired image-to-image translation using cycle-consistent adversarial networks［C］. Proceedings of the IEEE international conference on computer vision. 2017：2223-2232.

［14］ KARRAS T，AILA T，LAINE S，et al. Progressive growing of gans for improved quality，stability，and variation［J］. arXiv preprint arXiv：1710.10196，2017.

［15］ PARK T，LIU M Y，WANG T C，et al. Semantic image synthesis with spatially-adaptive normalization［C］. Proceedings of the IEEE/CVF conference on computer vision and pattern recognition. 2019：2337-2346.

［16］ LI M. Scaling distributed machine learning with system and algorithm co-design［J］. Santa Clara，CA，

USA：Intel，2017.

[17] YOU Y，GITMAN I，GINSBURG B. Large batch training of convolutional networks[J]. arXiv preprint arXiv：1708.03888，2017.

[18] JIA X，SONG S，HE W，et al. Highly scalable deep learning training system with mixed-precision：Training imagenet in four minutes[J]. arXiv preprint arXiv：1807.11205，2018.

[19] SILVER D，HUANG A，MADDISON C J，et al. Mastering the game of Go with deep neural networks and tree search[J]. nature，2016，529(7587)：484-489.

[20] XIONG W，WU L，ALLEVA F，et al. The Microsoft 2017 conversational speech recognition system [C]. 2018 IEEE international conference on acoustics，speech and signal processing (ICASSP). IEEE，2018：5934-5938.

[21] LIN Y，LV F，ZHU S，et al. Large-scale image classification：fast feature extraction and SVM training[C]. CVPR 2011. IEEE，2011：1689-1696.

[22] HU J，SHEN L，SUN G. Squeeze-and-excitation networks[C]. Proceedings of the IEEE conference on computer vision and pattern recognition. 2018：7132-7141.

[23] CAMPBELL M，HOANE J A J，HSU F. Deep blue[J]. Artificial intelligence，2002，134(1/2)：57-83.

[24] BROWN N，SANDHOLM T，MACHINE S. Libratus：The Superhuman AI for No-Limit Poker [C]//IJCAI. 2017：5226-5228.

[25] CANNY J. A computational approach to edge detection[J]. IEEE Transactions on pattern analysis and machine intelligence，1986(6)：679-698.

[26] LOWE D G. Distinctive image features from scale-invariant keypoints[J]. International journal of computer vision，2004，60：91-110.

[27] ZHANG A，TAY Y，ZHANG S，et al. Beyond Fully-Connected Layers with Quaternions：Parameterization of Hypercomplex Multiplications with 1/n Parameters[C]. International Conference on Learning Representations (ICLR 2021). OpenReview，2021.

[28] HE K，ZHANG X，REN S，et al. Delving deep into rectifiers：Surpassing human-level performance on imagenet classification[C]. Proceedings of the IEEE international conference on computer vision. 2015：1026-1034.

[29] LE C Y，BOTTOU L，BENGIO Y，et al. Gradient-based learning applied to document recognition [J]. Proceedings of the IEEE，1998，86(11)：2278-2324.

[30] WU C Y，AHMED A，BEUTEL A，et al. Recurrent recommender networks[C]. Proceedings of the tenth ACM international conference on web search and data mining. 2017：495-503.

[31] KOREN Y. Collaborative filtering with temporal dynamics[C]. Proceedings of the 15th ACM SIGKDD international conference on Knowledge discovery and data mining. 2009：447-456.

[32] HOYER P，JANZING D，MOOIJ J M，et al. Nonlinear causal discovery with additive noise models [J]. Advances in neural information processing systems，2008，21：689-696.

[33] PETERS J，JANZING D，SCHÖLKOPF B. Elements of causal inference：foundations and learning algorithms[M]. Massachusetts：The MIT Press，2017.

[34] WOOD F，GASTHAUS J，ARCHAMBEAU C，et al. The sequence memoizer[J]. Communications of the ACM，2011，54(2)：91-98.

[35] BENGIO Y，DUCHARME R，VINCENT P. A neural probabilistic language model[J]. Journal of machine learning research，2003，3：1137-1155.

[36] WERBOS P J. Backpropagation through time：what it does and how to do it[J]. Proceedings of the IEEE，1990，78(10)：1550-1560.

[37] JAEGER H. Tutorial on training recurrent neural networks，covering bppt，rtrl，ekf and the echo state network[J]. Gesellschaft für Mathematik und Datenverarbeitung Report，2002，159.

[38] TALLEC C，OLLIVIER Y. Unbiasing truncated backpropagation through time[J]. arXiv preprint

arXiv：1705.08209，2017.

[39] BAY H，TUYTELAARS T，VAN G L. Surf：Speeded up robust features[J]. Lecture notes in computer science，2006，3951：404-417.

[40] DALAL N，TRIGGS B. Histograms of oriented gradients for human detection[C]. 2005 IEEE computer society conference on computer vision and pattern recognition (CVPR'05). IEEE，2005，1：886-893.

[41] KRIZHEVSKY A，SUTSKEVER I，HINTON G E. Imagenet classification with deep convolutional neural networks[J]. Communications of the ACM，2017，60(6)：84-90.

[42] SIMONYAN K，ZISSERMAN A. Very deep convolutional networks for large-scale image recognition [J]. arXiv preprint arXiv：1409.1556，2014.

[43] LIN M，CHEN Q，YAN S. Network in network[J]. arXiv preprint arXiv：1312.4400，2013.

[44] SZEGEDY C，LIU W，JIA Y，et al. Going deeper with convolutions[C]. Proceedings of the IEEE conference on computer vision and pattern recognition. 2015：1-9.

[45] IOFFE S，SZEGEDY C. Batch normalization：Accelerating deep network training by reducing internal covariate shift[C]. International conference on machine learning. pmlr，2015：448-456.

[46] TEYE M，AZIZPOUR H，SMITH K. Bayesian uncertainty estimation for batch normalized deep networks[C]. International Conference on Machine Learning. PMLR，2018：4907-4916.

[47] LUO P，WANG X，SHAO W，et al. Towards understanding regularization in batch normalization[J]. arXiv preprint arXiv：1809.00846，2018.

[48] LIPTON Z C，STEINHARDT J. Troubling trends in machine learning scholarship[J]. arXiv preprint arXiv：1807.03341，2018.

[49] SANTURKAR S，TSIPRAS D，ILYAS A，et al. How does batch normalization help optimization? [J]. Advances in neural information processing systems，2018，31：2488-2498.

[50] HE K，ZHANG X，REN S，et al. Deep residual learning for image recognition[C]. Proceedings of the IEEE conference on computer vision and pattern recognition. 2016：770-778.

[51] HUANG G，LIU Z，VAN D M L，et al. Densely connected convolutional networks[C]//Proceedings of the IEEE conference on computer vision and pattern recognition. 2017：4700-4708.

[52] JAMES W. The principles of psychology[M]. New York：Holt，1890.

[53] MNIH V，HEESS N，GRAVES A. Recurrent models of visual attention[J]. Advances in neural information processing systems，2014，2：2204-2212.

[54] VASWANI A，SHAZEER N，PARMAR N，et al. Attention is all you need[J]. Advances in neural information processing systems，2017，30：6000-6010.

[55] LIN Z，FENG M，SANTOS C N，et al. A structured self-attentive sentence embedding[J]. arXiv preprint arXiv：1703.03130，2017.

[56] CHENG J，DONG L，LAPATA M. Long Short-Term Memory-Networks for Machine Reading[C]. 2016 Conference on Empirical Methods in Natural Language Processing. Association for Computational Linguistics，2016：551-561.

[57] PARIKH A P，TÄCKSTRÖM O，DAS D，et al. A decomposable attention model for natural language inference[J]. arXiv preprint arXiv：1606.01933，2016.

[58] PAULUS R，XIONG C，SOCHER R. A deep reinforced model for abstractive summarization[J]. arXiv preprint arXiv：1705.04304，2017.

[59] HOCHREITER S. Gradient flow in recurrent nets：the difficulty of learning long-term dependencies [J]. A Field Guide to Dynamical Recurrent Neural Networks，2001：237-244.

[60] LEI B J，KIROS J R，Hinton G E. Layer normalization[J]. ArXiv e-prints，2016：arXiv：1607.06450.

第5章 专家系统

专家系统(expert system,ES),作为人工智能在应用方面最成熟和最重要的领域之一,又称为基于知识的系统。由于各个应用领域具有不同的特点,研究的出发点不同,目标也不一致。对于专家系统,目前尚无统一的、精确的、公认的定义。根据专家系统技术的先行者和开拓者斯坦福大学费根鲍姆(Feigenbaum)教授提出的定义,专家系统是一种智能的计算机程序,它具有等同于领域专家的知识和经验,并根据这些知识,通过推理,来解决通常由该领域的专家解决的问题。当前专家系统比较常用的定义是:指通过利用存于计算机的某一领域内人类专家的知识,解决只有人类专家才能解决的问题的计算机系统。由上可见,专家系统包含三方面的含义:

(1) 专家系统是一个计算机系统,但它有别于一般的程序系统,它是智能的,能够运用专家知识来进行推理活动,是启发式的计算机系统。通常来说,传统意义上的程序设计方法可以表达为:数据+算法=程序,专家系统的设计方法可以表示为:知识+推理=系统。

(2) 专家系统具有大量的领域专家知识与经验,这是它具有智能的根源。

(3) 专家系统所要解决的问题通常是需要领域专家来解决的。它应用人工智能及计算机技术,并根据领域知识进行推理判断,对人类专家的决策过程进行模拟,以解决那些需要由人类专家来进行处理的难题。

总之,专家系统就是模拟人类专家解决领域难题的计算机系统。

5.1 专家系统概述

专家系统是一个具有大量专门知识的程序系统,它应用人工智能(AI)技术,根据一个或多个人类专家提供的特殊领域知识进行推理,模拟人类专家做决定的过程来解决那些需要专家才能解决的复杂问题。目前,专家系统不仅仅限于解决科学问题,而且已经开始用于工业、企业界,并已经渗透到社会的许多领域。

专家的能力指专家对某一领域问题的理解及解决问题的技能,专业知识一般可分为两类:公开知识和个人知识。公开知识包括定义、事实和理论,这些往往被收录在教科书或文献中。专家知识不仅仅局限于公开知识,还经常使用公开知识之外的个人知识,而这些个人知识来源于专家本人的积累和经验，一般也称为试探性（或启发性）知识，试探性知识能够使专家在需要时做出合理的猜测，识别最有希望获得成功的求解途径，并能有效地处理错误和不完全的数据。

所谓专家系统就是利用存储在计算机内的某一特定领域内人类专家的知识，来解决过去需要人类专家才能解决的现实问题的计算机系统。医学专家能够针对不同的症状，做出恰当的诊断并开具处方。地质专家可以根据地质资料和勘探数据，判断什么地方有矿藏，是否有开采价值。其他领域的专家，依据他们的学识、在独自经历中积累起来的经验和练就的本领，可以解决现实中的许多问题，那么，如何应用人工智能日趋成熟的各种技术将专家的知识和经验以适当的形式存入计算机，使用类似专家的思维规则，对事例的原始数据进行逻辑或可能性的推理、演绎，并做出判断和决策，是专家系统的任务。从结构组成的角度来看，专家系统是一个由存放专门领域知识的知识库，以及一个能选取和运用知识的机构组成的计算机系统。

与传统程序相比，专家系统似乎更专门、更特殊，传统程序通过算法对大量的数据进行积累和处理，使烦琐的事务处理自动化，而专家系统通常是要完成那些需要拥有专门知识的领域专家在几分钟或几个小时内完成的大量且性质相对重要的任务，如诊断、规划、决策等。专家系统通常要考查大量的可能性，或者说动态地建立解决问题的方法。

5.1.1 专家系统的分类

专家系统可按照多种不同的方法进行分类。

按照专家系统的应用领域来分类，可以分为医疗专家系统、勘探专家系统、石油专家系统、数学专家系统、物理专家系统、化学专家系统、气象专家系统、生物专家系统、工业专家系统、法律专家系统、教育专家系统等；按照知识表示技术分类，可以分为基于逻辑的专家系统、基于规则的专家系统、基于语义网络的专家系统、基于框架的专家系统等；按照推理控制策略分类，可以分为正向推理专家系统、反向推理专家系统、元控制专家系统等；按照所采用的不精确推理技术分类，可以分为确定理论推理技术专家系统、主观推理技术专家系统、可能性理论推理技术专家系统、D/S证据理论推理技术专家系统等[8]。

按照专家系统的结构分类，可以分为单专家系统和群专家系统（亦称协同式多专家系统）而群专家系统按其组织方式又可以分为主从式、层次式、同像式、广播式及招标式等。

专家系统在工业领域应用广泛，在工业领域主要按其功能分类，按照专家系统的功能分类有如下几种：

（1）解释型。这是一类对表面观察的情况进行分析，解释深一层的结构或内部可能情况等的系统。这个范畴包括语言理解、图像处理、化学结构说明、信息解释和智能分析等，例如，由质谱数据解释化合物分子结构的 DENDRAL 系统、由声呐信号识别舰船的 HASP/SAP 系统、语音理解 HEARSAY 系统、地质矿藏勘探的 PROSPECTOR 系统均属于这类专家系统。

（2）预测型。这是一类根据处理对象过去和现在的情况推测未来的可能结果的系统。这个范畴包括天气预报、人口预测、交通预报、农业产量估计和军事预测等，例如，台风路径预报 TYT 系统、暴雨预报 STORM 系统、军事冲突预测 8W 系统均属于这类系统，其特点是事件和数据随时间而变化。

（3）诊断型。这是一类根据输入信号找出处理对象存在的故障，并给出排除故障方案的系统。这个范畴包括医学、电子、机械和软件等的诊断，例如，治疗细菌感染的系统 MYCIN、青光眼系统 CASNET、计算机硬件故障诊断系统 DART、化学处理工厂故障诊断系统 FALCON 均属于这类系统，其特点是故障与现象之间一般没有一一对应关系。

（4）设计型。这是一类根据设计要求制定方案或图样的系统。这类问题包括线路设计、建筑物设计、财政方案设计等，例如，自动程序设计系统 PSI、超大规模集成电路辅助设计系统 KBVLSI 均属于这类系统，其特点是设计要求与设计构件不匹配，并且多项设计要求之间存在重叠或隐含联系。

（5）规划型。这是一类根据给定目标拟定行动计划的系统。这类问题包括自动程序设计、机器人、线路、通信、实验和军事计划等，例如，分子遗传学实验设计系统 MOLGEN、制定最佳行车路线的 CARG 系统、安排宇航员在空间站中活动的 KNEECAP 系统均属于这类系统，其特点是目标的描述通常是含糊的，目标与可行操作之间并不一定完全匹配，并且各种操作之间可能相互制约和抵消。

（6）监视型。这是一类把系统行为的观察同对计划成败起关键作用的特点进行比较，完成实时监测任务的系统。这类问题包括核电站、机场调度、病人监护、规章制度和财政管理等，例如，航空母舰飞机管理系统 AIRPLAN、核反应堆事故诊断与处理系统 REACTOR、高危病人监护系统 WM 等均属于这类系统，其特点是实时性强，要求及时收集处理对象以各种方式发出的有意义的信号，能快速鉴别信号异常的原因，并及时准确地确定是否需要报警。

（7）调试型。这是一类根据计划、设计和预报的能力，对诊断出的问题产生修正或建议，即给出已确认故障的排除方案的系统。这类问题包括医疗、设备调试、软件调试等，例如，感染病诊断治疗系统 MYcN、石油钻探机械故障的诊断与排除系统 DRILLING ADVISOR、VAX/VMs 计算机系统的并行调试系统 TM/ TUNER 等均属于这类系统。这类任务根据处理对象的特点，从多种纠错方案中选择最佳方案。

（8）修正型。这是一类制订并执行已诊断出问题的修正计划的系统。这类问题包括自动化、网络、航天控制系统、计算机维护等，例如，电话电缆维护系统 ACE、内热机故障诊断和排除系统 DELTA 等均属于这类系统，其特点是要求根据纠错方法的特点合理制订行动规划并实施纠错计划。

（9）教学型。该类型是诊断型和调试型的结合体，主要用于教学和培训任务。这类专家系统不但能对领域知识进行传播，还能对学生提问，提出学生回答中的错误，并进行解释、分析错误的原因及指导纠正错误等，例如，地理教学 SCHOLAR、降雨原因 WHY、大学数学教学 EXCHECK、MYCIN 规则教学 GUDON 等均属于这类系统，其特点为学生错误表现多样化，错误的本质隐匿在学生的言行中。

（10）控制型。该类型是完成实时控制任务，大多是监视型和修正型的结合体。这类问题包括机场调度、商业管理、战场管理等，例如，维持钻机最佳钻探流特征的 MUD、MVS 操作系统的监督控制系统 YES/MVS 和防洪系统均属于这类系统。控制系统反复地解释当前形势，预测未来，诊断问题的原因，形成纠正的计划，并监视其执行以获得成功，其特点是处理对象不易用传统的数学方法解决。

5.1.2 专家系统的功能

专家系统的功能和结构随所处理的任务类型各不相同,有些可以作为用户的"顾问"来解答某个特定领域的困难问题;有些可以作为专家的"学生",随着专家经验的不断积累而获得新知识以增添或完善所拥有的知识;有的则可以作为"专家"或"教授",向用户传授某个领域的知识,以教育学生或训练新手。

根据定义,专家系统一般具备以下几个功能:

(1) 存储问题求解所需的知识。

(2) 存储具体问题求解的初始化和推理过程中涉及的各种信息,如中间结果、目标、子目标及假设等。

(3) 根据当前输入的数据,利用已有知识,按照一定的推理策略去解决当前问题,并能控制和协调整个系统。

(4) 能够对推理过程、结论或系统自身行为做出必要的解释,如解题步骤、处理策略、选择处理方法的理由、系统求解某种问题的能力、系统如何组织和管理其自身知识等,这样既便于用户的理解和接受,同时也便于系统的维护。

(5) 提供知识获取,机器学习及知识库的修改、扩充和完善等维护手段。只有这样才能更有效地提高系统的问题求解能力及准确性。

(6) 提供一种用户接口,既便于用户使用,又便于分析和理解用户的各种要求和请求。

这里强调指出,存放知识和运用知识进行问题解答是专家系统的两个最基本的功能。

5.1.3 专家系统的基本特征

根据专家系统的功能和定义,可以归纳出专家系统的特点:

(1) 启发性。知识分为启发性知识和逻辑知识。所谓启发性知识是指通过人们长期实践积累而来的经验知识,一般没有严谨的理论依据,无法确保在任何情况下都是正确的,但在一定条件下能有效地简化问题,或快速地解决问题。相反,逻辑知识即为具有严谨理论依据的专门知识。一般来说,启发性知识是人类专家技能的主要来源。人类推理的主要特点之一就是使用启发性知识。因此,为了达到人类专家处理问题的水平,专家系统需要具备存储并利用启发性知识的能力,而且不仅能使用逻辑知识,也能使用启发性知识。

(2) 灵活性。领域知识往往是从多个领域专家那里获取的,但要把所有专家的经验知识全部而明确地表示出来,具有一定的困难性,同时领域知识还会随着时间的推移不断更新,故专家系统的知识需要反复多次不断扩充。而专家系统知识的更新需要确保推理机与知识库的协调,因此,专家系统应具备灵活性,以便于修改、扩充。

(3) 透明性。家系统应能以可理解的方式解释其推理过程,可以使用户在不了解专家系统内部结构的情况下,与之进行有效的交互,以了解知识的具体内容和推理过程。

(4) 符号推理。专家系统使用符号推理。除了数学计算外,专家系统主要运用符号来表示问题的概念,即描述知识。在求解问题的过程中,专家系统运用各种不同的策略和启发式方法来处理这些表述知识的符号,并按照一定的规则进行逻辑推理。

专家系统是一个基于知识的系统,它利用人类专家提供的专门知识,模拟人类专家的思维过程,解决对人类专家都相当困难的问题。一般来说,一个高性能的专家系统应具备如下特征：

1. 一般问题的求解能力

各种专家系统应具备一种公共的智能行为，能够做一般的逻辑推理、目标搜索和常识处理等工作，而且，专家系统往往采用试探性方式进行处理。为了使问题求解更加符合实际情况，往往采用不精确推理，因而专家系统能够解决问题领域内的各种专门问题。

2. 复杂度与难度

专家系统所具有的知识是很专门的领域知识，涉及面一般很窄，但必须具有相当的复杂度和难度，如果某领域不够复杂的话，不需要专家来解决，也没有什么专家知识可言，就不能真正成为专家系统的用武之地。

3. 具有解释功能

专家系统具有解释机制，它运用知识库中被求解过程使用过的知识和各种中间结果回答用户对于求解结果提问的"为什么？""为什么要如此做？""如此做有什么好处？""它是如何做的？"等问题，并且能够给出求解过程的推理路径显示。这种机制提供了系统的透明界面，加强了用户对专家系统的接受性，同时，通过解释机制的推理路径显示，专家能够检查求解过程中知识运用合理与否，在问题的求解结果不满意时，进而发现推理的错误之处。知识工程师可以借助解释机制检查知识获取过程中的一些失误解释机制。在建造专家系统时一般由一个独立的模块来实现，它设计得好坏对专家系统的性能影响很大。

4. 具有获取知识的能力

人类专家能够通过学习不断丰富自身的知识，高性能的专家系统也应该具备这种不断获取知识的能力，或者它提供一种手段使知识工程师和领域专家能够不断地给系统传授知识，使知识库越来越丰富，越来越完善；或者系统自身具有自学习能力，从系统的运行过程中不断总结经验，抽取新知识，更换旧知识，自动地使知识库中的知识不断丰富和更新。目前，专家系统的自学习功能仅仅是一种想法而已，距离问题的真正解决相差甚远。一种比较客观现实的做法应该是让系统具有对知识的重新表示能力，把一些对人类而言比较习惯的自然形式表达的知识，自动转化为适合于专家系统内部处理的表示形式。这样知识工程师或领域专家只需采用"传授"方式把自然形式的知识交给系统即可。

5.2 专家系统的结构

5.2.1 专家系统的结构特征

不同应用领域和不同类型的专家系统的体系结构和功能也不尽相同。图 5-1 所示是专家系统的基本结构，主要由 3 部分构成，即知识库、推理机及综合数据库。这种结构相对简单，主要通过知识工程师与领域专家进行交互，收集领域专家的知识并进行整理，然后将其转化为特定的表示形式，存放到知识库中；综合数据库存放初始数据等其他的信息；根据问题和初始数据，推理机运用知识库中的知识进行求解，并将产生的结果输出给用户。除了上述基本结构，专家系统还具有更一般的结构，如图 5-2 所示，这种结构在目前的专家系统构建中比较流行，以 MYCIN 为代表的基于规则的专家系统就是采用了这种结构。除了基本结构所包含的知识库、综合数据库、推理机，它还包含用户界面、解释模块和知识获取模块，共

6 部分。而后三个模块是所有专家系统都期望具备的,但并不是所有的都能够实现[5]。

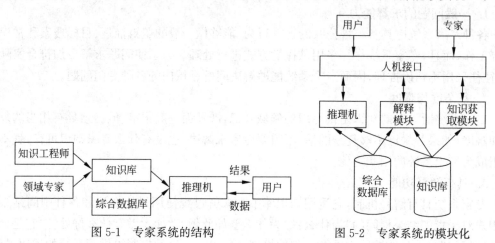

图 5-1 专家系统的结构   图 5-2 专家系统的模块化

(1)知识库。知识库用于存放领域专家提供的领域知识,包括事实数据库、规则库等。它是专家系统的基础和关键部分。首先通过使用特定的知识表示方法,对领域知识进行表示,然后再形式化描述,最后存于知识库中。存于知识库中的知识一般包括两部分:领域事实知识和专家的经验知识,即启发性知识。

(2)推理机。推理机是专家系统的核心。它根据知识库中的知识和推理策略,对问题进行求解和解释,得出结论,并报告给用户。专家系统是对人类专家工作的模拟,因此对推理机进行设计时,应致力于使人类专家的推理过程和它的推理过程相似。

(3)综合数据库。综合数据库主要用于存储领域问题的事实及数据、初始状态及推理过程中产生的中间状态等,也称为全局数据库。综合数据库可以视为专家系统的工作存储器,已知事实、用户回答的事实及由推理得到的事实都存于其中。

(4)用户界面。作为专家系统的另一个关键组成部分,用户界面主要用于系统和外界之间的信息交换,是专家系统与外界的接口。领域专家、知识工程师及领域用户是专家系统的使用者。在这些使用者中,通常来说,领域专家和领域用户都是非计算机专业人员,因此用户面需要具备良好的交互性,不但能把系统的输出信息有效地进行转换,以便用户理解,还能让用户方便、快捷地操作。

(5)知识获取模块。知识获取的基本功能是把知识存储到知识库中,并进行维护以确保其完整性。知识获取模块为知识的修改和扩充提供了途径,是专家系统的辅助功能。

(6)解释模块。解释模块应以用户便于接受的方式解释知识的推理过程和结果,包括系统提示、人机对话等。解释模块不但能让系统开发人员有效地发现系统中的错误,还能让用户充分了解推理过程并信任结果。因此,解释机构的存在对用户和系统自身都具有重要的意义。

5.2.2 专家系统的作用和意义

1. 专家系统的作用
专家系统的高性能和优良特性使它的研究在多个方面具有重要的作用和意义:

(1)计算机科学和应用发展的需要。专家系统作为人工智能的应用领域,它使人工智

能从实验室走向了现实世界,成为检验人工智能基本理论和技术的重要实验场所。专家系统的研究大大促进了知识表示、机器学习、知识获取、推理理论和推理方法、自然语言理解、模式识别、人工智能语言、智能软件开发环境、机器人等方面的迅速发展,加快了人工智能与计算机科学研究的步伐。专家系统的研制和投入使用扩大了计算机的应用领域,有利于克服软件中的一些危机问题,促进了计算科学的进一步发展。

（2）专家系统作为一种实用工具,为人类专家宝贵知识的保存、传播、使用和评价提供了一种有效手段。知识就是力量,所以知识是一种不可多得的宝贵资源,尤其是专家的专门知识。在现代社会里,最昂贵的是人类专家,培养和雇用专家费用最高。在一些领域,专家本来就很少,随着专家年龄的增高或死亡,他们的知识能否得到继承,直接关系到该领域的工作效率或领域的发展水平,因而,保存和传播专家的专门知识无疑是一项有重要意义的工作。

建造专家系统时,采用有效的知识获取方法与专家通力合作,把专家的专门知识形式化,并保存起来有效地加以利用,替代或协助专家解决实际问题,有利于专家抽出更多的时间和精力去研究本领域的一些规律性、实质性的问题。此外,专家系统是一个计算机智能程序,能拷贝副本并永久保存。

专家系统具有解释功能,使用户及时了解系统求解问题的过程和推理路径,便于用户检查具有权威性的专家知识,这样,一方面增强了专家系统的可接受性,另一方面提供了一种较为直观的知识传播手段。专家的经验与知识是难以总结的,往往只能意会不可言传。为了研制专家系统,就必须把专家大脑中的一些启发性知识显式地归纳总结出来,这就迫使专家冥思苦想,总结自己的经验。这样的抽取过程促进了专家对自身知识的认识和评价,从中发现个性知识的不足和缺陷,便于修改和精炼这些知识,也便于其他人的理解和评价。

（3）专家系统可以延伸人类专家的能力。专家系统能够充分利用计算机高速度、大容量的优势,从而高效率、准确无误、周密全面、迅速且不知疲倦地进行工作;专家系统解决问题时不受环境的影响;专家系统解决问题不受时间和空间的限制。

（4）专家系统能汇集问题领域多个专家的知识与经验。在任何指定的研究领域,不同的专家往往对所解决的问题持不同意见,专家系统有助于分析和判别这些不同的方法。因为专家系统要求领域内不同的专家采用统一的知识描述形式,这样便于区别来自不同专家知识的优劣,克服个别专家的局限性,扬长避短,互相合作以解决问题。由于专家系统可以汇集和综合某一领域多个专家的专门知识,使其解决问题的能力令单个专家望尘莫及。

（5）专家系统的研制和推广应用具有巨大的经济效益和社会效益。专家系统的研制使人工智能同国民经济、科学技术需要解决的实际问题联系起来,研制一些实用的专家系统,可以直接产生经济效益和社会效益[5]。

2. 专家系统的意义

1982 年,美国一家勘探公司使用专家系统 PROSPECTOR 发现了一处钼矿,其开采价值超过 1 亿美元。美国数字设备公司使用专家系统 R1/XcM 后,每年可节省 1500 万美元的开支。美国一家大工业公司估计,如果用一个专家系统来协助推销员处理日常营业,并核对账目,那么该公司每年可节省开支 1 亿美元。至于在运用专家系统保存和传播知识等方面获得的社会效益,那就更加明显了。总而言之,专家系统是高水平的智能帮手,是第二次计算机革命的工具[7]。同样,近几年流行的 Chat GPT 之类的大语言模型,也可以看作是一类具有语言和视觉能力的专家系统。专家系统有着广泛的应用场景。

知识推理(knowledge inference),是指在智能系统中,通过模拟人类的推理方式,设计推理控制策略,利用形式化的知识获取新的知识或结论,进行问题求解的过程。知识推理广义上可以被认为是人类求解问题的核心方法,即通过已有的知识推理得出新的知识。早在古希腊时期,当时的哲学家就对知识推理有了相关研究。近代以来,知识推理又成了逻辑学、数学、计算机科学等领域的研究热点之一。知识推理能力作为人类独有的高级认知能力,吸引着越来越多的研究人员投身其中。例如,近年来赋予语言模型和搜索引擎推理能力一直是研究热点。

5.3 基于规则的专家系统

5.3.1 基于规则的专家系统描述

基于规则的专家系统是最早被开发使用的专家系统。基于规则的专家系统通常把求解问题的知识表示为"如果……那么……"形式的规则。规则来源于产生式的定义。专家系统最开始是由产生式系统发展而来。产生式是一个描述环境和行为关系的认知心理学术语。1965 年,斯坦福大学利用产生式系统结构设计出第一个专家系统 DENDRAL,目的是利用待定物质的质谱数据帮助化学家判断该物质的分子结构。在产生式系统中,知识分为两部分:用事实表示静态知识,如事物、事件和它们之间的关系;用产生式规则表示推理过程和行为。由于这类系统的知识库主要用于存储规则,因此又把此类系统称为基于规则的专家系统。基于规则的专家系统架构奠定了专家系统的架构基础。图 5-3 所示为基于规则的专家系统的结构图。其中,知识库、推理引擎和数据库构成专家系统的核心。在其他类型的专家系统结构中,推理机和知识库是必不可少的核心组件[15]。

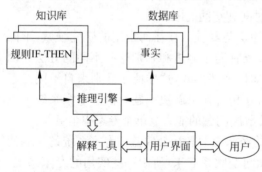

图 5-3 基于规则的专家系统的基本结构

其他典型的基于规则的专家系统还有斯坦福大学的 MYCIN,主要用于医疗诊断咨询。为了处理事实和规则的不确定性,MYCIN 系统采用非精确推理。PROSPECTOR 专家系统是由斯坦福研究所研发用于指导探矿的。其整个的静态知识以语义网络表示,推理核心以不同规则所形成的推理网络表示。为了提高专家系统的开发效率,对已成功的专家系统抽去其中具体的知识库部分,保留它的体系结构和功能就演变为专家系统的外壳,又称为骨架系统[13]。

专家系统中的知识表示模式和推理机制都是确定的。当利用这种专家系统外壳建造专家系统时,只需把相应领域的知识用此种专家系统外壳规定的表示模式装入知识库内就可以了。这种模块化思想提高了专家系统的研发效率,缩短了专家系统的研发周期,如 MYCIN 专家系统外壳就是由 MYCIN 转化而来的。此外壳适合开发诊断型和分析型专家系统,知识表示限定为产生式规则。利用 MYCIN 外壳开发出的专家系统有 CLOT、MARC、LITHO、PROJCON、BLUEBOX 等。由 PROSPECTOR 开发的专家系统外壳是

KAS。KAS 经过发展后可以支持的知识表达方式有 3 种,分别是产生式规则、语义网络和概念层次。利用 KAS 开发的专家系统有 CONPHYDE、AIRID 等。其他著名的专家系统外壳还有美国 Rutgers 大学开发的 EXPERT、卡内基梅隆大学开发的 OPS5 等。这些专家系统的外壳都有各自特殊的推理机推理模式,适用各自外壳的知识表现形式,适合不同类型的专家系统开发。其中 OPS5 是一种通用型专家系统,推理采用数据驱动方式,依赖数据库提供初始数据和过程数据。OPS5 比较著名的应用是在 AIRPLAN 专家系统上。此系统被成功用于指导航空母舰上的飞机起降。

在计算机科学中,基于规则的系统用于存储和操纵知识以便以有用的方式解释信息。它经常用于人工智能的应用和研究。通常,基于规则的系统适用于涉及人工制作或策划规则集的系统。使用自动规则推理构建的基于规则的系统(如基于规则的机器学习)通常从该系统类型中排除。基于规则的系统的典型示例是特定领域的专家系统,该系统使用规则进行推断或选择。例如,专家系统可以帮助医生根据一组症状选择正确的诊断。基于规则的系统可用于执行词法分析以编译或解释计算机程序,或用于自然语言处理。基于规则的编程试图从一组起始数据和规则中导出执行指令[12]。

5.3.2 基于规则的专家系统的基本结构

基于规则的专家系统包括 5 个部分: 知识库、数据库、推理引擎、解释工具和用户界面,如图 5-3 所示。

(1) 知识库,包含解决问题用到的领域知识,知识表达成为一系列规则。每个规则使用 IF(条件)-THEN(动作)结构指定的关系。当满足规则的条件部分时,便激发规则,执行动作部分。

(2) 数据库,包含序列事实(一个对象及其取值构成了一个事实),所有的事实存放在数据库中,用来和知识库中存储的规则的 IF(条件)部分相匹配。

(3) 推理引擎,执行推理,它连接知识库中的规则和数据库中的事实进行推理。

(4) 解释工具,用户使用它询问专家系统如何得到某个结论,以及为何需要某些事实。

(5) 用户界面,是用户为寻求问题的解决方案和专家系统沟通的途径,使沟通尽可能有意义并且足够友好。

5.3.3 基于规则的专家系统的推理机制

推理机制分为两大类: 前向连接和后向连接。

前向连接就是根据已有的事实推断出新的事实。如图 5-4 所示,已知事实 A is x,根据规则 IF A is x THEN B is y,获得 B is y,然后将 B is y 加入数据库。再寻找新的规则,即 IF B is y THEN …。

根据推理过程的不同,推理机可以分为正向推理机、反向推理机及正反混合推理机 3 类。正向推理机是根据已有的事实和规则推理得出结论。反向推理机与正向推理机相反,是从结论出发,回到事实根据。正反混合推理机,是正向推理机和反向推理机的结合,首先根据事实库中的已有事实得出结论,然后将推理的结论作为假设条件,回推支持假设结论所需的事实。

正向推理机的推理过程如图 5-5 所示。

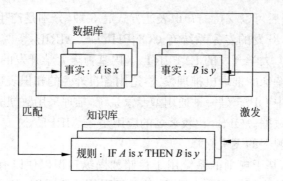

图 5-4　基于规则的专家系统的推理机制

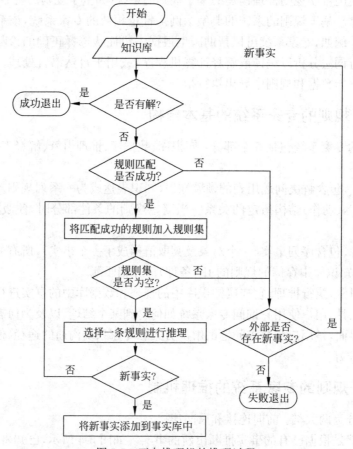

图 5-5　正向推理机的推理过程

正向推理机由初始事实建立事实库,和规则库一起结合成知识库。事实和规则进行匹配,如果匹配成功,则将匹配成功的规则加入规则集,然后选择待推理规则执行,同时将推理出的新事实加入事实库,推理机重复上述工作,一直到所有规则无法匹配为止。推理策略是指如何选择知识库中的知识,即推理路线的方向选择。常用的推理策略可以分为 2 种,分别是宽度优先搜索和深度优先搜索。

正向推理是由数据驱动的。推理从已知的数据开始,依次执行每条可执行的规则,规则所产生的新的事实被加入数据库中,直到没有规则可以被执行为止。

逆向推理是由目标驱动的。根据目标可以得到该结论的规则,将规则中的 IF 部分压栈作为新的子目标,重复上述过程,直到找不到证明当前目标的规则,或者当前目标已经作为事实保存在数据库中。若前目标的所有条件都在数据库里,这个目标也应加入数据库里。

当目标明确时,使用逆向推理更加高效,因为可以避免不必要的规则的执行,否则就需要正向推理。许多专家系统的外壳结合 2 种方式同时使用。尽管如此,推理机制一般都使用逆向推理,只有在新的事实加入时,正向推理才被用来最大化地使用这些数据。

5.3.4 冲突规则的解决方法

1. 冲突规则的处理

当两条规则根据相同条件得到截然相反的结论时,正向推理会选择更后的规则,因为更后的规则所得到的事实会覆盖前面的事实;如果是逆向推理,更前的规则会被选择,因为一旦找到了合适的规则,推理就结束了。

解决冲突的方法:

(1) 从最高优先级的规则开始执行。

(2) 从最精确的规则开始执行,比如 $A \Rightarrow Z$ 和 $A \& B \Rightarrow Z$,则选择后者。

(3) 从使用最新数据的规则开始执行。

为了提高专家系统的性能,我们需要定义元知识(metaknowledge),即关于知识的知识。它们用元规则(metarule)来表示,用来决定规则选择的策略。有些专家系统将元规则分割,但多数专家系统不能区别规则和元规则,而是将元规则作为最高优先级的规则。

2. 基于规则的专家系统的优、缺点

优点:

(1) 自然化的知识表达。

(2) 统一形式的结构。

(3) 知识处理隔离。

(4) 处理不完整和不确定的知识,比如在给出结论时给出多个选项,并标明各选项的概率。

缺点:

(1) 各规则之间的关系不清晰,主要原因在于没有对知识体系结构的表示。

(2) 搜索策略低效。

(3) 没有学习的能力,人类专家根据经验的积累知道何时打破现有的规则。

基于规则的专家系统已有数十年的开发和应用历史,并已被证明是一种有效的技术。专家系统开发工具的灵活性可以极大地减少基于规则的专家系统的开发时间。尽管在 20 世纪 90 年代专家系统已向面向目标的设计发展,但是基于规则的专家系统仍然继续发挥着重要的作用。基于规则的专家系统具有许多优点,也有不足之处,在设计开发专家系统时,使开发工具与求解问题匹配是十分重要的。

5.4 基于框架的专家系统

框架是一种描述概念或对象的静态数据结构,在专家系统中是一种对知识的结构化表示方法。框架来源于心理学对人类认知模式的描述。框架支持把知识组织成更复杂的单元,以反映问题域中对象的组织方式。1975年,明斯基提出了在计算机中对有关概念的典型信息编码的数据结构,并首次使用 frame(框架)来描述这种结构。其对框架的描述是:当一个人遇到新的情况(或其看待问题的观点发生实质性变化)时,他会从记忆中选择一种结构,即"框架"。这是记忆对概念的固化,按照需要改变其属性值就可以用其刻画现实事物。这也是面向对象思想的另一种表述。框架的基本形式为槽的集合,每个槽有若干个侧面。槽用于描述事物对象的特征属性,侧面用于描述此事物特征属性的子属性。槽和侧面对应的属性值为槽值和侧面值。如5.4.2节中的框架结构所示,这是一个框架单元的一般结构。大多数问题不适用一个框架来表示,而是适用很多框架组成的框架系统。框架之间具有继承性,一个框架可以是另一个框架的槽值,也可以同时作为几个不同框架的槽值。子框架可以继承父框架的某些属性或者值,也可以对父框架进行补充和修改。框架不仅刻画了单一事物的属性特征,还能够很好地刻画事物之间的联系。这种对事物对象描述很好地契合了目前面向对象的编程思想。C++、Java等面向对象的编程语言使得专家系统的开发更加高效与灵活。

5.4.1　基于框架的专家系统概述

　　基于框架的专家系统建立在框架的基础之上。一般概念存放在框架内,而该概念的一些特例则被表示在其他框架内并含有实际的特征值。基于框架的专家系统采用了面向目标的编程技术,以提高系统的能力和灵活性。现在,基于框架的设计和面向目标的编程共享许多特征,以至于在应用"目标"和"框架"这两个术语时,往往会引起某些混淆。面向目标的编程涉及的所有数据结构均以目标形式出现。每个目标含有2种基本信息,即描述目标的信息和说明目标能够做些什么的信息。应用专家系统的术语来说,每个目标具有陈述知识和过程知识。面向目标的编程为表示实际世界目标提供了一种自然的方法。我们观察的世界,一般都是由物体组成的,如小车、鲜花和蜜蜂等。在设计基于框架的系统时,专家系统的设计者们把目标叫作框架。现在,从事专家系统开发的研究者和应用者已能交替使用这两个术语而不产生混淆。

5.4.2　基于框架的专家系统的结构

　　与基于规则的专家系统的定义类似,基于框架的专家系统是计算机程序,该程序使用一组包含在知识库内的框架对工作存储器内的具体问题的信息进行处理,通过推理机推断出新的信息。这里采用框架而不是采用规则来表示知识。框架提供一种比规则更丰富的获取知识的方法,不仅提供某些目标的描述,还规定该目标如何工作。

　　<框架名><槽1><侧面11><值111>…
　　<槽2><侧面21><值211>…
　　<槽n><侧面n1><值n11>…
　　<侧面12><值121>…
　　……

　　基于框架的专家系统的知识库内的知识规则使用框架表示。相对于使用规则来表示的知识,框架能够提供更加细致、复杂的知识描述。整个专家系统的推理机也是基于知识库内的框架系统获取问题的解决方法。框架系统等价于一种复杂语义网,每个框架单元代表语义节点。面向框架的推理机制就是在这个语义网中进行搜寻。本质上,基于框架的推理就是对框架单元的匹配过程。由于框架用于描述具有固定格式的事物、动作和事件,因而在某些情况下能够推理出未被观察到的事实。目前比较流行的基于框架的专家系统外壳为ProKappa。基于框架知识结构的专家系统有:Sorenson 开发的用于关闭床边通风器的医疗辅助决策系统、Riyandika Andhi Saputra 开发的汽车发动机监控预警专家系统、Bailin Liu 开发的一种诊断和辅助维修气象系统[3]。

基于框架的专家系统的主要设计步骤与基于规则的专家系统类似。它们都依赖于对相关问题的一般理解,从而能够提供对问题的洞察,采用最好的系统结构。对于基于规则的系统,需要得到组织规则和结构以求解问题的基本思想和方法。对于基于框架的系统,需要了解各种物体是如何相互关联并用于求解问题的。在设计的初期,就要为课题选好正确的编程语言或支撑工具(外壳等)。

对于任何类型的专家系统,其设计都是一个高度交互的过程。开始时,开发一个小的有代表性的原型(prototype)以证明课题的可行性,然后对这个原型进行试验,获得课题进行的思想,涉及系统的扩展、存在知识的深化和对系统的改进,使系统变得更"聪明"。

设计上述两种专家系统的主要差别在于如何看待和使用知识。对于基于规则的专家系统,把整个问题看作简练地表示的规则,每条规则获得问题的一些启发信息。这些规则的集合概括并体现了专家对问题的全面理解。设计者的工作就是编写每条规则,使它们在逻辑上抓住专家的理解和推理。在设计基于框架的专家系统时,对问题的看法截然不同。要把整个问题和每件事想象为编织起来的事物。在第一次会见专家之后,要采用一些非正式方法(如黑板、记事本等),列出与问题有关的事物。这些事物可能是有形的实体(如汽车、风扇、电视机等),也可能是抽象的东西(如观点、故事、印象等),它们代表了专家所描述的主要问题及其相关内容。

在辨识事物之后,下一步是寻找把这些事物组织起来的方法,包括:把相似的物体一起收集进类例关系中,规定事物相互通信的各种方法等。然后,就能够选择一种框架结构以适合问题的需求。这种框架不但应提供对问题的自然描述,而且应能够提供系统实现的方法。

开发基于框架的专家系统的主要任务如下:

(1) 定义问题,包括对问题和结论的考查与综述。

(2) 分析领域,包括定义事物、事物特征、事件和框架结构。

(3) 定义类及其特征。

(4) 定义例及其框架结构。

(5) 确定模式匹配规则。

(6) 规定事物通信方法。

(7) 设计系统界面。

(8) 对系统进行评价。

(9) 对系统进行扩展、深化和拓宽系统结构。

基于框架的专家系统能够提供基于规则的专家系统所没有的特征,如继承、侧面、信息通信和模式匹配规则等,因而也提供了一种更加强大的开发复杂系统的工具。也就是说,基于框架的专家系统具有比基于规则的专家系统更强的功能,适于解决更复杂的问题。

5.5 基于模型的专家系统

关于人工智能的研究内容存在不同的观点。有一种观点认为：人工智能是对各种定性模型（物理的、感知的、认识的和社会的系统模型）的获得、表达及使用的计算方法进行研究的学问。根据这一观点，一个知识系统中的知识库是由各种模型综合而成的，而这些模型往往又是定性模型。由于模型的建立与知识密切相关，所以有关模型的获取、表达及使用自然包括知识获取、知识表达和知识使用。这里所说的模型概括了定性的物理模型和心理模型等。以这样的观点来看待专家系统的设计，可以认为一个专家系统是由一些原理与运行方式不同的模型综合而成的。

采用各种定性模型来设计专家系统，其优点是显而易见的。一方面，它增加了系统的功能，提高了性能指标；另一方面，可以独立地深入研究各种模型及其相关问题，把获得的结果用于改进系统设计。下面介绍一种利用 4 种模型的专家系统开发工具 PESS（purity expert system）。其中 4 种模型为：基于逻辑的心理模型、神经元网络模型、定性物理模型及可视知识模型。这 4 种模型不是孤立的，PESS 支持用户将这些模型进行综合使用。基于这些观点，已完成了以神经网络为基础的核反应堆故障诊断专家系统及中医医疗诊断专家系统，为克服专家系统中知识获取这一瓶颈问题提供了一种解决途径。定性物理模型则提供了对深层知识及推理的描述功能，从而提高了系统的问题求解与解释能力。至于可视知识模型，既可有效地利用视觉知识，又可在系统中利用图形来表达人类知识，并完成人机交互任务。前面讨论过的基于规则的专家系统和基于框架的专家系统都是以逻辑心理模型为基础的，是采用规则逻辑或框架逻辑，并以逻辑作为描述启发式知识的工具而建立的计算机程序系统。综合各种模型的专家系统无论在知识表示、知识获取还是知识应用上都比那些基于逻辑的心理模型的系统具有更强的功能，从而有可能显著改进专家系统的设计。

5.5.1 基于模型的专家系统概述

基于模型的专家系统不同于基于规则的专家系统和基于框架的专家系统，它建立在对人工智能的新定义的基础上。这种观点认为人工智能是对现实中各种定性模型的获得、表达和使用的计算方法进行研究的学问。基于这种思想建立起来的专家系统中的知识库是不同的模型集合，包括物理的、认知的和社会的系统模型。这是一种在更大的维度上对知识的认识。对模型知识的获取、表达和使用贯穿基于模型专家系统建立的全过程。往往在某一领域建立专家系统可能包含不同的模型专家系统。每种模型知识解决某一方面的问题，多模型协作比传统专家系统在知识表示、知识获取和知识运用上更加高效。将知识进行模块化，增加了知识的共享性和重用性。模型的概念始于对本体论的研究。本体论是人工智能中面向内容研究的那一个分支。不同于面向形式的研究，本体论研究重点在于对知识的系统化和标准化。知识的海量性、多样性、复杂性、易变性等是本体论研究中的难点。

随着专家系统的发展，分布式专家系统、混合专家系统的出现，以及知识复用、知识库共享等需求的出现，推动着本体库与基于模型专家系统的研究热度持续升高。目前基于模型的专家系统的主要研究方向：基于神经网络的专家系统，将知识推演过程由显性转变为隐性。神经网络自学习算法是专家系统的核心，神经网络是一种自学习的机器学习算法，构建神经网络规则集合是建立基于神经网络专家系统的基础。通过对专家提供的学习实例(多数是列式特征集)的训练学习构建算法隐层中的映射权重,从而建立一个神经网络。知识库实际就是这些学习实例和神经算法的集合。知识获取就是利用算法对示例数据的建模过程,知识库的更新也就是对示例增量学习的过程。著名的 AlphaGo 实质上就是一个基于神经网络的专家系统。如图 5-6 所示,它的知识库就是通过神经网络算法对千万盘棋局示例的学习经验。知识推理就是对某些问题和变量选定神经网络规则进行正向非线性计算的过程。具有代表性的基于神经网络机制的推理机是 MACIE。

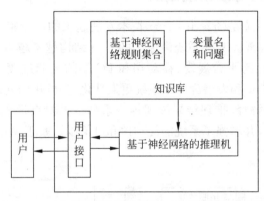

图 5-6　基于神经网络模型的专家系统的基本结构

虽然基于神经网络的专家系统在并行性、容错性、适应性、建立简便性等方面具有优势,但是受制于神经网络算法的特性,可解释性、样本量受限、样本可学习性等制约着它的发展。随着分布式存储和分布式计算技术的发展,基于神经网络的专家系统的开发和使用也越来越多。类似于基于神经网络的专家系统这种以模型为核心的专家系统还有基于概率模型的专家系统、基于因果时间的模型专家系统。Mayadevi N 使用多层感知机构建了动力装置专家系统的故障预测模块。Bo Liu 利用粒子群优化 BP 神经网络算法结合小波包分析构建了一种柴油发动机故障诊断专家系统。基于概率的专家系统主要用于处理不确定性知识和推理上。Wagholikar KB 等使用模糊贝叶斯模型构建了一个医疗决策支持专家系统。Rui Qiu 等使用隐马尔可夫模型构建了能够进行宇航器健康状态管理的专家系统[5]。

5.5.2　基于模型的专家系统的基本特征

基于模型的专家系统应具备以下功能:

(1) 咨询功能。存储模型转换相关知识,以备使用者在输入问题时给予答复。

(2) 存储功能。存储需求模型转换过程中的中间数据和处理信息,如初始的需求文本,处理过程产生的 SD 表达式、ROM 表达式和 SysML 需求元素等。

(3) 规则执行功能。根据使用者输入的需求文本,使用模型转换知识库内存储的现有知识,结合设定的逻辑规则去模拟模型转换过程,给出最终的 SysML 需求图。

(4) 规则制定功能。做出一定的解释来说明 SysML 需求图生成的依据和逻辑,如具体的分词结果、SD 表达式含义、ROM 表达式的生成、复合对象的确定及 SysML 需求图模型元素的转换过程等。既方便使用者的使用操作和沟通理解,也方便系统的运营维护。

(5) 信息添加功能。拥有获取和添加模型转换的相关知识,学习能力及对模型转换知识库的修缮、增添和查询能力，能够更高效地展示模型转换系统处理问题的能力。

（6）交互功能。提供一种使用者与计算机之间的接口，既方便使用者使用操作，也方便统计分析和处理使用者提出的请求，以更好地提出合理的模型转换解决方案。

5.6 基于 Web 的专家系统

5.6.1 基于 Web 的专家系统概述

基于 Web 的专家系统是随着 Internet 技术发展起来的。专家系统的知识库和推理机通过与 Web 接口交互起来。专家系统由原来的 C/S 结构越来越多地转向 B/S 架构，带来了丰富的人机会话界面、跨平台展现、移动端和 PC 端的无缝过渡。HTML5、AngularJS、NodeJS 等前端技术的进步和发展为专家系统更人性化、多样化的处理带来助益。为知识获取、知识管理、推理过程解释、推理结果展现等一系列技术要点带来了更先进的技术实现。提高了用户的使用体验，并增强了系统的便利性和可信度。基于 Web 的专家系统的基本结构如图 5-7 所示[16]。

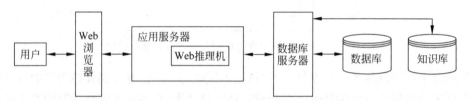

图 5-7　基于 Web 的专家系统的基本结构

与传统的 Web 工程 MVC 架构类似，此专家系统主要分为 3 层，分别是数据展现层、业务逻辑层和数据持久化层。数据通过 Web 页面展现，在浏览器中与用户交互，没有地域和时间的限制。业务逻辑在应用服务器中实现。通过 Web 推理机使用数据持久层提供的知识进行知识推理，将推理结果通过 Web 接口上传至 Web 页面。数据持久化通常使用的是关系型数据库，如 MySQL、SQL Server、Oracle、DB2 等。知识以不同的结构被存储，通常有2 种方式：一种是以 XML 文件形式保存在分布式网络存储器上，另一种是以关系型数据表的形式存储在数据库中。知识持久化后便可以通过数据库服务器进行管理和使用。基于Web 的专家系统是目前构建专家系统的主流。

基于 Web 的模型转换专家系统构成早期的专家系统，其使用只是用户与计算机进行基础的交互，功能简单。使用时还需要用户自己安装客户端，此类的操作模式实用性不强。在AI 相关技术不断进步的今天，传统的模型转换专家系统与 Web 创新设计原则相结合，便形成了基于 Web 的模型转换专家系统，如领域专家、专业工程师和设计研发人员能够在 Web操作界面的辅助下使用模型转换专家系统。基于 Web 的模型转换专家系统包括 5 个部分：操作界面、模型转换知识库、模型转换数据库、模型转换推理机、解释器，其中最重要的是知识库，知识库存储的知识的新颖性和创造性奠定了该专家系统的基础。

（1）操作界面。操作界面又称交互接口，可让使用者与模型转换专家系统交流，可以载入需要转换的文本，进行模型转换操作和获取最终的 SysML 需求图等，人机交互的使用者不仅仅是用户，还包括给模型转换专家系统提供技术支持的系统工程领域专家和工程师。

（2）模型转换知识库。模型转换知识库主要用于储存系统工程和模型转换领域专家提供的专业知识，该知识主要分为 2 类：一类是知识对象本身，即客观存在的对象知识，如 SD 模型的依存关系、ROM 模型的三大类关系和 SysML 需求图元素的关系和连接方式；另一类是领域专家学习实践获得的经验和推理能力，如从 SD 表达式到 ROM 表达式的映射关系。先进的模型转换知识库既包括人们已知的既定事实，还包含模型转换行业专家在面对某一问题时可能使用的经验知识，因此模型转换知识库是模型转换专家系统不可或缺的一环。

（3）模型转换推理机。模型转换推理机是执行模型转换推理过程和生成 SysML 需求功能的重要模块，当模型转换推理机获取输入需求文本时，可根据需求文本的内容，与设定的模型转换规则进行多次匹配，获得模型转换知识库存储的知识，以得到所求问题的合理解。模型转换推理机的原理是模拟模型转换领域专家进行模型转换，模型转换推理机的使用执行策略为正向推理。正向推理方法是将使用者提供的需求文本载入模型转换数据库，根据模型转换数据库存储的内容查找是否包含现有 SysML 需求图，否则将该需求文本联系模型转换知识库，建立相应的知识集，利用模型转换规则处理需求文本，得出最终的需求图，存储于模型转换数据库中。

（4）模型转换数据库。系统的模型转换数据库能够储存执行规则中输入的需求文本，还有中途通过转换产生的中间模型和最终的 SysML 需求图。该模块极大地提高了专家系统的使用效率，不需要每次进行模型转换都使用推理机来解决，为模型转换专家系统高效化和准确化的发展打下了坚实的基础。

（5）解释器。解释器是专家系统的前端组件，它与用户进行交互，并解释推理机的输出结果。解释器接收用户的查询或问题，并根据知识库和推理机的结果生成相应的解释和回答。它可以以自然语言的形式向用户解释专家系统的推理过程、推理结果的依据以及可能的推理路径。

5.6.2 模型转换专家系统的网络支持

网络 Web 技术与模型转换专家系统相结合的可行性比较高，Web 开发技术对于模型转换专家系统的支持主要体现在以下几个方面：

（1）将人机交互界面放置于网页上，使用者可以直接在网页上传需要转换的需求文本，基于 Web 的模型转换交互界面提高了使用者对模型转换专家系统的使用效率，并且减少了使用客户端模型转换专家系统交互界面的设计时间。

（2）使用者能够减少时间和环境因素的影响，随时根据面临的问题来访问专家系统，进行模型转换，获取需要的 SysML 需求图。无须像过去一样，必须使用计算机才可使用模型转换专家系统，现在只需一台可以联网的智能设备即可，这使模型转换专家系统的使用方式显得比较人性化。减少客户端的局限性，有助于专家系统的发展应用。

（3）使模型转换专家系统的运营和管理方式更加便于操作，只需要在开发者服务器上修改即可，服务器的源版本更新后，使用者无须更新客户端或者下载客户端，只需重新缓存网页即可访问该模型转换专家系统。传统的模型转换专家系统在结合 Web 开发技术后，可以优化传统模型转换专家系统的操作方式，方便使用者访问。总的来说，通过融合 Web 应用技术，使模型转换专家系统进行了一次全面的升级，从而获得了更广泛的应用。

随着国内的互联网业务的迅速发展和 Android、iPhone 等类型智能手机的日益普及,移动端 Web 开发得到充分的发挥。基于移动平台软件应用开发是当下研究的热门,随着浏览器和智能移动设备的不断进步,如何高效、快捷地基于移动平台的 Web 模型转换专家系统开发就成了问题。HTML5 和 CSS3 是移动互联网最前沿的 Web 技术,采用 HTML5 和 CSS3 技术的响应式网页设计,可以使 Web 兼容多种设备和屏幕,使得基于 Web 的模型转换专家系统不会因设备和屏幕的大小从而影响使用界面。

基于 Web 的自然语言与 SysML 需求模型转换专家系统的设计需求主要有以下几点:

(1) 系统必须允许用户通过 Web 登录专家系统,并且可以对专家系统内的数据进行使用、修改和删除等。

(2) 系统需要分类管理用户自己的信息,应设有响应的权限,保护好用户的信息安全。

(3) 在用户利用专家系统处理面临的问题时,需要在充分结合模型转换和自然语言处理知识的基础上,再结合行业专家的知识和经验。

(4) 基于 Web 的自然语言与 SysML 需求模型转换专家系统需要实现多个用户同时在线使用专家系统且不会相互影响,确保系统稳定运行。

5.7 新型专家系统

专家系统作为人工智能研究的重点方向,其核心目标是代替人类专家解决某一领域内的专业问题。随着专家系统的发展,其用到的学科知识已经不局限于计算机学科,几乎涉及自然学科和人文学科的所有学科。每种专家系统都在解决某一方面问题时具有某些优势。

近年来,在讨论专家系统的利弊时,有些人工智能学者认为:专家系统发展出的知识库思想是很重要的,它不仅促进了人工智能的发展,还对整个计算机科学的发展影响甚大。但是,基于规则的知识库思想限制了专家系统的进一步发展。发展专家系统不仅要采用各种定性模型,还要运用人工智能和计算机技术的一些新思想与新技术,如分布式、协同式和学习机制等。

5.7.1 新型专家系统的特征

1) 并行与分布处理

基于各种并行算法,采用各种并行推理和执行技术,适合在多处理器的硬件环境中工作,即具有分布处理的功能,这是新型专家系统的一个特征。系统中的多处理器应该能够同步地并行工作,但更重要的是它还应能做异步并行处理。可以根据数据驱动或要求驱动的方式实现分布在各处理器上的专家系统各部分间的通信和同步。专家系统的分布处理特征要求专家系统做到功能合理、均衡分布,以及知识和数据适当地分布,着眼点在于提高系统的处理效率和可靠性等。

2) 多专家系统协同工作

为了拓宽专家系统解决问题的领域或使一些互相关联的领域能用一个系统来解题,提出了所谓的协同式专家系统(synergetic expert system)的概念。在这种系统中,有多个专家系统协同合作。各子专家系统之间可以互相通信,一个(或多个)子专家系统的输出可能就是另一个子专家系统的输入,有些子专家系统的输出还可以作为反馈信息输入自身或其

先辈系统中,经过迭代求得某种"稳定"状态。多专家系统的协同合作自然也可以到自身中去,经过迭代求得某种"稳定"状态。多专家系统的协同合作自然也可以在分布的环境中工作,但其着眼点主要在于通过多个子专家系统协同工作,以扩大整体专家系统的解题能力,而不像分布处理特征那样主要是为了提高系统的处理效率。

3) 高级语言和知识语言描述

为了建立专家系统,知识工程师只需用一种高级专家系统描述语言对系统进行功能、性能及接口描述,并用知识表示语言描述领域知识,专家生成系统就能自动或半自动地生成所要的专家系统。这包括自动或半自动地选择或综合出一种合适的知识表示模式,把描述的知识形成一个知识库,并随之形成相应的推理执行机构、辩解机构、用户接口及学习模块等。

4) 具有自学习功能

新型专家系统应提供高级的知识获取与学习功能。应提供合理有用的知识获取工具,从而对知识获取这个"瓶颈"问题有所突破。这种专家系统应该能够根据知识库中已有的知识和用户对系统提问的动态应答,进行推理以获得新知识,总结新经验,从而不断扩充知识库,这就是所谓的自学习机制。

5) 引入新的推理机制

现存的大部分专家系统只能做演绎推理。在新型专家系统中,除了演绎推理外,还应有归纳推理(包括联想、类比等推理)、各种非标准逻辑推理(如非单调逻辑推理、加权逻辑推理等)及各种基于不完全知识和模糊知识的推理等,在推理机制上应有一个突破。

6) 先进的智能人机接口

理解自然语言,实现语音、文字、图形和图像的直接输入/输出是如今人们对智能计算机提出的要求,也是对新型专家系统的重要期望。这一方面需要硬件的有力支持,另一方面应该看到,先进的软件技术将使智能接口的实现大放异彩。

为了应对复杂的现实问题,多技术融合、跨学科合作、多平台兼容等的挑战也越来越大。新型专家系统在于不同知识表达方式的兼容共享、不同推理机制的分工协作和不同专家系统架构的解耦重组。

周梦杰在研究钢铁一体化生产专家系统时,提出了一种面向对象的混合知识表示方式,它结合了产生式规则、语义网络、框架和面向对象等知识表示方法的特征。此方法被成功应用于生产实际,是一种在专家系统知识表示方法上的有益尝试[5]。在大数据浪潮下,并行式和分布式处理专家系统、多专家系统协同、云平台下专家系统构建、推理机中深度神经网络的使用、具备自主学习和自我完善专家系统、更加先进智能的人机交互等都是目前专家系统需要完善和发展的方向。

5.7.2　分布式专家系统

分布式专家系统是指逻辑上统一而物理上分布在不同物理节点上的若干专家系统,是人工智能领域中分布式人工智能的一部分。

分布式节点的每个节点上的专家系统与单个专家系统不同,它不仅应具有求解特定问题的能力,还具有以下性能:

(1) 每一个节点专家系统仅有有限知识,包括领域有限知识、群体任务规划调度的有限知识、预测其他节点专家系统能力的有限知识等。

（2）要有分解复杂问题为若干子问题，并根据逻辑关系进行优先顺序排队的能力。

（3）要有选择合适的专家系统求解子问题的能力。

（4）要有与其他节点专家系统合作与通信的能力。

专家系统具有分布处理的特征，其主要目的在于把一个专家系统的功能经分解后分布到多个处理器上并行地工作，从而在总体上提高系统的处理效率。它可以工作在紧耦合的多处理器系统环境中，也可以工作在松耦合的计算机网络环境里，所以其总体结构在很大程度上依赖于所在的硬件环境。为了设计和实现一个分布式专家系统，一般需要解决下述问题：

（1）功能分布。功能分布是指把分解得到的系统各部分功能或任务合理均衡地分配到各处理节点上去。每个节点上实现一个或两个功能，各节点合在一起作为一个整体完成一项完整的任务。功能分解"粒度"的粗细要视具体情况而定。分布系统中节点的多寡及各节点上处理与存储能力的大小是确定分解"粒度"的两个重要因素。

（2）知识分布。知识分布是指根据功能分布的情况把有关知识经合理划分以后分配到各处理节点上。一方面，要尽量减少知识的冗余，以避免可能引起的知识的不一致性；另一方面又需要一定的冗余以求处理的方便和系统的可靠性。可见，这里有一个合理的综合权衡的问题需要解决。

（3）接口设计。各部分间接口设计的目的是要达到各部分之间互相通信和同步容易进行，在能保证完成总的任务的前提下，尽可能使各部分之间互相独立，各部分之间联系越少越好。

（4）系统结构。这项工作一方面依赖于应用的环境与性质，另一方面依赖于其所处的硬件环境。

如果领域问题本身具有层次性，如企业的分层决策管理问题，这时系统最适宜的结构是树形的层次结构。这样，系统的功能分配与知识分配就很自然，也很容易进行，而且也符合分层管理或分级安全保密的原则。当同级模块间需要讨论问题或解决分歧时都通过它们的直接上级进行。下级服从上级，上级对下级具有控制权，这就是各模块集成为系统的组织原则。

对星形结构的系统，中心与外围节点之间的关系可以不是上下级关系，而是把中心设计成一个公用的知识库和可进行问题讨论的"黑板"（或公用邮箱），大家既可以往"黑板"上写各种消息或意见，也可以从"黑板"上提取各种信息。各模块之间则不允许避开"黑板"而直接交换信息。其中的公用知识库一般只允许大家从中获取知识，而不允许各个模块随意修改其中的内容。甚至公用知识库的使用也通过"黑板"的管理机构进行，这时各模块直接见到的只有"黑板"，它们只能与"黑板"进行交互，而各模块间是互相不见面的。

如果系统的节点分布在一个互相距离并不远的地区内，节点上用户之间的独立性较大且使用权相当，则把系统设计成总线结构或环形结构是比较合适的。各节点之间可以通过互传消息的方式讨论问题或请求帮助（协助），最终的裁决权仍在本节点。因此这种结构的各节点都有一个相对独立的系统，基本上可以独立工作，只在必要时请求其他节点的帮助或给予其他节点咨询意见。这种结构没有"黑板"，要讨论问题比较困难。不过这时可用广播式向其他所有节点发消息的办法来弥补这个缺点。

根据具体的要求和存在的条件，系统也可以是网状的，这时系统的各模块之间采用消息传递的方法互相通信和合作。

（5）驱动方式。一旦系统的结构确定,则必须很好地研究系统中各模块应该以什么方式来驱动的问题。可供选择的驱动方式一般有以下几种:

① 控制驱动。当需要某模块工作时,就直接将控制转到控制驱动模块,或将它作为一个过程直接调用,使它立即工作。这是最常用的一种驱动方式,实现方便,但并行性往往受到影响,因为被驱动模块是被动地等待着驱动命令的,有时即使其运行条件已经具备,若无其他模块的驱动命令,其自身也不能自动工作。为了克服这个缺点,可采用数据驱动方式。

② 数据驱动。一般一个系统的模块功能都是根据一定的输入,启动模块进行处理以后,给出相应的输出。所以在一个分布式专家系统中,只要一个模块的所有输入(数据)已经具备即可自行启动工作;然后,把输出结果送到各自该去的模块,而并不需要有其他模块来明确地命令它工作。这种驱动方式可以发掘可能的并行处理,从而达到高效运行。在这种驱动方式下,各模块之间只有互传数据或消息的联系,其他操作都局限于模块内部进行,因此也是面向对象的系统的一种工作特征。这种一旦模块的输入数据齐备以后模块就自行启动工作的数据驱动方式可能出现不根据需求而盲目产生很多暂时用不上的数据,从而造成“数据积压问题”。为此提出了“需求驱动”的方式。

③ 需求驱动。这种驱动方式亦称“目的驱动”,是一种自顶向下的驱动方式。从最顶层的目标开始,为了驱动一个目标工作可能需要先驱动若干子目标,为了驱动各个子目标,可能又要分别驱动一些子目标,如此层层驱动下去。与此同时又按数据驱动的原则让数据(或其他条件)具备的模块进行工作,输出相应的结果并送到各自该去的模块。这样,把对其输出结果的要求和其输入数据的齐备两个条件复合起来作为最终驱动一个模块的先决条件,既可达到系统处理的并行性要求,又可避免数据驱动时由于盲目产生数据而造成“数据积压”的弊病。

④ 事件驱动。这是比数据驱动更为广义的一个概念。一个模块的输入数据齐备可认为仅仅是一个事件,此外,还可以有其他各个事件,如某些条件得到满足或某个物理事件发生等。采用这种事件驱动方式时,各个模块都要规定使它开始工作所必需的一个事件集合。所谓事件驱动是当且仅当模块的相应事件集合中所有事件已发生时,才能驱动该模块开始工作。否则,只要其中有一个事件尚未发生,模块就要等待,即使模块的输入数据已经全部齐备也不行。由于事件的含义很广,所以事件驱动广义地包含了数据驱动与需求驱动等。

5.7.3 新型推理系统

随着互联网的高速发展,人工智能的发展方兴未艾,新一代人工智能技术正处于从感知智能到认知智能的关键时期。知识推理作为自然语言处理领域待解决的重要问题之一吸引着越来越多的学者关注,推理系统便是由专家系统衍生出来的新一代智能系统。

关于知识推理的基本概念,学术界给出了各种类似的定义。王永庆认为[29],推理是人们对各种事物进行分析、综合和决策,从已知的事实出发,通过运用已掌握的知识,找出其中蕴含的事实或归纳出新的事实的过程。严格地说,就是按照某种策略由已知判断推出新的判断的思维过程。更具体地,Kompridis[30]定义推理为一系列能力的总称,包括有意识地理解事物的能力、建立和验证事实的能力、运用逻辑的能力及基于新的或存在的知识改变或验证现有体系的能力。Tari[31]类似地定义知识推理为基于特定的规则和约束,从存在的知识获得新的知识。总的来说,知识推理就是利用已知的知识推出新知识的过程。

1. 传统的知识推理

知识推理很早就受到了广泛关注,关于知识推理的研究最早可以追溯到古希腊哲学家,此后,其他一些学科的研究工作,如人工智能专家与理论计算机科学家也对知识推理产生了兴趣。推理方法按新判断推出的途径划分,可分为演绎推理、归纳推理和默认推理。

演绎推理是从一般到个别的推理。演绎推理发展历史悠久,涵盖自然演绎、归结原理、表演算等广泛使用的方法。早在 1935 年,Gentzen[32] 就提出自然演绎推理,将推理形式化为引入经典逻辑的推理规则的数学证明过程。归结原理由 Robinson[33] 于 1965 年提出,是一种采用反证法的推理方法。它证明原逻辑表达式(由给定子句推出目标子句)为永真转换,为证明给定子句与目标子句取非的合取式存在矛盾的等价问题,然后进行归结,如果转换的逻辑表达式不可满足,则推出矛盾,原表达式为永真。表演算于 1991 年由 Schmidt-Schauß[34] 和 Smolka 首次引入。该算法首先构建一个规则的完全森林,由带标签的有向图组成,每个节点用概念集标记,每条边用规则名标记,表示节点之间存在的规则关系,然后利用扩展规则,给节点标签添加概念或新的节点,进而基于这个完全森林进行演算推理[28]。

归纳推理则可以追溯到 1964 年 Solomonof[35] 创立的普遍归纳推理理论,是一个基于观察的预测理论。概括地说,归纳推理是从足够多的事例中归纳出一般性结论的推理过程。

默认推理又称为缺省推理,1980 年,Reiter[36] 正式提出缺省推理逻辑。缺省推理是在知识不完全的情况下,通过假设某些条件已经具备而进行的推理。推理方法按所用知识的确定性划分,可分为确定性推理和不确定性推理。确定性推理所用的知识是精确的,并且推出的结论也是确定的。早在 1975 年,Shortliffe 和 Buchanan[37] 就提出了确定性理论——一种不确定性的推理模型。在不确定性推理中,知识和证据都具有某种程度的不确定性。不确定性推理又分为似然推理和近似推理(模糊推理),前者基于概率论,后者基于模糊逻辑。Zadeh[38] 在 1973 年首次提出模糊推理理论中最基本的推理规则,即模糊分离规则。随后,模糊推理不断发展完善。

将推理方法按推理过程中推出的结论是否单调增加来划分,可分为单调推理和非单调推理。单调推理中,随着推理向前推进和新知识的加入,推出的结论单调递增,越来越接近最终目标。上述提到的演绎推理就属于单调推理。非单调推理最早由 Minsky[39] 正式提出。在推理过程中,随着新知识的加入,非单调推理需要否定已推出的结论,使得推理退回前面的某一步,重新开始。将推理方法按是否运用与问题有关的启发性知识来划分,可分为启发式推理和非启发式推理。启发式推理在推理过程中,运用解决问题的策略、技巧和经验,加快推理。而非启发式推理只按照一般的控制逻辑进行推理。将推理方法从方法论的角度来划分,可分为基于知识的推理、统计推理和直觉推理。基于知识的推理根据已掌握的事实,通过运用知识进行推理。统计推理根据对事物的统计信息进行推理。直觉推理又称为常识性推理,是根据常识进行的推理。直觉推理依赖于感知经验和具体实例,当逻辑/规则与直觉不一致时,则不考虑这些逻辑/规则。推理方法还可以根据推理的繁简不同分为简单推理和复合推理;根据结论是否具有必然性分为必然性推理和或然性推理;根据推理控制方向分为正向推理、逆向推理、混合推理和双向推理。此外,还有时间推理、空间推理和案例推理等推理方法。时间推理是对与时间有关的知识进行的推理,早在 1983 年,Allen[40]

等就提出了基于时区的时间知识表示和时间推理方法。空间推理是指利用空间理论和人工智能技术对空间对象进行建模、描述和表示，并据此对空间对象之间的空间关系进行定性或定量分析和处理的过程[26]。案例推理首先由美国耶鲁大学的 Schank[41] 教授提出，他的动态记忆理论被认为是最早的案例推理的基础。案例推理通过使用或调整老问题的解决方案推理新的问题。

上述传统的知识推理方法主要是基于逻辑、规则的推理，逐渐发展为最基本的通用推理方法。近年来，传统的知识推理继续发展更新，从内容上看主要是短语和句子的推理，包括基于词汇内容的推理、基于数理逻辑的推理、基于自然语言逻辑（自然语言与数理逻辑结合的一种逻辑）的推理及结合词汇内容和数理逻辑/自然语言逻辑的推理。除了一般的短语和句子级的推理外，另一大类受到广泛关注的推理是本体推理。本体是共享概念的模型明确的形式化规范说明。换句话说，本体类似于知识库中的模式，用来定义类和关系及类层次和关系层次结构等。本体作为语义丰富的知识描述，其推理受到了广泛关注。

2. 面向知识图谱的知识推理

2012 年，Google 最早提出知识图谱的概念。随着知识图谱的出现，面向知识图谱的知识推理作为支撑上层应用的基础性服务引发了广泛关注。知识图谱本质上是一种语义网络，可以对现实世界的事物及其相互关系进行形式化的描述。语义网络最早由 Quillian 提出，是一幅带有标记的有向图，通过事物属性以及事物之间语义关系的直观表达，很容易找到与节点有关的知识。相比于传统知识中非结构化表达的形式，如一阶谓词、产生式等，知识图谱以结构化的方式表达知识，将事物的属性及事物之间的语义关系显式地表示出来；相比于结构化表达的形式，如框架、脚本等，知识图谱中事物的属性及事物之间的联系通常以三元组的形式刻画，更加简洁直观、灵活丰富。灵活体现在不需要采用框架、脚本等结构化表达方式中呆板笨重的槽等组成结构，只是简单的三元组形式。丰富体现在这种三元组的形式可以很容易找到与事物相关的所有知识。因此，面向知识图谱的知识推理不仅仅局限于以基于逻辑和规则为主的传统知识推理，而是有更多样化的推理方法。近年来，面向知识图谱的知识推理随着分布式表示、神经网络等技术的流行，已发展出独有的推理方法，根据推理类型划分，可分为单步推理和多步推理；每类再根据方法划分，又分为基于规则的推理、基于分布式表示的推理、基于神经网络的推理及混合推理[28]。

基于传统规则推理的方法主要借鉴传统知识推理中的规则推理方法，在知识图谱上运用简单规则或统计特征进行推理。NELL 知识图谱内部的推理组件采用一阶关系学习算法进行推理。推理组件学习概率规则经过人工筛选过滤后，代入具体的实体将规则实例化，从已经学习到的其他关系实例推理新的关系实例。YAGO 知识图谱内部采用了一个推理机——Spass-YAGo 以丰富知识图谱的内容。Spass-YAGO 抽象化 YAGO 中的三元组到等价的规则类，采用链式叠加计算关系的传递性，叠加过程可以任意迭代，通过这些规则完成 YAGO 的扩充。传统的推理方法，无论是规则还是抽象层面的本体约束，都需要实例化，可计算性比较差，对于实例数量很大的知识图谱而言，代价很高。此外，有效并且覆盖面广的规则和本体约束难以获得，导致推理结果的召回率通常比较低。而统计特征过分依赖已有数据，不易迁移，难以处理样本稀疏的情况，并且，当数据存在噪声时，抽取的特征甚至会误导推理。因此，面向知识图谱的知识推理逐渐发展出独有的具体推理方法。

3. 基于分布式表示的推理

在单步推理中,基于分布式表示的推理首先通过表示模型学习知识图谱中的事实元组得到知识图谱的低维向量表示;然后,将推理预测转化为基于表示模型的简单向量操作。基于分布式表示的单步推理包括基于转移、基于张量/矩阵分解和基于空间分布等多类方法。

(1) 基于转移的表示推理。基于转移的表示推理根据转移假设设计得分函数,以衡量多元组有效的可能性,得分越高,多元组可能越有效,即正例元组的得分高,负例元组的得分低。由于关系数量相对较少,负例常常通过替换头实体或尾实体得到。基于上述原则建模知识图谱中的事实元组及其对应的负例元组,最小化基于得分函数的损失,可得到实体和关系的向量表示。推理预测时,选取与给定元素形成的多元组得分高的实体/关系作为预测结果。基本的转移假设将关系看成实体间的转移,后续发展出更复杂的转移假设,将关系看成经过某种映射后的实体之间的转移。基本转移假设的提出者 Bordes 等提出了第一个基于转移的表示模型 TransE,掀起了 Trans 系列的研究热潮。TransE 的主要思想是:如果三元组(头实体、关系、尾实体)成立,头实体向量 h 与关系向量 r 的和与尾实体向量 t 相近,否则远离。由上述基本转移假设得到得分函数,学习过程中替换头实体或尾实体得到负例,类似支持向量机,最小化一个基于 Margin 的损失,使正例的得分比负例的得分至少高一个 Margin。在进行推理时,得分函数取值大的候选实体/关系即为推理结果。TransE 简单有效,但存在一些不足[28]。

(2) 基于神经网络的推理。在单步推理中,基于神经网络的推理利用神经网络直接建模知识图谱事实元组,得到事实元组元素的向量表示,用于进一步的推理。该类方法依然是一种基于得分函数的方法,区别于其他方法,整个网络构成一个得分函数,神经网络的输出即为得分值。Socher 等提出了神经张量网络 NT(neural tensor network),用双线性张量层代替传统的神经网络层,在不同的维度下,将头实体和尾实体联系起来,刻画实体间复杂的语义联系。其中,实体的向量表示通过词向量的平均得到,充分利用词向量构建实体表示。具体地,每个三元组用关系特定的神经网络学习,头、尾实体作为输入,与关系张量构成双线性张量积,进行三阶交互,同时建模头、尾实体和关系的二阶交互。最后,模型返回三元组的置信度,如果头、尾实体之间存在该特定关系,返回高的得分;否则,返回低的得分。特别地,关系特定的三阶张量的每个切片对应一种不同的语义类型。一种关系多个切片可以更好地建模该关系下不同实体间的不同语义关系。

总而言之,基于神经网络的单步推理试图利用神经网络强大的学习能力建模知识图谱事实元组,以获得很好的推理能力和泛化能力。然而,神经网络固有的可解释性问题也依然存在于知识图谱的应用中,如何恰当地解释神经网络的推理能力是一大难点。目前,基于神经网络的单步推理研究工作还比较少,但神经网络的高表达能力及其应用于其他领域,包括图像处理、文本处理,特别是和知识图谱结构比较类似的社交网络等图结构数据领域的突出表现和高性能,使得该方向的研究前景广阔。如何扩展其他领域中更多基于神经网络的方法到知识图谱领域,成为未来要深入研究的问题。一般图结构数据,如社交网络的表示和推理学的是知识节点,而知识图谱的表示和推理关注的是节点(实体)和边(关系)。因此,从一般图结构数据基于神经网络的方法迁移到知识图谱将是一个相对比较简单的突破口。与此同时,关于神经网络可解释性问题的研究也有待进一步开展[28]。

参考文献

[1] HAO X,JI Z,LI X,et al. Construction and application of a knowledge graph[J]. Remote Sensing, 2021,13(13): 2511.

[2] CHICAIZA J,VALDIVIEZO D P. A comprehensive survey of knowledge graph-based recommender systems: Technologies,development,and contributions[J]. Information,2021,12(6): 232.

[3] DING F,LUO C. Structured sparsity learning for large-scale fuzzy cognitive maps[J]. Engineering Applications of Artificial Intelligence,2021,105: 104444.

[4] PENG C,XIA F,NASERIPARSA M,et al. Knowledge graphs: Opportunities and challenges[J]. Artificial Intelligence Review,2023,56(11): 13071-13102.

[5] CHEN X,JIA S,XIANG Y. A review: Knowledge reasoning over knowledge graph[J]. Expert systems with applications,2020,141: 112948.

[6] CHEN C,WANG T,ZHENG Y,et al. Reinforcement learning-based distant supervision relation extraction for fault diagnosis knowledge graph construction under industry 4. 0[J]. Advanced Engineering Informatics,2023,55: 101900.

[7] THASEEN I S,MOHANRAJ V,RAMACHANDRAN S,et al. An intelligent waste management application using IoT and a genetic algorithm-fuzzy inference system[J]. Applied Sciences,2023, 13(6): 3943.

[8] FARZANFAR D,SPIERS H J,MOSCOVITCH M,et al. From cognitive maps to spatial schemas [J]. Nature Reviews Neuroscience,2023,24(2): 63-79.

[9] BRUNEC I K,NANTAIS M M,SUTTON J E,et al. Exploration patterns shape cognitive map learning[J]. Cognition,2023,233: 105360.

[10] XU Y,QIN L,LIU X,et al. A causal and-or graph model for visibility fluent reasoning in tracking interacting objects[C]. 2018 IEEE/CVF Conference on Computer Vision and Pattern Recognition, Salt Lake City,UT,USA,2018,2178-2187.

[11] KITSON N K,CONSTANTINOU A C,GUO Z,et al. A survey of Bayesian Network structure learning[J]. Artificial Intelligence Review,2023,56(8): 8721-8814.

[12] YAHYA M,BRESLIN J G,ALI M I. Semantic web and knowledge graphs for industry 4. 0[J]. Applied Sciences,2021,11(11): 5110.

[13] VARADARAJAN J,EMONET R. ODOBEZ J M. Bridging the past,present and future: Modeling scene activities from event relationships and global rules[C]. 2012 IEEE Conference on Computer Vision and Pattern Recognition,Providence,RI,USA,2012,2096-2103.

[14] EVANS R J. Graphical methods for inequality constraints in marginalized DAGs[C]. 2012 IEEE International Workshop on Machine Learning for Signal Processing,Santander,Spain,2012,1-6.

[15] PEER M,BRUNEC I K,NEWCOMBE N S,et al. Structuring knowledge with cognitive maps and cognitive graphs[J]. Trends in cognitive sciences,2021,25(1): 37-54.

[16] HAI N,GONG D,LIU S. Ontology knowledge base combined with Bayesian networks for integrated corridor risk warning[J]. Computer Communications,2021,174: 190-204.

[17] VERMA T S,PEARL J. Equivalence and synthesis of causal models[M]//Probabilistic and causal inference: The works of Judea Pearl. 2022: 221-236.

[18] GAO Z,WU S,WAN Z,et al. A hybrid method for implicit intention inference based on punished-weighted naïve bayes[J]. IEEE Transactions on Neural Systems and Rehabilitation Engineering, 2023,31: 1826-1836.

[19] BÜHMANN L,LEHMANN J. Pattern based knowledge base enrichment[C]. the 12th Int'l Semantic Web Conf. Berlin,Heidelberg: Springer-Verlag,2013. 33-48.

［20］ JIANG X，WANG H，CHEN Y，et al. MNN：A universal and efficient inference engine［J］. Proceedings of Machine Learning and Systems，2020，2：1-13.

［21］ KHETAN V，RAMNANI R，ANAND M，et al. Causal bert：Language models for causality detection between events expressed in text［C］//Intelligent Computing：Proceedings of the 2021 Computing Conference，Volume 1. Springer International Publishing，2022：965-980.

［22］ NOGUEIRA A R，PUGNANA A，RUGGIERI S，et al. Methods and tools for causal discovery and causal inference［J］. Wiley interdisciplinary reviews：data mining and knowledge discovery，2022，12(2)：1449.

［23］ FURQAN M S，SIYAL M Y. Gene network inference using forward backward pairwise granger causality［C］. 2015 3rd International Conference on Artificial Intelligence，Modelling and Simulation (AIMS)，Kota Kinabalu，Malaysia，2015，321-324.

［24］ LIN L，LI W，BI H，et al. Vehicle trajectory prediction using LSTMs with spatial-temporal attention mechanisms［J］. IEEE Intelligent Transportation Systems Magazine，2021，14(2)：197-208.

［25］ CHEN Y，GOLDBERG S，WANG D Z，et al. Ontological pathfinding：Mining first-order knowledge from large knowledge bases［C］. the 2016 ACM SIGMOD Int'l Conf. on Management of Data. New York：ACM Press，2016. 835-846.

［26］ ZHANG J，CHEN F，CUI Z，et al. Deep learning architecture for short-term passenger flow forecasting in urban rail transit［J］. IEEE Transactions on Intelligent Transportation Systems，2020，22(11)：7004-7014.

［27］ FERNÁNDEZ L C，PROVOST F. Causal decision making and causal effect estimation are not the same and why it matters［J］. INFORMS Journal on Data Science，2022，1(1)：4-16.

［28］ 官赛萍，靳小龙，贾岩涛，等. 面向知识图谱的知识推理研究进展［J］. 软件学报，2018，29(10).

［29］ NILSSON N J. Principles of artificial intelligence［M］. Springer Science & Business Media，1982.

［30］ KOMPRIDIS N. So we need something else for reason to mean［J］. International journal of philosophical studies，2000，8(3)：271-295.

［31］ FINN V K. JSM Reasoning and knowledge discovery：Ampliative reasoning，causality recognition，and three kinds of completeness［J］. Automatic Documentation and Mathematical Linguistics，2022，56(2)：79-110.

［32］ GENTZEN G. Untersuchungen über das logische schließen. I［J］. Mathematische zeitschrift，1935，35.

［33］ CAO F，XU Y，LIU J，et al. A multi-clause dynamic deduction algorithm based on standard contradiction separation rule［J］. Information Sciences，2021，566：281-299.

［34］ KAMIDE N. Sequential fuzzy description logic：Reasoning for fuzzy knowledge bases with sequential information［C］//2020 IEEE 50th International Symposium on Multiple-Valued Logic (ISMVL). IEEE，2020：218-223.

［35］ STEPHENS R G，DUNN J C，HAYES B K，et al. A test of two processes：The effect of training on deductive and inductive reasoning［J］. Cognition，2020，199：104223.

［36］ POOLE D. A logical framework for default reasoning［J］. Artificial intelligence，1988，36(1)：27-47.

［37］ SHORTLIFFE E H，BUCHANAN B G. A model of inexact reasoning in medicine［J］. Mathematical biosciences，1975，23(3-4)：351-379.

［38］ DING R X，PALOMARES I，WANG X，et al. Large-Scale decision-making：Characterization，taxonomy，challenges and future directions from an Artificial Intelligence and applications perspective［J］. Information fusion，2020，59：84-102.

［39］ CHEN X，JIA S，XIANG Y. A review：Knowledge reasoning over knowledge graph［J］. Expert systems with applications，2020，141：112948.

[40] JIA Z, PRAMANIK S, SAHA R R, et al. Complex temporal question answering on knowledge graphs[C]//Proceedings of the 30th ACM international conference on information & knowledge management. 2021: 792-802.

[41] DISESSA A. Changing minds: Computers, learning, and literacy[M]. MIT Press, 2000.

[42] SOCHER R, CHEN D, MANNING C D, et al. Reasoning with neural tensor networks for knowledge base completion[J]. Advances in neural information processing systems, 2013, 26.

第6章 人工智能架构与系统

人工智能架构和系统的核心是人工智能算法,这是实现人工智能应用的基础。人工智能算法可以分为传统的机器学习算法和深度学习算法两大类。机器学习算法需要手动提取特征,训练相对较快,但是精度不如深度学习算法。深度学习算法则通过多层神经网络自动提取特征,训练时间较长,但可以达到更高的精度。除了算法,人工智能系统还需要计算资源来执行算法。常用的计算资源包括中央处理器(central processing unit,CPU)、图形处理器(graphics processing unit,GPU)、场可编程门阵列(field programmable gate array,FPGA)和专用集成电路(application specific integrated circuit,ASIC)等。不同的计算资源有着不同的优、缺点,可以根据具体需求进行选择。在人工智能应用中,通过云原生架构可以提供高度可扩展和灵活的计算资源,以满足人工智能系统不断增长的数据处理需求,云原生架构还可以通过容器化技术实现快速部署和管理,提高人工智能应用的部署效率和可靠性。此外,边缘计算和人工智能的结合也是当前的研究方向之一,在人工智能的应用中,边缘计算可以将数据处理放置在离数据源更近的地方,以减少数据传输的延迟,通过利用云原生架构和边缘计算,可以构建高效、可靠、安全的人工智能系统,推动人工智能技术的发展和应用。

6.1 人工智能算法硬件加速

6.1.1 AI 硬件的发展历程

随着人工智能技术的快速发展,人工智能技术在各个领域的应用也越来越广泛。人工智能在医疗、金融、农业、教育等领域都有着广泛的应用,它可以帮助人们更加高效地进行决策和处理海量的数据。同时,人工智能还可以让各个领域的产品更加智能化和自动化,从而提高生产效率和产品质量。

然而,传统的计算机架构并不适合处理人工智能任务。相比于传统的计算机任务,人工智能需要更高的计算速度和更大的计算能力,同时也需要更高的能源效率和更小的体积。传统的计算机芯片对于这些要求存在天然的局限性,因此人们开始寻求新的技术和芯片来满足人工智能任务的需求。

人工智能芯片是一种专门为人工智能应用而设计的芯片,其目的是提供更高的计算速度和更大的计算能力,同时也需要更高的能源效率和更小的体积[1]。人工智能芯片的出现使得人工智能应用的计算能力得到了显著提升,让人们能够更加高效地处理数据和进行决策。

除了上述原因,人工智能芯片的产生还有一个重要的原因,即传统计算机的处理能力在人工智能应用中逐渐遇到了瓶颈。传统计算机使用的是冯·诺伊曼结构,即使用 CPU 来控制内存中的数据进行计算。虽然传统计算机的计算能力已经得到了显著提升,但是面对海量的数据和复杂的计算任务,其处理能力仍然存在很大的挑战。而人工智能芯片则是基于不同的计算机结构和算法,可以更加高效地处理人工智能任务,从而提高计算速度和计算能力。

随着人工智能技术的不断发展,人工智能芯片也在不断向着更加高效、灵活、通用的方向发展,其应用范围也在不断扩大。除了人工智能领域,该芯片还可以应用于物联网、自动驾驶、机器人等领域。

目前主要的人工智能芯片包括 CPU、GPU、FPGA 和 ASIC。CPU 是传统计算机中的基本处理单元,具有通用性和灵活性,可以执行各种计算任务。然而,在面对大规模的深度学习计算时,CPU 的性能表现并不理想。因此,为了提高深度学习计算效率,GPU 应运而生。GPU 最初是为了处理图形图像而设计的,具有高并行性和浮点计算能力。这种高并行性和浮点计算能力也使得 GPU 成为处理深度学习计算的重要工具。除了 GPU 外,FPGA 和 ASIC 也成为人工智能芯片的重要组成部分。FPGA 是一种可编程的芯片,可以通过编程进行重新配置,适用于低功耗和高效率的处理。ASIC 是一种专门为某个应用场景而设计的芯片,其性能和能耗比其他芯片更优秀。相对于 GPU 和 CPU,FPGA 和 ASIC 在功耗和性能方面更加优化,但是它们的设计和制造成本也更高。下面详细描述。

1. CPU

CPU 是由多个逻辑电路和控制电路组成的微处理器,用来接收指令并执行计算程序,是计算机的核心部件之一,被称为计算机的"大脑"。

传统的 CPU 主要包括两个部分,即控制单元(control unit,CU)和算术逻辑单元(arithmetic and logic unit,ALU),如图 6-1 所示。控制单元控制整个计算机的操作,包括从内存中获取指令、解码指令并确定执行指令的类型、指令执行的时间和指令的执行结果等。

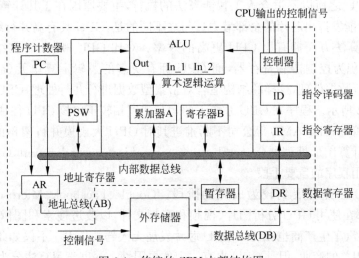

图 6-1 传统的 CPU 内部结构图

算术逻辑单元主要负责算术运算和逻辑运算,是计算机的数学大脑。算术运算包括加、减、乘、除,逻辑运算包括与、或、非、异或等。CPU的性能主要由其时钟频率和核心数量决定。时钟频率越高,CPU每秒钟可以执行的指令数就越多,CPU的性能也越好。CPU的核心数量越多,也就意味着CPU可以同时执行更多的指令,从而提高计算机的运行速度和效率。

除了时钟频率和核心数量外,CPU的缓存大小也是决定其性能的重要因素之一。CPU的缓存用于存储CPU经常访问的数据和指令,以提高数据访问的速度。缓存越大,CPU能够缓存的数据和指令就越多,计算机的性能也越好。

随着集成技术的发展,CPU得以改进,主要由运算器、控制器、高速缓冲存储器(Cache)三大部分组成。运算器主要包括算术逻辑运算单元(ALU)、累加器(accumulator,ACC)、状态寄存器(program status word,PSW)、通用寄存器组,其中ALU是运算器的核心,主要作用是进行算术运算、逻辑运算、移位操作等,一般ALU能够处理的数据位数和机器的字长是相等的;ACC向CPU提供一个操作数,存放运算结果或暂存中间结果,一个ALU中至少有一个累加器;PSW保存各类指令的状态结果,为后继指令提供判断条件,有时也称为标志寄存器;通用寄存器组的作用是保存参加运算的操作数和运算结果。控制器是协调和指挥整个计算机系统工作的决策机构,主要由程序计数器(program counter,PC)、指令寄存器(intruction register,IR)、指令译码器(instruction decoder,ID)、时序发生器、操作控制器组成,其中PC用来保存下一条要执行指令的地址;IR用来保存正在执行的指令;ID分析指令的操作码来决定操作的性质和方法;时序发生器是计算机系统中产生周期节拍、脉冲等时序信号的部件;操作控制器用以产生各种操作控制信号,以便在各寄存器间建立数据通路。Cache用于解决内存与GPU速度不匹配的问题。此外,CPU还拥有协处理器(FPU)、数据寄存器(DR)和地址寄存器(AR)模块,FPU用来提高CPU的浮点运算能力,DR用以暂存由内存中读出或写入的指令或数据,MAR用以存放当前CPU访问的内存单元或I/O端口的地址,是CPU与内存或外设间的地址缓冲寄存器。

2. GPU

GPU作为最早从事并行加速计算的处理器,比CPU速度快,同时比其他加速器芯片编程灵活简单[2]。

传统的CPU之所以不适合人工智能算法的执行,主要原因在于其计算指令遵循串行执行的方式,没能发挥出芯片的全部潜力。与之不同的是,GPU具有高并行结构,在处理图形数据和复杂算法方面拥有比CPU更高的效率。对比GPU和CPU在结构上的差异,CPU大部分面积为控制器和寄存器,而GPU拥有更多的逻辑运算单元(arithmetic logic unit,ALU)进行数据处理,这样的结构适合对密集型数据进行并行处理,CPU与GPU的结构对比如图6-2所示。程序在GPU系统上的运行速度相较于单核CPU往往提升几十倍乃至上千倍。随着Nvidia、AMD等公司不断推进其对GPU大规模并行架构的支持,面向通用计算的通用计算图形处理器(general purpose graphics processing unit,GPGPU)已成为加速可并行应用程序的重要手段。

目前,GPU已经发展到较为成熟的阶段。Google、Facebook、Microsoft、Twitter和Baidu等公司都在使用GPU分析图片、视频和音频文件,以改进搜索和图像标签等应用功能。此外,很多汽车生产商也在使用GPU芯片发展无人驾驶技术。不仅如此,GPU还被应用于VR/AR相关的产业,但是GPU也有一定的局限性。深度学习算法分为训练和推断两

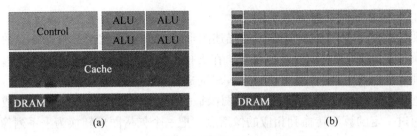

图 6-2　CPU 与 GPU 的构成差异图（见文前彩图）

(a) CPU；(b) GPU

部分，GPU 平台在算法训练上非常高效，但在推断中对于单项输入进行处理的时候，并行计算的优势不能完全发挥出来。

GPU 是为了图形处理而诞生的，需要经过对给定的数据结合绘图的场景要素进行计算，最终将图形变为屏幕空间的 2D 坐标，再为屏幕空间的每个像素点进行着色，把最终完成的图形输出到显示设备上，这一过程叫作渲染管线，图 6-3 是 DirectX 的渲染管线流程图。渲染管线就像工厂中的流水线，把各个处理过程分成不同的阶段，各个阶段可以独立工作，从而提高处理的效率。

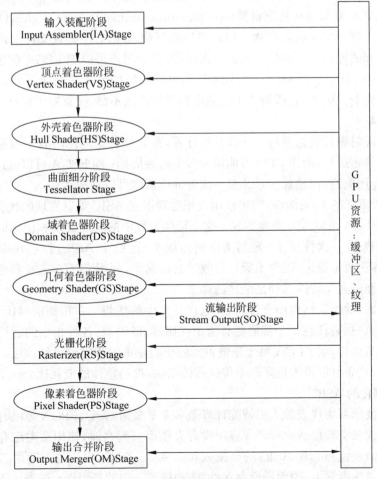

图 6-3　DirectX 渲染管线流程图

GPU 图形流水线可完成如下工作：

（1）顶点处理。这一阶段 GPU 读取描述图形外观的顶点数据并根据顶点数据确定图形的形状及位置关系，建立起图形的骨架。在支持 DX8 和 DX9 规格的 GPU 中，这些工作由硬件实现的顶点着色器（vertex shader，VS）完成。

（2）光栅化计算。显示器实际显示的图像是由像素组成的，需要将（1）中生成的图形上的点和线通过一定的算法转换到相应的像素点。把一个矢量图形转换为一系列像素点的过程就称为光栅化。例如，一条数学表示的斜线段最终被转化成阶梯状的连续像素点。

（3）纹理贴图。顶点单元生成的多边形只构成了物体的轮廓，而纹理映射（texture mapping）工作完成对多边形表面的贴图，通俗来说，就是将多边形的表面贴上相应的图片，从而生成"真实"的图形。TMU（texture mapping unit）用以完成此项工作。

（4）像素处理。这一阶段 GPU 完成对像素的计算和处理，从而确定每个像素的最终属性。在支持 DX8 和 DX9 规格的 GPU 中，这些工作由硬件实现的像素着色器（pixel shader，PS）完成最终输出，由光栅化引擎（raster operation，ROP）最终完成像素的输出，1 帧渲染完毕后，被送到显存帧缓冲区。

3. 半定制化的 FPGA

FPGA 是在可编程阵列逻辑器（programming array logic，PAL）、通用阵列逻辑器（generic array logic，GAL）、复杂可编程逻辑器（complex programmable logic device，CPLD）等可编程器件的基础上进一步发展的产物。用户可以通过烧入 FPGA 配置文件来定义这些门电路及存储器之间的连线。这种烧入不是一次性的，比如用户可以把 FPGA 配置成一个微控制器（micro controller unit，MCU），使用完毕后可以编辑配置文件把同一个 FPGA 配置成一个音频编解码器。因此，它既解决了定制电路灵活性的不足，又克服了原有可编程器件门电路数有限的缺点。

FPGA 可同时进行数据并行和任务并行计算，在处理特定应用时有更加明显的效率提升。对于某个特定运算，通用 CPU 可能需要多个时钟周期；而 FPGA 可以通过编程重组电路，直接生成专用电路，仅消耗少量甚至一次时钟周期就可以完成运算。

此外，由于 FPGA 的灵活性，很多使用通用处理器或 ASIC 难以实现的底层硬件控制操作技术，利用 FPGA 可以很方便地实现。这个特性为算法的功能实现和优化留出了更大的空间。同时，FPGA 一次性成本（光刻掩模制作成本）远低于 ASIC，在芯片需求还未成规模、深度学习算法暂未稳定，需要不断迭代改进的情况下，利用 FPGA 芯片具备可重构的特性来实现半定制的人工智能芯片是最佳选择之一。

在功耗方面，就体系结构而言，FPGA 也具有天生的优势。在传统的冯氏结构中，执行单元（如 CPU 核）执行任意指令都需要有指令存储器、译码器、各种指令的运算器及分支跳转处理逻辑参与运行，而 FPGA 每个逻辑单元的功能在重编程时就已经确定，不需要指令，无须共享内存，从而可以极大地降低单位执行的功耗，提高整体的能耗比。

4. 全定制化的 ASIC

目前以深度学习为代表的人工智能计算需求主要采用 GPU、FPGA 等已有的适合并行计算的通用芯片来实现加速。在产业应用没有大规模兴起之时，使用这类已有的通用芯片可以避免专门研发定制芯片 ASIC 的高投入和高风险。但是，由于这类通用芯片的设计初衷并非专门针对深度学习，因而仍然存在性能、功耗等方面的局限性。随着人工智能应用规模的扩大,这类问题日益凸显[3]。

GPU 作为图像处理器,设计的初衷是为了应对图像处理中的大规模并行计算。因此,在应用于深度学习算法时,有三个方面的局限性:一是应用过程中无法充分发挥并行计算的优势。深度学习包含训练和推断两个计算环节,GPU 在深度学习算法训练上非常高效,但对于单一输入进行推断的场合,并行计算的优势不能完全发挥。二是无法灵活配置硬件结构。GPU 采用 SIMT 计算模式,硬件结构相对固定。目前深度学习算法还未完全稳定,若深度学习算法发生大的变化,GPU 无法像 FPGA 一样灵活地配置硬件结构。三是运行深度学习算法能效低于 FPGA。

尽管 FPGA 备受青睐,甚至新一代百度大脑也是基于 FPGA 平台研发,但其毕竟不是专门为了深度学习算法而研发,实际应用中仍存在诸多局限:一是基本单元的计算能力有限。为了实现可重构特性,FPGA 内部有大量极细粒度的基本单元,但是每个单元的计算能力(主要依靠 LUT 查找表)都远远低于 CPU 和 GPU 中的 ALU 模块。二是计算资源占比相对较低。为实现可重构特性,FPGA 内部大量资源被用于可配置的片上路由与连线。三是速度和功耗相对专用定制芯片 ASIC 仍然存在不小的差距。四是 FPGA 价格较高,在规模放量的情况下单块 FPGA 的成本远高于专用定制芯片。

深度学习算法稳定后,AI 芯片可采用 ASIC 设计方法进行全定制,使性能、功耗和面积等指标面向深度学习算法做到最优。

6.1.2 硬件加速的实现

1. GPU 加速的原理

GPU 一推出就包含了比 CPU 更多的处理单元和更大的带宽,使得其在多媒体处理过程中能够发挥更大的效能。例如,当前顶级的 CPU 只有 4 核或者 6 核,模拟出 8 个或者 12 个处理线程来进行运算,但是普通级别的 GPU 就包含了成百上千个处理单元,高端的甚至更多,这对于多媒体计算中大量的重复处理过程有着天生的优势。

从硬件设计上来看,CPU 由专为顺序串行处理而优化的几个核心组成,而 GPU 则由数以千计的更小、更高效的核心组成,这些核心专为同时处理多任务而设计。

图 6-4 中表示出串行运算和并行运算之间的区别。传统的串行编写软件具备以下几个特点:要运行在一个单一的具有单一 CPU 的计算机上,一个问题分解成一系列离散的指

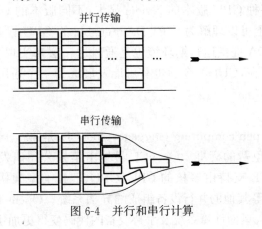

图 6-4 并行和串行计算

令,指令必须一个接着一个执行,只有一条指令可以在任何时刻执行。而并行计算则改进了很多重要细节:要使用多个处理器运行,一个问题可以分解成可同时解决的离散指令,每个部分进一步细分为一系列指示,每个部分的问题可以同时在不同的处理器上执行。

2. GPU 加速技术

1) CUDA 技术

为充分利用 GPU 的计算能力,Nvidia 在 2006 年推出了统一计算设备架构(compute unified device architecture,CUDA)这一编程模型。CUDA 是一种由 Nvidia 推出的通用并行计算架构,该架构使 GPU 能够解决复杂的计算问题。它包含了指令集架构(instruction set architectures,ISA)及 GPU 内部的并行计算引擎。开发人员现在可以使用 C 语言来为 CUDA 架构编写程序。

通过这一技术,用户可利用 Nvidia GeForce 8 以后的 GPU 和较新的 QuadroGPU 进行计算。以 GeForce 8800 GTX 为例,其核心拥有 128 个内处理器。利用 CUDA 技术就可以将内处理器串联起来,成为线程处理器去解决数据密集的计算,而各个内处理器能够交换、同步和共享数据。

CUDA 体系结构的组成包括三个部分:开发库、运行期环境和驱动。

开发库是基于 CUDA 技术所提供的应用开发库。CUDA 的 1.1 版提供了两个标准的数学运算:离散快速傅里叶变换(CUDA fast fourier transform,CUFFT)和离散基本线性计算(CUDA basic linear algebra subroutine library,CUBLAS)。这两个数学运算库所解决的是典型的大规模并行计算问题,也是在密集数据计算中非常常见的计算类型。开发人员在开发库的基础上可以快速、方便地建立起自己的计算应用。此外,开发人员也可以在 CUDA 的技术基础上实现更多的开发库。

运行期环境提供了应用开发接口和运行期组件,包括基本数据类型的定义和各类计算、类型转换、内存管理、设备访问和执行调度等函数。基于 CUDA 开发的程序代码在实际执行中分为两种:一种是运行在 CPU 上的宿主代码(Host Code),另一种是运行在 GPU 上的设备代码(Device Code)。不同类型的代码由于其运行的物理位置不同,能够访问到的资源也不同,因此对应的运行期组件也分为公共组件、宿主组件和设备组件三个部分,基本上囊括了所有在 GPGPU 开发中所需要的功能和能够使用到的资源接口,开发人员可以通过运行期环境的编程接口实现各种类型的计算。

由于目前存在着多种 GPU 版本的 Nvidia 显卡,不同版本的 GPU 之间都有不同的差异,因此驱动部分基本上可以理解为是 CUDA-enable 的 GPU 设备抽象层提供硬件设备的抽象访问接口。CUDA 提供运行期环境也是通过这一层来实现各种功能的。由于体系结构中硬件抽象层的存在,CUDA 今后也有可能发展成为一个通用的 GPGPU 标准接口,兼容不同厂商的 GPU 产品。

2) OpenCL 技术

开放式计算语言(open computing language,OpenCL)是第一个为异构系统的通用并行编程而产生的统一的、免费的标准。OpenCL 最早由苹果公司研发,其规范是由 Khronos Group 推出的。OpenCL 支持由多核的 CPU、GPU、Cell 类型架构及信号处理器(digital signal processor,DSP)等其他的并行设备组成的异构系统。OpenCL 的出现使得软件开发人员编写高性能服务器、桌面计算系统及手持设备的代码变得更加快捷。

OpenCL 是一个为异构平台编写程序的框架,此异构平台可由 CPU、GPU 或其他类型的处理器组成。OpenCL 由一门用于编写 Kernels 的(基于 C99)语言和一组用于定义并控制平台的 API 组成。其框架如下:

(1) OpenCL 平台 API。平台 API 定义了宿主机程序发现 OpenCL 设备所用的函数及这些函数的功能,另外还定义了为 OpenCL 应用创建上下文的函数。

(2) OpenCL 运行时 API。这个 API 管理上下文来创建命令队列及运行时发生的其他操作,如将命令提交到命令队列的函数就来自 OpenCL 运行时 API。

(3) OpenCL 编程语言。这是用来编写内核代码的编程语言,它基于 ISO C99 标准的一个扩展子集,因此通常称为 OpenCL C 编程语言。

OpenCL 由用于编写内核程序的语言和定义并控制平台的 API 组成,提供了基于任务和基于数据的两种并行计算机制,使得 GPU 的计算不再仅局限于图形领域,而是能够进行更多的并行计算。OpenCL 还是一个开放的工业标准,它可以为 CPU 和 GPU 等不同设备组成的异构平台进行编程。OpenCL 是一种语言,也是一个为并行编程而提供的框架,编程人员可以利用 OpenCL 编写出一个能够在 GPU 上执行的通用程序,在游戏、娱乐、科研、医疗等各领域都有广阔的发展前景。

3) AMD APU 技术

与 Nvidia 不同,AMD 走了一条全新的路子,将 CPU 和 GPU 融为一体,打造了加速处理器(accelerated processing unit,APU)。这是 AMD 融聚未来理念的产品,它第一次将处理器和独显核心做在一个晶片上,协同计算、彼此加速,同时具有高性能处理器和最新支持 DX11 独立显卡的处理性能,大幅提升了电脑的运行效率,实现了 CPU 与 GPU 的真正融合。与传统的 x86 中央处理器相比,APU 提出了异构系统架构(heterogeneous system architecture,HSA),即单芯片上两个不同的架构进行协同运作。以往集成图形核心一般是内置于主板的北桥中。而 AMD Fusion 项目则是将处理一般事务的 CPU 核心、处理 3D 几何任务及图形核心之扩展功能的现代 GPU 核心,以及主板的北桥融合到一块芯片上,这种设计允许一些应用程序或其相关链接界面调用图形处理器以加速处理进程,如 OpenCL。

未来 AMD 将会在 AMD APU 上实现存储器统一寻址空间,使 CPU 和 GPU 进一步结合。最终的目标是要将图形处理器和中央处理器"深度集成""完全融合",可根据任务类型自动分配运算任务给不同的运算单元。

目前计算机业界认为,类似的统合技术将是未来处理器的一个主要发展方向。

6.2 常用的 AI 模型开发框架

6.2.1 Caffe 框架

1. 简介

卷积神经网络框架(convolutional architeure for fast feature embedding,Caffe)是一个清晰、高效的深度学习框架,其核心语言是 C++,并支持命令行、Python 和 MATLAB 接口,既可以在 CPU 上运行也可以在 GPU 上运行,license 是 BSD 2-Clause。Caffe 的基本工作流程是设计建立于神经网络的一个简单假设,所有计算是层的形式表示的,网络层所做的事情就是输入数据,然后输出计算结果。比如卷积就是输入一幅图像,然后和这一层的参数(filter)做卷积,最终输出卷积结果。每层需要两种函数计算:一种是前向传播(forward),从输入计算到输出;另一种是反向传播(backward),从上层给的梯度来计算相对于输入层的梯度。这两个函数实现之后,就可以把许多层连接成一个网络,这个网络输入数据(图像、语音或其他原始数据),然后计算需要的输出(比如识别的标签)。在训练的时候,可以根据已有的标签计算损失函数和gradient,然后用梯度来更新网络中的参数。

1) 模块化

Caffe从一开始就设计得尽可能模块化,允许对新数据格式、网络层和损失函数进行扩展。

2) 表示和实现分离

Caffe的模型(model)定义是用协议缓冲区(protocol buffer)语言写进配置文件的,以任意有向无环图的形式,Caffe支持网络架构。Caffe会根据网络的需要来正确占用内存,通过一个函数调用,实现CPU和GPU之间的切换。

3) 测试覆盖

在Caffe中,每一个单一的模块都对应一个测试。

4) Python和MATLAB接口

同时提供Python和MATLAB接口。

5) 预训练参考模型

针对视觉项目,Caffe提供了一些参考模型,这些模型仅应用在学术和非商业领域。

Caffe具有上手快、速度快、模块化等优势,模型与相应的优化都以文本形式而非代码形式给出,能够运行好的模型和海量的数据,方便扩展到新的任务和设置上。Caffe主要具备以下特性:

(1) 实现了前馈卷积神经网络架构,而不是递归网络架构。

(2) 速度快,因为利用了MKL、OpenBLAS、cuBLAS等计算库,支持GPU加速。

(3) 适合做二维图像数据的特征提取。

(4) Caffe完全开源,遵循BSD-2协议。

(5) Caffe提供了一整套工具集,可用于模型训练、预测、微调、发布、数据预处理,以及良好的自动测试。

(6) Caffe具有一系列参考模型和快速上手例程。

(7) Caffe在国内外有比较活跃的社区,有很多衍生项目,如Caffe for Windows、Caffe with OpenCL、Nvidia Digits、R-CNN等。

(8) Caffe代码组织良好,可读性强,通过掌握Caffe代码可以很容易地学习其他框架。

2. 整体架构

Caffe的架构与其他的深度学习框架稍微不同,它没有根据算法实现过程的方式来进行编码,而是以系统级的抽象作为整体架构,逐层封装实现细节,使得上层的架构变得很清晰。图6-5为Caffe的整体架构图。

1) SyncedMem

SyncedMem的主要功能是封装CPU和GPU的数据交互操作。一般来说,数据的流动形式都是:硬盘—CPU内存—GPU内存—CPU内存—硬盘,所以在写代码的过程中经

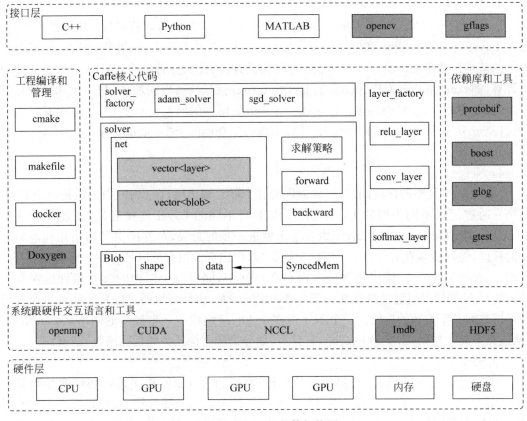

图 6-5　Caffe 的整体架构图

常会写 CPU/GPU 之间数据传输的代码,同时还要维护 CPU 和 GPU 两个处理端的内存指针。这些事情处理起来不会很难,但是会很烦琐。因此,SyncedMem 的出现就是把 CPU/GPU 的数据传输操作封装起来,只需要调用简单的接口就可以获得两个处理端同步后的数据了。

2) Blob

Blob 是用于存储数据的对象,在 Caffe 中各种数据(图像输入、模型参数)都是以 Blob 的形式在网络中传输的,Blob 提供统一的存储操作接口,可用来保存训练数据、模型参数等,同时 Blob 还能在 CPU 和 GPU 之间进行同步以支持 CPU/GPU 的混合运算。这个类做了两个封装:

(1)操作数据的封装,使用 Blob 可以操纵高维数据,快速访问其中的数据,变换数据的维度等。

(2)对原始数据和更新量的封装,每一个 Blob 中都有 data 和 diff 两个数据指针,data 用于储存原始数据,diff 用于存储反向传播的梯度更新值。Blob 使用了 SyncedMem,以便于访问不同的处理端。Blob 基本实现了整个 Caffe 数据结构部分的封装,在 Net 类中可以看到所有的前后向数据和参数都用 Blob 来表示就足够了。

数据的抽象就讲到这里,接下来做层级的抽象。神经网络的前后向计算可以做到层与层之间完全独立,只要每个层按照一定的接口规则实现,就可以确保整个网络的正确性。

3）Layer

Layer 是网络（Net）的基本单元，也是 Caffe 中能在外部进行调整的最小网络结构单元，每个 Layer 都有输入 Blob 和输出 Blob。Layer 是 Caffe 中最庞大、最繁杂的模块，它是神经网络的基本计算单元。由于 Caffe 强调模块化设计，因此只允许每个 Layer 完成一类特定的计算，如 convolution 操作、pooling、非线性变换、内积运算、数据加载、归一化和损失计算等。Caffe 中的 layer 种类很多。在创建一个 Caffe 模型的时候，也是以 Layer 为基础进行的。Layer 是一个父类，它的下面还有各种实现特定功能的子类，如 data_layer、conv_layer、loss_layer 等。

4）Net

Net 是一个完整的深度网络，包含输入层、隐藏层、输出层，在 Caffe 中一般是一个 CNN 网络。通过定义不同类型的 Layer，并用 Blob 将不同的 Layer 连接起来，就能产生一个 Net。Net 将数据 Blob 和层 Layer 组合起来做进一步的封装，对外提供了初始化和前后传播的接口，使其整体看上去和一个层的功能类似，但内部的组合可以是多种多样的。值得一提的是，每一层的输入/输出数据统一保存在 Net 中，同时每个层内的参数指针也保存在 Net 中，不同的层可以通过参数共享来共享相同的参数，因此可以通过配置来实现多个神经网络层之间共享参数的功能。一个 Net 由多个 Layer 组成。一个经典的网络从 data layer（从磁盘中载入数据）出发到 loss layer（计算，如分类和重构任务的目标函数）结束。

5）Solver

Solver 是 Caffe 的核心，它协调着整个模型的运行。Caffe 程序运行必带的参数就有 solver 配置文件。有了 Net 就可以进行神经网络的前后向传播计算了，但是还缺少神经网络的训练和预测功能，Solver 进一步封装了训练和预测相关的一些功能。它还提供了两个接口：一个是更新参数的接口，继承了 Solver 可以实现不同参数更新的方法，如 Momentum、Nesterov 和 Adagrad 等，因此可以使用不同的优化算法。另一个接口是训练过程中每一轮特定状态下可注入的一些回调函数，在代码中这个回调点的直接使用者就是多 GPU 训练算法。Solver 定义了针对 Net 网络模型的求解方法，记录网络的训练过程，保存网络模型参数，中断并恢复网络的训练过程。自定义 Solver 能够实现不同的神经网络求解方式，阅读 Solver 的代码可以了解网络的求解优化过程。Solver 是一个父类，它下面还有实现不同优化方法的子类，例如：sgd_solver、adagrad_solver 等。Solver 是通过 SolverFactory 创建的。

6）Proto

Caffe. proto 位于.../src/caffe/proto 目录下，在这个文件夹下还有一个. pb. cc 文件和一个. pb. h 文件，这两个文件都是由 caffe. proto 编译而来的。在 caffe. proto 中定义了很多结构化数据，包括：BlobProto、Datum、FillerParameter、NetParameter、SolverParameter、SolverState、LayerParameter、ConcatParameter、ConvolutionParameter、DataParameter、DropoutParameter、HDF5DataParameter、HDF5OutputParameter、ImageDataParameter、InfogainLossParameter、InnerProductParameter、LRNParameter、MemoryDataParameter、PoolingParameter、PowerParameter、WindowDataParameter、V0LayerParameter。

除了上面几项外，还需要输入数据和参数。DataReader 和 DataTransformer 帮助准备输入数据，Filler 对参数进行初始化，一些 Snapshot 方法可以对模型进行持久化。

3. 设计理念

Caffe 深度学习框架支持多种编程接口，包括命令行、Python 和 MATLAB，下面介绍这些接口的使用方法。

1）Caffe Python 接口

Caffe 提供 Python 接口，即 Pycaffe，具体实现在 caffe、python 文件夹内。在 Python 代码中通过 import caffe，可以 load models（导入模型）、forward and backward（前向、后向迭代）、handle I/O（处理输入/输出）、visualize networks（绘制网络结构）和 instrument model solving（自定义优化方法），常见的接口见表 6-1。所有的模型数据、计算参数是暴露在外且可供读写的。

表 6-1　常见的接口

种　　类	目　　的
Caffe. Net	主要接口，负责导入数据、校验数据、计算模型
Caffe. Classifier	图像分类
Caffe. Detector	图像检测
Caffe. SGDSolver	露在外的 solver 接口
Caffe. io	处理输入/输出、数据预处理
Caffe. draw	可视化网络的结构
Caffe. blobs	以 numpy 中 ndarrys 的形式表示，方便而且高效

2）Caffe MATLAB 接口

MATLAB 接口，即 Matcaffe 在 caffe/MATLAB 目录的 caffe 软件包。在 matcaffe 的基础上，可将 Caffe 整合到 MATLAB 代码中。

MATLAB 接口包括：MATLAB 中创建多个网络结构；网络的前向传播（Forward）与反向传播（Backward）计算，网络中的任意一层及参数的存取，网络参数保存至文件或从文件夹加载，Blob 和 Net 的形状调整，网络参数编辑和调整，创建多个 solvers 进行训练，从 solver 快照恢复并继续训练，访问训练网络（Train nets）和测试网络（Test nets），迭代后网络交由 MATLAB 控制，MATLAB 代码融合梯度算法。

3）Caffe 命令行接口

命令行接口 Cmdcaffe 是 Caffe 中用来训练模型、计算得分及方法判断的工具。Cmdcaffe 存放在 caffe/build/tools 目录下。

caffe train 命令用于模型学习，具体包括：caffe tarin 带 solver. prototxt 参数完成配置，caffe train 带 snapshot mode_iter_1000. solverstate 参数加载 solver snapshot，caffe train 带 weight 参数 model. caffemodel 完成 Fine-tuning 模型初始化。

caffe test 命令用于测试运行模型的得分，并且用百分比表示网络输出的最终结果，如 accuracyhuoloss 作为其结果。测试过程中，显示每个 batch 的得分，最后输出全部 batch 的平均得分值。

caffe time 命令用来检测系统性能和测量模型的相对执行时间，此命令通过逐层计时与同步执行模型检测。

6.2.2　TensorFlow 框架

2015 年 9 月，Google 于 TensorFlow 开源之际，发布了 TensorFlow 白皮书，介绍了 TensorFlow 的设计理念和实现方式。现在流行的大部分深度学习框架都是基于所谓的"数据流图"编程模型（又称"计算图"），为我们提供了一种可选的编程范式。

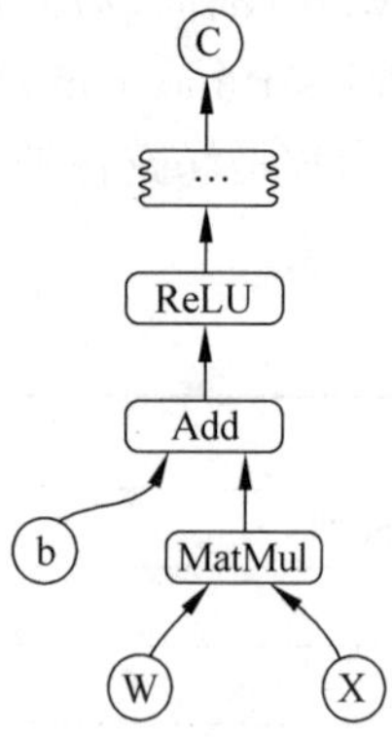

1. 简介

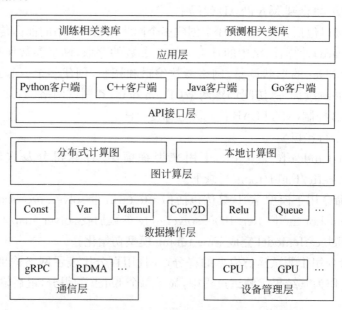

图 6-6　数据流图

首先，"数据流图"的核心是一幅有向图，图中的节点表示运算操作，边表示数据，整个图展现了数据的流动，因此称为数据流图，图 6-6 是一个示例。

在传统编程中，虽然也是对数据进行操作，但基本的三种控制逻辑"顺序、选择、循环"导致只能按照单一的流程处理数据，相当于数据流图只是一条线，而不是真正的图。换句话说，传统编程模型解决的是顺序操作流程，而数据流图则提供了并行计算的解决方案。数据流图是数据驱动的，而不是指令驱动的。程序只规定数据的流向，而不能规定每一个操作何时执行，这就在另一个层面上提高了并行计算能力。数据流图的定义和执行是分开的，用户不能像往常一样在某个操作处打断点查看输出内容，这削弱了该模型的调试能力，是为性能优化而付出的代价。

2. 整体架构

TensorFlow 是目前非常流行的一款大规模的机器学习框架，其前身是 DisBelief，图 6-7 是 TensorFlow 的整体架构，可以分为五层：设备管理层和通信层、数据操作层、图计算层、API 接口层、应用层。

图 6-7　TensorFlow 的整体架构

1）设备管理层和通信层

通信层用来处理任务之间的通信，TensorFlow 主要采用了两种不同的通信协议，包括基于 tcp 的 gRPC 及基于融合以太网的 RDMA。

gRPC 一开始由 Google 开发,是一款语言中立、平台中立、开源的远程过程调用(remote procedurecalls,RPC)系统。在 gRPC 中,客户端应用可以像调用本地对象一样直接调用另一台不同机器上服务端应用的方法,使其能够更容易地创建分布式应用和服务,与许多 RPC 系统类似,gRPC 也是基于以下理念:定义一个服务,指定其能够被远程调用的方法(包含参数和返回类型)。在服务端实现这个接口,并运行一个 gRPC 服务器来处理客户端调用,在客户端拥有一个存根,能够像服务端一样调用方法。

RDMA 是通过网络把资料直接传入计算机的存储区,将数据从一个系统快速移动到远程系统存储器中,而不对操作系统造成任何影响,这样就不需要用到多少计算机的处理功能,它消除了外部存储器复制和文本交换操作,因而能够腾出总线空间和 CPU 周期。用于改进应用系统性能的通用做法是由系统先对传入的信息进行分析与标记,然后再存储到正确的区域。

2) 数据操作层

数据操作层主要用于对 Tensor 的操作和计算。通过 Op Kernels 以 Tensor 为处理对象,依赖网络通信和设备内存分配来实现。在 TensorFlow 中包括超过 200 种不同的 Op Kernels,包括数学、矩阵处理、控制流、状态控制四种。对于同一 Op 可能存在多种 Kernels 的实现,因为对于不同的 device 存在不同的实现。

3) 图计算层

图计算层包括分布式主节点(Distributed Master)和数据流执行器(Dataflow Executor)两个部分。其中,在分布式的运行环境中,Distributed Master 根据 Session. run 的 Fetching 参数,从计算图中反向遍历,找到所依赖的最小子图;然后,Distributed Master 负责将该子图再次分裂为多个子图片段,以便在不同的进程和设备上运行这些子图片段;最后,Distributed Master 将这些子图片段派发给 Work Service;随后 Work Service 启动子图片段的执行过程。Dataflow Executor 使用可用的硬件 Kernel(如 CPU、GPU)计划执行接收到的 graph 块表示的计算部分;与其他 Work Services 相互发送和接收计算结果。

4) API 接口层

API 接口层是对 TF 功能模块的接口封装,便于其他语言平台调用。

5) 应用层

应用层包含与机器学习相关的训练相关类库、预测相关类库和针对 Python、C++、Java 等编程语言的编程环境,类似于 Web 系统的前端,主要实现了对计算图的构造。

3. 设计理念

1) 分布式模式中 Master 的任务分配策略

Master 需要预先估算数据流图中各个节点的数据量和计算时长,估计数据量是为了保证各个设备的内存占用相差不大,估计计算时长是为了使总用时最短。这一步的算法在 TensorFlow 中称为节点放置(node placement),即为每个节点寻找一个放置的位置。该算法会根据输入/输出数据的规模、运算符种类来估算。此外,还可以根据实际运行过程中的实测结果来决定。

2) 分布式设备间的数据传输

当 Master 为各个设备划分好任务后,这些设备间不可避免地要进行数据传输。

TensorFlow 的做法如图 6-8 所示。

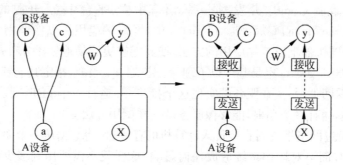

图 6-8　TensorFlow 数据传输的改进

首先,对跨机器的数据传输做了一层隔离,A 设备中增加 Send 节点,用来对外发送数据,B 设备中增加 Receive 节点,用来接收数据。这样,Send 和 Receive 之间的通信与设备内部的通信可以使用完全不同的两套方案,简化了内部逻辑。在实际中,Send 和 Receive 之间通过 TCP 或 RDMA 的方式进行通信。

3) 执行顺序

在 TensorFlow 中,当用户输入数据后,TensorFlow 需要确定各个节点的执行顺序。一个朴素的想法是让每个节点依次执行,当节点执行完后通知与之相连的下一个节点。但如果下一个节点有多个输入,它仍然无法启动,就必须等到所有输入到位后才开始执行。因此,TensorFlow 采用了依赖计数的机制,每个节点记录其尚未满足的依赖的个数。当一个节点的依赖计数降为 0 时,TensorFlow 会启动该节点。这种机制体现了数据驱动的设计理念,从而有效地解决了节点执行顺序的问题。

4) 反向传播的数据依赖

一旦考虑反向传播,数据流图就会更加复杂。虽然用户不必手动构造反向数据流,但 TensorFlow 会自动进行构造,如图 6-9 所示。

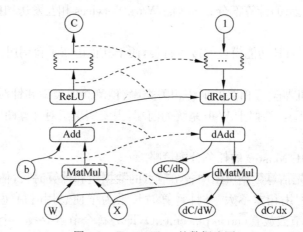

图 6-9　TensorFlow 的数据流图

在图 6-9 中,可以发现很多跨越数层的依赖,比如从 MatMul 到 dAdd 的虚线。这会导致 GPU 的内存占用急剧增大,因为几乎每个阶段计算的中间结果都不能丢弃。TensorFlow 针对这种情况采取了若干种优化措施:①用更复杂的启发式算法调整图的执行顺序；②反向传播时重新计算前向传播的中间结果；③把中间结果保存到 CPU 内存中。

6.2.3 PyTorch 框架

1. 简介

PyTorch 是一个 Python 的开源机器学习库，是 Python 优先的深度学习框架。PyTorch 是科学计算框架 Torch 在 Python 上的衍生，PyTorch 框架的产生受到 Torch 和 Chainer 这两个框架的启发。与 Torch 使用 Lua 语言相比，PyTorch 使用了 Python 作为开发语言。与 Chainer 类似，PyTorch 框架具有自动求导的动态图功能，即当 Python 解释器运行到相应的行时才创建计算图。

在 PyTorch 诞生之前，像 Caffe 和 Torch 这样的深度学习库是很受欢迎的。随着深度学习的快速发展，开发人员和研究人员希望有一个高效且易于使用的框架，并且以 Python 编程语言构建、训练和评估神经网络。Python 是数据科学家和机器学习中最受欢迎的编程语言之一，研究人员希望在 Python 生态系统中使用深度学习算法是很自然的需求。

PyTorch 由 Adam Paszke、Sam Gross 与 Soumith Chintala 等人牵头开发，由 Facebook 赞助，并得到 Yann LeCun 的认可，Yann LeCun 是著名计算机科学家，于 2018 年获得图灵奖。2017 年 1 月，Facebook FAIR（人工智能研究院）团队在 GitHub 上开源了 PyTorch。

PyTorch 通过创建既整洁又易于自定义的 API，在易于使用的同时又提供了研究人员所需的低水平 API。自发布以来，PyTorch 受到越来越多的关注和使用，是当前学术领域使用最多、最受欢迎的深度学习框架。PyTorch 允许研究人员利用 GPU 的算力来实现神经网络的加速，提供了自动微分机制，研究人员可以使用 PyTorch 轻松构建复杂神经网络。

PyTorch 主要有以下特点：

（1）易用性和灵活性。PyTorch 提供了易于使用的 API，使用动态计算图模式确保了其易用性和灵活性。PyTorch 允许用户在运行时构建计算图，甚至在运行时更改它们。

（2）Python 的支持。PyTorch 可以顺利地与 Python 数据科学栈集成，非常类似于 NumPy。PyTorch 旨在深度集成到 Python 中，我们可以像使用 NumPy、SciPy、Scikit-learn 等库一样自然地使用它。

（3）部署简单。PyTorch 提供了可用于大规模部署 PyTorch 模型的工具 TorchServe。TorchServe 是 PyTorch 开源项目的一部分，是一个易于使用的工具。PyTorch 还提供了 TorchScript，用于在高性能的 C++ 运行环境中实现模型部署。

（4）支持分布式训练。PyTorch 可实现研究和生产中的分布式训练和性能优化。

（5）强大的生态系统。PyTorch 具有丰富的工具和库等生态系统，为计算机视觉、NLP 等方面的开发提供了便利。

（6）内置开放神经网络交换协议。内置开放神经网络交换协议（open neural network exchange，ONNX）内置于 PyTorch 的核心，因此将模型迁移到 ONNX 不需要用户安装任何其他包或工具，这使得 PyTorch 可以很方便地与其他深度学习框架互操作。通过 ONNX 格式，研究人员可以轻松地将在 PyTorch 上开发的模型部署到适用于生产的平台上。

（7）支持移动端。PyTorch 支持从 Python 到 iOS 和安卓系统部署的端到端工作流程。

总之，PyTorch 是一个简洁优雅且高效快速的深度学习框架。PyTorch 简单易用和出色的性能、易于调试性使其受到了数据科学家和深度学习研究人员的广泛欢迎和认可。PyTorch 的设计追求最少的封装，其大量使用了 Python 概念，如类、结构和条件循环，允许用户以面向对象的方式构建深度学习算法。PyTorch 支持用户在 forward pass（前向过程）中定义 Python 允许执行的任何操作。backward pass（反向过程）会自动从图中找到去往根节点的路径，并在返回时计算梯度。这样的设计使得用户可以专注于实现自己的想法，而不需要考虑太多关于框架本身的束缚。同时，PyTorch 的灵活性不以速度为代价，在许多评测中，PyTorch 的速度表现胜过 TensorFlow 和 Keras 等流行框架。

2. 整体架构

PyTorch 是一个基于 Python 的机器学习框架，它的核心是张量（Tensor）计算，提供了自动求导、动态图等功能，为研究和开发机器学习算法提供了良好的基础设施。下面是 PyTorch 的整体架构：

1）张量计算

PyTorch 的核心是张量计算，它提供了张量类（tensor class）进行数学计算。张量类可以表示各种形状的数组，支持多种数学运算和广播（broadcasting）操作。PyTorch 的张量计算库也是由 C++ 实现的，可以调用 CUDA 实现 GPU 计算。

2）动态计算图

PyTorch 采用了动态计算图（dynamic computational graph）的方式来表示计算过程。与静态计算图（如 TensorFlow）不同，动态计算图是一个定义即执行的计算图。在执行计算时，PyTorch 会动态地构建计算图，并根据计算结果反向传播计算梯度。

3）自动求导

PyTorch 自带了自动求导功能（autograd），可以自动计算张量的梯度。当定义一个张量的时候，可以指定该张量需要计算梯度。在计算时，PyTorch 会自动构建计算图，并在反向传播时计算梯度。

4）模块化设计

PyTorch 采用了模块化设计，将机器学习算法分解成各个组件，以便用户可以灵活地组合和重用。这些组件包括数据集（dataset）、数据加载器（dataLoader）、模型（model）、损失函数（loss）、优化器（optimizer）等。

5）多种语言接口

PyTorch 提供了多种语言接口，包括 Python、C++、Java 等，可以方便地与其他系统集成。此外，PyTorch 还提供了多种可视化工具，如 TensorBoard、Visdom 等，可以方便地对模型进行可视化分析。

3. 设计理念

PyTorch 由低层到上层主要有张量计算引擎、自动求导机制、神经网络高级接口三大块功能模块，如图 6-10 所示。

1）张量计算引擎

张量计算引擎，类似 NumPy 和 MATLAB，基本对象是 Tensor（类比 NumPy 中的 ndarray 或 MATLAB 中的 array）。除提供基于 CPU 的常用操作的实现外，PyTorch 还提供了高效的 GPU 实现，这对于深度学习至关重要。

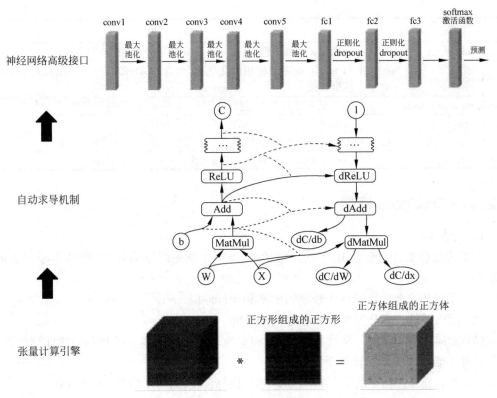

图 6-10　PyTorch 的功能模块构成(见文前彩图)

2) 自动求导机制

由于深度学习模型日趋复杂,因此,对自动求导的支持对于学习框架变得必不可少。PyTorch 采用了动态求导机制,使用类似方法的框架有:Chainer、DyNet。作为对比,Theano、TensorFlow 采用静态自动求导机制。

3) 神经网络的高层库

PyTorch 提供了高层的神经网络库,包含了许多预定义的模型和模型组件,如全连接、卷积、RNN 等。同时,PyTorch 还提供了一些预先训练的模型,如 ResNet、VGG 和 AlexNet 等,可以在不同的计算机视觉任务中使用。

Function 是 PyTorch 自动求导机制的核心类。Function 是无参数或者说无状态的,它只负责接收输入,返回相应的输出;对于反向,它接收输出相应的梯度,返回输入相应的梯度。

类似于 Function,Module 对象也是可调用的,输入和输出也是变量。不同的是,Module 是可以有参数的。Module 包含两个主要部分,即参数及计算逻辑。

PyTorch 有 torch、torch. autograd、torch. nn、torch. optim 等模块,其具体作用见表 6-2。

表 6-2　PyTorch 常用的模块及其作用

名　　称	作　　用
torch	类似 NumPy 的张量库,有强 GPU 支持
torch. autograd	基于 tape 的自动区别库,支持 torch 中的所有可区分张量运行

续表

名　称	作　用
torch. nn	最大化灵活性未涉及、与 autograd 深度整合的神经网络库
torch. optim	与 torch. nn 一起使用的优化包，包含 SGD、RMSProp、LBFGS、Adam 等标准优化方式
torch. multiprocessing	Python 多进程并发，进程之间 torch Tensors 的内存共享
torch. utils	数据载入器，具有训练器和其他便利功能
torch. legacy(. nn/. optim)	出于向后兼容性考虑，从 Torch 移植来的 legacy 代码
torchvision	独立于 PyTorch 的关于图像操作的一些方便工具库

6.2.4　MindSpore 框架

1. 概述

人工智能框架已经有近 10 年的发展历史，下面 4 条主线驱动着 AI 框架不停地演进和发展：

（1）面向开发者。兼顾算法开发的效率和运行性能。

（2）面向硬件。充分发挥芯片和集群的性能。

（3）面向算法和数据。从计算规模看，需要应对模型越来越大的挑战；从计算范式看，需要处理不断涌现的新的计算负载。

（4）面向部署。需要将人工智能能力部署到每台设备、每个应用、每个行业。

MindSpore 是面向"端-边-云"全场景设计的 AI 框架，旨在弥合 AI 算法研究与生产部署之间的鸿沟。

在算法研究阶段，为开发者提供动静统一的编程体验以提升算法的开发效率；在生产阶段，自动并行可以极大地加快分布式训练的开发和调试效率，同时充分挖掘异构硬件的算力；在部署阶段，基于"端-边-云"统一架构，应对企业级部署和安全可信方面的挑战。

2. 整体架构

MindSpore 的整体架构分为四层：

（1）模型层，为用户提供开箱即用的功能。该层主要包含预置的模型和开发套件，以及图神经网络（graph neural network，GNN）、深度概率编程等热点研究领域拓展库。

（2）表达层（MindExpression）。为用户提供 AI 模型开发、训练、推理的接口，支持用户用原生 Python 语法开发和调试神经网络，其特有的动静态图统一能力使开发者可以兼顾开发效率和执行性能，同时该层在生产和部署阶段提供全场景统一的 C++接口。

（3）编译优化（MindCompiler）。作为 AI 框架的核心，该层以全场景统一中间表达（MindIR）为媒介，将前端表达编译成执行效率更高的底层语言，同时进行全局性能优化，包括自动微分、代数化简等硬件层无关优化，以及图算融合、算子生成等硬件层相关优化。

（4）运行时，按照上层编译优化的结果对接并调用底层硬件算子，同时通过"端-边-云"统一的运行时架构，支持包括联邦学习在内的"端-边-云"AI 协同。

3. 设计理念

MindSpore 为用户提供了 Python 等语言的编程范式。基于源码转换，用户可以使用原生 Python 控制语法和其他一些高级 API，如元组（Tuple）、列表（List）和 Lambda 表达。

1）函数式编程接口

MindSpore 提供面向对象和面向函数的编程范式。

用户可以基于 nn. Cell 类派生定义所需功能的 AI 网络或网络的某一层，并可通过对象嵌套调用的方式将已定义的各种 layer 进行组装，完成整个 AI 网络的定义。同时用户也可以定义一个可被 MindSpore 源到源编译转换的 Python 纯函数，通过 MindSpore 提供的函数或装饰器，将其加速执行。在满足 MindSpore 静态语法的要求下，Python 纯函数可以支持子函数嵌套、控制逻辑甚至是递归函数表达。因此，基于此编程范式，用户可灵活使用一些功能特性。

基于源码转换的自动微分：不同于常见 AI 框架的自动微分机制，MindSpore 基于源码转换技术获取需要求导的 Cell 对象或者 Python 纯函数，对其进行语法解析，构造可被微分求导的函数对象，并按照调用关系，基于调用链进行求导。

传统的自动微分主流有 3 种：基于图方法的转换，在编译时将网络转换为静态数据流图，然后将链式规则转换为数据流图，实现自动微分；基于运算符重载的转换，以算子重载的方式记录前向执行时网络的操作轨迹，然后将链式规则应用到动态生成的数据流图中，实现自动微分；基于源码的转换，该技术是从函数式编程框架演化而来，对中间表达（程序在编译过程中的表达形式），以即时编译（just-in-time compilation，JIT）的形式进行自动微分变换，支持复杂的流程控制场景、高阶函数和闭包。图方法可以利用静态编译技术优化网络性能，但是组建或调试网络非常复杂。构建基于运算符重载技术的动态图使用非常方便，但很难在性能上达到极限优化。

MindSpore 采取的基于源码转化的自动微分策略与基本代数中的复合函数有直观的对应关系，只要已知基础函数的求导公式，就能推导出由任意基础函数组成的复合函数的求导公式。因此，兼顾了可编程性和性能。一方面能够和编程语言保持一致的编程体验，另一方面它是中间表示（intermediate representation，IR）粒度的可微分技术，可复用现代编译器的优化能力，性能也更好。同时基于函数式编程范式，MindSpore 提供了丰富的高阶函数，如 vmap、shard 等内置高阶函数功能。与微分求导函数 grad 一样，可以使用用户方便地构造一个函数或对象，作为高阶函数的参数。高阶函数经过内部编译优化，生成针对用户函数的优化版本，实现如向量化变换、分布式并行切分等特点功能。

2）端边云全场景

MindSpore 是集训练与推理于一体的 AI 框架，同时支持训练和推理等功能。同时 MindSpore 支持 CPU、GPU、NPU 等多种芯片，并且在不同芯片上提供统一的编程使用接口及可生成在多种硬件上加载执行的离线模型。

MindSpore 按照实际执行环境和业务需求，提供多种规格的版本形态，支持在云端、服务器端、手机等嵌入式设备端及耳机等超轻量级设备端上的部署执行。

3）动静统一的编程体验

传统的 AI 框架主要有 2 种编程执行形态，即静态图模式和动态图模式。

静态图模式基于用户调用的框架接口，在编译执行时先生成神经网络的图结构，然后再执行图中涉及的计算操作。该模式能有效感知神经网络各层算子间的关系情况，基于编译技术进行有效的编译优化以提升性能。但传统的静态图需要用户感知构图接口，组建或调试网络比较复杂，且难以与常用 Python 库、自定义 Python 函数进行穿插使用。

动态图模式能有效解决静态图编程较复杂的问题,但由于程序按照代码的编写顺序执行,不做整图编译优化,导致相对性能优化空间较少,特别是面向 DSA 等专有硬件的优化比较难使能。

MindSpore 基于源码转换机制构建神经网络的图结构,相比于传统的静态图模式,具有更易于使用的表达能力,同时也能更好地兼容动态图和静态图的编程接口,比如面向控制流,动态图可以直接基于 Python 的控制流关键字编程。而静态图需要基于特殊的控制流算子编程或者需要用户编程指示控制流执行分支,这导致了动态图和静态图编程的差异大。

MindSpore 的源码转换机制可基于 Python 控制流关键字,直接实现静态图模式的执行,使动、静态图的编程统一性更高。同时用户基于 MindSpore 接口,可以灵活地对 Python 代码片段进行动、静态图模式控制,即可以将程序局部函数以静态图模式执行,而其他函数按照动态图模式执行,从而使得在与常用 Python 库、自定义 Python 函数进行穿插执行使用时,用户可以灵活地对指定函数片段进行静态图优化加速,而不牺牲穿插执行的编程易用性。

4)自动并行

MindSpore 针对深度学习网络越来越大,需要复杂且多种分布式并行策略的问题,提供了多维分布式训练策略,可供用户灵活组装使用。并且,通过并行抽象、隐藏通信操作,简化用户并行编程的复杂度。

通过自动的并行策略搜索,提供透明且高效分布式训练能力。"透明"是指用户只需更改一行配置,提交一个版本的 Python 代码,就可以在多台设备上运行这一版本的 Python 代码进行训练。"高效"是指该算法以最小的代价选择并行策略,降低了计算和通信开销。

MindSpore 在并行化策略搜索中引入了张量重排布技术(tensor redistribution,TR),使输出张量的设备布局在输入到后续算子之前能够被转换。MindSpore 能识别算子在不同输入数据切片下的输出数据 overlap 情况,并基于此进行切片推导,自动生成对应的张量重排计划。基于此计划,可以统一表达数据并行、模型并行等多种并行策略。同时 MindSpore 面向分布式训练,还提供了 pipeline 并行、优化器并行、重计算等多种并行策略供用户使用。

5)硬件高性能发挥

MindSpore 基于编译技术,提供了丰富的硬件无关优化能力,如 IR 融合、代数化简、常数折叠、公共子表达式消除等。同时,MindSpore 针对 NPU、GPU 等不同硬件,提供了各种硬件相关优化能力,从而更好地发挥硬件的大规模计算加速能力。

MindSpore 除了提供传统 AI 框架常用的优化,还提供了一些比较有特色的技术。

(1)图算融合。MindSpore 等主流 AI 计算框架为用户提供的算子通常是从用户可理解、易使用的角度进行定义。每个算子承载的计算量不等,计算复杂度也各不相同。但从硬件执行的角度看,这种天然的、基于用户角度的算子计算量划分,并不高效,也无法充分发挥硬件资源的计算能力。主要体现在:计算量过大、过复杂的算子通常很难生成切分较好的高性能算子,从而降低了设备利用率;计算量过小的算子,由于计算中无法有效隐藏数据搬移开销,也可能会造成计算的空等时延,从而降低设备的利用率;硬件设备通常为多核、众核结构,当算子 shape 较小或其他原因引起计算并行度不够时,可能会造成部分核空闲,从而降低设备的利用率。特别是基于专用处理器架构(domain specific architecture,DSA)的芯片对这些因素更为敏感。如何在最大化发挥硬件算力性能的同时使算子也能具备较好的易用性,一直以来是一个很大的挑战。

在 AI 框架设计方面,目前业界主流采用图层和算子层分层的实现方法。图层负责对计算图进行融合或重组,算子层负责将融合或重组后的算子编译为高性能的可执行算子。图层通常采用基于 Tensor 的 High-Level IR 的处理和优化,算子层则采用基于计算指令的 Low-Level IR 进行分析和优化。这种人为分层处理显著增加了图、算两层进行协同优化的难度。在过去几年的技术实践中,MindSpore 采用了图算融合的技术来较好地解决了这一问题。NLP、推荐系统等不同类别的典型网络在使用图算融合后训练速度都有明显的收益。主要原因之一就是这些网络中存在大量小算子组合,具有较多的融合优化机会。

(2)面向昇腾硬件的竞争力优化。On Device 中的 Device 通常指昇腾(Ascend)AI 处理器。昇腾芯片上集成了 AICORE、AICPU 和 CPU。其中,AICORE 负责大型 Tensor Vector 运算,AICPU 负责标量运算,CPU 负责逻辑控制和任务分发。

Host 侧 CPU 负责将图或算子下发到昇腾芯片。昇腾芯片由于具备了运算、逻辑控制和任务分发的功能,所以不需要与 Host 侧的 CPU 进行频繁交互,只需要将计算完的最终结果返回给 Host 侧,便可实现整图下沉到 Device 执行,避免了 Host-Device 频繁交互,降低了开销。因此,可以结合循环下沉实现多个 Step 下沉,进一步减少 Host 和 Device 的交互次数。

循环下沉是在 On Device 执行基础上的优化,目的是进一步减少 Host 侧和 Device 侧的交互次数。通常情况下,每个 step 都返回一个结果,循环下沉是控制每隔多少个 step 返回一次结果。

这里讲的数据下沉即数据通过通道直接传送到 Device 上。

6)安全可信

MindSpore 考虑到企业部署使用时,面对安全可信的丰富需求,不断演进和完善各种安全可信方向的技术,并内置框架:

(1)对抗性攻击防御。对抗性攻击对机器学习模型安全的威胁日益严重,攻击者可以通过向原始样本添加人类不易感知的小扰动来欺骗机器学习模型。

为了防御对抗性攻击,MindSpore 安全组件 MindArmour 提供了攻击(对抗样本生成)、防御(对抗样本检测和对抗性训练)、评估(模型鲁棒性评估和可视化)等功能。给定模型和输入数据,攻击模块提供简单的 API,能够在黑盒和白盒攻击场景下生成相应的对抗样本。这些生成的对抗样本被输入防御模块,以提高机器学习模型的泛化能力和鲁棒性。防御模块还实现了多种检测算法,能够根据恶意内容或攻击行为来区分对抗样本和正常样本。评估模块提供了多种评估指标,开发者能够轻松地评估和可视化模型的鲁棒性。

(2)隐私保护人工智能。隐私保护也是人工智能应用的一个重要课题。MindArmour 考虑了机器学习中的隐私保护问题,并提供了相应的隐私保护功能。

针对已训练模型可能会泄露训练数据集中的敏感信息问题,MindArmour 实现了一系列差分隐私优化器,自动将噪声加入反向计算生成的梯度中,从而为已训练模型提供差分隐私保障。而且优化器根据训练过程自适应地加入噪声,能够在相同的隐私预算下实现更好的模型可用性。同时还提供了监测模块,能够对训练过程中的隐私预算消耗进行动态监测。用户可以像使用普通优化器一样使用这些差分隐私优化器。

(3)端侧学习和联邦学习。虽然在大型数据集上训练的深度学习模型在一定程度上是通用的,但是在某些场景中,这些模型仍然不适用于用户自己的数据或个性化任务。MindSpore 提供端侧训练方案,允许用户训练自己的个性化模型,或对设备上现有的模型进行微调,同时避免了数据隐私、带宽限制和网络连接等问题。端侧将提供多种训练策略,如初始化训练策略、迁移学习、增量学习等。MindSpore 支持联邦学习,通过向云侧发送模型更新/梯度来共享不同的数据,使模型可以学习更多的通用知识。

6.2.5　PaddlePaddle 框架

1. 概述

飞桨(PaddlePaddle)是一个由百度推出的深度学习框架,具有易用、高效、灵活和可伸缩等特点,它是中国第一个开源深度学习开发框架。

2. 整体架构

飞桨的核心架构采用分层设计,如图 6-11 所示,前端应用层考虑灵活性,采用 Python实现,包括了组网 API、IO API、OptimizerAPI 和执行 API 等完备的开发接口;框架底层充分考虑性能,采用 C++来实现。

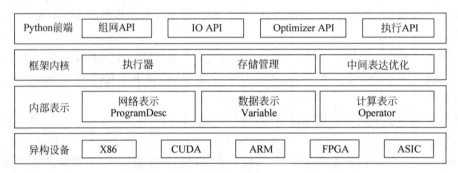

图 6-11　飞桨核心架构的设计理念

框架内核部分主要包含执行器、存储管理和中间表达优化;内部表示方面包含网络表示(programDesc)、数据表示(variable)和计算表示(operator)层面。框架向下对接各种芯片架构,可以支持深度学习模型在不同异构设备上高效运行。

飞桨框架的核心技术主要包括前端语言、组网编程范式、显存管理、算子库及高效率计算核心五部分。

1) 前端语言

为了方便用户使用,飞桨选择 Python 作为模型开发和执行调用的主要前端语言,并提供了丰富的编程接口 API。Python 作为一种解释型编程语言,代码修改不需要重新编译就可以直接运行,使用和调试非常方便,并且拥有丰富的第三方库和语法糖,拥有众多的用户群体。

同时,为了保证框架的执行效率,飞桨底层采用 C++。对于预测推理,为方便部署应用,同时提供了 C++和 Java API。

2) 组网编程范式

飞桨中同时兼容命令式编程(动态图)与声明式编程(静态图)两种编程范式,以程序化"Program"的形式动态描述神经网络模型的计算过程,并提供对顺序、分支和循环三种执行结构的支持,可以组合描述任意复杂的模型,并可在内部自动转化为中间表示的描述语言。

"Program"的定义过程就像在写一段通用程序,使用声明式编程时,相当于将"Program"先编译再执行,可类比静态图模式。

首先根据网络定义代码构造"Program",然后将"Program"编译优化,最后通过执行器执行"Program",具备高效性能;同时由于存在静态的网络结构信息,能够方便地完成模型的部署上线。

命令式编程相当于将"Program"解释执行,可视为动态图模式,更加符合用户的编程习惯,代码编写和调试也更加方便。

飞桨后面会增强静态图模式下的调试功能,方便开发调试;同时提升动态图模式的运行效率,加强动态图自动转静态图的能力,快速完成部署上线;并且更加完善接口的设计和功能,整体提升框架的易用性,如图 6-12 所示。

3)显存管理

飞桨为用户提供简单易用、兼顾显存回收与复用的显存优化策略,在很多模型上的表现优异。

(1)显存分配机制。原生的 CUDA 系统调用(cudaMalloc)和释放(cudaFree)均是同步操作,非常耗时。为了加速显存分配,飞桨实现了显存预分配的策略,具体如图 6-13 所示。

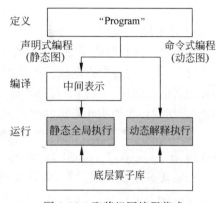

图 6-12 飞桨组网编程范式

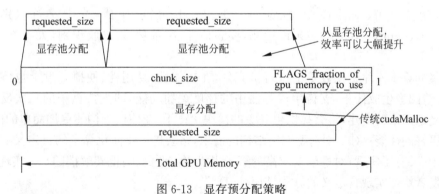

图 6-13 显存预分配策略

设置一个显存池 chunk,定义其大小为 chunk_size。若分配需求 requested_size 不超过 chunk_size,则框架会预先分配 chunk_size 大小的显存池 chunk,并从中分出 requested_size 大小的块返回。

之后每次申请显存都会从 chunk 中分配。若 requested_size 大于 chunk_size,则框架会调用 cudaMalloc 分配 requested_size 大小的显存。chunk_size 一般依据初始可用显存大小按比例确定。

飞桨还支持按实际显存占用大小的动态自增长的显存分配方式,可以更精准地控制显存使用,以节省对显存的占用量,方便多任务同时运行。

(2)显存垃圾回收机制。垃圾回收机制(Garbage Collection,GC)的原理是在网络运行

213

阶段释放无用变量的显存空间,达到节省显存的目的。

GC 策略会积攒一定大小的显存垃圾后再统一释放。GC 内部会根据变量占用的显存大小,对变量进行降序排列,且仅回收前面满足占用大小阈值以上的变量显存。GC 策略默认生效于使用 Executor 或 Parallel Executor 做模型训练预测时[4]。

(3) Operator 内部显存复用机制。Operator 内部显存复用机制(inplace)的原理是:Operator 的输出复用 Operator 输入的显存空间,例如,数据整形(reshape)操作的输出和输入可复用同一片显存空间。

Inplace 策略可通过构建策略(build strategy)设置生效于 Parallel Executor 的执行过程中。

4)算子库

飞桨算子库目前提供了 500 余个算子,并在持续增加,能够有效支持自然语言处理、计算机视觉、语音等各个方向模型的快速构建。同时提供了高质量的中英文文档,更方便国内外开发者学习使用。文档中对每个算子都进行了详细描述,包括原理介绍、计算公式、论文出处、详细的参数说明和完整的代码调用示例。

飞桨的算子库覆盖了与深度学习相关的广泛的计算单元类型。比如,提供了多种循环神经网络(recurrent neural network,RNN)、多种卷积神经网络(convolutional neural networks,CNN)及相关操作,如深度可分离卷积(depthwise separable convolution,DSN)、空洞卷积(dilated convolution)、可变形卷积(deformable convolution)及其各种扩展、分组归一化、多设备同步的批归一化。

此外,飞桨算子涵盖多种损失函数和数值优化算法,可以很好地支持自然语言处理的语言模型,阅读理解,对话模型,视觉的分类、检测、分割、生成,光学字符识别(optical character recognition,OCR),OCR 检测,姿态估计,度量学习,人脸识别,人脸检测等各类模型。

飞桨的算子库除了在数量上进行扩充外,在功能性、易用性、便捷开发上也持续增强。例如,针对图像生成任务,支持生成算法中的梯度惩罚功能,即支持算子的二次反向能力;而对于复杂网络的搭建,将会提供更高级的模块化算子,在使模型构建更加简单的同时也能够获得更好的性能;对于创新型网络结构的需求,将会进一步简化算子的自定义实现方式,支持 Python 算子实现,对性能要求高的算子提供更方便的、与框架解耦的 C++ 实现方式,可使得开发者快速实现自定义的算子,以验证算法。

5)高效率计算核心

飞桨对核心计算的优化主要体现在以下两个层面:

(1) Operator 粒度层面。飞桨提供了大量不同粒度的 Operator(Op)实现。细粒度的 Op 能够提供更好的灵活性,而粗粒度的 Op 能提供更好的计算性能。

飞桨提供了诸如 softmax_with_cross_entropy 等组合功能 Op,也提供了像 fusion_conv_inception、fused_elemwise_activation 等融合类 Op。

其中的大部分普通 Op,用户可以直接通过 Python API 配置使用,而很多融合的 Op,执行器在计算图优化的时候会自动进行子图匹配和替换。

(2) 核函数实现层面。飞桨主要通过两种方式实现对不同硬件的支持:人工调优的核函数实现和集成供应商优化库。

针对 CPU 平台,飞桨一方面提供了使用指令 Intrinsic 函数和借助于 xbyak JIT 汇编器实现的原生 Operator,深入挖掘编译时和运行时性能。

另一方面,飞桨通过引入 OpenBLAS、Intel® MKL、Intel® MKL-DNN 和 nGraph,对 Intel CXL 等新型芯片提供了性能保证。

针对 GPU 平台,飞桨既为大部分 Operator 用 CUDA C 实现了经过人工精心优化的核函数,也集成了 cuBLAS、cuDNN 等供应商库的新接口、新特性。

3. 设计理念

飞桨的设计理念是以高效、灵活、易用为核心,旨在帮助开发者快速构建和部署深度学习模型,其主要设计理念包括以下几个方面:

(1)灵活性。飞桨支持多种编程语言,包括 Python、C++等,用户可以选择适合自己的语言进行开发。此外,飞桨还提供了灵活的接口和组件,可以根据用户需求进行定制。

(2)高效性。飞桨采用动态图和静态图相结合的方式,可以同时满足模型开发和性能优化的需求。此外,飞桨还采用了多种优化技术,如自动混合精度和异步计算等,可以加速训练过程。

(3)开放性。飞桨采用开源的方式发布,用户可以自由获取源代码,进行修改和定制。此外,飞桨还提供了开放的 API 和组件,可以方便地与其他开源框架和工具集成。

(4)可扩展性。飞桨支持分布式训练和多种硬件加速器,如 GPU 和 FPGA 等,可以满足不同规模和需求的应用场景。此外,飞桨还提供了多种预训练模型和数据集,可以加速模型的开发和应用。

6.3 人工智能与云原生

6.3.1 云原生的定义

云原生是一种专门针对云上应用而设计的方法,用于构建和部署应用,以充分发挥云计算的优势[5]。这些应用的特点是可以快速、频繁地进行构建、发布、部署,并与云计算的特点相结合,实现与底层硬件和操作系统解耦。云原生应用可以方便地满足扩展性、可用性和可移植性等方面的要求,并提供更好的经济性。同时,通过将应用拆解为多个小型功能团队,让组织更敏捷,让人员、流程和工具更好地结合,在开发、测试、运维之间进行更密切的协作。

随着时间的推移,云原生的定义也在不断演进。不同时期、不同公司对云原生的理解和诠释也不尽相同,因此对于"什么是云原生"这个问题,可能会存在一些困难和误解。下面给出了云原生定义在不同时期的变化:

2015 年,Pivotal 公司的 Matt Stine 推出了《迁移到云原生应用架构》这本电子书,Pivotal 将云原生定义为一种应用程序架构方法,包括以下特征:微服务、容器化、不可变基础设施、声明式 API、自服务故障恢复、故障隔离和最终一致性。

2017 年,云原生计算基金会(cloud native computing foundation,CNCF)将云原生定义为一种面向云的软件架构模式,其中包含容器化、服务网格、微服务、不可变基础设施和声明式 API 等组件。

2021 年，云原生的定义更为广泛，不再仅局限于特定的技术或工具，而是已经成为一种包括架构模式、开发方法、流程和工具的综合体，旨在最大限度地利用云计算的优势，提高软件的可伸缩性、可靠性、安全性和可维护性。同时，云原生还强调了团队协作、DevOps、敏捷开发等的重要性，以实现更快速、更高效的应用交付。

现在，根据 CNCF 的定义，云原生是一种基于容器化、微服务架构、动态编排和自动化管理的应用程序开发和部署方法，旨在提高应用程序的可移植性、弹性、可扩展性和可靠性，同时降低运维成本和复杂性，如图 6-14 所示。

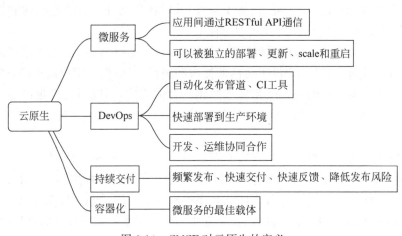

图 6-14　CNCF 对云原生的定义

云原生应用程序通常具有以下特点：
（1）以容器为基础的应用程序打包和部署。
（2）基于微服务架构，将应用程序拆分为多个小型、松耦合的服务。
（3）动态编排和自动化管理容器的部署、伸缩、升级和故障恢复。
（4）使用开源工具和平台来简化应用程序开发和运维的复杂性。
（5）面向云环境的应用程序设计，具有高的可移植性和可扩展性。

CNCF 在推广和维护云原生技术发展和应用的同时支持和推广与云原生相关的开源项目和标准。目前，CNCF 管理着包括 Kubernetes、Prometheus、Envoy、Jaeger 等在内的多个云原生相关开源项目。

2018 年，随着社区对云原生理念的广泛认可和云原生生态的不断扩大，以及 CNCF 项目和会员的大量增加，最初的定义已经不再适用，因此 CNCF 对云原生进行了重新定义：云原生技术旨在通过利用云计算的优势来构建和运行可扩展的动态系统，这些系统利用了基于容器、微服务、API、DevOps 和云服务的开放架构，如图 6-15 所示。

云原生技术具有以下特征：
（1）容器化应用。应用程序和基础设施及配置被打包在一起并作为容器运行。
（2）动态管理。应用程序应该能够动态地管理资源，以便根据需求进行扩展和缩减。
（3）声明式配置。应用程序应该使用声明式配置来简化部署和管理。
（4）微服务架构。应用程序应该由一组微服务构成，这些微服务可以单独部署、扩展和替换。

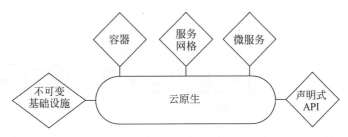

图 6-15　CNCF 对云原生的定义 v1.0

（5）弹性设计。应用程序应该能够在不中断服务的情况下处理故障，以确保可用性。

（6）智能路由。应用程序应该能够自动进行服务发现和路由。

（7）持续交付。应用程序应该能够快速、可靠地交付和部署更新。

（8）DevOps 自动化。开发人员和运维人员应该共享工具和流程，并自动化常规任务。

这些特征可以帮助企业构建高效、弹性、可靠的应用程序，同时提高开发人员和运维人员的生产力和协作效率。

云原生的内容和具体形式随着时间的推移一直在变化，即便是 CNCF 最新推出的云原生定义也非常明确地标注为 v1.0，相信未来还会出现 v1.1、v2.0 版本。

6.3.2　主要的云原生技术

1. 容器技术

1）容器技术的背景与价值

容器作为标准化软件单元，将应用及其所有依赖项打包，使应用不再受环境限制，在不同的计算环境间快速、可靠地运行[7]。

虽然 2008 年 Linux 就提供了 Cgroups 资源管理机制、Linux Namespace 视图隔离方案，让应用得以运行在独立的沙箱环境中，避免了相互间的冲突与影响；但直到 Docker 容器引擎的开源，才在很大程度上降低了容器技术使用的复杂性，加速了容器技术的普及。Docker 容器基于操作系统虚拟化技术，共享操作系统内核、轻量、没有资源损耗、秒级启动，极大地提升了系统的应用部署密度和弹性。更重要的是，Docker 提出了创新的应用打包规范——Docker 镜像，解耦了应用与运行环境，使应用可以在不同计算环境间一致、可靠地运行。借助容器技术呈现了一个优雅的抽象场景：让开发所需要的灵活性、开放性和运维所关注的标准化、自动化达到相对平衡。容器镜像迅速成为应用分发的行业标准。图 6-16 为传统、虚拟化及容器部署模式的比较。

随后开源的 Kubernetes，凭借优秀的开放性、可扩展性及活跃的开发者社区，在容器编排之战中脱颖而出，成为分布式资源调度和自动化运维的事实标准。Kubernetes 屏蔽了 IaaS 层基础架构的差异并凭借优良的可移植性，帮助应用一致地运行在包括数据中心、云、边缘计算在内的不同环境中。企业可以通过 Kubernetes，结合自身的业务特征来设计自身的云架构，从而更好地支持多云/混合云，免去了被厂商锁定的顾虑。随着容器技术逐步标准化，进一步促进了容器生态的分工和协同。基于 Kubernetes，生态社区开始构建上层的业务抽象，如服务网格 Istio、机器学习平台 Kubeflow、无服务器应用框架 Knative 等。

过去几年，在容器技术获得了广泛应用的同时，其三个核心价值最受用户关注：

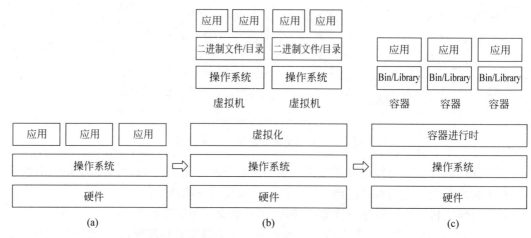

图 6-16　传统部署模式、虚拟化部署模式及容器部署模式比较

(a) 传统部署模式；(b) 虚拟化部署模式；(c) 容器部署模式

（1）敏捷。容器技术在提升企业 IT 架构敏捷性的同时，让业务迭代更加迅捷，为创新探索提供了坚实的技术保障。比如，疫情期间，教育、视频、公共健康等行业的在线化需求突现爆发性高速增长，很多企业通过容器技术适时把握了突如其来的业务快速增长的机遇。据统计，使用容器技术可以获得 3～10 倍的交付效率提升，这意味着企业可以更快速地迭代产品，以更低的成本进行业务试错。

（2）弹性。在互联网时代，企业 IT 系统经常需要面对促销活动、突发事件等各种预期外的爆发性流量增长。通过容器技术，企业可以充分发挥云计算的弹性优势，降低运维成本。一般而言，借助容器技术，企业可以通过部署密度提升和弹性伸缩，降低 50% 的计算成本。以在线教育行业为例，面对疫情之下指数级增长的流量，教育信息化应用工具提供商希沃 Seewo 利用阿里云容器服务 ACK 和弹性容器实例 ECI 大大满足了快速扩容的迫切需求，为数十万名教师提供了良好的在线授课环境，帮助数百万学生进行在线学习。

（3）可移植性。容器已经成为应用分发和交付的标准技术，将应用与底层运行环境进行解耦；Kubernetes 成为资源调度和编排的标准，屏蔽了底层架构的差异性，帮助应用平滑运行在不同的基础设施上。CNCF 推出了 Kubernetes 一致性认证，进一步保障了不同 Kubernetes 实现的兼容性，这也让企业愿意采用容器技术来构建云时代应用基础设施。

2）容器编排

Kubernetes 已经成为容器编排的事实标准，广泛应用于自动部署、扩展和管理容器化应用。Kubernetes 提供了分布式应用管理的核心能力：

（1）资源调度。根据应用请求的资源量 CPU、Memory，或者 GPU 等设备资源，在集群中选择合适的节点来运行应用。

（2）应用部署与管理。支持应用的自动发布与应用的回滚，以及与应用相关配置的管理；也可以自动化存储卷的编排，让存储卷与容器应用的生命周期相关联。

（3）自动修复。Kubernetes 可以监测这个集群中所有的宿主机，当宿主机或者操作系统出现故障时，节点健康检查会自动进行应用迁移；Kubernetes 也支持应用的自愈，极大地简化了运维管理的复杂性。

（4）服务发现与负载均衡。通过 Service 资源，结合 DNS 和多种负载均衡机制，支持容器化应用之间的相互通信。

（5）弹性伸缩。Kubernetes 可以监测业务上所承担的负载，如果这个业务本身的 CPU 利用率过高，或者响应时间过长，它可以对这个业务进行自动扩容。

Kubernetes 的控制平面包括四个主要的组件：API Server、Controller、Scheduler 和 etcd。

Kubernetes 在容器编排中的关键设计理念：

（1）声明式 API。开发者可以关注应用自身，而非系统执行细节。比如，Deployment（无状态应用）、StatefulSet（有状态应用）、Job（任务类应用）等不同资源类型，提供了对不同类型工作负载的抽象；对 Kubernetes 实现而言，基于声明式 API 的"level-triggered"实现比"edge-triggered"方式可以提供更加健壮的分布式系统实现。

（2）可扩展性架构。所有 Kubernetes 组件基于一致的、开放的 API 实现和交互；三方开发者也可通过自定义资源的定义（Custom Resource Definition，CRD）/Operator 等方法提供领域相关的扩展实现，极大地提升了 Kubernetes 的能力。

（3）可移植性。Kubernetes 通过一系列抽象，如负载均衡服务（Loadbalance Service）、容器网络接口（container network interface，CNI）、容器存储接口（container storage interface，CSI），帮助业务应用屏蔽底层基础设施差异性，实现容器灵活迁移的设计目标。

2. 云原生微服务技术

1）微服务发展的背景

过去开发一个后端应用最为直接的方式就是通过单一后端应用提供并集成所有的服务，即单体模式。随着业务的发展与需求的不断增加，单体应用功能愈发复杂，参与开发的工程师规模可能由最初的几个人发展到十几人，应用迭代效率由于集中式研发、测试、发布、沟通模式而显著下滑。为了解决由单体应用模型衍生的过度集中式项目迭代流程，微服务模式应运而生。

微服务模式将后端单体应用拆分为松耦合的多个子应用，每个子应用负责一组子功能。这些子应用称为"微服务"，多个"微服务"共同形成了一个物理独立但逻辑完整的分布式微服务体系。这些微服务相对独立，通过解耦研发、测试与部署流程，提高了整体迭代效率。此外，微服务模式通过分布式架构将应用水平扩展和冗余部署，从根本上解决了单体应用在拓展性和稳定性上存在的先天架构缺陷。但也应注意，微服务模型面临着分布式系统的典型挑战：如何高效调用远程方法、如何实现可靠的系统容量预估、如何建立负载均衡体系、如何面向松耦合系统进行集成测试、如何面向大规模复杂关联应用的部署与运维等。

在云原生时代，云原生微服务体系将充分利用云资源的高可用和安全体系，让应用获得更有保障的弹性、可用性与安全性。应用构建在云所提供的基础设施与基础服务之上，充分利用云服务所带来的便捷性、稳定性，降低了应用架构的复杂度。云原生的微服务体系也将帮助应用架构全面升级，让应用具有更好的可观测性、可控制性、可容错性等。

2）微服务设计约束

相较于单体应用，微服务架构的转变，在提升开发、部署等环节灵活性的同时，也提升了在运维、监控环节的复杂性。一个优秀的微服务系统应遵循以下设计约束：

（1）微服务个体约束。一个设计良好的微服务应用，所完成的功能在业务域划分上应是相互独立的。与单体应用强行绑定语言和技术栈相比,这样做的好处是不同业务域有不同的技术选择权,比如推荐系统采用 Python 的实现效率可能比 Java 要高效得多。从组织上来说,微服务对应的团队更小,开发效率也更高。"一个微服务团队一顿能吃掉两张披萨饼""一个微服务应用应当至少两周完成一次迭代",都是对如何正确划分微服务在业务域边界的隐喻和标准。总体来说,微服务的"微"并不是为了微而微,而是按照问题域对单体应用做合理的拆分。

进一步地,微服务也应具备正交分解特性,在职责划分上专注于特定业务并将之做好,即 SOLID 原则中的单一职责原则(single responsibility principle,SRP)。当一个微服务修改或者发布时,不应该影响到同一系统里另一个微服务的业务交互。

(2) 微服务与微服务之间的横向关系。在合理划分好微服务间的边界后,主要从微服务的可发现性和可交互性上处理微服务间的横向关系。

微服务的可发现性是指当服务 A 发布和扩/缩容的时候,依赖服务 A 的服务 B 如何在不重新发布的前提下,能够自动感知到服务 A 的变化,这里需要引入第三方服务注册中心来满足服务的可发现性。特别是对于大规模微服务集群,服务注册中心的推送和扩展能力尤为关键。

微服务的可交互性是指服务 A 采用什么样的方式可以调用服务 B。由于服务自治的约束,服务之间的调用需要采用与语言无关的远程调用协议,比如 REST 协议很好地满足了"与语言无关"和"标准化"两个重要因素,但在高性能场景下,基于 IDL 的二进制协议可能是更好的选择。另外,目前业界大部分微服务实践往往没有达到 HATEOAS (hypermedia as the engine of application state)启发式的 REST 调用,服务与服务之间需要通过事先约定的接口来完成调用。为了进一步实现服务与服务之间的解耦,微服务体系中需要有一个独立的元数据中心来存储服务的元数据信息,服务通过查询该中心来理解发起调用的细节。

伴随着服务链路的不断变长,整个微服务系统也变得越来越脆弱,因此面向失败设计的原则在微服务体系中显得尤为重要。对于微服务应用个体,限流、熔断、隔离、负载均衡等增强服务韧性的机制成为标配。为进一步提升系统的吞吐能力,充分利用好机器资源,可以通过协程、Rx 模型、异步调用、反压等手段来实现。

(3) 微服务与数据层之间的纵向约束。在微服务领域,提倡数据存储隔离(data storage segregation,DSS)原则,即数据是微服务的私有资产,对于该数据的访问必须通过当前微服务提供的 API 进行。否则,会使数据层产生耦合,违背了高内聚低耦合的原则。同时,出于性能考虑,通常采取读写分离(command/query responsibility segregation,CQRS)手段。

同样地,由于容器调度对底层设施稳定性的不可预知影响,微服务的设计应当尽量遵循无状态设计原则,这意味着上层应用与底层基础设施的解耦,微服务可以自由在不同容器间被自由调度。对于有数据存取(即有状态)的微服务而言,通常使用计算与存储分离方式将数据下沉到分布式存储,通过这一方式可以做到一定程度的无状态化。

(4) 全局视角下的微服务分布式约束。从微服务系统设计一开始,就需要考虑以下因素:高效运维整个系统,从技术上要准备全自动化的 CI/CD 流水线以满足对开发效率的诉求,并在此基础上支持蓝绿、金丝雀等不同发布策略,以满足对业务发布稳定性的诉求。面对复杂系统,全链路、实时和多维度的可观测能力成为标配。为了及时、有效地防范各类运维风险,需要将微服务体系的多种事件源汇聚并分析相关数据,然后在中心化的监控系统中进行多维度展现。无论微服务拆分如何持续,故障发现的时效性和根因精确性始终是开发运维人员的核心诉求。

3) 云原生微服务的典型架构

自从微服务架构理念于 2011 年提出以来,典型的架构模式按出现的先后顺序大致分为四代。

在第一代微服务架构(图 6-17)中,应用除了需要实现业务逻辑外,还需要自行解决上下游寻址、通信及容错等问题。随着微服务规模的扩大,服务寻址逻辑的处理变得越来越复杂,哪怕是同一编程语言的另一个应用,微服务的基础能力都需要重新实现一遍。

在第二代微服务架构(图 6-18)中,引入旁路服务注册中心作为协调者来完成服务的自动注册和发现。服务之间的通信及容错机制开始模块化,形成独立的服务框架。但是随着服务框架内功能的日益增多,用不同语言的基础功能的复用显得十分困难,这就意味着微服务的开发者被迫绑定在某种特定语言上,从而违背了微服务敏捷迭代的原则。

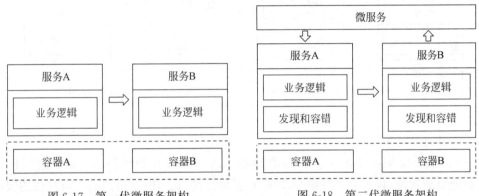

图 6-17 第一代微服务架构　　　　图 6-18 第二代微服务架构

2016 年出现了第三代微服务架构——服务网格(图 6-19),原来被模块化到服务框架里的微服务基础能力被进一步从一个 SDK 演进为一个独立进程——Sidecar(边车)。这一变化使得第二代架构中的多语言支持问题得以彻底解决,微服务基础能力演进和业务逻辑迭代彻底解耦。这个架构就是在云原生时代的微服务架构——Cloud Native Microservices,

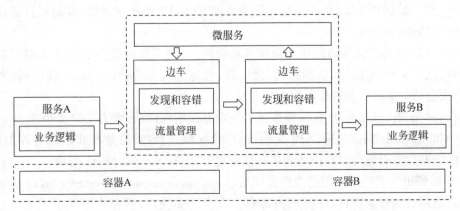

图 6-19 第三代微服务架构

Sidecar 进程开始接管微服务应用之间的流量,承载第二代微服务框架的功能,包括服务发现、调用容错直至丰富的服务治理功能,如权重路由、灰度路由、流量重放、服务伪装等。

近年来,随着 AWS Lambda 的出现,部分应用开始尝试利用无服务器(Serverless)来架构微服务,这种方式被称为第四代微服务架构(图 6-20)。在这个架构中,微服务进一步由一个应用简化为 Micrologic(微逻辑),从而对边车模式提出了更高的诉求,更多可复用的分布式能力从应用中剥离,被下沉到边车中,如状态管理、资源绑定、链路追踪、事务管理、安全等。同时,在开发侧开始提倡面向 localhost 编程的理念,提供标准 API 屏蔽掉底层资源、服务、基础设施的差异,进一步降低微服务开发的难度。这就是目前业界提出的多运行时微服务架构(muti-runtime microservices)。

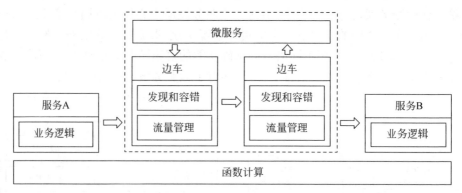

图 6-20　第四代微服务架构

4) 主要的微服务技术

Apache Dubbo 是阿里的一款开源高性能 RPC 框架,其特性包括:基于透明接口的 RPC、智能负载均衡、自动服务注册和发现、可扩展性高、运行时流量路由与可视化的服务治理。经过数年发展已是国内使用最广泛的微服务框架,并构建了强大的生态体系。为了巩固 Dubbo 生态的整体竞争力,2018 年阿里陆续开源了分布式应用框架(Spring-Cloud Alibaba)、注册中心 & 配置中心(Nacos)、流控防护(Sentinel)、分布式事务(Seata)、故障注入(Chaosblade),以便让用户享受阿里十年沉淀的微服务体系,获得简单易用、高性能、高可用等核心能力。Dubbo 在第三版中发展了服务网格(Service Mesh),目前 Dubbo 协议已经被 Envoy 支持,数据层选址、负载均衡和服务治理方面的工作还在继续,控制层目前在继续丰富 Istio/Pilot-discovery 中。

Spring Cloud 作为开发者的主要微服务选择之一,为开发者提供了分布式系统需要的配置管理、服务发现、断路器、智能路由、微代理、控制总线、一次性 Token、全局锁、决策竞选、分布式会话与集群状态管理等能力和开发工具。

EclipseMicroProfile 作为 Java 微服务开发的基础编程模型,致力于定义企业 Java 微服务规范,MicroProfile 提供指标、API 文档、运行状况检查、容错与分布式跟踪等能力,使用它创建的云原生微服务可以自由地部署在任何地方,包括 Service Mesh 架构。

Tars 是腾讯将其内部使用的微服务框架(total application framework,TAF)多年的实践成果总结而成的开源项目,在腾讯内部有上百个产品使用,服务内部数千名 C++、Java、Golang、Node. Js 与 PHP 开发者。Tars 包含一整套开发框架与管理平台,兼顾多语言、易用性、高性能与服务治理,理念是使开发更聚焦业务逻辑,让运维更高效。

SOFAStack(scalable open financial architecture stack)是由蚂蚁金服开源的一套用于快速构建金融级分布式架构的中间件,也是在金融场景里锤炼出来的最佳实践。云原生网络代理平台(modular open smart network,MOSN)是 SOFAStack 的组件,是一款采用 Go语言开发的 Service Mesh 数据平面代理,其功能和定位类似 Envoy,旨在提供分布式、模块化、可观测、智能化的代理能力。MOSN 支持 Envoy 和 Istio 的 API,可以和 Istio 集成。

分布式应用运行时(distributed application runtime,Dapr)是微软新推出的,一种可移植的、Serverless 的、事件驱动的运行时,它使开发人员可以轻松构建弹性、无状态和有状态微服务,这些服务运行在云和边缘上,并包含多种语言和开发框架。

3. Serverless 技术

1) 技术特点

随着以 Kubernetes 为代表的云原生技术成为云计算的容器界面,Kubernetes 成为云计算的新一代操作系统。面向特定领域的后端即服务(backend as a service,BaaS)则是这个操作系统上的服务 API,存储、数据库、中间件、大数据、AI 等领域的大量产品与技术都开始提供全托管的云形态服务,如今越来越多的用户已习惯使用云服务,而不是自己搭建存储系统、部署数据库软件[8]。

当这些 BaaS 云服务日趋完善时,Serverless 因为屏蔽了服务器的各种运维复杂度,让开发人员可以将更多的精力用于业务逻辑设计与实现,而逐渐成为云原生的主流技术之一。Serverless 计算具有以下特征:

(1) 全托管的计算服务。客户只需要编写代码构建应用,无须关注同质化的、负担繁重的基于服务器等基础设施的开发、运维、安全和高可用等工作。

(2) 通用性。Serverless 结合云 BaaS API 的能力,能够支撑云上所有重要类型的应用。

(3) 自动的弹性伸缩,让用户无须为资源使用提前进行容量规划。

(4) 按量计费,让企业的使用成本有效降低,无须为闲置资源付费。

函数即服务(function as a service,FaaS)是 Serverless 中最具代表性的产品形态。通过把应用逻辑拆分成多个函数,每个函数都通过事件驱动的方式触发执行,例如,对象存储(object storage service,OSS)中产生的上传/删除对象等事件,能够自动、可靠地触发 FaaS函数处理且每个环节都是弹性和高可用的,使客户能够快速实现大规模数据的实时并行处理。同样地,通过消息中间件和函数计算的集成,客户可以快速实现大规模消息的实时处理。

目前函数计算的 Serverless 形态在普及方面仍存在一定的困难,例如:

(1) 函数编程以事件驱动方式执行,这在应用架构、开发习惯方面,以及研发交付流程上都会有比较大的改变。

(2) 函数编程的生态仍不够成熟,应用开发者和企业内部的研发流程需要重新适配。

(3) 细颗粒度的函数运行也引发了新技术挑战,比如冷启动会导致应用响应延迟、按需建立数据库连接成本高等。

针对这些情况,在 Serverless 计算中又衍生出更多其他形式的服务形态,其中典型的就是和容器技术进行融合创新,通过良好的可移植性,容器化的应用能够无差别地运行在开发机、自建机房及公有云环境中;基于容器工具链可以加快解决 Serverless 的交付。云厂商如阿里云提供了弹性容器实例(elastic container instance,ECI)及更上层的 serverless 应用引擎(serverless app engine,SAE),Google 提供了 CloudRun 服务,这都能够帮助用户专注于容器化应用构建,而无须关心基础设施的管理成本。此外,Google 还开源了基于 Kubernetes 的 Serverless 应用框架 Knative。

相对函数计算的编程模式,这类 Serverless 应用服务支持容器镜像作为载体,无须修改即可部署在 Serverless 环境中,可以享受到 Serverless 带来的全托管免运维、自动弹性伸缩、按量计费等服务。表 6-3 是传统的弹性计算服务、基于容器的 Serverless 应用服务和函数计算(FaaS)的对比。

表 6-3 传统的弹性计算服务、基于容器的 Serverless 应用服务和函数计算(FaaS)对比

服 务 分 类	弹 性 计 算	Serverless 应用	FaaS
代表产品	弹性计算 ECS	阿里云 SAE Google Knative	函数计算
虚拟化	硬件虚拟化	安全容器	安全容器或应用运行时
交付模式	虚拟机镜像	容器镜像	函数
应用兼容性	高	中	低
扩容单位	虚拟机	容器实例	函数实例
弹性效率	分钟级	秒级	毫秒级
计费模式	实例运行时长	实例运行时长或请求处理时长	请求处理时长

2) 常见场景

近年来,Serverless 呈加速发展的趋势,用户使用 Serverless 架构在可靠性、成本和研发运维效率等方面获得了显著收益。

(1) 小程序、Web/Mobile、API 后端服务。在小程序、Web/手机应用、API 服务等场景中,业务逻辑复杂多变,迭代上线速度要求高,而且这类在线应用,资源利用率通常低于30%,尤其是小程序等长尾应用,资源利用率更是低于 10%。Serverless 免运维、按需付费的特点非常适合构建小程序、Web/Mobile、API 后端系统,通过预留计算资源+实时自动伸缩,开发者能够快速构建延时稳定、能承载高频访问的在线应用。

(2) 大规模批处理任务。在构建典型任务批处理系统时,如大规模音/视频文件转码服务,需要包含计算资源管理、任务优先级调度、任务编排、任务可靠执行、任务数据可视化等一系列功能。如果从机器或者容器层开始构建,用户通常使用消息队列进行任务信息的持久化和计算资源分配,使用 Kubernetes 等容器编排系统实现资源的伸缩和容错,自行搭建或集成监控报警系统。而通过 Serverless 计算平台,用户只需要专注于任务处理逻辑的处理即可,Serverless 计算的极致弹性可以很好地满足突发任务下对算力的需求。

通过将对象存储和 Serverless 计算平台集成的方式,能实时响应对象创建、删除等操作,实现以对象存储为中心的大规模数据处理。用户既可以通过增量处理对象存储上的新增数据,也可以创建大量函数实例来并行处理存量数据。

(3) 基于事件驱动架构的在线应用和离线数据处理。典型的 Serverless 计算服务通过事件驱动的方式,可以广泛地与云端各种类型服务集成,用户无须管理服务器等基础设施和编写集成多个服务的"胶水"代码,就能够轻松构建松耦合、基于分布式事件驱动架构的应用。

通过与事件总线的集成,无论是一方 BaaS 云服务,还是三方的 SaaS 服务,或者是用户自建的系统,所有事件都可以快速便捷地被函数计算处理。例如,通过和 API 网关集成,外部请求可以转化为事件,从而触发后端函数处理。通过与消息中间件的事件集成,用户能够快速实现对海量消息的处理。

(4) 开发运维自动化。通过定时触发器,用户用函数的方式就能够快速实现定时任务,而无须管理执行任务的底层服务器。通过将定时触发器和监控系统的时间触发器集成,用户可以及时接收机器重启、宕机、扩容等 IaaS 层服务的运维事件,并自动触发函数执行处理。

3) 技术关注点

(1) 计算资源弹性调度。为了实现精准、实时的实例伸缩和放置,必须把应用负载的特征作为资源调度依据,使用"白盒"调度策略,由 Serverless 平台负责管理应用所需的计算资源。平台要能够识别应用特征,在负载快速上升时,及时扩容计算资源,保证应用性能稳定;在负载下降时,及时回收计算资源,加快资源在不同租户函数间的流转,提高数据中心的利用率。因此,更实时、更主动、更智能的弹性伸缩能力是函数计算服务获得良好用户体验的关键。计算资源的弹性调度可以帮助用户完成指标收集、在线决策、离线分析、决策优化的闭环。

在创建新实例时,系统需要判断如何将应用实例放置在下层计算节点上。放置算法应当满足多方面的目标:

① 容错。当有多个实例时,将其分布在不同的计算节点和可用区上,可提高应用的可用性。

② 资源利用率。在不损失性能的前提下,将计算密集型、I/O 密集型等应用调度到相同的计算节点上,尽可能充分利用节点的计算、存储和网络资源。动态迁移不同节点上的碎片化实例,进行"碎片整理",提高资源利用率。

③ 性能。例如,复用启动过相同应用实例或函数的节点、利用缓存数据加速应用的启动时间。

④ 数据驱动。除了在线调度,系统还将天、周或者更大时间范围的数据用于离线分析。离线分析的目的是利用全量数据验证在线调度算法的效果,为参数调优提供依据,通过数据驱动的方式加快资源的流转速度,提高集群整体资源利用率。

(2) 负载均衡和流控。资源调度服务是 Serverless 系统的关键链路。为了支撑每秒近百万次的资源调度请求,系统需要对资源调度服务的负载进行分片,横向扩展到多台机器上,避免单点瓶颈。分片管理器通过监控整个集群的分片和服务器负载情况,执行分片的迁移、分裂、合并等操作,从而实现集群处理能力的横向扩展和负载均衡。

在多租户环境下,流量隔离控制是保证服务质量的关键。由于用户是按实际使用的资源付费,因此计算资源要通过不同用户的不同应用共享来降低系统成本。这就需要系统具备出色的隔离能力,避免应用相互干扰。

(3) 安全性。Serverless 计算平台的定位是通用计算服务,要能执行任意用户代码,因此安全是不可逾越的底线。系统应从权限管理、网络安全、数据安全、运行时安全等各个维度全面保障应用的安全性。轻量安全容器等新的虚拟化技术实现了更小的资源隔离粒度、更快的启动速度、更小的系统开销,使数据中心的资源使用变得更加细粒度和动态化,从而更充分地利用碎片化资源。

4. Service Mesh 技术

1）技术特点

Service Mesh 是分布式应用在微服务软件架构之上发展起来的新技术，旨在将那些微服务间的连接、安全、流量控制和可观测等通用功能下沉为平台基础设施，实现应用与平台基础设施的解耦。这个解耦意味着开发者无须关注微服务相关治理问题而是聚焦业务逻辑本身，提升应用开发效率并加速业务探索和创新。换句话说，因为大量非功能性从业务进程剥离到其他的进程中，Service Mesh 以无侵入的方式实现了应用轻量化，图 6-21 展示了 Service Mesh 的典型架构。

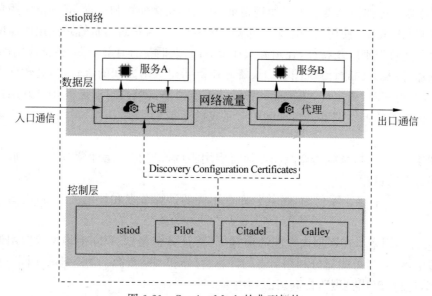

图 6-21　Service Mesh 的典型架构

在图 6-21 中，服务 A 调用服务 B 的所有请求，都被其下的 Proxy（在 Envoy 中是 Sidecar）截获，代理服务 A 完成到服务 B 的服务发现、熔断、限流等策略，而这些策略的总控是在控制层配置。

从架构上，Istio 可以运行在虚拟机或容器中，Istio 的主要组件包括 Pilot（服务发现、流量管理）、Galley（流量管理）、Citadel（终端用户认证、流量加密）；整个服务网格关注连接和流量控制、可观测性、安全和可运维性。虽然相比较没有服务网格的场景多了 4 个 IPC 通信的成本，但整体调用的延迟随着软硬件能力的提升并不会带来显著的影响，特别是对于百毫秒级别的业务调用可以控制在 2% 以内。另外，服务化的应用并没有做任何改造，就获得了强大的流量控制能力、服务治理能力、可观测能力、99.99% 以上高可用、容灾和安全等能力，加上业务的横向扩展能力，整体收益仍然远大于额外的 IPC 通信支出。

在服务网格的技术发展上，数据平面与控制平面间的协议标准化是必然趋势。大体上，Service Mesh 的技术发展围绕着"事实标准"去展开——共建各云厂商共同采纳的开源软件。从接口规范的角度看，Istio 采纳了 Envoy 所实现的 xDS 协议，将该协议当作是数据平面和控制平面间的标准协议；Microsoft 提出了 Service Mesh Interface（SMI），致力于让数据平面和控制平面的标准化做更高层次的抽象，以期为 Istio、Linkerd 等 Service Mesh 解决方案在服务观测、流量控制等方面实现最大限度的开源能力复用。UDPA（Universal Data

Plane API)是基于 xDS 协议发展起来，以便根据不同云厂商的特定需求便捷地进行扩展并由 xDS 去承载。

此外，数据平面插件的扩展性和安全性也得到了社区的广泛重视。从数据平面的角度看，Envoy 得到了包括 Google、IBM、Cisco、Microsoft、阿里云等大厂家参与共建及主流云厂商的采纳而成为事实标准。在 Envoy 的软件设计为插件机制提供了良好扩展性的基础上，目前正在探索将 Wasm 技术应用于对各种插件进行隔离，避免因为某一插件的软件缺陷而导致整个数据平面不可用。Wasm 技术的优势除了提供沙箱功能外，还能很好地支持多语言，最大限度地让掌握不同编程语言的开发者使用自己所熟悉的技能去扩展 Envoy 的能力。在安全方面，Service Mesh 和零信任架构有很好的结合，包括 POD Identity、基于 mTLS 的链路层加密、在 RPC 上实施 RBAC 的 ACL、基于 Identity 的微隔离环境（动态选取一组节点组成安全域）。

2）行业应用情况

根据国际知名咨询机构 Gartner 研究报告，Istio 有望成为 Service Mesh 的事实标准，而 Service Mesh 本身也将成为容器服务技术的标配技术组件。即便如此，Service Mesh 目前在市场上仍处于早期采用（early adoption）阶段。

除了 Istio 外，Google 与 AWS 分别推出了各自的云服务 Traffic Director、App Mesh。这两个 Service Mesh 产品与 Istio 虽有所不同，但与 Istio 一样采纳了 Envoy 作为数据平面。此外，阿里云、腾讯云、华为云也都推出了 Service Mesh 产品，同样采用 Envoy 技术作为数据面并在此基础上提供了应用发布、流量管控、APM 等能力。

3）主要技术

2017 年发起的服务网格 Istio 开源项目，清晰地定义了数据平面（由开源软件 Envoy 承载）和管理平面（Istio 自身的核心能力）。Istio 为微服务架构提供了流量管理机制，同时亦为其他增值功能（包括安全性、监控、路由、连接管理与策略等）创造了基础。Istio 利用久经考验的 Lyft Envoy 代理进行构建，可在无须对应用程序代码做出任何发动的前提下实现可视性与控制能力。2019 年 Istio 发布的 1.12 版已达到小规模集群上线生产环境的水平，但其性能仍受到业界诟病。开源社区正试图通过架构层面演进来改善这一问题。由于 Istio 是建构于 Kubernetes 技术之上，所以它可运行于提供 Kubernetes 容器服务的云厂商环境中，同时 Istio 成为大部分云厂商默认使用的服务网格方案。

除了 Istio 外，还有 Linkerd、Consul 等相对小众的 Service Mesh 解决方案。Linkerd 在数据平面上采用 Rust 编程语言实现了 linkerd-proxy，控制平面与 Istio 一样采用 Go 语言编写。最新的性能测试数据显示，Linkerd 在时延、资源消耗方面比 Istio 更具优势。Consul 在控制面上直接使用 Consul Server，在数据面上可以选择性地使用 Envoy。所不同的是，Linkerd 和 Consul 在功能上不如 Istio 完整。

Conduit 作为 Kubernetes 的超轻量级 Service Mesh，其目标是成为最快、最轻、最简单且最安全的 Service Mesh。它使用 Rust 构建了快速、安全的数据平面，用 Go 开发了简单强大的控制平面，总体设计围绕着性能、安全性和可用性进行。它能透明地管理服务之间的通信，提供可测性、可靠性、安全性和弹性支持。虽然与 Linkerd 相仿，数据平面是在应用代码之外运行的轻量级代理，控制平面是一个高可用的控制器，然而与 Linkerd 不同的是，Conduit 的设计更加倾向于 Kubernetes 中的低资源部署。

5. DevOps 技术

1）概述

DevOps 就是为了提高软件研发效率、快速应对变化、持续交付价值的一系列理念和实践，其基本思想就是持续部署（continuous deployment，CD），让软件的构建、测试、发布能够更加快捷可靠，以尽量缩短系统变更从提交到最后安全部署再到生产系统的时间[9]。

要实现 CD，就必须对业务进行端到端分析，把所有相关部门的操作统一考虑并进行优化，利用所有可用的技术和方法，用一种理念来整合资源。DevOps 理念从提出到现在，已经深刻影响了软件开发过程。DevOps 提倡打破开发、测试和运维之间的壁垒，利用技术手段实现各个软件开发环节的自动化甚至智能化，已证实这对提高软件生产质量、安全，缩短软件发布周期等都有非常明显的促进作用，同时推动了 IT 技术的发展。

2）DevOps 原则

要实施 DevOps，就需要遵循一些基本原则，这些原则被简写为 CAMS，分别是文化（culture）、自动化（automation）、度量（measurement）和共享（sharing）。

（1）文化。谈到 DevOps，大家一般关注的是技术和工具，但实际上要解决的核心问题是和业务、人相关的问题。提高效率，加强协作，就需要不同的团队之间更好地沟通。如果每个人能够更好地相互理解对方的目标和关切的对象，那么协作的质量就可以明显提高。

DevOps 实施中面对的首要矛盾在于不同团队的关注点完全不一样。运维人员希望系统运行可靠，所以系统的稳定性和安全性是第一位。开发人员则想着如何尽快让新功能上线，实现创新和突破，为客户带来更大的价值。不同的业务视角，必然导致误会和摩擦，使双方都觉得对方在阻挠自己完成工作。要实施 DevOps，首先就要让开发和运维人员认识到他们的目标是一致的，只是工作岗位不同，需要共担责任。这就是 DevOps 首先要在文化层面解决的问题。只有解决了认知问题，才能跨越不同团队之间的鸿沟，实现流程自动化，把大家的工作融合成一体。

（2）自动化。DevOps 持续集成的目标就是小步快跑、快速迭代、频繁发布。小系统跑起来很容易，但一个大型系统往往牵涉几十人到几百人的合作，要让这个协作过程流畅运行不是一件容易的事情。要把这个理念落实，就需要规范化和流程化，让可以自动化的环节实现自动化。

实施 DevOps，首先就要分析已有的软件开发流程，尽量利用各种工具和平台，实现开发和发布过程的自动化。经过多年发展，业界已经有一套比较成熟的工具链可以参考和使用，不过具体落地还需因地制宜。

在自动化过程中，需要各种技术改造才能达到预期效果。例如，如果容器镜像是为特定环境构建的，那么就无法实现镜像的复用，不同环境的部署需要重新构建，会浪费时间。此时就需要把环境特定的配置从镜像中剥离出来，用一个配置管理系统来管理配置。

（3）度量。通过数据可以对每个活动和流程进行度量和分析，找到工作中存在的瓶颈和漏洞及对于危急情况的及时报警等。通过分析，可以对团队工作和系统进行调整，改进效率，从而形成闭环。

度量首先要解决数据的准确性、完整性和及时性问题，其次要建立正确的分析指标。DevOps 过程考核的标准是应该鼓励团队更加注重工具的建设、自动化的加速和各个环节的优化，这样才能最大可能地发挥度量的作用。

要实现真正的协作,还需要团队在知识层面达成一致。通过共享知识,让团队共同进步:

① 可见度(visibility)。让每个人可以了解团队其他人的工作,这样就可以知道某一项工作是否会影响另一部分。通过相互反馈,使问题尽早暴露。

② 透明性(transparency)。让每个人都明白工作的共同目标,知道为什么要这么干。缺乏透明性就会导致工作安排失调。

③ 知识的传递(transfer of knowledge)。知识的传递是为了解决两个问题:一个是为了避免某个人成为单点,从而导致一个人的休假或离职,从而导致工作不能完成;另一个是提高团队的集体能力,因为团队的集体能力要高于个人的能力。

(4)共享。实现知识共享的方法很多。在敏捷开发中,通过每日团队站会来共享进度。在开发中,通过代码、文档和注释来共享知识。ChatOps 则是让一个群里的人都看到正在进行的操作和操作的结果。其他的所有会议、讨论和非正式的交流等当然也是为了知识共享。从广义上讲,团队协作就是知识不断积累和分享的过程。落实 DevOps 要努力创造一个良好的文化氛围并通过工具支持让所有的共享更加方便高效。

文化、自动化、度量和共享四个方面相辅相成,独立而又相互联系,所以落实 DevOps 时,要统一考虑。通过 CAMS 可以认识到,CI/CD 仅仅是实现 DevOps 中很小的一部分。DevOps 不仅仅是一组工具,更重要的是代表了一种文化。

3) 理性的期待

对于 DevOps 要有合乎理性的期待。DevOps 提供了一套工具,它能够起多大的作用,最重要的影响有两个:一个是使用工具的人,另一个就是对于需要解决的问题本身复杂性的掌握。虽然 DevOps 已经被广泛接受和认可,但其在实际应用中的成熟度还有待进一步提高。在一份关于 DevOps 的调查报告中,把 DevOps 进化分为三个级别,80%的被调查团队处于中等评级,而处于高级阶段和低级阶段的都在 10%左右。报告分析,这是因为通过实现自动化以达到中等评级相对比较容易,而达到高等评级则需要在文化和共享方面的努力,这相对来说更加难以掌握和实施。这也符合组织文化变革中的 J 型曲线,如图 6-22 所示。在经过了初期的效率增长之后,自动化的深化进入了瓶颈期。更进一步的效率提升需要对组织、架构进行更加深入的调整。其间可能还会出现效率下降、故障率攀升的问题,从这一方面讲,实际 DevOps 落地和深化还有很长的路要走。

图 6-22 转型的 J 型曲线(见文前彩图)

4）IaC 和 GitOps

（1）IaC 和声明式运维。前面说过，DevOps 所面对的矛盾就是开发和运维团队之间的矛盾，因为两个团队的关注点完全不同，或者说是冲突的。在这种背景下，IaC 提出系统建设的核心理念，兼顾高效和安全，让运维系统的建设更加有序。

运维平台一般都经历过如下几个发展阶段：手动运维、脚本运维、工具运维、平台运维、智能化运维等。现有的运维平台虽然有很多实现方式，但总体来说分为指令式和声明式两类，两者的特点如图 6-23 所示。

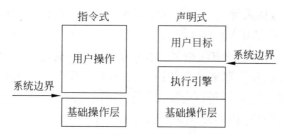

图 6-23　指令式和声明式的特点

采用声明式接口的方式比指令式接口多了一个执行引擎，把用户的目标转化为可以执行的计划。

最开始的运维系统一般都是指令式的，通过编写脚本来完成运维动作，包括部署、升级、改配置、缩/扩容等。脚本的优点是简单、高效、直接等，相对于更早之前的手动运维，这是一种极大的效率提高。在分布式系统和云计算的起步阶段，采用这种模式进行运维是完全合理的。基于这个方法，各个部门都会建立一些系统和工具来加速工具的开发和使用。

不过随着系统复杂性的逐步提高，指令式运维方式的弊端也逐渐显现出来。简单高效的优点同时也变成了最大的缺点。因为方式简单，所以无法实现复杂的控制逻辑；因为高效，如果有 bug，那么在进行破坏时也同样高效。往往一个小失误就会导致大面积服务瘫痪：一个变更脚本中的 bug 可能会导致严重事故。

在复杂的运维场景下，指令式的运维方式具有变更操作的副作用：不透明、指令性接口一般不具有幂等性、难以实现复杂的变更控制、知识难以积累和分享、变更缺乏并发性等。针对这种情况，人们提出了声明式的编程理念。这是一个很简单的概念，用户仅仅通过一种方式描述其要到达的目的，并不需要具体说明如何达到目标。声明式接口实际上代表了一种思维模式：把系统的核心功能进行抽象和封装，让用户在一个更高的层次上进行操作。

声明式接口是一种和云计算时代相契合的思维范式。前面列出的指令式的缺点都可以由声明式接口来弥补：

① 幂等性。运维终态被反复提交也不会具有任何副作用。

② 声明式。最明显的优点是变更审核简单明了。配置中心会保存历史上所有版本的配置文件。通过对比新的配置和上一个版本，可以非常明确地看到配置的具体变更。一般来说，每次变更的范围不是很大，所以审核比较方便。通过审核可以拦截很多人为失误。通过把所有的变更形式都统一为对配置文件的变更，无论是机器的变更、网络的变更还是软件版本和应用配置的变更等。在人工审核之外，还可以通过程序来检测用户的配置是否合乎要求，从而捕捉用户忽略掉的一些系统性的限制，防患于未然。

③ 复杂性抽象。系统的复杂性越来越高,系统间的相互依赖和交互也越来越广泛,还有由于操作者无法掌握所有可能的假设条件、依赖关系等而带来的运维复杂性。解决这个问题的唯一思路,就是要把更多逻辑和知识沉淀到运维平台,从而有效降低用户的使用难度和操作风险。

(2) GitOps。GitOps 作为 IaC 运维理念的一种具体落地方式,就是使用 Git 来存储关于应用系统的最终状态的声明式描述。GitOps 的核心是一个 GitOps 引擎,负责监控 Git 中的状态,当它发现状态有改变时,就负责把目标应用系统中的状态以安全可靠的方式迁移到目标状态,实现部署、升级、配置修改、回滚等操作。

Git 中存储有对于应用系统的完整描述及所有修改历史。在方便重建的同时,也便于查看系统的更新历史,符合 DevOps 所提倡的透明化原则。同时,GitOps 也具有声明式运维的所有优点。

和 GitOps 配套的一个基本假设是不可变基础设施,所以 GitOps 和 Kubernetes 运维可以非常好地配合。

GitOps 引擎需要比较当前态和 Git 终态间的差别,然后以一种可靠的方式把系统从任何当前状态转移到终态,所以 GitOps 系统的设计还是比较复杂的。对于用户的易用,实则是因为围绕 GitOps 有一套完整的工具和平台支持。

5) 云原生时代的 DevOps

相对于传统的 IT 基础设施,云具有更加灵活的调度策略,接近无限的资源、丰富的服务供用户选择和使用,这都极大地方便了软件的建设。而云原生开源生态的建设基本统一了软件部署和运维的基本模式。更重要的是,云原生技术的快速演进,技术复杂性不断下沉到云,赋能开发者个体能力,不断提升了应用开发效率。

首先是容器技术和 Kubernetes 服务编排技术的结合,解决了应用部署的自动化、标准化、配置化问题。CNCF 打破了云上平台的壁垒,使建设跨平台的应用成为可能,从而成为事实上的云上应用开发平台的标准,极大地简化了多云部署。

一个完整的开发流程涉及很多步骤,而且环节越多,一次循环花费的时间越长,效率也就越低。微服务通过把巨石应用拆解为若干单功能的服务,减少了服务间的耦合性,让开发和部署更加便捷,可以有效降低开发周期,提高部署的灵活性。Service Mesh 让中间件的升级和应用系统的升级完全解耦,使运维和管控方面的灵活性得以提升。Serverless 让运维对开发透明,对于应用所需资源进行自动伸缩。FaaS 是 Serverless 的一种实现,则更加简化了开发运维的过程,从开发到最后测试上线都可以在一个集成开发环境中完成。无论哪一种场景,后台的运维平台工作都是不可以缺少的,只是通过技术让扩容、容错等技术对开发人员透明,从而让效率更高。

6. 云原生中间件

在云原生时代,传统中间件技术也演化升级为云原生中间件,云原生中间件主要包括网格化的服务架构、事件驱动技术、Serverless 等技术的广泛应用,其中网格化(Service Mesh)支持、微服务和 Serverless 前面都讲过了,这里主要讲云原生技术带来的不同点。

云原生中间件最大的技术特点就是中间件技术从业务进程中分离,变成与开发语言无关的普惠技术,只与应用自身架构和采用的技术标准有关,比如一个 PHP 开发的 REST 应用也会自动具备流量灰度发布能力、可观测能力,即使这个应用并没有采用任何服务化编程框架。

微服务架构一般包含下列组件：服务注册发现中心、配置中心、服务治理、服务网格、API 管理、运行时监控、链路跟踪等。随着 Kubernetes 的流行，由 Kubernetes 提供的基础部署运维和弹性伸缩能力已经可以满足多数中小企业的微服务运维要求，微服务与 Kubernetes 集成将是一个大趋势。

服务注册发现和配置中心的功能主要致力于解决微服务在分布式场景下的服务发现和分布式配置管理两个核心问题。随着云原生技术的发展，服务发现领域出现了两个趋势：一个是 Istio(服务发现标准化)，另一个是 CoreDNS(服务下沉)；配置管理领域也有两个趋势：一个是 ConfigMap(配置项)，另一个是 Secret(加密文件)。

提到事件驱动就必须先讲消息服务，消息服务是云计算 PaaS 领域的基础设施之一，主要用于解决分布式应用的异步通信、解耦、削峰填谷等场景。消息服务提供了一种 BaaS 化的消息使用模式，用户无须预先购买服务器和自行搭建消息队列，也无须预先评估消息使用容量，只需要在云平台开通即用，按消息使用量收费。

由于 IoT、云计算技术的快速发展，事件驱动架构将会被越来越多的企业采纳，通过事件的抽象、异步化来提供业务解耦、加快业务迭代。在过去事件驱动架构往往是通过消息中间件来实现，事件用消息来传递。进入云计算时代，云厂商提供更加贴近业务的封装，比如 Azure 提供了事件网格，把所有云资源的一些运维操作内置事件，用户可以自行编写事件处理程序而实现运维自动化；AWS 则把所有云资源的操作事件用 SNS 的 Topic 来承载，通过消息做事件分发，用户采用类似实现 WebHook 的操作来处理事件。由于事件是异步触发的，非常适合 Serverless，所以现在很多云厂商采用自身的 Serverless 服务来运行事件负载。

6.3.3 云原生的优势与挑战

计算机软件技术架构进化有两大主要驱动因素：一个是底层硬件升级，另一个是上层业务发展诉求。正如随着 x86 硬件体系的成熟，很多应用不再使用昂贵、臃肿的大中型机，转而选择价格更为低廉的以 x86 为主的硬件体系，也由此诞生了包括 CORBA、EJB、RPC 在内的各类分布式架构；后来由于互联网业务的飞速发展，人们发现传统的 IOE 架构已经不能满足海量业务规模的并发要求，于是又诞生了阿里巴巴 Dubbo、RocketMQ、Spring Cloud 这样的互联网架构体系。

云计算从工业化应用到现在，已走过 15 个年头，然而大量应用使用云的方式仍停滞在传统的 IDC 时代：虚拟机代替了原来的物理机、使用文件保存应用数据、大量自带的三方技术组件、没有经过架构改造(如微服务改造)的应用上云、传统的应用打包与发布方式等。对于如何使用这些技术，没有绝对的对与错，只是在云时代不能充分利用云的强大能力，不能从云技术中获得更高的可用性与可扩展能力，也不能利用云提升发布和运维的效率，是一件非常遗憾的事情。

回顾近年来商业界的发展趋势，数字化转型的出现使得企业中越来越多的业务演变成数字化业务，数字化给业务渠道、竞争格局、用户体验等诸多方面都带来更加严苛的要求，这就要求技术具备更快的迭代速度，业务推出速度从按周提升到按小时，每月上线业务量从"几十/月"提升到"几百/天"。大量数字化业务重构了企业的业务流水线，企业要求这些业务不能有不可接受的业务中断,否则会对客户体验及营收造成巨大影响。

对于企业的 CIO 或者 IT 主管而言,原来企业内部的 IT 建设以"烟囱"模式居多,每个部门甚至每个应用都相对独立,如何管理与分配资源成为难题。大家都基于最底层 IDC 设施独自向上构建,都需要单独分配硬件资源,这就造成资源被大量占用且难以共享。但是上云之后,由于云厂商提供了统一的 IaaS 能力和云服务,大幅提升了企业 IaaS 层的复用程度,CIO 或者 IT 主管自然也会想到 IaaS 以上层的系统也需要被统一,使资源、产品可被不断复用,从而能够进一步降低企业的运营成本。

所有问题指向一个共同点,那就是云的时代需要新的技术架构来帮助企业能够更好地利用云计算的优势,充分释放云计算的技术红利,使业务更敏捷、成本更低的同时又具有可伸缩性且更灵活,而这正是云原生架构专注解决的技术点。

6.3.4 人工智能与云原生结合的优势

新一代人工智能随着近 5 年的蓬勃发展,已经逐渐进入各行各业,影响着企业生产和人们的生活,并成为引领科技革命和产业变革的重要驱动力。例如,通过 AI 图像识别分析实现工业智能质检,提高识别的准确率;自动驾驶通过 AI 感知判断,使人们逐渐走向无人驾驶时代;银行通过强大的智能客服方便快捷地服务客户,降低了人力成本,提升了服务效率;等等。

云原生与人工智能最重要的结合就是改变原来本地化、相互割裂的人工智能开发—训练—部署模式,使人工智能产品从开发到落地全流程更方便、更统一、更高效。让数据准备、算法开发、模型训练、模型推理及围绕人工智能的代码和资源共享,使人工智能开发全链条产生质的飞跃。

1) 云原生数据管理,简化数据准备到使用流程,降低开发成本

在人工智能开发过程中,随着数据规模及种类的急速增长,数据准备的工作量和难度越来越大。针对实际业务场景面临的数据采集难、数据质量差、数据冗余大、标签少、数据分析难等问题,云原生可以使人工智能数据管理更加系列化、智能化,以简化数据准备过程,大幅降低开发成本,提升开发效率。

2) 开箱即用,云原生人工智能开发环境解放生产力

传统的人工智能开发过程复杂,涉及海量数据的处理、模型开发、训练加速硬件资源、模型部署服务管理等环节。云原生可以使人工智能开发过程简化成为可能,让算法工程师聚焦算法开发和业务实现,从而提升工作效率。

3) 资源动态扩展,参数自动调优,助力普惠 AI

基于云原生的人工智能训练将具备弹性资源的能力,训练作业可以充分利用闲置的 GPU 资源提升训练性能。在常见的图像识别场景下,通过云原生人工智能开发平台,可以从单节点动态扩展到多节点,实现 N 倍的训练性能加速,同时保证 GPU 资源的充分利用;基于云原生的训练平台还可以提供训练过程中的自动调参能力,使得用户无须代码修改,即可根据自定义的搜索目标和超参搜索,相比人工调优而言,可以提升几倍的搜索速度和极大地减少调试等待时间。

随着人工智能应用需求的不断增长和多样化,传统的人工智能应用需要处理的数据规模越来越大,这就需要更高的计算和存储能力,云计算提供了可靠的解决方案。然而,随着

物联网、智能制造等领域的快速发展,越来越多的数据产生于边缘设备,需要实时处理和分析,传统的云计算架构难以满足需求。因此,人工智能和边缘计算成为新的解决方案。

人工智能与边缘计算结合的优点在于可以在本地对数据进行实时处理和分析,降低了数据传输和存储的成本,同时可以更好地保护隐私和数据安全。边缘设备通常具有低延迟和高带宽的特点,可以提供更高效的计算和存储能力。此外,人工智能和边缘计算可以通过将计算任务分配到多台设备上来实现更好的负载均衡和容错性。

在实际应用中,人工智能与云原生、边缘计算往往需要结合使用,形成一个完整的系统。例如,在智能家居领域,数据采集和预处理可以在边缘设备上进行,而复杂的数据分析和决策则可以通过云计算进行。因此,人工智能与云原生、边缘计算的结合将是未来人工智能应用的重要方向[10]。

6.4　人工智能与边缘计算

6.4.1　边缘计算的定义

在万物互联的时代,万物互联不仅包括物联网环境下"物"与"物"之间的互联,还包括具有语境感知的功能、更强的计算能力和感知能力的"人"与"物"的互联。在这种互联模式下,人和信息融入互联网中,网络将具有数十亿甚至数万亿的连接节点。万物互联以物理网络为基础,融合网络智能、万物之间的协同能力及可视化功能。

传感器、智能手机、可穿戴设备及智能家电等将成为万物互联的一部分,并产生海量数据,而现有的云计算模式的网络带宽和计算资源还不能高效处理这些数据。图 6-24 所示为传统的云计算模型。其中,源数据由生产者发送至云端,终端用户、智能手机、PC 等数据消费者向云中心发送使用请求。在图 6-24 中,实线表示数据生产者发送源数据到云中心,虚线表示数据消费者向云中心发送使用请求,点画线表示云中心将结果反馈给数据消费者。

图 6-24　传统的云计算模型

云计算利用大量云端计算资源处理数据,但在万物互联环境下,传统的云计算模型不能有效满足万物互联应用的需求,其主要原因有:①直接将边缘设备端的海量数据发送到云端,造成网络带宽负载和计算资源浪费;②传统云计算模型的隐私保护问题将成为万物互联架构中云计算模型所面临的重要挑战;③万物互联架构中大多数边缘设备节点的能源是有限的,而 GSM、Wi-Fi 等无线传输模块的能耗较大。

对此,利用边缘设备已具有的计算能力将应用服务程序的全部或部分计算任务从云中心迁移到边缘设备端执行,有利于降低能源消耗。

当前,边缘终端设备作为数据消费者(如用智能手机观看在线视频),也可以生产数据(如人们通过 Facebook、Twitter、微信等分享照片及视频),从数据消费者到生产者角色的转变要求边缘设备具有更强的计算能力。YouTube 用户每分钟上传的视频时长达到 72 小时,Twitter 用户每分钟近 30 万次的访问量,Instagram 用户每分钟上传近 22 万张新照片,微信朋友圈和腾讯 QQ 空间每天上传的图片高达 10 亿幅,腾讯视频每天播放量达 20 亿次。这些图片和视频数据量较大,上传至云计算中心的过程会占用大量带宽资源。为此,在源数据上传至云中心之前,可在边缘设备执行预处理,以减少传输的数据量,降低传输带宽的负载。在边缘设备处理个人身体健康数据等隐私数据时,用户隐私会得到更好的保护。

边缘计算是指在网络边缘执行计算的一种新型计算模型,具体对数据的计算包括两部分:下行的云服务和上行的万物互联服务。边缘计算中的"边缘"是指从数据源到云计算中心路径的任意计算、存储和网络资源。图 6-25 所示为基于双向计算流的边缘计算模型。云计算中心不仅从数据库收集数据,还从传感器和智能手机等边缘设备收集数据。这些设备兼顾数据生产者和消费者。因此,终端设备和云中心之间的请求传输是双向的。网络边缘设备不仅从云中心请求内容及服务,还可以执行部分计算任务,包括数据存储、处理、缓存、设备管理、隐私保护等。因此,需要更好地设计边缘设备硬件平台及其软件关键技术,以满足边缘计算模型中可靠性、数据安全性等的需求。

从功能的角度讲,边缘计算模型是一种分布式计算系统,并且具有弹性管理、协同执行、环境异构及实时处理等特点。边缘计算与流式计算模型具有一定的相似性,此外,边缘计算模型自身还包括以下关键内容:

(1) 应用程序/服务功能可分割。可以应用到边缘计算模型的应用程序或服务需要满足可分割性,即对于一个任务可以分成若干个子任务并且任务功能可以迁移到边缘端去执行。需要说明的是,任务可分割包括仅能分割其自身或将一个任务分割成子任务,而更重要的是,任务的执行需满足可迁移性。因为任务的可迁移是实现在边缘端进行数据处理的必要条件,只有对数据处理的任务具有可迁移性,才能在边缘端实现数据的边缘处理。

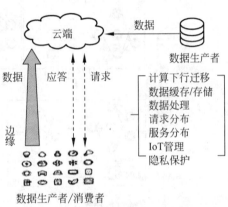

图 6-25 基于双向计算流的边缘计算模型

(2) 数据可分布性。数据可分布性既是边缘计算的特征也是边缘计算模型对待处理数据集合的要求,如果待处理数据不具有可分布性,那么边缘计算模型就变成了一种集中式云计算模型。边缘数据的可分布性是针对不同数据源而言的,不同的数据源来自产生大量数据的数据生产者。

(3) 资源可分布性。边缘计算模型中的数据具有一定的分布性,因此,执行边缘数据所需要的计算、存储和通信资源也应具有可分布性。只有边缘系统具备数据处理和计算所需的资源,才能实现在边缘端对数据进行处理和计算的功能,这样的系统才符合真正的边缘计算模型。

考虑到机器学习的性能、成本和隐私等方面的问题,将人工智能落实到边缘网络生态系统是非常重要的[11]。为了实现这个目标,传统的观点是将大量数据从物联网设备传输到云数据中心进行分析。然而,在广域网上进行大量数据传输所带来的经济成本和传输延迟可能非常高,同时还存在隐私泄露的风险。另一种方式是在移动设备上进行数据分析,但是在本地设备上运行人工智能应用程序及 IoT 数据处理会导致性能和能效严重下降,因为许多人工智能应用程序需要很高的计算能力,远远超出了资源、能量受限的 IoT 设备的承载范围。

从人工智能与边缘计算出发,很自然地可以想到二者的结合,因为二者之间有明显的交叉点和互补之处。具体而言,边缘计算旨在协调多台边缘设备和服务器在靠近终端用户一侧处理生成的任务与数据,而 AI 则致力于通过对数据的学习完成在设备/机器上模拟人类的行为,因此边缘计算能够为人工智能应用带来更低的延迟及更低的带宽消耗。边缘计算与人工智能在技术上能够取长补短,二者的应用与普及也互惠互利。一种新的边缘计算模型训练的协作模式如图 6-26 所示,在将计算密集型任务卸载到云端之前,首先将训练数据发送到边缘服务器进行模型训练,经过较低级别的 DNN 层训练,再将训练后的任务卸载到云端进行顶层 DNN 层训练。

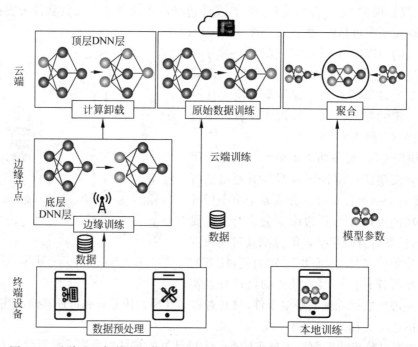

图 6-26　边缘人工智能方法使人工智能在更接近数据产生的地方进行数据处理

由于移动设备及 IoT 设备在数量和类型上快速增长,终端会产生越来越多的多媒体数据(如音频数据、图片数据和视频数据),此时人工智能可用于海量数据的快速分析提取,从而做出高质量的决策。此外,深度学习可用于自动模式识别并检测边缘设备数据中的异常,如人口分布、交通流量、温度、湿度、压力及空气质量等数据。深度学习还可以从边缘设备数据中快速提取到决策信息,并反馈给实时决策系统(如公共交通规划、交通控制),从而应对快速变化的环境并提高运营效率。当前,超过 60% 的相关企业因缺乏云端基础设施而不能有效地进行技术创新。边缘人工智能被认为可以在终端设备(如 IoT 设备、边缘设备)上执行人工智能算法,借助这一技术,可以进行集中式数据处理并有助于克服人工智能领域目前面临的一些挑战,如数据安全、隐私和主权等。边缘计算作为增强物联网人工智能能力的重要技术,在未来具有巨大的发展潜力[12]。

算法、硬件、数据和应用场景被认为是推动深度学习快速发展的四个主要推动力。其中，算法和硬件带来的提升很直观，因此数据和应用场景的作用常常被低估。实际上数据对于模型的训练非常重要，更多的学习参数意味着更大的数据需求，而应用场景作为数据源也应该得到重视。在之前的大多数场景中，数据大多在超大规模的数据中心产生并存储。近年来，随着物联网的快速发展，这种趋势也正在逐渐改变。据思科预测，在不久的将来，海量的物联网设备将会产生大量的生产数据。如果这些数据在云数据中心被人工智能算法处理，将消耗大量的带宽资源，给云数据中心带来巨大的压力。为了解决这些问题，将计算能力从云数据中心下沉到边缘端-靠近数据生成源，则有望实现低延迟的数据处理[13]。

另外，边缘计算可以通过人工智能应用来普及。在边缘计算的早期发展过程中，云计算社区一直关注边缘计算究竟能在多大程度上胜任云计算所无法处理的应用程序。微软自2009 年以来一直在探索，从语音命令识别、AR/VR 和交互式云游戏到实时视频分析，应该将哪些类型的产品从云端转移到边缘。相比之下，大多数工作人员认为实时视频分析是边缘计算的杀手级应用。实时视频分析作为一种建立在计算机视觉基础上的新兴应用，不断从监控摄像机中提取高清视频，需要高计算量、高带宽、高隐私性和低延迟的计算环境来对视频进行分析，而边缘计算就是一种可行的解决方案。可以预见，来自工业 IoT、智能机器人、智慧城市、智慧家居等领域的新型人工智能应用将对边缘计算的普及起到至关重要的作用。究其原因，许多与移动和物联网相关的人工智能应用代表了一系列实用的应用程序，这些应用程序具有计算和能量密集性、隐私和延迟敏感等特点，因此自然与边缘计算的特性保持一致。

由于在边缘运行人工智能应用的优越性和必要性，边缘人工智能近年来受到了广泛的关注。2017 年 12 月，在加利福尼亚大学伯克利分校发表的白皮书 *A Berkeley View of Systems Challenges for AI* 中，云-边缘人工智能系统被视为实现关键任务和个性化人工智能目标的重要研究方向。在该行业中，许多针对边缘人工智能的试点项目也已展开，在边缘人工智能服务平台方面，诸如 Google、Amazon 和 Microsoft 等云服务提供商已经推出相关服务平台，通过使终端设备能够在本地运行预训练模型推断，将人工智能能力带到边缘端。2022 年 9 月，全球权威的 IT 研究机构 Gartner 发布了"2022 人工智能成熟度曲线"（hype cycle for artificial intelligence，2022），确定了人工智能技术中的必知创新，这些创新超越了日常人工智能，已经被用来为以前静态的业务应用程序、设备和生产力工具添加智能。Gartner 的首席分析师 Afraz Jaffri 表示，"要特别关注预计将在 2025 年内达到主流采用的创新，包括复合人工智能、决策智能和边缘人工智能"。

6.4.2 主要的边缘计算技术

1. 计算迁移

在云计算模型中，计算迁移的策略是将计算密集型任务迁移到资源充足的云计算中心设备中执行。但是在万物互联背景下，海量边缘设备产生的巨大的数据量将无法通过现有的带宽资源传输到云中心再进行计算。即使云中心的计算延时相比于边缘设备的计算延时低几个数量级，但是海量数据的传输开销限制了系统的整体性能。因此，边缘计算模型计算迁移策略应该是以减少网络传输数据量为目的的迁移策略，而不是将计算密集型任务迁移到边缘设备处执行。

边缘计算中的计算迁移策略是在网络边缘处将海量边缘设备采集或产生的数据进行部分或全部计算的预处理操作,过滤无用数据,降低传输带宽。另外,应当根据边缘设备的当前计算力进行动态任务划分,防止计算任务迁移到一台系统任务过载情况下的设备,从而影响系统的性能。计算迁移中最重要的问题是:任务是否可以迁移、按照哪种决策迁移、迁移哪些任务、执行部分迁移还是全部迁移等。计算迁移规则和方式应当取决于应用模型,如该应用是否可以迁移,是否能够准确知道应用程序处理所需的数据量及能否高效地协同处理迁移任务。计算迁移技术应当在能耗、边缘设备计算延时和传输数据量等指标之间寻找最优平衡。

2. 5G 通信技术

5G 数据通信技术是下一代移动通信发展新时代的核心技术。为了满足各种延时敏感应用的需求,世界各国正在加快部署 5G 网络的步伐。与全世界范围内已经普及的 4G 网络相比,5G 网络将作为一种全新的网络架构,提供 10Gb/s 以上的峰值速率、更佳的移动性能、毫秒级时延和超高密度连接。5G 技术可以更加高效快捷地应对网络边缘的海量连接设备及爆炸式增长的移动数据流量,为万物互联时代提供优化的网络通信技术支持。

5G 网络将不仅用于人与人之间的通信,还可以用于人与物、物与物之间的通信。我国 IMT-2020(OSG)推进组提出了 5G 业务的三个技术场景:增强移动宽带(enhanced mobile broadband,eMBB)、海量机器类通信(massive machine type of communication,mMTC)和超可靠低时延通信(ultra-reliable and low latency communication,URLLC)。其中,eMBB 场景面向虚拟现实/增强现实等极高带宽需求的业务,mMTC 主要面向智慧城市、智能交通等高连接密度需求的业务,而 URLLC 主要面向无人驾驶、无人机等时延敏感的业务。面对不同的应用场景和业务需求,5G 网络将需要一个通用、可伸缩且易扩展的网络架构,同时也需要引入软件定义网络(software defined network,SDN)和网络功能虚拟化(network functions virtualization,NFV)等新技术。

5G 技术将成为边缘计算模型中一个极其重要的关键技术。边缘设备通过处理部分或全部计算任务,过滤无用信息数据和敏感信息数据后,仍需将中间数据或最终数据上传到云中心,因此,5G 技术将是移动边缘终端设备降低数据传输延时的必要解决方案。

3. 新型存储系统

随着计算机处理器的高速发展,存储系统与处理器之间的速度差异已经成为制约整个系统性能的瓶颈。边缘计算在数据存储和处理方面具有较强的实时性需求,相比现有的嵌入式存储系统,边缘计算存储系统具有低延迟、大容量、高可靠性等特点。边缘计算的数据特征具有更高的时效性、多样性和关联性,需要保证边缘数据的连续存储和预处理,因此如何高效存储和访问连续不间断的实时数据,是边缘计算中存储系统设计时需要重点关注的问题。

在现有的存储系统中,非易失存储介质(non-volatile memory,NVM)在嵌入式系统、大规模数据处理等领域得到广泛应用,基于非易失存储介质(如 NAND Flash、PCRAM、RRAM 等)的读写性能远超传统的机械硬盘,因此采用基于非易失存储介质的存储设备能够较好地改善现有存储系统 I/O 受限的问题。但是,传统的存储系统软件栈大多是针对机械硬盘设计开发的,并没有真正挖掘和充分利用非易失存储介质的最大性能。

随着边缘计算的迅速发展,高密度、低能耗、低延时和高读写速度的非易失存储介质会

大规模地部署在边缘设备,而非易失存储介质在边缘系统中面临如下挑战:

(1)高速非易失存储介质技术的发展较快,但存储系统出现软件短板现象,面向高速存储介质的软件栈支撑技术发展不同步。

(2)边缘计算对新型存储架构的应用需求多样化,如何最大限度地发挥非易失存储系统中存储介质的性能、能耗和容量等优势,是软/硬件技术研究的重要问题之一。例如,如何利用非易失内存支持高时效的边缘数据处理、如何简化复杂环境下边缘计算存储系统管理等。

(3)边缘计算环境的数据具有较高的读写需求,数据的可靠性相对也要求较高,在外在环境复杂和资源受限的边缘设备上如何保证非易失存储介质的数据可靠性,是硬件架构和软件支撑技术需要着重研究的问题之一,影响数据可靠性的因素很多,如非易失内存的数据一致性问题、针对非易失存储介质的恶意磨损攻击、非易失介质的寿命和故障等。

4. 轻量级函数库和内核

与大型服务器不同,边缘设备由于硬件资源的限制,难以支持大型软件的运行。即使 ARM 处理器的处理速度不断提高,功耗不断降低,就目前来看,仍不足以支持复杂的数据处理应用。例如,Apache Spark 若要获得较好的运行性能,至少需要 8 核 CPU 和 8GB 内存,而轻量级库 Apache Quarks 只可以在终端执行基本的数据处理,无法执行高级分析任务。

另外,网络边缘中存在由不同厂家设计生产的海量边缘设备,这些设备具有较强的异构性且性能参数差别较大,因此在边缘设备上部署应用是一件非常困难的事情。虚拟化技术是这一难题的首选解决方案。但基于 VMware 的虚拟化技术是一种重量级的库,部署延时较大,不适用于边缘计算模型。边缘计算模型应该采用轻量级库的虚拟化技术。

资源受限的边缘设备更加需要轻量级库和内核的支持,通过消耗更少的资源及时间,达到最好的性能。因此,消耗更少的计算和存储资源的轻量级库和算法是边缘计算中不可缺少的关键技术。

5. 边缘计算编程模型

在云计算模型中,用户编写应用程序并将其部署到云端。云服务提供商维护云计算服务器,用户对程序的运行完全不知或知之较少,这是云计算模型下应用程序开发的一个优点,即基础设施对用户透明。用户程序通常在目标平台上编写和编译,在云服务器上运行。在边缘计算模型中,部分或全部的计算任务从云端迁移到边缘节点,而边缘节点大多是异构平台,每个节点上的运行时环境可能均不相同,所以在边缘计算模型下部署用户应用程序时,程序员将遇到较大的困难。现有的传统编程模型均不适合,需开展对基于边缘计算的新型编程模型的研究。

为了实现边缘计算的可编程性,本书提出一种计算流的概念。计算流是指沿着数据传输路径,在数据上执行的一系列计算/功能。计算/功能可以是某个应用程序的全部或部分函数,其发生在允许应用执行计算的数据传输路径上。该计算流属于软件定义计算流的范畴,主要应用于源数据的设备端、边缘节点及云计算环境中,以实现高效分布式数据处理。

编程模型的改变需要新的运行时库的支持。运行时库是指编译器用来实现编程语言内置函数,为程序运行时提供支持的一种计算机程序库;它是编程模型的基础,是一些经过封装的程序模块,对外提供接口,可进行程序初始化处理、加载程序的入口函数、捕捉程序的异常执行;边缘计算中编程模型的改变需要新型运行时库的支持,提供一些特定的应用程序接口(Application Program Interface,API),方便程序员进行应用开发。

6.4.3 边缘计算的优势与挑战

边缘计算模型将原有云计算中心的部分或全部计算任务迁移到数据源的附近执行。根据大数据的 3V 特点,即数据量(volume)、时效性(velocity)、多样性(variety),通过对比以云计算模型为代表的集中式大数据处理和以边缘计算模型为代表的边缘式大数据处理时代的不同数据特征,阐述边缘计算模型的优势。

在集中式大数据处理时代,数据的类型主要以文本、音/视频、图片及结构化数据库等为主,数据量维持在 PB 级别,云计算模型下的数据处理对实时性要求不高。在万物互联背景下的边缘式大数据处理时代,数据类型变得更加复杂多样,其中万物互联设备的感知数据急剧增加,原有作为数据消费者的用户终端已变成具有可产生数据的生产者,并且在边缘式大数据处理时代的数据处理对实时性要求较高。此外,随着大数据技术的发展,数据量不断增加,已超过了 ZB 级别。由于数据量大量增加和数据实时要求,边缘式大数据处理将部分原来运行在云中心的计算任务下沉到了边缘端,使边缘端对数据进行一部分处理压缩后上传至云端,以提高数据的传输性能,保证数据处理的实时性,并有效降低了云计算中心的计算负载。

边缘式大数据处理时代的输出特征不断催生了边缘计算模型。边缘计算模型与云计算模型并不是非此即彼的关系,而是相辅相成的,而边缘式大数据处理时代则是将边缘计算模型和云计算模型相互结合,二者的结合有效提升了边缘计算在边缘式大数据处理过程中的优势,并为万物互联时代的信息处理提供了较为完美的软/硬件支撑平台。

然而,边缘计算模式在万物互联时代下的数据处理过程中,还面临着众多挑战。2017年 2 月,美国计算机社区联盟(Computing Community Consortium,CCC)发布了《边缘计算重大挑战研讨会报告》[14],阐述了边缘计算在应用、架构、能力与服务、边缘计算理论等方面的主要挑战。

1) 应用挑战

边缘计算的应用挑战不仅在于实时处理和通信、安全和隐私、激励和盈利,还在于自适应应用开发及开发和测试应用程序工具等。边缘计算在视频图像分析、虚拟现实/增加现实、深度学习、智能互联及通信等应用场景中前景广阔。

2) 架构挑战

架构挑战主要包括笼级安全、包围逼近、权衡理论、数据出处、网络边缘的 QoS 及测试床等。

①笼级安全(cage-level security),确保海量数据中心的安全水平不受运营商控制程度的影响,通过硬件和软件实现物理笼级别的安全保障;② 包围逼近(embracing approximation),以概率方式描述边缘端的数据处理可能在数据本身存在的不确定性;③权衡理论,权衡移动性、延迟性、能力和隐私四个因素;④数据出处,对大规模数据的来源、使用过程、涉及的用户等因素进行跟踪,并保持数据本身的完整性;⑤网络边缘的 QoS,确保计算资源在使用过程中的端到端服务质量,并通过新机制激励供应商之间的协作,明确责任

分摊、利润分配及资源的有效利用；⑥测试床，为边缘计算提供具有适当标准和安全 API 的跨域应用程序开发环境。

3）能力与服务挑战

能力与服务挑战主要包括资源的命名、标识与发现、标准化 API、智能边缘服务、安全与信任，以及边缘服务生态系统。如何高效地使用边缘计算的资源，很大程度上取决于是否有一个很好的编程模型或编程接口，便于程序开发者设计和实现面向边缘计算模型的应用，这是推动边缘计算发展的、最重要的对应用需求的支持。运行时系统对上提供编程模型的支持，对下提供对本地边缘计算资源的有效管理，可以动态实现对上层任务的任务分割和子任务的部署，保证边缘节点上每个子任务的顺利执行，并返回正确结果。在边缘计算模型中，虽然源数据的存储和计算发生在终端，但是，数据的安全和隐私需要采用有效的隐私保护技术，既能保证边缘计算终端上的应用不能访问其他应用数据，同时还需保证外部应用不能在没有授权的情况下访问本地数据。电信运营商、设备提供商或边缘设备数据生产者等将是边缘计算商业模式中的主要组成部分。数据提供者在商业模式中能够充分发挥本地的数据价值，这样会促进更多的边缘终端加入边缘计算模型中。

4）边缘计算理论

边缘计算在技术层面上弥补了现有云计算技术的不足，但是，完善边缘计算的理论基础和框架将为万物互联下的数据处理提供更好的边缘计算支撑技术，推动边缘计算技术在各个关键领域的应用。

6.4.4　边缘智能中的协同计算

一般来说，"云、网、边、端"的协同架构是以云为中心、网为载体，向边缘节点、现场设备终端逐层分散延伸；整个架构体系中，自南向北，计算和处理能力逐渐增强，部署趋于集中化，覆盖范围更广；自北向南，计算能力逐渐降低，部分节点可能只具备信息收集转发能力而不具备处理能力，部署位置更加灵活和分散，覆盖范围更小，网络时延要求更低，业务特性更加显著，专一性更强。"云、网、边、端"协同的整体示意图如图 6-27 所示[15]。

1）云侧

云侧即工业互联网云平台，可提供边缘节点管理及为边缘应用提供核心业务逻辑处理的相关服务，如 AI 模型训练、园区设备集中管理等。

2）网侧

网侧支持多种接入方式，例如工业 PON& 以太网、Wi-Fi、2G/3G/4G/5G、NB-IoT 等。其主要存在两大网络连接场景：一是工业互联网企业内网连接，此处按照功能划分，一般分为园区办公网和生产网络；二是工业互联网企业外网络连接，如在厂区多址的情况下，总部园区与分园区之间跨地域通过广域网连接。

3）边侧

从形态上描述，边侧一般包括边缘网关、边缘控制器、边缘云。

（1）边缘网关。在工业互联网中通过网络连接、协议转换等功能连接物理和数字世界，提供轻量化的连接管理、实时数据分析及应用管理等边缘计算功能。

（2）边缘控制器。边缘控制器存在于工业制造现场，其在完成工作站或生产线的控制功能的基础上，可基于工业互联网边缘计算技术提升工业设备的智能性、适用性、开放性控

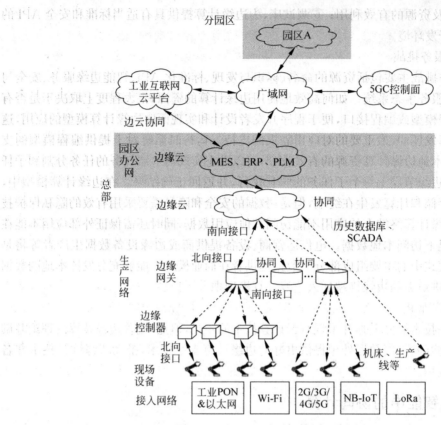

图 6-27 "云、网、边、端"协同示意图

制单元。

（3）边缘云。作为整体架构中的核心一环，位于网络边缘侧（即工业生产现场、工业设备接入点或工业园区内部），向下连接多个边缘网关或边缘控制器等，向上支持与云平台协作，面向工业场景应用提供基本能力和工业能力的低延时、轻量化服务器、云平台或数据中心，具备连接性、实时数据采集处理、分布式、安全隐私保护、OT 与 ICT 的融合性等特点。

4）端侧

端侧包括各种工业现场设备，如机床、生产线、传感器、机器人等，一般可基于 MQTT、Modbus、OPC－UA 等协议接入边缘计算节点。

云作为大脑，负责集中计算与全局数据处理；网的架构正朝着服务化和云化方向演进，容纳更广泛的接入场景，并作为互联互通手段，连接公有云、私有云和混合云；边作为中心云的触点延伸，可灵活解决近实时业务需求；端侧的智能感知、数据采集，是工业互联网的基础。

在边缘智能中，边缘与物端设备和云端设备的协同交互十分重要，协同模式包括边云协同、边边协同、边物协同和云边物协同[16]。

1. 边-云协同

边缘与云的协同是目前边缘智能领域中应用较多、技术阶段相对成熟的一种协同模式。工业界已经基于边-云协同概念发布了多款产品，学术界也基于其做了许多研究工作并且提出了系统原型。例如,2017 年,中国工业互联网产业联盟便提出了工业互联网平台功能架构,并且在当年发布的《工业互联网平台白皮书》中提出了边-云协同的思想。

2018 年,华为 Connect2018 大会发布智能边缘平台(intelligent edge fabric,IEF),以满足边缘计算资源管理、设备接入、智能化等的需求,IEF 中的一个核心概念就是实现边-云协同一体化[17]。2018 年,KubeEdge 作为云端常用的 Kubernetes 的边缘版本被提出并推广,其被认为是边-云协同的开源智能边缘平台,以支持云原生边缘计算。边-云协同的思想不仅在边缘社区得到应用,在云社区同样得到关注,2019 年 7 月,云计算开源产业联盟发布了《云计算与边缘计算协同九大应用场景》白皮书,认为边缘计算和云计算是相依而生、协同运作的。2023 年 6 月,工业互联网产业联盟发布的《Edge Native 技术白皮书 2.0》中系统地界定了边缘原生的技术栈,梳理归纳了典型应用场景(包括交通、云游戏、工业等场景),以及主要技术平台、产品举措等。在具体协同的分工中,边缘端负责本地数据的计算和存储,云端负责大数据的分析和算法更新。在边-云协同中,云和边缘有三种不同的分工方式。

1) 训练-预测边-云协同

在该种方式下,云负责设计、训练模型,并且不定期升级模型,数据来自边缘设备采集上传或者云端数据库,边缘负责采集实时数据完成预测,同时根据云模型进行定时更新。该分工方式已经应用于无人驾驶、智慧城市、社区安防等多个领域。谷歌公司推出的 TensorFlow Lite 框架安装在智能手机上,手机作为边缘设备,执行云计算中心通过 TensorFlow Lite 训练得到的模型,该方式即为训练-预测边-云协同,为了支撑该方式的运行效率,TensorFlow Lite 还运行多种优化技术以完成并加速预测任务。

2) 云端导向边-云协同

在该种方式下,云端承担模型的训练工作和一部分预测工作,此时的模型规模一般较大,边缘难以完成全部的预测任务,或者模型具有稀疏性,即云端的执行能够极大地减少通信带宽和边缘压力。具体而言,神经网络模型将会被分割成两部分:一部分在云端执行,云承担模型前端的计算任务,然后将中间结果传输给边缘;另一部分在边缘端执行。因此需要找到合适的拆分点,以尽量将计算复杂的工作留在云端,实现计算量和通信量之间的权衡。2017 年提出的 Neurosurgeon 便是其中的代表性工作,它用一个基于回归的方法来估计 DNN 模型中每一层的延迟,然后返回最优的分割点以达到延迟目标或能耗目标。

3) 边缘导向边-云协同

在该种方式下,云端训练初始智能模型,然后将其下载到边缘上,边缘完成实时预测,同时,边缘基于本身采集到的数据再次训练,以更好地利用数据的局部性,满足应用的个性化需求。迁移学习是边缘导向的边-云协同的代表性工作。迁移学习的初衷是节省人工标注样本的时间,让模型可以通过已有的标记数据向未标记数据迁移,从而学习出适用于目标领域的模型。在边缘智能场景下,往往需要将模型适用于不同的场景。以人脸识别应用为例,不同公司的人脸识别门禁一般使用相同的模型,然而训练模型的原始数据集与不同公司的目标数据集之间存在较大的差异,因此可以利用迁移学习技术,在具备基本的识别功能后加上新的训练集进行学习更新,从而得到专用于某一区域或场景的个性化模型。

2. 边-边协同

边缘与边缘之间互相协同是目前的研究热点,其具有两个优势:一是提升系统整体的能力,解决单个边缘计算能力有限的问题。例如,单个边缘的计算能力不能满足神经网络的训练算力需求,也容易由于数据量的限制使模型过拟合,因此需要多个边缘共同贡献算力和数据,以完成协同训练。二是解决数据孤岛的问题。边缘的数据来源具有较强的局部性,需要与其他边缘协同完成更大范围、更多功能的任务。例如,在交通路况监测中,由于地理环境的限制,一个边缘只能获取有限地区的路况信息,多个边缘间的相互协作可以扩大数据的采集范围,能构成更大地理空间的路况地图。边缘与边缘有3种协同方式。

1) 边-边预测协同

在这种方式下,边缘承担全部的预测工作,整体任务的分配标准与边缘设备的算力相匹配,以减少每个边缘的计算压力,同时充分利用边缘计算资源。这种边缘协同方式一般适用于手机、手环、智能物联网设备等计算能力十分受限的边缘设备之间。2017 年提出的 MoDNN 是一个本地分布式移动计算框架,它将一个已经训练好的模型拆分到多个移动设备上执行,移动设备(边缘)间通过无线连接以建成小规模计算集群,其可以实现加速 DNN 执行时间的 2.17~4.28 倍。边缘之间模型的分割点的确定需要针对不同的边缘资源及其动态性确定,分割的次数和切割点的位置更加多样化。2018 年,NestDNN 考虑了运行时资源的动态变化,从而生成资源感知的深度学习移动视觉系统,使 NestDNN 在实验环境下的准确率提高了 4.2%,处理速度提高了 1 倍,能耗降低了 40%。

2) 边-边分布式训练协同

在这种协同方式下,每个边缘都承担智能模型的训练任务,边缘上拥有整个模型或者部分模型,训练集来自边缘自身产生的数据。模型训练到一个阶段后,会将训练得到的模型参数更新到中心节点(参数服务器)中,以得到完整模型。分布式训练的思想在云计算中心的应用比较广泛,边缘智能场景与云不同的是,云计算中心节点间通信质量稳定,带宽高,且集群内同构性强,而边缘节点由于地理空间的限制,通信速度和带宽相对较差,同时边缘节点的异构性极强,因此在设计边-边分布式训练策略时需要考量通信质量、异构节点的计算能力等影响。如何设计高效的参数更新算法,达到带宽和模型准确率的权衡是研究的重点问题。

3) 边-边联邦训练协同

2017 年,谷歌公司利用联邦学习使移动设备在本地更新模型,以保护用户数据的安全隐私,之后联邦学习被推广至医院、金融等领域。在这种方式下,某个边缘节点保存最优模型,每个边缘作为计算节点参与模型的训练,其他节点在不违反隐私法规的情况下向该节点更新参数,最终把全部数据聚合在一起形成最优模型。与分布式系统在设计目标上不同,联邦训练协同中模型的更新更加侧重于数据的隐私,而分布式训练协同更加侧重于充分利用边缘节点的闲置资源。为了支持联邦学习,谷歌公司于 2019 年推出了支持联邦学习的计算框架。

3. 边-物协同

边-物协同中的"物"指代以物联网设备为代表的数字化物理世界,主要包括传感器设备、智能可穿戴设备、摄像头、工厂机械设备等。物联网设备是物理世界数据的生产者,但数据处理能力较弱,更多的是承担数据采集和上传的功能,边缘作为计算能力相对较强的设备,初步处理物联网设备产生的数据,减少了数据上传云的成本,降低了云计算中心的压力。

边-物协同能够增强边缘节点的能力,该协同在物联网尤其是智能家居和工业物联网中的应用非常广泛。在边-物协同模式下,物端负责采集数据并发送至边缘,同时接收边缘的指令进行具体的操作执行,边缘负责多路传感器数据的集中分析、处理和控制,同时对外提

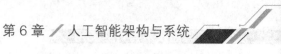

供服务。由于物联网设备与用户结合得更加紧密,因此边-物协同被认为是人工智能应用落地的关键一环。如何进行模型选择是边-物协同中研究的重要问题,深度学习模型的性能与规模呈现正相关性,而在边缘智能计算场景中,物端设备无法承担大规模的模型,同时不同应用场景也有不同的准确率要求,可以牺牲准确率来换取实时性。模型选择技术在资源消耗量和准确率之间寻求较好的权衡,以得到最符合场景需求的模型。2023 年提出改进后带筛选的多教师模型知识蒸馏压缩算法,利用多教师模型的集成优势,以各教师模型的预测交叉熵为筛选的量化标准筛选出表现更好的教师模型对学生进行指导,并让学生模型从教师模型的特征层开始提取信息,同时让表现更好的教师模型在指导中更具有话语权。实验结果表明,与其他压缩算法相比,精度会有更好的表现。

4. 云-边-物协同

云-边-物协同利用了整个链路上的计算资源,包括云、边缘和物联网设备等,以发挥不同设备的计算、存储优势并最小化通信开销。云-边-物协同分为以下两种分工方式:

1) 功能性协同

这种协同是基于不同设备所处的地理空间、角色等的不同而承担不同的功能,如物端负责采集、边缘端负责预处理、云端负责多路数据的处理和提供服务等,T-REST[19]将传统互联网的 TEST 体系架构拓展至物端,将物端设备设计为服务端,拓展了物端应用的场景。

2) 性能性协同

这种协同是由于算力限制,使不同层级的计算设备承担不同的算力需求任务,包括任务的纵向切割和分配等。

云边物协同所利用的技术涵盖了上面章节介绍的各类技术,包括轻量级模型的设计、模型的分割和选择、分布式训练、联邦学习和迁移学习等,在不同的场景下有不同的应用。除此之外,在系统级别上,云边物协同技术还包含任务的迁移、资源隔离、任务调度等技术;在硬件级别上,该系统还包括专用芯片、硬件产品的设计与制造等。

参考文献

[1] 孟博.人工智能软硬件国产化应用情况分析[J].中国安防,2023,(12):82-87.

[2] CHEN Y H,SAROKIN R,LEE J,et al. Speed is all you need:On-device acceleration of large diffusion models via GPU-aware optimizations[C]. 2023 IEEE/CVF Conference on Computer Vision and Pattern Recognition Workshops (CVPRW). 2024-04-15.

[3] BUSTIOM L,CUMPLIDO R,LETRAS M,et al. FPGA/GPU-based acceleration for frequent itemsets mining:A comprehensive review[J]. ACM Computing Surveys (CSUR),2021,54(9):1-35.

[4] 马艳军,于佃海,吴甜,等. 飞桨:源于产业实践的开源深度学习平台[J]. 数据与计算发展前沿,2019,1(5):105-115.

[5] WU Y,WANG X. Research on network element management model based on cloud native technology [C]. 2022 IEEE 2nd International Conference on Computer Communication and Artificial Intelligence (CCAI). IEEE,2022:17-20.

[6] 阿里云计算有限公司.云原生架构白皮书[EB/OL]. 2020-08-03.

[7] TURIN G,BORGARELLI A,DONETTI S,et al. Predicting resource consumption of Kubernetes container systems using resource models[J]. The Journal of Systems and Software,2023.

[8] BUSHONG V,ABDELFATTAH A S,MARUF A A,et al. On microservice analysis and architecture evolution:A systematic mapping study[J]. Applied Sciences,2021,11(17):7856.

［9］ ALONSO J，ORUEE L，CASOLA V，et al. Understanding the challenges and novel architectural models of multi-cloud native applications-a systematic literature review［J］. Journal of Cloud Computing，2023，12(1)：1-34.

［10］ SU W，LI L，LIU F，et al. AI on the edge：a comprehensive review［J］. Artificial Intelligence Review，2022：1-59.

［11］ ZHOU Z，CHEN X，LI E，et al. Edge Intelligence：Paving the Last Mile of Artificial Intelligence With Edge Computing［J］. Proceedings of the IEEE，2019：1-25.

［12］ 王婷婷，甘臣权，张祖凡. 面向工业物联网的移动边缘计算研究综述［J］. 计算机应用与软件，2023，40(1)：1-10.

［13］ 张维真，石平刚，任爽. 移动边缘计算在铁路行业的应用［J］. 铁路计算机应用，2024，33(3)：19-25.

［14］ HELEN W. NSF workshop report on grand challenges in edge computing［EB/OL］. The CCC Blog，2017.

［15］ 黄倩，唐雄燕，黄蓉，等. 面向工业互联网云网边端协同技术研究［J］. 邮电设计技术，2022，(3)：25-28.

［16］ 乔德文，郭松涛，何静，等. 边缘智能：研究进展及挑战［J］. 无线电通信技术，2022，48(1)：34-45.

［17］ 张星洲，鲁思迪，施巍松. 边缘智能中的协同计算技术研究［J］. 人工智能，2019(5)：55-67.

［18］ 顾明珠，明瑞成，邱创一，等. 一种多教师模型知识蒸馏深度神经网络模型压缩算法［J］. 电子技术应用，2023，49(8)：7-12.

［19］ XU Z，CHAO L，PENG X. T-REST：An open-enabled architectural style for the Internet of Things［J］. IEEE Internet of Things Journal，2018，PP：1-1. DOI：10. 1109/JIOT. 2018. 2875912.

第7章 案例分析

7.1 人工智能在软件开发设计领域的应用

7.1.1 背景技术

科学技术的不断进步,包括互联网技术的持续发展,促进了我国经济发展的现代化、智能化,为人们的生活提供了便利。其中人工智能技术便是关键技术之一,人工智能技术在计算机软件开发行业的广泛应用,将为教育、办公、医疗等各领域的智能化建设打下更为坚实的基础[1]。

人工智能技术发展至今,已经在不同的领域取得了不错的应用效果,特别是对于高危职业人员的替代、高危动作的替代,技术人员通过代码及指令的输入,使用人工智能技术模拟人脑进行具体的操作,实现企业的智能化作业,更具安全性和高效性。为企业发展带来了更多的创造性,促使企业获取更多的经济效益。

软件开发设计一直是一个需要高度专业化技能的领域,因此在软件开发设计过程中需要高度熟练的程序员和设计师的参与。在这个过程中,程序员需要理解软件系统的架构、数据结构和算法,并编写代码来实现所需的功能。设计师需要熟悉用户需求,并根据这些需求设计出易于使用的界面。这些都需要高度的技能和经验,往往需要耗费大量的时间和人力才能完成。

同时,软件开发设计过程中还存在着一些其他的问题和挑战。例如,由于人类的思维能力和记忆力受限,往往难以处理大规模数据的计算和分析。此外,由于人为因素的干扰,软件开发设计的过程容易出现错误和漏洞,需要不断地进行修正和调整。这些问题和挑战都制约着软件开发设计的发展,也催生了人工智能技术的出现和应用。

7.1.2 问题及挑战

随着网络技术的不断发展和计算机技术的不断更新,人工智能在各个领域的应用也越来越广泛[2]。之前,软件开发和设计往往依靠人工的经验和技能来完成,但是由于软件规模的逐渐扩大和复杂度的提高,人工开发和设计已经无法满足日益增长的需求,传统的计算机软件开发也逐渐暴露出一些问题和挑战：

（1）缺乏智能化。在软件开发过程中，需要大量的人工干预来完成复杂的任务。这些任务包括代码编写、测试和维护等。这导致了开发和维护成本的增加，而且由于人类的错误和疏忽，还可能导致代码中的错误和漏洞。

（2）缺乏自动化。软件开发和设计通常需要手动完成许多任务，如软件测试、调试和部署等，这些任务需要大量的时间和人力资源，并且容易出现错误。

（3）缺乏数据驱动。在软件开发中，数据通常是手动输入或生成的，这会导致数据的不准确性和不完整性，从而使得软件开发人员难以根据数据做出正确的决策。

（4）缺乏智能决策支持。在软件开发和设计中，需要做出许多决策，如哪些功能需要实现、如何优化性能等，传统的方法通常是基于专家经验和直觉，而不是基于数据和分析。

7.1.3 解决方案

人工智能系统应用于软件开发中的主要目的是实现质量的提高和效率的提升。但是，分析人类大脑能够发现，在进行信息处理时，往往会分为轻、重、缓、急等种类，从而有顺序地开展处理和加工；对人工智能，一旦开始接收信息并进行分析，如果所接收的信息过于烦琐、种类也非常多，则容易导致大脑混乱，产生宕机状况。因此，在软件开发中，人工智能部分的人脑模拟也应该根据大脑的分区及不同的功能进行模拟和开发，不仅能够提升处理速度，还能扩大人工智能脑力工作的范围。首先，依据人脑模式，可以将人工智能的模拟功能分为三个方面：①导航系统；②输入与感知系统；③决策和推理系统。其次，软件中人工智能的模拟人脑行为，可以处理并执行不同信息下的模拟脑反馈，完成必要的指令性任务。这样一来，不同的角色所具备的不同特性，就需要特定的数据和信息来支撑，从而完善模拟脑的处理效率。最后，随着软件开发技术的更新，在逐步完善模拟脑功能的同时，通过分区提升感知系统的工作效率来增加工作领域的宽度，提升软件中人工智能的应用程度。

软件开发中人工智能系统的构成分为以下两部分：

（1）人工智能系统框架设计。首先，在软件开发中，人工智能技术系统会得到两种框架性质的应用。一是流程型框架。这个框架对设计者有一定的要求，不仅要明确自身的能力，对整体的软件有一定的熟悉程度，还要完全掌握软件流程，特别是应用流程。以游戏软件为例，多数游戏以关卡的设置推进游戏的流程，通过一关，可获得相应的奖励；而进入下一关，则可以应用自己赢得和已经拥有的能力、武器等，以此来提高流程中关卡的连续性。二是涌现型框架。这个框架对于游戏软件来说，则是对技能的叠加，从而创造出更为新颖的招数、武器等。

其次，软件的复杂程度决定了框架设计的方式。一是行为树。行为树代表的是逻辑思维设计框架，多用于流程型的智能系统框架。将框架图按照树的样式进行设计、调整，只要用户满足条件，就会朝着树形样式逐渐升级。二是规划器。规划器属于涌向型设计框架，一边要进行任务分解，另一边要完成任务。这两种不同形式分层出现，通过相互结合来完成任务，等待指令的再次出现。三是目标导向规范化器的类型。这种类型主要用于游戏角色的状态转变，用于对用户需求的调整和完善。

（2）重要的人工智能技术。首先，满足模拟人脑基础感知、推理、判断能力的人工智能技术。这种技术实现的主要渠道就是有限状态机和消息系统。有限状态机的作用是用来调整角色的转变,通过建立数学模型,当用户拥有切换角色的需求时,状态机发生作用,实现状态转变,保护用户。而对于消息系统的应用,则是对于事物的判断和感应。其次,实现逻辑、情感需求的人工智能技术。这类技术相对高级,应用广泛,类似于人脑的神经网络技术。这种模拟更为完善,对大脑的神经元、节点等都有所设计,在工作时相当于人脑的思维模式,具有逻辑性;另外,这种模拟具有脑力伸展功能和学习能力,属于最先进的智能技术。当前,这种关联性的神经网络技术应用也获得了很大的成功。

人工智能在计算机软件开发中有一些解决方案[3],接下来以基于人工智能的代码自动生成方法为例具体加以介绍。

代码自动生成是一种根据用户输入需求,系统自动输出匹配代码的技术;现有的代码自动生成方法通常首先获取输入需求中的关键词,计算关键词与代码库中每个代码预先设定的需求中的关键词匹配程度,将最大匹配程度对应的代码作为输入需求的匹配代码;在关键词匹配过程中,往往是计算所有关键词的一致性,或结合关键词顺序的一致性进行匹配;但汉字表达含义较为复杂,经常出现一个词语中某个字的改变会导致词语的表达意思发生较大变化,进而导致句子的表达意思发生变化,句子表达意思变化的直观反映是对应代码也会发生较大变化,进而因为某个字的改变导致代码匹配结果出现较大的误差;同时传统方法计算关键词通常选择某种规则来进行,例如,将出现频率较大的词语作为关键词,而不满足规则的出现频率较小的词语不一定不重要,所以现有代码自动生成方法有时会导致匹配结果的较大误差。因此,提出基于人工智能的代码自生成方法,其流程如图 7-1 所示。

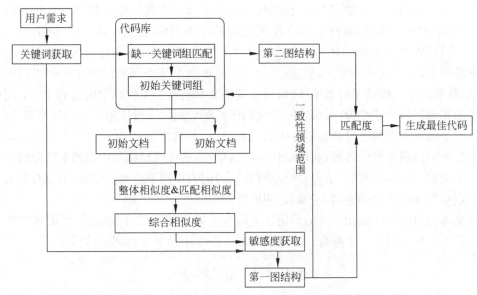

图 7-1　基于人工智能的代码自动生成方法流程

1. 获取输入需求的关键词

获取输入需求及代码库后将输入需求中的所有关键词作为一个关键词组,分别去除其中每个关键词得到若干缺一关键词组,每个缺一关键词组分别对应一个输入需求中的关键词。

2. 关键词组匹配

获取代码库中每条预设请求的关键词,将其分别作为每条预设请求的关键词组,获取每个缺一关键词组在代码库中匹配的若干初始关键词组,将每个缺一关键词组匹配的若干初始关键词组与对应的代码分别作为每个缺一关键词组的若干初始文档,方法为获取任意一个缺一关键词组,将该缺一关键词组与代码库中若干关键词的数量与输入需求的关键词组中关键词数量相等的关键词组进行匹配,再将其中包含该缺一关键词组的所有关键词代码库中的关键词组作为该缺一关键词组在代码库中匹配的初始关键词组。

最终根据初始关键词组与对应的缺一关键词组获取每个缺一关键词组的若干匹配文档;将每个缺一关键词组对应的关键词记为缺一关键词,每个初始关键词组中不匹配的关键词记为剩余关键词,将剩余关键词与缺一关键词中的每个字分别作为一个元素,构成剩余关键词的剩余关键字集合与缺一关键词的缺一关键字集合;每个缺一关键词组分别对应若干初始关键词组,每个初始关键词组分别对应一个剩余关键词,则每个缺一关键字集合分别对应若干剩余关键字集合,获取任意一个缺一关键字集合与对应的每个剩余关键字集合的交集,从而获取交集不为空的剩余关键字集合,将交集不为空的剩余关键字集合对应的初始关键词组的初始文档作为该缺一关键字集合对应的缺一关键词组的匹配文档。

3. 关键词敏感度获取

首先,获取任意一个缺一关键词组的若干匹配文档中任意两个代码之间的整体相似度及匹配相似度。将代码中的每个字母及字符均转换为 ASCII 码的十进制形式,则代码中的字母及字符分别用不同的数字表示,按照代码中的字母及字符顺序将数字进行排列可得到两个代码的数字序列,获取两个数字序列之间的动态时间规整(dynamic time warping,DTW),将 DTW 距离的倒数作为两个代码之间的整体相似度;分别计算两个代码中各个字母出现的频率,对于其中一个代码的各字母按照出现频率从小到大的顺序排列得到字母频率序列,获取两个代码的字母频率序列,通过阈值分割获取两个代码中的高频字母;用两个代码中的高频字母构建二分图,其中一个代码中的每个高频字母作为二分图的左侧节点,另一个代码中的每个高频字母作为二分图的右侧节点,节点之间的边值为两侧节点对应字母在各自代码中出现频率的比值,获取最佳匹配结果,将最佳匹配结果中每两个匹配的节点作为一个节点对,节点对中两个节点对应字母相同的记为相同节点对,将相同节点对的数量与所有节点对数量的比值作为两个代码之间的匹配相似度。

将整体相似度与匹配相似度的均值作为两个代码之间的综合相似度,根据每个缺一关键词组若干匹配文档中若干综合相似度获取输入需求中每个关键词的敏感度:

$$\varphi = \exp\left(-\frac{1}{N}\sum_{i=1}^{N}\lambda_i\right) \tag{7-1}$$

式中,φ 表示输入需求中任意一个关键词的敏感度,N 表示该关键词对应的缺一关键词组的若干匹配文档中共有 N 个综合相似度,λ_i 表示第 i 个综合相似度,$\exp()$ 表示以自然常数为底的指数函数。

4. 最佳代码生成

首先,构建输入需求中关键词的第一图结构,将输入需求中的每个关键词分别作为一个

节点,根据 TextRank 方法获取关键词过程中词之间的相连关系,从而获取关键词之间的相连关系,将每个关键词对应的节点根据关键词之间的相连关系得到节点之间的边,将节点与边构成的图结构记为输入需求中关键词的第一图结构。

其次,获取每个关键词在第一图结构中对应节点的最大路径,每个关键词分别为第一图结构中的一个节点,获取第一图结构中每个节点到其他节点的路径长度,将每个节点最大的路径长度作为每个节点的最大路径;路径长度为每个节点到其他节点经过的边的数量。根据每个关键词的敏感度及对应节点的最大路径获取每个关键词的一致性邻域范围。

最后,获取代码库中若干候选关键词组,在代码库中若干预设需求的关键词组中,获取与输入需求的关键词组完全一致的若干关键词组并记为候选关键词组,完全一致包括关键词组间关键词数量相同,且关键词一一对应、完全相同。构建每个候选关键词组的第二图结构,获取任意一个第二图结构,获取第一图结构与该第二图结构中任意两个对应关键词相同的节点,将与其中任意一个节点直接相连的节点记为该节点的一级节点,与一级节点相连的节点记为该节点的二级节点,以此类推分别获取该节点与另一个对应关键词相同的多级节点;将两个节点的一级节点对应的关键词作为元素,分别获取两个节点的一级节点集合,获取两个一级节点集合的交集与并集,将交集与并集的比值作为两个节点的一级统一性;以两个节点中第一图结构中节点的一致性邻域范围为范围,获取范围内两个节点的多级节点的多级统一性,将两个节点的一致性邻域范围内多级节点的多级统一性的均值作为两个节点对应关键词的一致性。将输入需求中的所有关键词在第一图结构与任意一个第二图结构的一致性均值作为输入需求与该第二图结构对应的候选关键词组的匹配度,将匹配度最大的候选关键词组对应的预设需求的代码作为输入需求的最佳匹配代码生成。

通过对输入需求中的每个缺一关键词组与代码库中每个预设需求对应的关键词组进行匹配,获取匹配代码集合;计算匹配代码集合中任意两个代码的相似度,通过关键词中关键字的变化导致匹配代码的差异,得到输入需求每个关键词的敏感度,输入需求中关键词的敏感度较好地反映了关键词中关键字的变化对关键词表达意思的影响,进而可以获取较为准确的匹配结果;从代码之间整体相似度和高频字母的匹配两个方面计算任意两个代码之间的综合相似度,避免了单一角度计算时由于代码的可变性及汉字可替代性而导致的误差,对相似性进行了更好的度量;通过输入需求中每个关键词的敏感度得到每个关键词的一致性要求,通过一致性要求进行匹配度的计算,有助于得到更加符合汉字规律和代码变化的匹配度,进而完成更高精度的匹配,使得到的匹配结果可信度更大、准确性更高。

人工智能技术在代码自动生成方面具有潜力,可以显著提高开发效率和代码质量。将人工智能技术应用于代码自动生成具有如下优势:

(1) 代码模板生成。人工智能可以学习大量的代码样本,然后基于这些样本生成代码模板。这些模板可以包含常见的代码结构和功能,开发人员可以根据需要进行修改和定制,从而加快开发速度。

(2) 错误检测和修复。人工智能可以通过分析代码语法和逻辑关系,检测潜在的错误和漏洞,并提供相应的修复建议。这有助于减少错误的出现,并提高代码的质量和可靠性。

(3) 重构支持。人工智能可以分析代码的结构和功能,提供重构建议。它可以识别出

```
import RPi.GPIO as GPIO
import time


GPIO.setmode(GPIO.BCM)
GPIO.setwarnings(False)
GPIO.setup(14, GPIO.IN)

def read_moisture():
    moisture_value = GPIO.input(14)
    return moisture_value

while True:
    moisture_value = read_moisture()
    if moisture_value == 0:
        print("The road is dry")
    else:
        print("The road is wet")
    time.sleep(1)

def add_moisture():
    moisture_value = read_moisture()
    if moisture_value == 0:
        print("The road is dry")
    else:
        print("The road is wet")
    time.sleep(1)
    return moisture_value
```

图 7-2　代码自动生成结果图（见文前彩图）

代码中的重复、冗余和低效之处，并给出优化建议，帮助开发人员改进代码的结构和性能。

（4）文档生成。人工智能可以从代码中提取信息，自动生成代码文档。这包括函数和类的说明、参数和返回值的描述等。这样，开发人员可以更快速地生成文档，提高代码的可读性和可维护性。

（5）自动补全和建议。人工智能可以分析代码上下文，提供代码补全和建议。它可以根据已有代码的语义和结构推测出接下来可能要输入的代码片段，帮助程序员更快地编写代码，具体如图 7-2 所示。

需要注意的是，尽管人工智能在代码自动生成方面取得了一些进展，但目前还没有完全取代人工编写代码的能力。人工智能仍然需要大量的训练数据和领域专业知识，以及人工的监督和调整。因此，人工智能技术应该作为开发人员的辅助工具，帮助他们更高效地进行编码工作，而不是完全代替他们。

7.1.4　结论

综上所述，在软件开发过程中充分利用人工智能技术，不但能强化软件开发的效果，还能更好地控制逻辑及设计脚本系统。在当前的应用领域中，教育、医疗等都是国家未来重点建设和发展的行业，通过应用人工智能技术进行高效的软件开发研究，可以推动我国经济的发展，助力实现现代化建设。同时，计算机软件开发技术符合当前时代发展的需要，更是提高社会经济发展力的重要动力。人工智能在研发设计领域的应用逐渐成为趋势，其中智能设计算法可以有效地提高设计效率和准确度。智能设计算法可以将设计过程中自动化的部分进行自动化处理，避免了烦琐的手工操作，减少了出错的概率。但是需要注意的是，智能设计算法并非普适，它们通常具有较强的任务针对性。同时，智能设计算法可以在解决同类问题时无限重复利用，为企业节省了大量时间和成本。

7.2　人工智能在生产制造领域的应用

7.2.1　背景技术

人工智能技术在生产制造领域的应用越来越广泛，我国政府一直对人工智能技术在制造业的应用高度重视，通过发布一系列政策和计划，来支持制造业的数字化、网络化和智能化发展。我国政府于 2017 年发布了《新一代人工智能发展规划》，提出了到 2020 年和 2030年分别实现在核心领域人工智能关键技术和应用的重要目标。此外，政府还发布了一些支持制造业发展的计划和政策，如"中国制造 2025""工业互联网""智能＋"等，以推动制造业的智能化转型。这些政策的出台为人工智能在制造业的应用提供了强大的政策支持和战略

引导[4]。

在政府的大力支持下,我国的制造业正在逐步向智能制造转型。大量企业开始采用人工智能技术来提高生产效率和产品质量。例如,华为的"华为云工业智能"项目利用人工智能技术提高生产效率,阿里的"ET City Brain"项目则通过应用人工智能技术优化城市交通管理。此外,政府还在一些重点领域推出了示范项目,如智能制造、智能物流等,以促进人工智能在制造业的应用。

人工智能技术在制造业中的应用主要包括以下方面:

(1)人工智能技术可以帮助企业降低生产成本,实现高效生产。通过使用自动化机器人、预测模型等技术,可以减少人工成本和库存成本等,从而降低生产成本。

(2)人工智能可以通过在生产过程中检测和纠正错误来提高产品质量。例如,使用视觉检测系统可以检测产品表面缺陷,从而提高产品质量。

(3)人工智能可以通过分析数据来识别生产线中的瓶颈,并提出改进措施。例如,使用机器学习算法可以优化生产线的节奏,从而提高生产效率。

(4)人工智能可以帮助企业快速响应市场需求,实现生产线的快速转换。例如,使用可编程自动化系统可以快速调整生产线的生产模式,从而适应不同的市场需求。

人工智能技术在制造业领域的应用将有助于提高中国制造业的技术水平和竞争力,加速中国制造业的转型升级和智能化发展。同时,也将促进人工智能技术的创新和发展,推动人工智能技术的广泛应用,进一步推动数字化、网络化和智能化的发展进程。

不过,人工智能技术的应用还存在一些挑战和风险。例如,人工智能技术在生产制造领域的应用需要大量的数据支持,而现实中往往存在数据孤岛的问题。此外,人工智能技术的应用还需要面临一系列技术难题,如机器学习算法的优化、人机交互的改进等。

因此,我国政府和企业需要继续加大对人工智能技术在制造业领域的研发和应用投入,加强对数据的收集和管理,推动技术创新和人才培养,建立完善的法律法规体系,提高人工智能技术的安全性和可控性,以实现人工智能技术在制造业的可持续发展和应用效果的最大化。

7.2.2　问题和挑战

近年来,随着科学技术的不断发展,智能工厂这一概念已经悄无声息地进入各个行业、各个领域,尤其是在制造业领域智能工厂的实施尤为重要。全球各主要经济体都在大力推进制造业的复兴。在工业4.0、工业互联网、物联网、云计算等热潮下,全球众多优秀制造企业都开展了智能工厂建设实践。

当前,我国制造企业面临着巨大的转型压力。一方面,劳动力成本迅速攀升、产能过剩、竞争激烈、客户个性化需求日益增长等因素迫使制造企业从低成本竞争策略转向建立差异化竞争优势。在工厂层面,制造企业面临着招工难,以及缺乏专业技师的巨大压力,必须实现减员增效,迫切需要推进智能工厂建设。另一方面,物联网、协作机器人、增材制造、预测性维护、机器视觉等新兴技术迅速兴起,为制造企业推进智能工厂建设提供了良好的技术支撑。再加上国家和地方政府的大力扶持,使各行业越来越多的大中型企业开启了智能工厂建设的征程[5]。

我国汽车、家电、轨道交通、食品饮料、制药、装备制造、家居等行业的企业对生产和装配线进行自动化、智能化改造,以及建立全新的智能工厂的需求十分旺盛,涌现出海尔、美的、东莞劲胜、尚品宅配等智能工厂建设的样板。

但是,我国制造企业在推进智能工厂建设方面,还存在诸多问题与误区:

(1) 数据质量和数据管理的问题是人工智能技术在生产制造中遇到的主要挑战之一。生产制造过程中,产生的数据种类繁多,涉及的数据来源也非常广泛。如果这些数据无法被正确地收集、清洗、存储和处理,那么人工智能技术的应用效果将会大打折扣。此外,由于数据的安全和隐私问题,企业在数据共享和数据合作方面也存在一定的顾虑,这也成为人工智能技术应用的一大难题。

(2) 人工智能技术在生产制造中的应用还需要解决算法优化、机器学习等技术难题。这些技术难题与数据管理有密切的关系。要实现对大量数据的处理和分析,就需要对机器学习算法进行不断的优化,提高算法的准确性和效率。在这一过程中,需要解决数据稀疏、数据质量差、算法选择不当等一系列问题,以保证人工智能技术在生产制造中的应用效果。

(3) 人工智能技术在生产制造领域的应用也需要解决人机交互、安全风险等问题。在工厂生产过程中,人和机器的协作是必不可少的,如何实现人机交互的协同是一个很大的挑战。同时,人工智能技术的应用也面临着安全风险,如黑客攻击、数据泄露等问题,这就需要相关部门加强监管和技术防范。

7.2.3 解决方案

随着全球工业 4.0 时代的深入发展,信息技术与制造技术的深度融合已成为主流趋势。近年来,我国也提出了"中国制造 2025"的战略目标,完成我国从制造大国到制造强国的转变,期望我国制造业从低端制造往高端制造与智能化方向转型,因此运用高科技手段来提升产品质量、优化产品研发与制造过程是当前关注的方向。当前,已有研究尝试将物联网技术和人工智能技术结合来解决生产过程中的质量问题,如表面缺陷检测问题。

表面缺陷一般是指产品表面局部物理或化学性质不均匀的区域,如工件的划痕、裂纹、毛边和污点等。表面缺陷的存在不仅影响产品的美观,还可能影响产品的使用性能,甚至存在安全隐患。因此,在工业生产过程中应及时检测出产品所存在的表面缺陷并分析出缺陷产生的原因。

传统的表面缺陷检测采用人工目检对工件进行查验,人工检测存在误检、漏检等问题,并且处理效率低下,会大大增加企业的人力资源成本,限制生产效率及质量的提升。随着工业自动化技术的发展,机器视觉设备逐渐代替人类进行缺陷检测工作,相比于人工目检,基于机器视觉的表面缺陷检测具有可靠性高、检测准确率高、检测速度快及综合成本低等一系列优点,但也存在难以识别微小瑕疵等问题。近些年,随着人工智能的发展,深度学习模型也在表面缺陷检测领域取得成功,常用的深度学习目标检测模型已能够满足工业生产中缺陷检测的精度要求,但是多数模型检测速率达不到实时检测要求。

近些年,工业物联网迅速发展,物联网技术通过传感器进行数据采集并传输到云端进行数据分析和逻辑控制,能够很好地存储分析生产过程中的关键数据。产品检测基于物联网技术,数据需要传送至云端进行推理分析,对网络延时性有很高的要求,然而工厂现场容易受到网络影响,导致识别延时较高。基于该问题,以边缘计算模型为核心的面向网络边缘设备所产生数据计算的边缘大数据处理应运而生,其与现有的以云计算模型为核心的集中式大数据处理相结合,二者相辅相成,很好地解决了工业物联网存在的问题。然而,云端进行模型训练,边端进行模型推理的协作模式在大模型的迭代更新上出现了新的难题,训练好的模型一般较大,产线检测设备虽然已经连接了网络,但是更新模型所需要的运维工作量巨大,并且存在现场维护成本较高、远程维护网络限制等问题,无法快速更新训练模型。

1. 基于云-边协同计算的表面缺陷检测方案

传统的表面缺陷检测系统方案有 2 种,分别是本地计算和云计算。本地计算从图像采集到图像缺陷检测,再到检测结果分析全部在本地设备实现,因此无须进行网络通信,不存在检测延时的问题。但是由于检测结果的数据存储和计算都在本地进行,数据存储存在安全和隐私风险,同时由于深度学习模型对本地设备硬件要求极高,检测成本也会急剧上升。

使用云计算方案,传感器等设备会将所有数据上传至云端,随后在云端进行数据处理、模型训练和数据计算等一系列工作,之后再将检测结果返回至终端。云计算解决了本地计算数据存储安全的问题,能够更好地进行大数据分析。但是在推理计算过程中,云计算数据需要通过网络进行通信,造成了极大的响应时延。为了解决上述方案存在的问题,提出了基于云-边缘协同计算的表面缺陷检测系统方案。该系统由现场端设备、边缘节点、边缘云平台和 AI 模型开发平台组成,检测系统的总体方案如图 7-3 所示。

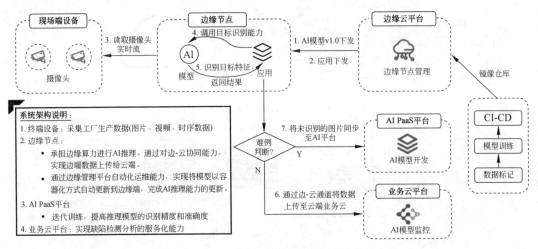

图 7-3 基于云-边缘协同计算的检测系统总体方案

(1) 终端设备。终端设备为实时采集产品图像的工业相机,其不具备计算推理能力,主要功能为图像采集和图像预处理。终端设备与边缘节点通过以太网光纤进行有线通信,将所采集到的图像传输至边缘节点。

(2) 边缘节点。边缘节点为靠近终端设备的计算设备,可运行轻量的深度学习模型,处理终端设备采集的数据;边缘节点配备数据存储模块和数据通信模块,接收终端所采集的图像,并能够与云端通信和传输数据。

(3) 边缘云平台。由于边缘节点计算资源有限,仅能支持轻量化的模型计算,难以完成模型的训练,因此云端需要搭载高性能的 GPU 处理器以完成模型的训练任务;同时,云端搭载大数据存储和数据通信模块,接收边缘节点传输的数据,远程管理边缘节点。

(4) AI 模型开发平台。该平台集数据处理、算法开发、模型训练和模型压缩功能于一体,并支持数据、模型的协作处理和开发,配备算法的常用开发框架,训练完成的模型可以通过打包镜像供边缘云平台实现模型下发。

2. 基于云-边缘协同计算的表面缺陷系统功能实现

1）云-边缘协同计算平台架构

云-边缘协同计算的表面缺陷检测系统需要完成云端与边缘端之间的调度和管理，同时还需要提高边缘端设备的可靠性、安全性和资源使用率。近年来，虚拟化技术 Docker 容器和 Kubernetes 容器编排引擎广泛应用于云计算与边缘计算领域。Docker 容器通过 Linux

图 7-4　Docker k8 容器框架

系统中的 CGroup 和 NameSpace 系统隔离技术将应用解耦为多个独立的功能模块，使得应用部署的磁盘空间占用率更小，启动速率更快；将上层应用与底层的基础架构分离，能够保证在不同的操作系统上运行，其架构如图 7-4 所示。Kubernetes 容器编排引擎用于对容器的部署、管理、扩容及运维，通过资源操作入口 APIServer 组件里的应用程序编程接口 Restful API（application programming interface）完成各模块的管理、通信及控制，通过 Kubelet 组件完成对节点的管理和控制并与控制平面 APIServer 组件进行数据交互，Kubernetes 框架如图 7-5 所示。

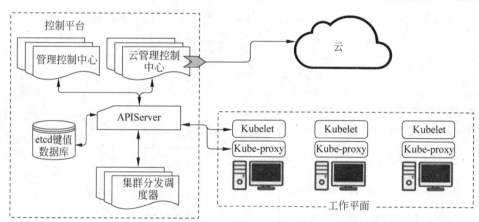

图 7-5　Kubernetes 框架

云-边缘协同计算的表面缺陷检测系统采用基于 Kubernetes 技术的 KubeEdge 平台架构。如图 7-6 所示，KubeEdge 平台架构分为云端、边缘端和设备端 3 部分，通过将 Kubernetes 的功能扩展部署到边缘端完成云端与边缘端设备之间的协同、调度和管理工作。

（1）云端组件。云端组件部署 Kubernetes 控制平面，包含云端通信中心 CloudHub 组件、边缘管理控制器和设备管理器。其中，CloudHub 负责完成与边缘端设备 EdgeHub 的数据通信；边缘管理控制器负责管理边缘端设备，同时负责边缘元数据在边缘端和云端之间的同步；设备管理控制器负责管理设备，同时负责设备元数据的同步工作。

（2）边缘端组件。边缘端组件主要包含边缘端通信中心 EdgeHub 组件、元数据管理器 MetaManager、Edged 边缘节点管理容器等。EdgeHub 组件与 CloudHub 组件相对应，是一个 WebSocket 客户端，用于负责接收云端的资源，同时将设备信息和缺陷图像等数据传输至云端设备分析存储。元数据管理器 MetaManager 组件用于通信中心和容器组件之间

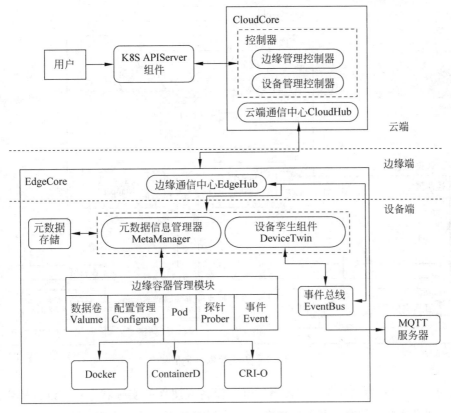

图 7-6　KubeEdge 架构

的信息处理,管理元数据;设备孪生 DeviceTwin 组件通过事件总线和边缘端通信中心同步设备端所采集到的数据,同时管理和处理设备端的元数据;边缘容器管理模块相当于轻量化的 Kubelet 组件,主要用于在边缘端部署容器,管理容器的生命周期。

（3）设备端。在对设备的支持上,KubeEdge 使用了两种策略。计算能力足够的边缘设备,可以直接安装 KubeEdge 组件,接入 KubeEdge 中;计算能力不足的物联网设备,可以通过 MQTT 协议将待处理数据信息发送至安装 KubeEdge 组件的设备中,由该设备上的应用对数据进行处理。

2）边缘数据采集

边缘数据采集通常是通过 ModBus、MQTT 等协议轮询读取外部设备里的寄存器,并通过 4G 传输到边缘节点,当边缘节点配置数据点时,边缘采集端设备通过相关协议配置外部设备对应的寄存器,从而实现了边缘节点和设备端的传输和控制,边缘数据采集框架如图 7-7 所示。然而,不同的端设备数据采集协议是多种多样的,这对边缘节点的协议适配提出了一定的要求。

（1）通过定制化设备 Mapper,实现端设备与边缘节点的控制/数据平面打通。所有设备都可以由其供应商提供的驱动程序进行连接和控制,但是来自设备的数据/消息需要转换为 KubeEdge 可以理解的格式,所以需要实现一种从平台控制设备的方法。Mapper 是在 KubeEdge 和设备之间进行接口的应用程序,支持 KubeEdge 框架的 Mapper 有一个标准设计,所有需要实现与 KubeEdge 平台进行数据通信的设备都可以遵循这个规范标准来实现。

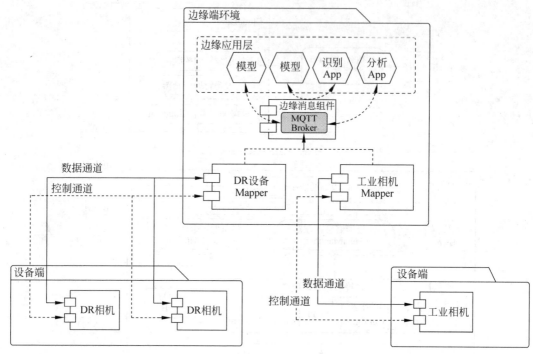

图 7-7　边缘数据采集框架

Mapper 主要职责有扫描并连接到设备；报告设备双属性的实际状态；将设备孪生的预期状态映射到设备孪生的实际状态；从设备收集遥测数据；将设备的读数转化为 KubeEdge 接受的格式；检查设备的健康状态等。

（2）通过边缘消息组件实现设备与设备、设备与应用的边-端控制/数据协同。通过边缘消息组件实现设备端传输到边缘节点的数据发送到其他设备或应用程序，也可以在设备和应用之间共享控制命令，设备解析命令并采取适当的措施，如打开或关闭设备等，提高设备的整体效率和可靠性。

3）云-边缘数据协同

（1）通过云-边缘数据通道，实现云-边缘数据协同，将边缘产生的实时数据自动同步云端，供云端的应用对数据进一步进行处理和分析。

（2）通过数据路由组件，对边缘端数据在云端共享与开放，实现对各个云端业务场景的决策支撑，边缘端应用数据的收集目前是通过 MQTT 协议将数据发送到相关中间件，而云端应用需要实现制定的消息接口来接收的边缘消息，图 7-8 为云-边缘数据协同架构。

4）基于 Yolo_v4 算法的表面缺陷检测

Yolo 系列算法以快著称，将检测问题中涉及的分类和定位任务全部应用回归的思想进行解决，可以说是将端到端的思想发挥到了极致。

Yolo 算法的基本思路是将输入图像经过一系列卷积操作分割成 $S \times S$ 的网格图，每个网格会生成 B 个边界框并负责其右下角的区域检测，如果被检测目标的中心点落在该区域，则该目标的位置就由这个网格进行检测，并对边界框的置信度进行计算。由于图像在进行多次卷积压缩后，小物体的特征容易丢失，Yolo_v4 算法使用 3 种不同尺度的特征图

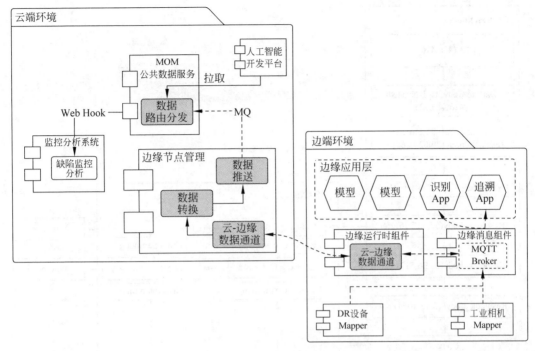

图 7-8　云-边缘数据协同架构

$(13\times13、26\times26、52\times52)$实现对各种不同大小的目标进行预测,通过利用特征信息丰富的大特征图实现对小目标的精准检测。在 Yolo_v4 中,3 种尺度的特征图被分割成不同数量的网格,每个网格会针对预测目标给出 3 个边界框并用(x,y,w,h,c)5 个参数分别进行表示,(x,y)表示预测目标的中心点相对于所在单元格左上角的坐标,(w,h)表示预测目标与输入图像宽与高的比值,c 表示置信度。针对 C 个不同类别的目标,每个边界框会预测各目标类别的所属概率值,所以 Yolo_v4 中的每个单元格可以预测出 $3\times(5+C)$ 个概率值。在此基础上,通过设置置信度阈值对置信度不高的边界框进行去除。最后,Yolo_v4 采用DIOU NMS 对剩余的边界框进行筛选得到最终的检测结果。边界框置信度的计算公式为

$$\mathrm{Conf(obj)}=P_r(\mathrm{Obj})\times\mathrm{IOU}_{\mathrm{pre}}^{\mathrm{truth}}$$

$$\mathrm{IOU}_{\mathrm{pre}}^{\mathrm{truth}}=\frac{\mathrm{area}(B_{\mathrm{pre}}\bigcap B_{\mathrm{truth}})}{\mathrm{area}(B_{\mathrm{pre}}\bigcup B_{\mathrm{truth}})} \tag{7-2}$$

式中,$\mathrm{Conf(obj)}$表示检测目标的置信度;$P_r(\mathrm{obj})$表示检测目标的中心点是否在预测框中,如在预测框中则为 1,否则为 0;$\mathrm{IOU}_{\mathrm{pre}}^{\mathrm{truth}}$ 表示真实框和预测框的重合程度;B_{pre} 表示预测框;B_{truth} 表示真实框;$\mathrm{area}(B_{\mathrm{pre}}\bigcap B_{\mathrm{truth}})$表示预测框与真实框重合的区域面积;$\mathrm{area}(B_{\mathrm{pre}}\bigcup B_{\mathrm{truth}})$表示真实框和预测框并集的区域面积。

Yolo_v4 网络结构主要由 CSPDarknet53 特征提取网络、SPP 模块、PANet 特征融合模块、Yolo head 分类器组成,如图 7-9 所示。

在图 7-9 中,首先将输入图像调整成 416×416 的大小,然后输入 CSPDarknet53 主干特征提取网络中,分别在 8 倍、16 倍及 32 倍下采样,最终得到 $52\times52、26\times26$ 及 13×13 这 3

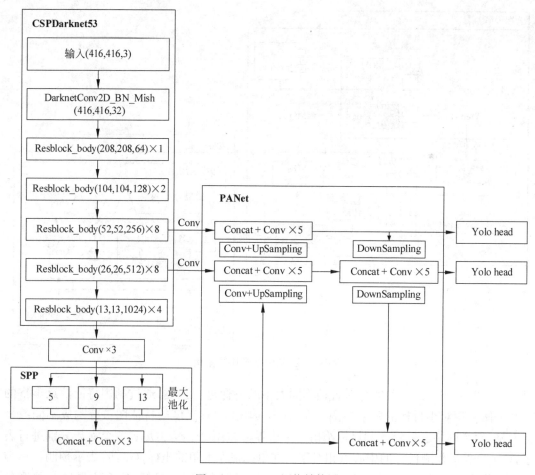

图 7-9　Yolo_v4 网络结构图

个尺度的特征图。其中，主干特征提取网络最后一层的 13×13 特征图经 3 次卷积后输入 SPP 结构进行处理（该处的卷积包括 DarknetConv2D、批标准化及 Mish 激活函数 3 个步骤）。SPP 模块使用 4 个不同大小（1×1、5×5、9×9、13×13）的最大池化核对输入的特征图分别进行处理后采用 Concat 进行特征融合，然后再进行 3 次卷积操作。经 SPP 结构处理后的特征图大小不变，仅仅是在通道数量上有所增加。再将 52×52、26×26 及由 SPP 处理过的 13×13 的特征图输入 PANet 模块中进行处理。PANet 模块实质上是一个特征金字塔结构的改进版本，不同之处在于特征金字塔结构在完成从下至上逐层采样的特征融合后就结束了，而 PANet 增加了一个从上至下的特征融合过程，实现了特征增强。最后，将 PANet 模块处理过的 52×52、26×26、13×13 特征图分别输入 3 个相同的 Yolo head 分类器中进行分类，从而得到检测结果。

　　Yolo_v4 的激活函数由 Yolo_v3 中的 LeakyRelu 换成了 Mish。Mish 激活函数的优势在于它在 $x < 0$ 的部分依然具有一定的梯度值，从而避免了梯度消失造成的神经元坏死现象。此外，Mish 激活函数处处可微的特点也保证了梯度的平稳下降。Mish 函数的表达式为

$$\text{Mish} = x \times \tanh(\ln(1 + \mathrm{e}^x)) \tag{7-3}$$

最终,通过云-边缘协同计算的表面缺陷检测技术能够实现缺陷检测能力,如图 7-10 所示,该方法具有以下优势:

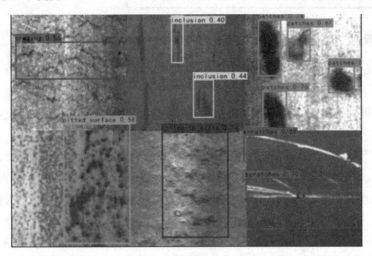

图 7-10　表面缺陷检测效果(见文前彩图)

(1) 模型开发效率提升 2 倍。通过云端计算和边缘计算的协同工作,可以将数据的处理和模型的训练分布在云和边缘设备之间。这样一方面减轻了边缘设备的计算负担,另一方面提高了模型训练的效率,加快了模型的开发和优化过程。

(2) 缺陷检测准确率提升 30%。云-边缘协同计算结合了云端的强大计算能力和边缘设备的实时感知能力。在表面缺陷检测中,云端可以利用大规模数据进行深度学习模型的训练和优化,提高了模型的准确性。而边缘设备可以实时采集和处理图像数据,快速缺陷的检测,减少了延迟和网络传输的开销。

(3) 生产效率提高 10 倍。由于云-边缘协同计算技术的应用,缺陷检测可以在边缘设备上进行,减少了对云端的依赖。这使得缺陷检测可以更加快速、高效地进行,缩短了生产线上的停机时间和等待时间,提高了整体的生产效率。

7.2.4　结论

国家政策利好行业发展。智能工厂对我国制造业转型升级具有重要意义,国家出台多项政策支持智能工厂行业发展,如《"十四五"战略性新兴产业发展规划》《"十四五"智能制造发展规划》,为智能工厂行业提供了良好的政策环境,我国智能工厂也迎来大发展时期。

人工智能在生产制造中的应用以及云边端架构的发展为生产制造带来了巨大的机会和挑战。通过合理地应用人工智能技术,并结合云边端架构,可以实现生产制造的智能化、高效化和可持续发展。通过智能生产调度和优化,工厂可以更好地利用有限的资源,减少生产过程中的浪费,实现生产资源的最大化利用。同时,人工智能技术能够对生产过程中的数据进行实时分析和挖掘,及时发现问题并做出调整,从而提高产品质量和工厂的整体效率。然而,人工智能的应用还面临着一些技术和隐私安全等问题,需要进一步研究,随着相关技术的发展和成熟,人工智能在生产制造领域的应用越来越广泛。

7.3 人工智能在设备运维领域的应用

7.3.1 背景技术

设备运维是指对企业或组织中使用的各种设备进行管理、维护和优化的过程。这些设备包括但不限于计算机、服务器、网络设备、存储设备、打印机和其他外围设备等。设备运维的主要目的是确保这些设备能够始终保持高效、稳定和安全的运行状态，以支持企业或组织的正常运营。

设备运维工作的范围非常广泛，包括设备的规划、采购、部署、配置、监控、故障排除、维护、升级、备份、恢复、安全保护等一系列任务。设备运维人员需要具备广泛的技能和知识，如熟练掌握硬件和软件的操作和维护、掌握网络和安全技术、具备故障排除和问题解决能力等。

设备运维的好处是显而易见的。它可以帮助企业或组织降低设备故障率、提高设备的性能、延长设备的使用寿命、减少维护成本、提高生产力和效率等。因此，对于任何一家企业或组织来说，设备运维都是非常重要的一环，需要得到足够的重视和投入。

人工智能的加入可以为设备运维带来许多优势：

（1）预测性维护。基于机器学习和数据分析技术，人工智能可以分析设备的运行状况和历史数据，预测设备故障发生的可能性和时间，从而实现预测性维护。这可以帮助设备运维人员提前采取措施，避免故障的发生，降低设备停机时间，提高设备的可用性和性能。

（2）自动化运维。人工智能可以利用自然语言处理和机器学习等人工智能技术，可以对设备运维中的常见问题进行自动化解决。例如，它可以通过聊天机器人、自动化脚本或智能语音助手等方式自动解决一些简单的问题，从而节省设备运维人员的时间和精力，使他们专注处理更复杂的问题。

（3）故障诊断和排查。人工智能可以利用机器学习和数据挖掘技术，对设备运行时出现的异常进行分析和诊断。例如，它可以分析设备的日志、性能指标和其他相关数据，快速确定问题的根源，并提供修复建议。这可以帮助设备运维人员更快地解决问题，减少设备停机时间，降低维护成本。

（4）能源管理和节能。人工智能可以利用数据分析技术分析设备的能源消耗情况，并提供节能建议。例如，它可以分析设备的运行模式和负载状况，识别能源浪费的情况，并提供优化建议；可以帮助企业或组织降低能源成本，提高设备的能源利用效率。

综上所述，人工智能可以为设备运维带来许多优势，如预测性维护、自动化运维、故障诊断和排查及能源管理和节能等。这些优势可以帮助设备运维人员更快、更准确地解决问题，提高设备的性能，降低维护成本和能源消耗，从而为企业或组织带来更多的价值。本书以人工智能在企业人员管理方面的实例来帮助读者更加深入地理解人工智能为运维带来的各种优势。

互联网促成了大数据的集聚，而大数据是庞大的信息集成体系，在合理运用大数据技术的条件下，可以对海量数据进行分析，在海量信息中得出自己想要的信息并进行反馈，所以

大数据在极大程度上促进了现代人工智能算法的进步。随之而来的新型数据和新型算法又为规模化、规则化知识图谱的构建提供了新的数据基础和有利条件,使得知识图谱构建的数据来源、处理方法和技术手段都发生了翻天覆地的变化。而将新技术手段构成的知识图谱技术运用于企业之中,企业可以利用大数据分析外界的影响因素及内部影响因素,通过数据的分析,将自身的优点极大化发展,最终达到可持续发展状态。

知识图谱作为知识表示的一种形式,在现代已经在语义搜索、搜索引擎、数据分析、智能问答、物联网设备互联、自然语言处理等方面发挥着越来越大的作用。随着 AI 浪潮愈演愈烈,如何构建作为底层数据支撑的知识图谱也从鲜有问津到不可或缺。虽然还谈不上技术成熟,如何构建一个知识图谱是发展成熟数据技术的必经之路。

从技术维度上看,知识图谱的构建与设计涉及知识属性标识、知识关系抽取、图形数据存储、知识数据融合、知识推理补全等多方面的技术,而如何利用构建好的知识图谱,涉及知识驱动、自动推理、知识问答、语义搜索的描述性数据分析、语言及视觉理解等多个方面。要构建并利用好知识图谱,就要求人们能够系统地综合利用自然语言处理、知识表示、机器学习、图形数据库、多媒体处理等多个相关领域的技术,而非单个领域的单一技术。因此,知识图谱的构建和利用都应注重系统思维,这是未来的一种发展趋势。

为了表达更加规范的高质量数据,知识图谱采用规范而标准的概念模型、本体术语和语法格式来建模和描述数据,不同领域中的规则也不同;除此之外,知识图谱还通过语义链接的方式来增强数据之间的关联。这种表达规范、关联性强的数据在改进搜索、问答体验、辅助决策分析和支持推理等多个方面都发挥了重要的作用。

车辆已经成为人们生活中必不可少的一部分,随着车辆产业的迅速发展,现代车辆的种类和数量越来越多,结构也越来越复杂,车辆运行的安全问题已经成为人们考量的首要问题。知识图谱作为新型的信息系统基础设施,以规范语言和链接数据的思想提升数据质量、提高数据之间的关联度,因此,知识图谱在提升数据质量上有着不容小觑的发展空间。

知识图谱中一般采用三元组的数据格式存储知识,其中包含实体、属性和关系 3 种要素,关系是用来连接实体到实体的边,实体和关系都可以携带"属性"来扩充自身的内容。构建一个知识图谱,需要从不同的数据源采集数据,并且运用一系列技术手段,从杂乱无章的数据中提取出满足需求的、高质量的知识(实体、关系、属性),最后将知识抽取到的数据并按照需要的逻辑顺序存入数据库中。

这种知识抽取模式在丰富多维度的设备运维信息基本面分析中起到了十分重要的作用,中国由于人口基数大,导致工业场景丰富,设备运维数量也十分庞大,数据多源[7]。一个统一的设备运维知识图谱包括设备、人员、故障等实体类型,以及市场不良描述、缺陷类别、排查方案等关系类型,利用这些基础信息,就可以完善设备运维及各设备画像,辅助发现设备故障风险。

7.3.2 问题及挑战

1. 数据收集难

要构建一个知识图谱,首先要有数据来源,而构建知识图谱的数据来源主要分为 3 种形式,即结构化数据、非结构化数据与半结构化数据[8]。对于不同来源、不同结构的数据进行信息抽取，会采用不同的技术。所谓结构化数据可以理解为存在数据库中的数据；非结构化数据指的是不规则和不完整的数据结构，它没有预定义的数据模型，可以以文本的方式存在，但无法以数据库的方式逻辑表现数据，而对于非结构化数据，要解决的问题是如何在文本中抽取知识；半结构化数据与非结构化数据相比，具有一定的结构性，构建轻量级面向企业的知识图谱，数据需求是较为多样化的，而 Web 网页中含有大量数据，且具有一定的结构，不会为知识抽取带来较重的负担，所以本系统将采用半结构化数据的方式进行构建，从 Web 网页中抽取出节点、关系、属性，构建出设备运维的关系知识图谱[9]。半结构化数据构建知识图谱的框架图如图 7-11 所示。

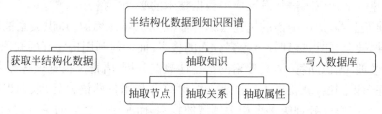

图 7-11　半结构化数据构建知识图谱框架图

从网页中获取结构化的信息一般通过包装器实现，图 7-12 展示了基于包装器抽取网页信息的框架。包装器从定义上来说是一种能够将数据从 HTML 网页中抽取出来，并将它们还原为结构化数据的软件程序。包装器共有三大类生成方式：手工方法、包装器归纳方法和自动抽取方法。由于网页环境的复杂程度较高，所以这里使用的是手工方法。手工方法采用人工分析构建包装器信息抽取的规则。手工方法需要使用浏览器的开发人员功能查看网页结构和代码，在人工分析的基础上，筛选出需要的数据，并手工编写出适合当前网站的抽取表达式；表达形式一般可以是 XPath 表达式、CSS 选择器的表达式等，这里主要使用了 XPath 表达式的形式进行元素位置的定义。XPath 即 XML 路径语言，它是一种确定 XML（标准通用标记语言的子集）文档中某部分位置的语言。借助它可以快速获取网页中元素的位置，从而精确获取需要的信息[10]。

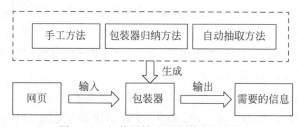

图 7-12　包装器抽取网页信息的框架

在构建设备运维知识图谱的过程中，主要依靠自顶向下的构建方法，因为企业行业内已有固定的知识体系可供参考[11]。对于设备运维来说，每个独立的设备和维护人员都是一个实体，或者说是节点；而设备之间的交互与维护人员与设备之间的交互信息就可以是关系，或者说是边；设备的编号、型号，设备状态等字段可以被抽取为该设备节点的属性。对于 Web 网页上的半结构化数据，由于其网页已自行经过一些规范化处理，所以对于获取的数据基本不需要考虑其重复性，只要直接入库即可。

2. 数据存储难

1970 年,IBM 公司的 Edgar Frank Codd 首次提出了关系模型的概念,奠定了关系模型的理论基础。随后,IBM 公司以此为基础,创造了关系数据库管理系统 System R 原型。1979 年 IBM 公司联合 Oracle 公司创造了第一个商业关系数据库产品。自从关系型数据库管理系统问世,关系型数据库不断发展,相继出现了 SQL Server、MySQL、Sybase 等一系列关系型数据库,其一度成为现代社会的主流数据库。

20 世纪 80 年代以来,关系型数据库一直是数据库领域的主力军,因为在硬件成本较高的年代关系型数据库最为适合。随着时代的发展,数据种类从最初的数字、符号等结构化数据,逐步发展出半结构化数据、非结构化数据,使得数据种类越来越丰富。数据量飞速增长,产生数据的速度进一步加快,人们对于数据价值的认识也逐步提升,涌现了一系列数据挖掘和分析技术。人们对于数据处理能力要求越来越高,关系型数据库通过外键寻找匹配主键记录进行大规模计算,导致系统大量消耗和计算效率低下的问题越来越突出,使其越来越无法满足现实的需求。无数的创造者开始思考用一种全新的方式去组织数据,并且从关系型数据库中借鉴优秀思想,吸取事务、集群、查询语言等优点,创新了一种新的数据组织方式,即 NoSQL。

图数据库是一种新型 NoSQL 数据库,它以图论为理论基础,使用节点和关系所构成的图对现实世界建模。图数据库的数据模型主要使用超图、属性图、三元组 3 种模型,属性图能够刻画绝大多数场景,是目前最为流行的图数据模型。图数据库中最重要的一环是关系,图数据库通过关系构建贴近现实世界的模型,而且关系可以设置属性,极大地丰富了关系的内容。关系型数据库存储关系的效果并不好,因为需要不断添加中间表来存储多对多的关系,在查询深度关系时关系数据库复杂缓慢。在访问图数据库中的深度节点时,可通过节点中的关系列表和指向直接访问连接节点,从而提高效率。

常见的图数据库也可以进一步分类[12]:第一类是原生数据库,典型的有 Neo4j、OrientDB,原生的意义在于输入查询语句的时候,是否需要原来关系型数据库的 B+ 索引;第二类是构建于关系型数据库之上的图数据库,典型的有微软公司的 InfiniteGraph;第三类是外置 NoSQL 存储的数据库,典型的有 Titan 数据库;第四类是使用 batch 优化的图数据库,典型的有 DGraph。

Neo Technology 公司的创始人 Emil Eifrem 在 2000 年使用 RDBMS 时遇到瓶颈,为了解决深层次关系查询中大量 join 操作带来的耗时和浪费资源的问题,开始设计一种更适合描述关系的数据库 Neo4j。Neo Technology 使用 Java 实现 Neo4j 图形数据库,2007 年发布第一版,现在的主要版本有 Neo4j Community 社区版、Neo4j Enterise 企业版、Neo4j Desktop 桌面版。如今,Neo4j 已经被各种行业的数十万家公司和组织采用,应用于社会生产生活的方方面面。Neo4j 底层中的关系和节点都采用固定存储长度,节点和关系也只关心图的基本存储结构,使得 ID 的计算速度大幅提升。Nodes 使用 Relationships 所定义的关系互相连接,同时 Relationships 拥有不定长属性,由此形成关系型网络结构。针对 RDBMS 使用全局索引代价太大的缺点,Neo4j 采用免索引邻接方法查询,这样使得时间复杂度大幅下降,而且使用免索引邻接方法查询对于反向遍历效率也非常高。Neo4j 使用固定长度的存储记录与指针 ID 让图数据库降低遍历成本,通过遍历少量指针和低成本计算,使得遍历操作简单高效。Neo4j 可以分为两部分:一部分是图数据库管理系统,等同于关系数据库的联机事务处理,对数据进行增删查改,面向对象进行事务处理和查询处理。另一部分是图计算引擎,可以对数据进行挖掘和分析处理。可以这么说,Neo4j 数据库就是为了存储处理关系而诞生的,采用自由邻接特性的图存储结构,使得事务处理和数据关系处理更加快速,这就是我们选择 Neo4j 数据库的原因。

总之,Neo4j 具有以下优点:①Neo4j 使用多副本主从复制形式构建集群,支持大数据量存储;②Neo4j 具有免索引邻接的特点,使得查询时间和图的整体规模无关,提高了查询速度;③Neo4j 自带声明式查询语言 Cypher,该语言不但易于学习,而且查询效率高;④不使用 Schema,可以满足任何形式的需求;⑤Neo4j 使用 D3.js 做数据可视化,形象地展示了节点和关系,界面对用户十分友好;⑥具备图形化平台等配套工具,能够帮助开发者迅速构建关系数据平台。

7.3.3 解决方案

本解决方案主要由数据收集、实体命名及术语规范、知识图谱构建、网络合并和利用 Neo4j 构建知识图谱 5 部分组成,其总图如图 7-13 所示。

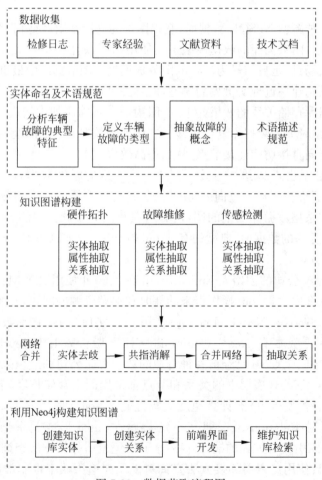

图 7-13 数据获取流程图

数据获取是数据初始化的第一步,也是最重要的一步,这里通过手工方法进行包装器的生成,对于非结构化的数据,首先是通过 jieba 分词对文本中的词语进行划分,并且去除一些对文本内容影响不大的停用词,如符号、数字等,使用停用词表来去掉文本中的一些无关词。其次是建立该系统的词库,对每一个词进行编码。最后是对每一句话中的词找到对应的编码进行对应来构建这句话的特征,并且设置最大特征个数,如果句中词构建的特征小于最大特征个数则用"0"来填充。

针对设备运维知识图谱的故障预测应用,这里采用 TextCNN 模型。TextCNN 对文本浅层特征的抽取能力很强,在短文本领域,如搜索、对话领域专注于意图分类上效果很好,应用广泛,且速度快,利用不同大小的卷积核来提取句子中的关键信息,从而更好地捕捉局部相关性。TextCNN 包含 4 部分,分别为词嵌入、卷积、池化和全连接层。TextCNN 的第一层为输入层,其输入是一个 $n \times k$ 的矩阵,其中 n 为样本的数目,k 为最大特征个数,对输入的矩阵进行编码,编码成 n * 1 * k * n_gram 的矩阵来进行卷积特征的提取。其中 n_gram 表示文本连接词的个数,如果为 3_gram 则将"来一首周杰伦的"切分为"_来一,来一首,一首周,首周杰,周杰伦,杰伦的,伦的_"的形式。卷积层具有局部感知机制和参数共享机制,其中局部感知机制可以提取语句中的重要特征,参数共享机制可以提升模型的泛化性能。然后通过池化层进行数据的降维来减少模型的计算量。最后是全连接层,通过全连接计算来确定输入文本的类别。

最后的设备运维知识图谱的构建主要通过获取数据中的标注来确定三元组结构,并使用 Python 在 Neo4j 中绘制图谱,方便之后模型训练完成后进行知识的抽取。要完成知识图谱的构建,就需要将已经清洗完的数据根据其是节点还是关系的规则存入图数据库中。

在进行数据清洗过后,高质量数据便可以从内存中存入图数据库中,首先要对数据进行类型判断,根据目前已经成型的领域企业知识图谱判断数据为节点还是关系,若为节点,还需要进一步判断,以防止重复数据的存在;若已存在节点,则根据新的数据更新其节点属性信息,否则添加节点;若为关系,也需要进一步重复关系判断,再根据其是否已经存在,进行属性更新及关系创建。

7.3.4 结论

本方法在设备运维上的知识图谱构建的本体图如图 7-14 所示。

本方法在设备运维上的 TextCNN 模型训练过程如图 7-15 所示。由图中可以看出模型拟合效果良好,适合在设备运维场景下进行故障诊断。模型训练结果参数如图 7-16 所示。

我们根据目前设备运维的知识图谱的基本需求,基于 Web 爬虫技术、TextCNN 模型和 Neo4j 数据库,运用 PyCharm 编辑器,构建并设计了面向设备运维的知识图谱,知识图谱的构建主要利用爬虫技术将 Web 网络上的半结构化数据进行爬取,然后简单清洗后存入图形数据库 Neo4j 中,最后使用 TextCNN 模型进行训练,达到车辆故障诊断的目的。成功构建的知识图谱可以满足一些轻量级的知识图谱挖掘开发,并且支持简单的修改操作,可塑性高,应用性广。在设备运维方面应用的重点在于如何构建一个可供研究的、可靠的知识图谱,对于工业场景下的知识图谱的使用人员,可以使用该方案进行一个简单的设备运维故障诊断。

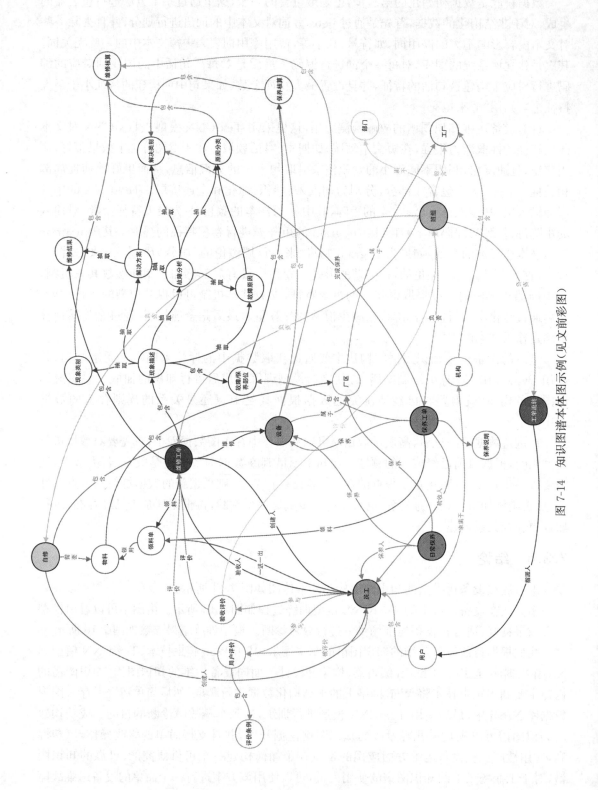

图7-14 知识图谱本体图示例（见文前彩图）

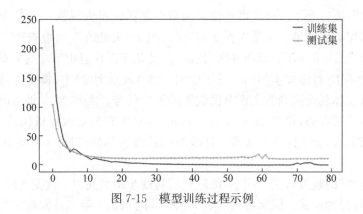

图 7-15　模型训练过程示例

	precision	recall	f1-score	support
I-Me	0.9295	0.9659	0.9474	15398
I-Res	0.9742	0.9581	0.9661	6152
B-Me	0.9356	0.9123	0.9238	1003
I-Des	0.9712	0.9170	0.9433	8239
I-O	0.9798	0.9743	0.9770	34872
I-Licence	0.9468	0.9942	0.9699	6339
B-Licence	0.9928	0.9808	0.9868	991
B-O	0.9206	0.9090	0.9148	5845
I-Fault	0.9813	0.9834	0.9823	3730
B-Des	0.9870	0.9773	0.9821	1013
B-Fault	0.9849	0.9665	0.9756	1014
B-Res	0.9563	0.9290	0.9425	1014
avg/total	0.9626	0.9623	0.9622	85610

图 7-16　模型训练结果参数

7.4　人工智能在售后服务领域的应用

7.4.1　背景分析

　　根据中国社会科学院发布的《2007 社会蓝皮书》的调研结果，"看病难、看病贵"已成为困扰国人的社会问题之一，为了应对这种情况，我国政府在医药领域实施了一系列管制价格上限的措施，但是，居民在医药方面的经济负担越来越重的现象不仅没有得到显著缓解，反而出现了"以药养医"的现象。医疗市场的信息不对称及"以药养医"现象为医药分离改革的合理性与必要性提供了理论与现实基础。中国医药商业协会副会长王锦霞认为，医药分开的本质目标是实现医生开处方，药店销售药品的合理专业分工。2009 年，我国政府开始逐步推进医药分离的试点改革，但因政策不配套，试点没能继续。2009 年，《中共中央　国务院关于深化医药卫生体制改革的意见》提出通过实行药品购销差别加价、设立药事服务费等多种方式逐步改革或取消药品加成政策。

　　2015 年，"健康中国"被写入"十三五"规划，大健康成为政策长期支持的方向。2016 年 8 月 19 日，全国卫生与健康大会召开，习近平强调，没有全民健康，就没有全面小康。要把人民健康放在优先发展的战略地位，以普及健康生活、优化健康服务、完善健康保障、建设健康环境、发展健康产业为重点，加快推进健康中国建设，努力全方位、全周期地保障人民健康。李克强强调,要以公平可及和群众受益为目标把医改推向纵深。完善全民基本医保制度,逐步实现医保省级统筹。改革医保支付方式,减少"大处方""大检查"等过度医疗现象。加快推进公立医院改革,破除"以药补医"机制,坚持基本医疗卫生事业的公益性。中共中央国务院在 2016 年 10 月印发实施的《"健康中国 2030"规划纲要》中,将完善药品供应保障体系,深化医药流通体制改革列为实现全民健康的重要任务。2017 年,《北京市医药分开综合改革实施方案》正式发布,自 2017 年 4 月 8 日起,北京所有公立医疗机构需取消挂号费、诊疗费,取消药品加成,设立医事服务费。伴随医药系统改革的进展,零售药店逐渐发挥了更大的作用。

在"医药分离"的政策背景作用下,医院药房将逐步从利润中心改变为成本中心,医院将逐步实行物流外包的模式。国家市场监督管理总局于 2018 年 4 月发布的《2017 年度食品药品监管统计年报》显示,直到 2017 年 11 月底,我国一共有 47.2 万家单位持有药品经营许可证,其中 1.3 万家为批发企业,5409 家为零售连锁企业,22.9 万家为零售连锁企业门店,22.5 万家为零售药店。而根据 2019 年 5 月发布的《2018 年度食品药品监管统计年报》,直到 2018 年 11 月底,我国一共有 50.8 万家单位持有药品经营许可证,其中 1.4 万家为批发企业,5671 家为零售连锁企业,25.5 万家为零售连锁企业门店,23.4 万家为零售药店。可见,我国零售药店的数量仍在上涨。

对于药品生产和经营企业来说,销售是一项极其重要的工作。企业生存和扩大再生产必须依靠销售额,企业重新获得利润也要依靠销售额,而药品销量是零售药店销售额的基础。对影响药品销量的因素进行梳理和检查,能帮助企业制定发展战略,将资源投入更有利于销量增长的地方。对药品销量进行预测有助于企业的运营,正确的销售预测能帮助运营管理人员制订采购计划、生产计划和人员配置计划,还能帮助财务管理人员设立开支预算、确定库存水平、预估融资需求。

医药产品营销的一个特点是将药品分为两类:原研药和仿制药。原研药是指具有原创性的新药,它们经过对成千上万种化合物的层层筛选和严格的临床试验才得以获准上市,需要花费大约 15 年的研发时间和数亿美元,目前只有大型跨国制药企业才有能力研制。仿制药是指与原研药(正版药)在剂量、效力、质量、作用、安全性和适应证上相同或相似的一种仿制品。《2017 年度食品药品监管统计年报》显示,2017 年的新药审批工作共批准新药证书和批准文号 20 件,批准文号 9 件;共批准仿制药的生产申请 224 件;共批准进口药品的上市 93 件。《2018 年度食品药品监管统计年报》显示,2018 年的新药审批工作共批准新药生产的新药证书和批准文号 25 件,批准文号 10 件;共批准仿制药的生产申请 464 件;共批准进口药品的上市 90 件。这里将原研新药、新仿制药、刚上市的进口药品统称为刚上市的新药。由此可以看到,我国新药审批加速,上市新药数量呈爆发式增长。对于现代药厂来说,如何用有限的产量来合理地向零售药店进行投放,以达到最大利润,一直以来都是一个难以解决的难题。

7.4.2 问题与挑战

1. 数据特征复杂

随着信息技术和互联网的高速发展,医药行业正在和信息技术快速融合,大数据、机器学习等技术正深刻地改变着医药行业从产品研发、销售、监管到反馈的全产业链的运作模

式,信息的高效协同正是加快这种变革的关键因素之一[13]。

在医药企业、医药卫生管理领域,药品销量有哪些影响因素和药品需求预测一直是管理部门关心的热门问题。只有知道药品销量的影响因素,企业才能更好地配置资源,将资源投入最能提升销量的地方,另外,药品销量的预测也离不开对销量影响因素的了解。药品销量预测有助于药品零售企业有效安排库存,合理制订采购计划、设定采购预算是医药企业的一项重要任务,而对于新药和开业不久的药店的药品需求预测,更是亟待解决的问题。

药品需求除了受到药品自身属性的影响,还要受到医药行业规定或国家政策的影响,同时,还受到制药企业自身销售团队的组建制度及制定的促销、渠道和定价等营销策略的影响。影响药品需求因素的多样性,一方面给控制变量研究单一因素对药品销量的影响造成了一定的困难,另一方面决定了药品需求预测本质上是一个复杂的系统建模问题。另外,对于上市不久的新药及刚开业不久的药店,能够用于销量预测的数据是有限的,在这样的条件下,如何实现销量的预测是一个需要探究的问题。

利用人工智能技术,研究零售药店销量的影响因素和预测方法,有很大理论意义和实践价值:

(1)理论上可以补充营销组合理论,深化丰富市场预测理论。一方面对药品需求影响因素的相关文献进行了完善,可以补充营销组合理论;另一方面销售预测过程中的新发现可以深化与丰富市场预测理论。

(2)在方法上可以为销量预测相关研究提供范式参考。

(3)在实践上可以为零售药店合理配置资源和进行销量预测提供依据。根据对影响因素的分析,零售药店可以优化自己的营销组合,争取更好的业绩;通过销量预测,零售药店可以更好地安排订货和库存,优化自己的供应链[14]。

2. 评价标准模糊

就目前的环境来看,大部分都是根据销售经验进行投放,而且没有一套统一的可量化的标准来进行评估,所以现代药厂非常需要一套可量化、可视化程度高且成熟的体系算法来实现其对于投放零售药店的选择。目前对于药店选址的方法主要是运用层次分析法的主观专家评价体系进行选择,就模型的输出结果来说,此技术具有主观性强、泛用性弱等缺点。

7.4.3 解决方案

针对上述问题,下面使用基于知识图谱的图搜索技术对地理信息数据进行特征提取,并利用深层神经网络模型,对零售药店的销量情况进行推荐,此方法可以有效地削弱主观判断带来的局限性[15]。

本书使用了改进的密集连接网络(DenseNet)对零售药店进行选址推荐,针对特征提取的离散性,首先对数据进行 AHP 层次分析,定量分析得出各特征值的所属权重,并对各项特征进行归一化;其次,将归一化后的数据输入 DenseNet 模型中进行训练,以药店推荐度作为标签进行训练;最后,将训练完的模型进行保存,放入推荐系统由零售药店推荐。

如图 7-17 所示,本书给出了一种基于知识图谱与深度学习的零售药店选址方法,具体方案如下:

(1)获取地理数据,将其导入知识图谱,根据零售药店选址因素建立指标体系,并对所述知识图谱进行特征提取。这里选用重庆市的地理数据进行实验。为了更好地对数据进行

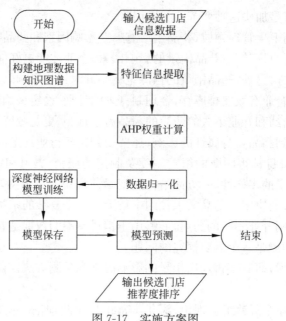

图 7-17　实施方案图

特征提取,我们将地理数据构建为知识图谱的形式,并形成本体图。零售药店选址需要考虑众多的影响因素,本书中将影响零售药店选址的因素分为 4 大类,分别是:商圈因素、居住区/人口因素、交通状况因素及竞争状况因素。在这 4 大类下又分成了 19 小类,分别是:商圈因素,根据其类型分别分为商场、家电电子卖场、超级市场、综合市场、文化用品店、体育用品店、服装鞋帽皮具店、专卖店和个人用品/化妆品店这些小类;居住区/人口因素,根据其标签分别分为学校、运动场所、住宅区、宾馆酒店和旅游招待所这些小类;交通状况因素由火车站、地铁站和公交车站 3 个小类组成;竞争状况因素由医院和诊所 2 个小类组成。

为了将地理地址信息映射为可供处理的向量数据,本书利用图搜索技术,根据上述 19 个小类对知识图谱进行特征提取,将文本类地理数据转化为 19 维的向量,最终形成了初始数据矩阵,本实例中选取的初始数据为 4000×19 的矩阵。

(2) 利用 AHP 层次分析法分别对各所述特征提取后的数据赋权。AHP 层次分析法是一种将定性与定量分析方法相结合的多目标决策分析方法。该方法的主要思想是通过将复杂问题分解为若干层次和若干因素,对两个指标之间的重要程度做出比较判断,建立判断矩阵,通过计算判断矩阵的最大特征值及对应的特征向量,便可得出不同方案重要程度的权重,为最佳方案的选择提供依据。

(3) 将所述赋权后的数据输入 DenseNet 模型进行训练,得到推荐模型。本书中 DenseNet 模型选用 6 重特征重用,每一重特征都包括 3 层 Dense 层;激活函数使用 ReLU 函数,损失函数使用 MSE 函数,评价函数使用 MAE 函数,优化器使用 Adam 优化器,学习率设为 0.0001,训练 200 个迭代。

将步骤(2)的输出作为输入送入深度神经网络进行训练,最终得到的结果如图 7-18 所示。从图中可以看出,最终的验证损失仅为 0.003,验证 MAE 仅为 0.039,验证 RMSE 仅为 0.056,模型收敛且效果较好,可以为零售药店选址提供良好的预测精度。

(4) 根据所述推荐模型输出候选门店推荐度排序。利用训练完成的模型,输入候选零

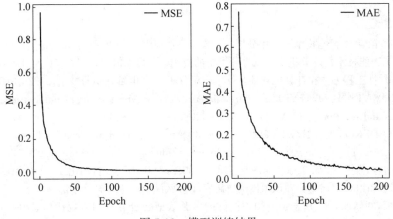

图 7-18　模型训练结果

售药店的地址信息后,同样经过 AHP 加权、数据归一化等操作后,利用模型进行推荐度预测,并对预测结果进行排序,给出最佳的零售药店销量推荐。结果示例见表 7-1。

表 7-1　结果示例

序　号	药店名称	推荐度
1	桐君阁大药房	0.73
2	周武平价药房	0.55
3	希尔安大药房	0.52
4	博达药房(五分店)	0.51
5	志诚大药房(沙坝门市部店)	0.50
6	步行街大药房	0.49
7	桐君阁大药房(姜家镇店)	0.49
8	真善美药房	0.48
9	通天大药房(铜梁石鱼店)	0.48
10	华博药房	0.47

　　模型对零售药店的预测推荐效果良好,为零售药店选址提供了可靠的技术支撑,减少了销售实地探访的工作量,增加了零售药店选址的精度。

7.4.4　结论

　　人工智能的发展在各个领域的售后服务方面发挥了巨大作用,尤其是在医药领域。随着我国医药分离制度改革的不断完善和深入,2017 年,以《北京市医药分开综合改革实施方案》为标志的具体实施办法正式发布,随着医药分离改革的系统推进,专业的零售药店将逐渐取代医院药房,满足医院病人用药和普通一般性及慢性病患者的日常药品供应,零售药店逐渐发挥了更大的作用。而人工智能技术的加入大大加强了资源分配的合理性和高效性。越来越多的企业将人工智能方法应用在实际的场景中,并获得了巨大成功。人工智能技术使企业的发展走向了新的篇章,不仅节省了人力,更是将资源的利用率最大化。相信,在不久的将来,人工智能的应用更会深入各个领域,为人们的生活提供了便利。

参考文献

[1] 王孝春,唐生.人工智能技术与应用分析[J].数字技术与应用,2024(1):42.

[2] 肖雪.人工智能技术在计算机应用软件开发中的应用[J].移动信息,2023,45(9):160-162.

[3] 沈宏翔.软件工程方法在计算机软件开发中应用分析[J].电脑知识与技术,2022,18(7):59-60,70.

[4] X U J,KOVATSCH M,MATTERN D,et al. A review on AI for smart manufacturing:deep learning challenges and solutions[J]. Applied Sciences,2022,12(16):8239.

[5] NTI I K,ADEKOYA A F,WEYORI B A,et al. Applications of artificial intelligence in engineering and manufacturing:a systematic review[J]. Journal of Intelligent Manufacturing,2022,33(6):1581-1601.

[6] 王超,王朋静,盛国军,等.工业智能作业感知平台的探索与应用[J].自动化技术与应用,2024(1):43.

[7] 彭鑫.基于知识管理的企业知识图谱构建研究[D].武汉:武汉大学,2018.

[8] 杨椋,柯枫,刘新明,等.基于企业知识图谱的多源数据融合分析[J].现代信息科技,2020,4(23):100-102.

[9] 刘峤,李杨,段宏,等.知识图谱构建技术综述[J].计算机研究与发展,2016,53(3):582-600.

[10] 高静,李瑛,于建平.中国企业创新生态系统研究的知识图谱分析——来自CSSCI的数据源[J].技术经济,2020,39(8):43-50.

[11] 王余蓝.图形数据库NEO4J与关系据库的比较研究[J].现代电子技术,2012,35(20):77-79.

[12] HAN J,HAIHONG E,LE G,et al. Survey on NoSQL database[C]. 2011 6th international conference on pervasive computing and applications. IEEE,2011:363-366.

[13] 贠安阳.博泰齿科医疗集团门店选址方案改进研究[D].兰州:兰州大学,2021.

[14] 黄钦,杨波,徐新创,等.基于多源空间数据和随机森林模型的长沙市茶颜悦色门店选址与预测研究[J].地球信息科学学报,2022,24(4):723-737.

[15] 黄魏龙.基于深度学习的医药知识图谱问答系统构建研究[D].武汉:华中科技大学,2019.

[16] 赵晔辉,柳林,王海龙,等.知识图谱推荐系统研究综述[J].计算机科学与探索,2023,17(4):771-791.